# 现场总线技术及其应用
## （第2版）

阳宪惠　主编
徐用懋　审

清华大学出版社
北京

## 内容简介

本书旨在介绍现场总线这一自动控制领域的新技术。全书力图展现现场总线的技术概貌，在介绍计算机网络、通信、开放系统互连参考模型等基础知识的基础上，针对 CAN、FF、PROFIBUS、LonWorks、工业以太网等多种已被列入 ISO、IEC 国际现场总线标准的现场总线技术，较全面地介绍了它们各自的技术特点、通信控制芯片、接口电路设计以及现场总线控制系统和网络系统的设计、应用等。

本书图文并茂，突出与应用技术相关的内容。可作为教材，也可作为技术开发、系统应用工作者的参考书。适合大专院校自动化、仪表专业师生、相关专业的工程技术人员、现场总线系统设计、应用技术人员阅读和参考。

本书封面贴有清华大学出版社防伪标签，无标签者不得销售。
版权所有，侵权必究。举报：010-62782989，beiqinquan@tup.tsinghua.edu.cn。

**图书在版编目(CIP)数据**

现场总线技术及其应用/阳宪惠主编. —2 版. —北京：清华大学出版社，2008.10(2023.8重印)
ISBN 978-7-302-16993-2

Ⅰ．现… Ⅱ．阳… Ⅲ．总线—技术 Ⅳ．TP336

中国版本图书馆 CIP 数据核字(2008)第 017161 号

责任编辑：王一玲
责任校对：时翠兰
责任印制：杨 艳

出版发行：清华大学出版社
    网　　址：http://www.tup.com.cn，http://www.wqbook.com
    地　　址：北京清华大学学研大厦 A 座　　邮　编：100084
    社 总 机：010-83470000　　邮　购：010-62786544
    投稿与读者服务：010-62776969，c-service@tup.tsinghua.edu.cn
    质量反馈：010-62772015，zhiliang@tup.tsinghua.edu.cn
    课件下载：http://www.tup.com.cn，010-83470236
印 装 者：北京国马印刷厂
经　　销：全国新华书店
开　　本：185mm×260mm　　印 张：25.5　　字 数：601 千字
版　　次：2008 年 10 月第 2 版　　印 次：2023 年 8 月第 23 次印刷
定　　价：69.00 元

产品编号：019478-03

# 前　言

信息技术的飞速发展，导致了自动化领域的深刻变革，正逐渐形成自动化领域的开放通信网络，形成全分布式网络化控制系统。现场总线作为这场深刻变革中的重要技术，已经成为自动控制领域备受关注的技术热点。

作者在追踪国际上现场总线技术发展、从事相关科研课题工作的过程中，收集整理了一些有关现场总线技术的资料。编写本书旨在向读者介绍现场总线开放系统与网络的基础知识、几种主要现场总线的通信协议、技术规范、通信控制芯片、应用电路与应用系统设计等项技术内容。

本书第1版在我国现场总线技术尚刚刚起步的1999年问世。承蒙读者厚爱，至今已11次印刷，发行3万多册。近年来由于现场总线技术本身的快速发展，技术内容在不断更新完善，出现了一些有发展前景的新技术内容，如实时以太网、汽车内部网、短程无线数据通信技术等。对现场总线技术及其应用一书提出了新的要求，希望该书能适应技术发展，充实新的内容，促进了第2版的应运面世。希望本书能一如既往，对我国现场总线的技术开发与推广应用起到积极作用。

第2版全书共分10章。是以第1版内容为基础，进行修改、完善、扩充而形成的。第1~5、7、9、10章由阳宪惠编写；第6章由郑州大学侯维岩老师编写，第8章由航天金穗高技术公司徐琳华工程师等编写；重庆英特莱公司万定钦高工对5.8节进行了改编，清华大学杨佃福、邓丽曼、张文学等参加了《现场总线技术及其应用》第1版的编写工作。上述编著者近年来都在从事现场总线技术的研究开发工作，本书是编著者研究成果的集中体现。

本书在第1版和第2版编写的过程中，得到了徐用懋教授、魏庆福总工的悉心指导，徐用懋教授认真审阅了全文，提出了修改意见。在此，特向参加本书编写的单位和个人顺致诚挚的谢意。

由于编者水平有限，现场总线技术还在不断发展之中，本书编写上的缺点和不足之处在所难免，恳请读者批评指正。

阳宪惠
2007年8月于清华园

# 目 录

## 第 1 章 现场总线技术概述 ·································································· 1
### 1.1 现场总线简介 ································································· 1
- 1.1.1 什么是现场总线 ······················································ 1
- 1.1.2 基于现场总线的数据通信系统 ······································ 3
- 1.1.3 现场总线控制网络与网络化控制系统 ······························ 4
- 1.1.4 现场总线系统适应了综合自动化的发展需要 ······················ 5
- 1.1.5 早期的现场总线 ······················································ 6

### 1.2 现场总线系统的特点 ························································· 8
- 1.2.1 现场总线系统的结构特点 ··········································· 8
- 1.2.2 现场总线系统的技术特点 ··········································· 8
- 1.2.3 现场总线系统的优势与劣势 ········································ 9

### 1.3 以现场总线为基础的企业网络系统 ······································· 10
- 1.3.1 企业网络系统的基本组成 ········································· 10
- 1.3.2 现场总线系统在企业网络中的地位与作用 ····················· 11
- 1.3.3 现场总线系统与上层网络的连接 ································ 12

### 1.4 现场总线技术的标准化 ···················································· 13

## 第 2 章 数据通信基础 ··································································· 15
### 2.1 基本术语 ······································································ 15
- 2.1.1 总线 ································································· 15
- 2.1.2 数据通信系统 ····················································· 16
- 2.1.3 数据通信的发送与接收设备 ····································· 16
- 2.1.4 传输介质 ··························································· 17
- 2.1.5 通信软件 ··························································· 17

### 2.2 通信系统的性能指标 ······················································· 18
- 2.2.1 有效性指标 ························································ 18
- 2.2.2 可靠性指标 ························································ 19
- 2.2.3 通信信道的频率特性 ·············································· 19
- 2.2.4 信号带宽与介质带宽 ············································· 20
- 2.2.5 信噪比对信道容量的影响 ········································ 21

### 2.3 数据编码 ······································································ 22

  2.3.1 数据编码波形 ·················································· 22
  2.3.2 模拟数据编码 ·················································· 25
2.4 数据传输方式 ············································································ 26
  2.4.1 串行传输和并行传输 ········································· 26
  2.4.2 同步传输与异步传输 ········································· 26
  2.4.3 位同步、字符同步与帧同步 ······························ 27
2.5 通信线路的工作方式 ································································ 28
  2.5.1 单工通信 ························································· 28
  2.5.2 半双工通信 ····················································· 28
  2.5.3 全双工通信 ····················································· 28
2.6 信号的传输模式 ········································································ 29
  2.6.1 基带传输 ························································· 29
  2.6.2 载波传输 ························································· 29
  2.6.3 宽带传输 ························································· 29
2.7 传输差错及其检测 ···································································· 29
  2.7.1 传输差错的类型 ·············································· 29
  2.7.2 传输差错的检测 ·············································· 30
  2.7.3 循环冗余校验的工作原理 ································ 31
2.8 传输差错的校正 ········································································ 33
  2.8.1 自动重传 ························································· 33
  2.8.2 前向差错纠正 ·················································· 34
  2.8.3 海明码的编码 ·················································· 35
  2.8.4 海明码的错误检测与纠正 ································ 36
  2.8.5 多比特错误的纠正 ·········································· 37

# 第3章 控制网络基础 ································································ 38

3.1 控制网络与计算机网络 ···························································· 38
3.2 控制网络的特点 ········································································ 39
  3.2.1 控制网络的节点 ·············································· 39
  3.2.2 控制网络的任务与工作环境 ··························· 40
  3.2.3 控制网络的实时性要求 ··································· 41
3.3 网络拓扑 ···················································································· 41
  3.3.1 环形拓扑 ························································· 42
  3.3.2 星形拓扑 ························································· 42
  3.3.3 总线拓扑 ························································· 43
  3.3.4 树形拓扑 ························································· 43
3.4 网络的传输介质 ········································································ 43
  3.4.1 双绞线 ····························································· 44

## 目录

  3.4.2 同轴电缆 ······ 44
  3.4.3 光缆 ······ 45
  3.4.4 无线传输 ······ 46
 3.5 网络传输介质的访问控制方式 ······ 47
  3.5.1 载波监听多路访问/冲突检测 ······ 47
  3.5.2 令牌 ······ 48
  3.5.3 时分复用 ······ 50
 3.6 网络互连 ······ 51
  3.6.1 网络互连的基本概念 ······ 51
  3.6.2 网络互连规范 ······ 51
 3.7 网络互连的通信参考模型 ······ 52
  3.7.1 开放系统互连参考模型 ······ 52
  3.7.2 OSI 参考模型的功能划分 ······ 53
  3.7.3 几种典型控制网络的通信模型 ······ 54
 3.8 网络互连设备 ······ 56
  3.8.1 中继器 ······ 56
  3.8.2 网桥 ······ 57
  3.8.3 路由器 ······ 59
  3.8.4 网关 ······ 60

### 第 4 章 CAN 总线与基于 CAN 的控制网络 ······ 61

 4.1 CAN 通信技术简介 ······ 61
  4.1.1 CAN 通信的特点 ······ 61
  4.1.2 CAN 的通信参考模型 ······ 62
  4.1.3 CAN 信号的位电平 ······ 63
  4.1.4 CAN 总线与节点的电气连接 ······ 63
  4.1.5 CAN 节点的电气参数 ······ 64
 4.2 CAN 报文帧的类型与结构 ······ 67
  4.2.1 CAN 报文帧的类型 ······ 67
  4.2.2 数据帧 ······ 68
  4.2.3 远程帧 ······ 71
  4.2.4 出错帧 ······ 71
  4.2.5 超载帧 ······ 72
  4.2.6 帧间空间 ······ 72
 4.3 CAN 通信中的几个问题 ······ 73
  4.3.1 发送器与接收器 ······ 73
  4.3.2 错误类型与出错界定 ······ 73
  4.3.3 位定时与同步 ······ 75

## 4.4 CAN 通信控制器 …… 76
### 4.4.1 CAN 通信控制器 82C200 …… 77
### 4.4.2 SJA1000CAN 通信控制器 …… 87
### 4.4.3 Intel 82527 CAN 通信控制器 …… 91
### 4.4.4 带有 CAN 通信控制器的 CPU …… 92
## 4.5 CAN 应用节点的相关器件 …… 96
### 4.5.1 CAN 总线收发器 82C250 …… 96
### 4.5.2 CAN 总线 I/O 器件 82C150 …… 98
## 4.6 基于 CAN 通信的时间触发协议 …… 99
### 4.6.1 时间触发与通信确定性 …… 99
### 4.6.2 TT-CAN …… 100
### 4.6.3 FTT-CAN …… 101
### 4.6.4 TTP/C …… 101
### 4.6.5 ByteFlight …… 102
### 4.6.6 FlexRay …… 102
### 4.6.7 几种时间触发协议的性能比较 …… 103
## 4.7 CAN 的下层网段——LIN …… 104
### 4.7.1 LIN 的主要技术特点 …… 104
### 4.7.2 LIN 的通信任务与报文帧类型 …… 105
### 4.7.3 LIN 的报文通信 …… 105
### 4.7.4 LIN 的应用 …… 108
## 4.8 基于 CAN 的汽车控制网络——SAE J1939 …… 108
### 4.8.1 SAE J1939 规范 …… 108
### 4.8.2 SAE J1939 的物理连接与网络拓扑 …… 109
### 4.8.3 SAE J1939 报文帧的格式与定义 …… 110
### 4.8.4 ECU 的设计说明 …… 112
### 4.8.5 SAE J1939 的多网段与网络管理 …… 115
## 4.9 汽车电子网络的体系结构 …… 116
### 4.9.1 网络化是汽车电子系统发展的趋势 …… 116
### 4.9.2 汽车电子网络的分类 …… 117
### 4.9.3 汽车电子混合网络 …… 118

# 第 5 章 基金会现场总线 FF …… 119
## 5.1 FF 的主要技术特点 …… 119
### 5.1.1 FF 是一项完整的控制网络技术 …… 119
### 5.1.2 通信系统的主要组成部分及其相互关系 …… 120
### 5.1.3 H1 协议数据的构成与层次 …… 122
### 5.1.4 FF 通信中的虚拟通信关系 …… 122

## 目录

- 5.2 H1网段的物理连接 ················································································· 124
  - 5.2.1 H1的物理信号波形 ········································································ 124
  - 5.2.2 H1的信号编码 ·············································································· 125
  - 5.2.3 H1网段的传输介质与拓扑结构 ······················································· 126
- 5.3 H1网段的链路活动调度 ········································································· 128
  - 5.3.1 链路活动调度器LAS及其功能 ······················································· 128
  - 5.3.2 通信设备类型 ··············································································· 129
  - 5.3.3 链路活动调度器的工作过程 ··························································· 130
  - 5.3.4 链路时间 ····················································································· 131
- 5.4 H1网段的网络管理 ··············································································· 132
  - 5.4.1 网络管理者与网络管理代理 ··························································· 132
  - 5.4.2 网络管理代理的虚拟现场设备 ······················································· 133
  - 5.4.3 通信实体 ····················································································· 134
- 5.5 H1网段的系统管理 ··············································································· 135
  - 5.5.1 系统管理概述 ··············································································· 135
  - 5.5.2 系统管理的作用 ············································································ 137
  - 5.5.3 系统管理信息库SMIB及其访问 ····················································· 138
  - 5.5.4 SMK状态 ····················································································· 139
  - 5.5.5 系统管理服务和作用过程 ······························································ 140
  - 5.5.6 地址与地址分配 ············································································ 143
- 5.6 FF的功能块 ·························································································· 145
  - 5.6.1 功能块的内部结构与功能块连接 ··················································· 145
  - 5.6.2 功能块中的用户应用块 ································································· 147
  - 5.6.3 功能块的块参数 ············································································ 149
  - 5.6.4 功能块服务 ·················································································· 153
  - 5.6.5 功能块对象字典 ············································································ 154
  - 5.6.6 功能块应用 ·················································································· 156
- 5.7 设备描述与设备描述语言 ······································································· 156
  - 5.7.1 设备描述 ····················································································· 156
  - 5.7.2 设备描述的参数分层 ····································································· 157
  - 5.7.3 设备描述语言 ··············································································· 157
  - 5.7.4 DD的开发 ···················································································· 159
  - 5.7.5 CFF文件 ······················································································ 161
- 5.8 FF通信控制器与网卡 ············································································ 161
  - 5.8.1 FF的通信控制器FB3050 ······························································· 161
  - 5.8.2 基于FB3050的网卡设计 ································································ 176
- 5.9 H1的网段配置 ······················································································ 179
  - 5.9.1 H1网段的构成 ·············································································· 179

|  | 5.9.2 | 网段长度 | 181 |
|---|---|---|---|
|  | 5.9.3 | H1 网段的接地、屏蔽与极性 | 183 |

## 第 6 章 PROFIBUS … 185

### 6.1 PROFIBUS 概述 … 185
- 6.1.1 PROFIBUS 简介 … 185
- 6.1.2 PROFIBUS 的组成 … 187
- 6.1.3 PROFIBUS 的通信参考模型 … 188
- 6.1.4 PROFIBUS 的主站与从站 … 189
- 6.1.5 PROFIBUS 总线访问控制的特点 … 189

### 6.2 PROFIBUS 的通信协议 … 191
- 6.2.1 PROFIBUS 的物理层及其网络连接 … 191
- 6.2.2 PROFIBUS 的数据链路层 … 195
- 6.2.3 PROFIBUS 的 MAC 协议 … 198

### 6.3 PROFIBUS-DP … 199
- 6.3.1 PROFIBUS-DP V0 … 200
- 6.3.2 PROFIBUS-DP 的 GSD 文件 … 202
- 6.3.3 PROFIBUS-DP V1 … 203
- 6.3.4 PROFIBUS-DP V2 … 205

### 6.4 PROFIBUS 站点的开发与实现 … 209
- 6.4.1 PROFIBUS 的站点实现 … 209
- 6.4.2 PROFIBUS 的从站实现方案 … 216
- 6.4.3 PROFIBUS 的主站实现方案 … 218
- 6.4.4 PROFIBUS 系统的初始化过程 … 218
- 6.4.5 PROFIBUS 系统实现中的常见错误 … 220
- 6.4.6 PROFIBUS 的网络监听器 … 222

### 6.5 PROFIBUS-PA … 223
- 6.5.1 PROFIBUS-PA 的基本特点 … 224
- 6.5.2 PROFIBUS 的 DP/PA 连接接口 … 224
- 6.5.3 PROFIBUS-PA 总线的安装 … 226

## 第 7 章 工业以太网 … 229

### 7.1 工业以太网简介 … 229
- 7.1.1 工业以太网与以太网 … 229
- 7.1.2 工业以太网的特色技术 … 231
- 7.1.3 通信非确定性的缓解措施 … 233

### 7.2 以太网的物理连接与帧结构 … 234
- 7.2.1 以太网的物理连接 … 234

## 目录

  7.2.2 以太网的帧结构 ………………………………………………………… 235
  7.2.3 以太网的通信帧结构与工业数据封装 ………………………………… 236
7.3 TCP/IP 协议组 …………………………………………………………………… 237
  7.3.1 TCP/IP 协议组的构成 ………………………………………………… 237
  7.3.2 IP 协议 …………………………………………………………………… 238
  7.3.3 用户数据报协议 ………………………………………………………… 242
  7.3.4 传输控制协议 TCP ……………………………………………………… 242
  7.3.5 简单网络管理协议 SNMP ……………………………………………… 244
7.4 实时以太网 ………………………………………………………………………… 245
  7.4.1 几种实时以太网的通信参考模型 ……………………………………… 245
  7.4.2 实时以太网的媒体访问控制 …………………………………………… 246
  7.4.3 IEEE 1588 精确时间同步协议 ………………………………………… 247
7.5 PROFINET ……………………………………………………………………… 250
  7.5.1 PROFINET 的网络连接 ………………………………………………… 250
  7.5.2 IO 设备模型及其数据交换 ……………………………………………… 251
  7.5.3 组件模型及其数据交换 ………………………………………………… 257
  7.5.4 PROFINET 通信的实时性 ……………………………………………… 259
  7.5.5 PROFINET 与其他现场总线系统的集成 ……………………………… 261
  7.5.6 PROFINET 的 IP 地址管理与数据集成 ……………………………… 262
7.6 EtherNet/IP ……………………………………………………………………… 264
  7.6.1 EtherNet/IP 的通信参考模型 …………………………………………… 264
  7.6.2 CIP 的对象与标识 ……………………………………………………… 265
  7.6.3 EtherNet/IP 的报文种类 ………………………………………………… 266
  7.6.4 EtherNet/IP 的技术特点 ………………………………………………… 267
7.7 高速以太网 HSE ………………………………………………………………… 267
  7.7.1 HSE 的系统结构 ………………………………………………………… 267
  7.7.2 HSE 与现场设备间的通信 ……………………………………………… 269
  7.7.3 HSE 的柔性功能块 ……………………………………………………… 269
  7.7.4 HSE 的链接设备 ………………………………………………………… 270
7.8 嵌入式以太网节点与基于 Web 的远程监控 …………………………………… 270
  7.8.1 嵌入式以太网节点 ……………………………………………………… 270
  7.8.2 基于 Web 技术的远程监控 …………………………………………… 272

## 第 8 章 LonWorks 控制网络 ………………………………………………………… 277

8.1 LonWorks 技术概述及应用系统结构 …………………………………………… 277
  8.1.1 LonWorks 控制网络的基本组成 ……………………………………… 278
  8.1.2 LonWorks 节点 …………………………………………………………… 278
  8.1.3 路由器 …………………………………………………………………… 280

8.1.4　LonWorks Internet 连接设备 …… 280
8.1.5　网络管理 …… 281
8.1.6　LonWorks 技术的性能特点 …… 282
8.2　LonWorks 网络中分散式通信控制处理器——神经元芯片 …… 283
8.2.1　处理单元 …… 284
8.2.2　存储器 …… 284
8.2.3　输入输出 …… 285
8.2.4　通信端口 …… 287
8.2.5　时钟系统 …… 289
8.2.6　睡眠-唤醒机制 …… 289
8.2.7　Service Pin …… 289
8.2.8　Watchdog 定时器 …… 290
8.3　通信 …… 290
8.3.1　双绞线收发器 …… 290
8.3.2　电力线收发器 …… 295
8.3.3　其他类型介质 …… 296
8.3.4　路由器 …… 297
8.4　LonWorks 通信协议——LonTalk …… 301
8.4.1　LonTalk 协议概述 …… 301
8.4.2　LonTalk 的物理层通信协议 …… 304
8.4.3　LonTalk 协议的网络地址结构及对大网络的支持 …… 305
8.4.4　LonTalk MAC 子层 …… 306
8.4.5　LonTalk 协议的链路层 …… 308
8.4.6　LonTalk 协议的网络层 …… 308
8.4.7　LonTalk 协议的传输层和会话层 …… 308
8.4.8　LonTalk 协议的表示层和应用层 …… 309
8.4.9　LonTalk 协议的网络管理和网络诊断 …… 309
8.4.10　LonTalk 协议的报文服务 …… 309
8.4.11　LonTalk 网络认证 …… 310
8.5　面向对象的编程语言——Neuron C …… 310
8.5.1　定时器 …… 311
8.5.2　网络变量 …… 311
8.5.3　显式报文 …… 312
8.5.4　调度程序 …… 315
8.5.5　附加功能 …… 315
8.6　LonWorks 的互操作性 …… 315
8.6.1　LonMark 协会 …… 316
8.6.2　收发器和物理信道准则 …… 316

## 目录

8.6.3 应用程序准则 …… 316

8.7 LonWorks 节点开发工具 …… 320
    8.7.1 LonBuilder 多节点开发工具 …… 320
    8.7.2 NodeBuilder 节点开发工具 …… 321

8.8 LNS 网络操作系统 …… 322
    8.8.1 概述 …… 322
    8.8.2 LNS 网络工具 …… 324

8.9 应用系统 …… 325
    8.9.1 LonWorks 技术在楼宇自动化抄表系统中的应用 …… 325
    8.9.2 LonWorks 技术在炼油厂原油罐区监控系统中的应用 …… 327
    8.9.3 LonWorks 在某铝电解厂槽控机中的应用 …… 329

## 第 9 章 几种控制网络的特色技术 …… 333

9.1 ControlNet …… 333
    9.1.1 并行时间域多路存取 …… 333
    9.1.2 ControlNet 的帧结构 …… 333
    9.1.3 通信调度的时间分片方法 …… 334
    9.1.4 ControlNet 的虚拟令牌 …… 336
    9.1.5 ControlNet 的显性报文与隐性报文 …… 336

9.2 WorldFIP …… 337
    9.2.1 WorldFIP 技术简介 …… 337
    9.2.2 WorldFIP 通信 …… 337
    9.2.3 WorldFIP 的通信控制器 …… 339
    9.2.4 新一代 FIP …… 341

9.3 Interbus 的通信特色 …… 341
    9.3.1 Interbus 简介 …… 341
    9.3.2 识别周期与数据传输周期 …… 342
    9.3.3 Interbus 的数据环单总帧协议 …… 342
    9.3.4 Interbus 的总线适配控制板 …… 344

9.4 ASI 控制网络 …… 345
    9.4.1 ASI 的网络构成 …… 345
    9.4.2 ASI 的主从通信 …… 346
    9.4.3 ASI 的报文格式 …… 346
    9.4.4 主节点的通信功能 …… 347
    9.4.5 从节点的通信接口 …… 348

9.5 DeviceNet …… 350
    9.5.1 DeviceNet 技术简介 …… 350
    9.5.2 DeviceNet 的通信参考模型 …… 351

9.5.3　DeviceNet 的物理层和物理媒体 …………………………………… 351
　　9.5.4　DeviceNet 的对象模型 ………………………………………………… 352
　　9.5.5　DeviceNet 的连接与连接标识 ………………………………………… 352
　　9.5.6　DeviceNet 的通信方式 ………………………………………………… 354
　　9.5.7　DeviceNet 的设备描述 ………………………………………………… 355
9.6　几种总线技术简介 ……………………………………………………………… 356
　　9.6.1　SwiftNet ………………………………………………………………… 356
　　9.6.2　HART …………………………………………………………………… 357
　　9.6.3　智能分布式系统 SDS ………………………………………………… 359
　　9.6.4　Seriplex 与 CEBUS …………………………………………………… 360
　　9.6.5　光总线 …………………………………………………………………… 361

# 第 10 章　短程无线数据通信 ……………………………………………………… 363

10.1　无线数据通信的标准及其相关技术 ………………………………………… 363
　　10.1.1　关于短程无线数据通信 ……………………………………………… 363
　　10.1.2　无线通信的一组术语 ………………………………………………… 364
　　10.1.3　无线局域网标准 ……………………………………………………… 366
10.2　蓝牙无线微微网 ……………………………………………………………… 367
　　10.2.1　蓝牙技术简介 ………………………………………………………… 367
　　10.2.2　蓝牙微微网与主从设备 ……………………………………………… 368
　　10.2.3　蓝牙协议和应用行规 ………………………………………………… 369
　　10.2.4　蓝牙设备的通信连接 ………………………………………………… 369
　　10.2.5　蓝牙设备的状态与状态转移 ………………………………………… 371
　　10.2.6　蓝牙的安全管理 ……………………………………………………… 372
　　10.2.7　蓝牙基带控制器芯片 MT1020A …………………………………… 373
　　10.2.8　蓝牙应用系统 ………………………………………………………… 374
10.3　ZigBee 低速短程网 …………………………………………………………… 375
　　10.3.1　ZigBee 的技术特点 …………………………………………………… 375
　　10.3.2　ZigBee 的通信参考模型 ……………………………………………… 376
　　10.3.3　ZigBee 的设备类型 …………………………………………………… 379
　　10.3.4　ZigBee 的网络拓扑 …………………………………………………… 380
　　10.3.5　ZigBee 的设备地址、寻址与路由 …………………………………… 381
　　10.3.6　ZigBee 的节能与安全 ………………………………………………… 384
　　10.3.7　ZigBee 通信节点芯片 CC2430 ……………………………………… 385
　　10.3.8　ZigBee 的应用系统 …………………………………………………… 388

**结束语　控制网络技术的比较与选择** ……………………………………………… 390

**主要参考文献** ………………………………………………………………………… 391

# 第1章 现场总线技术概述

计算机网络、通信与控制技术的发展,导致自动化系统的深刻变革。信息技术正迅速渗透到生产现场的设备层,覆盖从生产车间到企业管理经营的各个方面,沟通从原料供应、生产制造到生产调度、资源规划乃至市场销售的各个环节,逐步形成以控制网络为基础的企业信息系统。现场总线(Fieldbus)就是顺应这一趋势发展起来的新技术。

## 1.1 现场总线简介

现场总线是当今自动化领域技术发展的热点之一,被誉为自动化领域的计算机局域网。它的出现,将对该领域的技术发展产生重要影响。

### 1.1.1 什么是现场总线

现场总线原本是指现场设备之间公用的信号传输线。以后又被定义为应用在生产现场,在测量控制设备之间实现双向串行多节点数字通信的技术。随着技术内容的不断发展和更新,现场总线已经成为控制网络技术的代名词。它在离散制造业、流程工业、交通、楼宇、国防、环境保护以及农、林、牧等各行各业的自动化系统中具有广泛的应用前景。

现场总线以测量控制设备作为网络节点,以双绞线等传输介质为纽带,把位于生产现场、具备了数字计算和数字通信能力的测量控制设备连接成网络系统,按公开、规范的通信协议,在多个测量控制设备之间、以及现场设备与远程监控计算机之间,实现数据传输与信息交换,形成适应各种应用需要的自动控制系统。网络把众多分散的计算机连接在一起,使计算机的功能发生了神奇的变化,把人类引入到信息时代。现场总线给自动化领域带来的变化,正如计算机网络给单台计算机带来的变化。它使自控设备连接为控制网络,并与计算机网络沟通连接,使控制网络成为信息网络的重要组成部分。

现场总线技术是在20世纪80年代中期发展起来的。随着微处理器与计算机功能的不断增强,价格急剧降低,计算机与计算机网络系统得到迅速发展。而处于企业生产过程底层的测控自动化系统,由于设备之间采用传统的一对一连线,用电压、电流的模拟信号进行测量控制,或采用自成体系的封闭式的集散系统,难以实现设备之间以及系统与外界之间的信息交换,使自动化系统成为"信息孤岛"。要实现整个企业的信息集成,要实施综合自动化,就要构建运行在生产现场、性能可靠、造价低廉的工厂底层网络,完成现场自动化设备之间的多点数字通信,实现底层现场设备之间、以及生产现场与外界的信息交换。现场总线就是在这种实际需求的驱动下应运而生的。它作为现场设备之间互连的控制网络,沟通了生产过程现场控制设备之间及其与更高控制管理层网络之间的联系,为彻底打破自动化系统的信息孤岛僵局创造了条件。

现场总线系统既是一个开放的数据通信系统、网络系统，又是一个可以由现场设备实现完整控制功能的全分布控制系统。它作为现场设备之间信息沟通交换的联系纽带，把挂接在总线上、作为网络节点的设备连接为实现各种测量控制功能的自动化系统，实现如 PID 控制、补偿计算、参数修改、报警、显示、监控、优化及控管一体化的综合自动化功能。这是一项以数字通信、计算机网络、自动控制为主要内容的综合技术。

现场总线控制系统 FCS（Fieldbus Control System）属于网络化控制系统 NCS（Networked Control System）。这是继基地式气动仪表控制系统、电动单元组合式模拟仪表控制系统、集中式数字控制系统、集散控制系统 DCS 后的新一代控制系统。

20 世纪 50 年代以前，由于当时的生产规模较小，检测控制仪表尚处于发展的初级阶段，所采用的是直接安装在生产设备上、只具备简单测控功能的基地式气动仪表，其信号仅在本仪表内起作用，一般不能传送给别的仪表或系统，即各测控点只能成为封闭状态，无法与外界沟通信息，操作人员只能通过生产现场的巡视，了解生产过程的状况。

随着生产规模的扩大，操作人员需要综合掌握多点的运行参数与信息，需要同时按多点的信息实行操作控制，于是出现了气动、电动系列的单元组合式仪表，出现了集中控制室。生产现场各处的参数通过统一的模拟信号，如 $0.002 \sim 0.01$MPa 的气压信号，$0 \sim 10$mA、$4 \sim 20$mA 的直流电流信号，$1 \sim 5$V 直流电压信号等，送往集中控制室，在控制盘上连接。操作人员可以坐在控制室纵观生产流程各处的状况，可以把各单元仪表的信号按需要组合成复杂控制系统。

由于模拟信号的传递需要一对一的物理连接，信号变化缓慢，提高计算速度与精度的开销、难度都较大，信号传输的抗干扰能力也较差，人们开始寻求用数字信号取代模拟信号，出现了直接数字控制。由于当时的数字计算机技术尚不发达，价格昂贵，人们企图用一台计算机取代控制室的几乎所有仪表盘，出现了集中式数字控制系统。但由于当时数字计算机的可靠性还较差，一旦计算机出现某种故障，就会造成所有控制回路瘫痪、生产停产的严重局面，这种危险集中的系统结构很难为生产过程所接受。

随着计算机可靠性的提高，价格的大幅度下降，出现了数字调节器、可编程控制器 PLC，以及由多个计算机递阶构成的集中分散相结合的集散控制系统，这就是今天正在被许多企业采用的 DCS 系统。在 DCS 系统中，测量变送仪表一般为模拟仪表，它属于模拟数字混合系统。这种系统在功能、性能上较模拟仪表、集中式数字控制系统有了很大进步，可在此基础上实现装置级、车间级的优化控制。但是，在 DCS 系统形成的过程中，由于受计算机系统早期存在的系统封闭缺陷的影响，各厂家的产品自成系统，不同厂家的设备不能互连在一起，难以实现互换与互操作，组成更大范围信息共享的网络系统存在很多困难。

新型的现场总线系统克服了 DCS 系统中采用专用网络所造成的缺陷，把基于封闭、专用的解决方案变成了基于公开化标准化的解决方案，即可以把来自不同厂商而遵守同一协议规范的自动化设备，通过现场总线网络连接成系统，实现综合自动化的各种功能；同时把 DCS 的模拟数字混合系统结构，变成了新型的全分布式网络系统结构。这里的全分布是指把控制功能彻底下放到现场，在生产现场实现 PID 等基本控制功能。

现场总线系统的现场设备在不同程度上都具有数字计算和数字通信能力。这一方面提高了信号的测量、控制和传输精度,同时为丰富控制信息的内容、实现其远程传送创造了条件。借助现场设备的计算、通信能力,在现场就可进行多种复杂的控制计算,形成真正分散在现场的完整的控制系统,提高了控制系统运行的可靠性。还可借助现场总线控制网络以及与之有通信连接的其他网络,实现异地远程自动控制,如操作远在数百公里之外的电气开关等。还可提供传统仪表所不能提供的如设备资源、阀门开关动作次数、故障诊断等信息,便于操作管理人员更好、更深入地了解生产现场和自控设备的运行状态。

### 1.1.2 基于现场总线的数据通信系统

基于现场总线的数据通信系统由数据的发送设备、接收设备、作为传输介质的现场总线、传输报文、通信协议等几部分组成。图 1.1 为基于现场总线的数据通信系统的一个简单示例。图中,温度变送器要将生产现场运行的温度测量值传输到监控计算机。这里传输的报文内容为温度测量值,现场温度变送器为发送设备,计算机为接收设备,现场总线为传输介质,

图 1.1 基于现场总线的数据通信系统示例

通信协议则是事先以软件形式存在于计算机和温度变送器内的一组程序。因此这里的数据通信系统实际上是一个以总线为连接纽带的硬软件结合体。

在基于现场总线的数据通信系统中,所传输的数据是与生产过程密切相关的数值、状态、指令等。如用数字 1 表示管道中阀门的开启,用数字 0 表示阀门的关闭;用数字 1 表示生产过程处于报警状态,数字 0 表示生产过程处于正常状态。表示温度、压力、流量、液位等的数值、控制系统的给定值、PID 参数等都是典型的报文数据。

传统的测量控制系统,从输入设备到控制器,从控制器到输出设备,均采用设备间一对一的连线,即点到点布线,通过电压、电流等模拟信号传送参数值。现场总线系统则采用串行数据通信方式实现众多节点的数据通信,不必在每对通信节点间建立直达线路,而是采用网络的连接形式构建数据通道。串行数据通信最大的优点是经济。两根导线上挂接多个传感器、执行器,具有安装简单、通信方便的优点。这两根实现串行数据通信的导线就称之为总线。采用总线式串行通信为提供更为丰富的控制信息内容创造了条件。总线上除了传输测量控制的状态与数值信息外,还可提供模拟仪表接线所不能提供的参数调整、故障诊断、阀门开关的动作次数等信息,便于操作管理人员更好、更深入地了解生产现场和自控设备的运行状态。

在现场总线系统中,人们通常按通信帧的长短,把数据传输总线分为传感器总线、设备总线和现场总线。传感器总线的通信帧长度只有几个或十几个数据位,属于位级的数据总线,比如后面章节中要讨论的 ASI(Actuator Sensor Interface)总线。设备总线的通信帧长度一般为几个到几十个字节,属于字节级的总线。本书中字节一般指具有 8 个数据位的字节。后面章节中要讨论的 CAN(Control Area Network)总线就属于设备总线。现场总线属于数据块级的总线,其通信帧的长度可达几百个字节。当需要传输的数据包更长时,可支持分包传送。现场总线中传输的与控制直接相关的数据帧的长度一般只有几个或几十个字节,如后面章节中要讨论的 Foundation Fieldbus、ControlNet、PROFIBUS

等都属于典型的现场总线。不过,在许多应用场合,人们还是习惯于把传感器总线、设备总线等这几种数据帧长度不一的总线统称为现场总线。

### 1.1.3 现场总线控制网络与网络化控制系统

随着技术的不断发展,现场总线不再只局限于数据通信的技术范畴,各种控制功能块、控制网络的网络管理、系统管理内容的不断扩充,使现场总线系统逐渐成为网络系统与自动化系统的结合体,形成了控制网络技术。而现场总线控制网络与互联网的结合,使控制网络又进一步拓宽了作用范围。

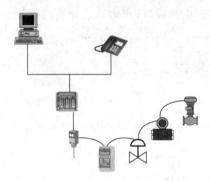

图 1.2 简单控制网络示意图

控制网络由多个分散在生产现场、具有数字通信能力的测量控制仪表作为网络节点而构成。它采用公开、规范的通信协议,以现场总线作为通信连接的纽带,把现场控制设备连接成可以相互沟通信息,共同完成自控任务的网络系统与控制系统。图 1.2 为简单控制网络的示意图。这是一个位于生产现场的网络系统,网络在各控制设备之间构筑起沟通数据信息的通道,在现场的多个测量控制设备之间、以及现场设备与监控计算机之间,实现工业数据通信。这又是一个以网络为支撑的控制系统,依靠网络在传感测量、控制计算、执行器等功能模块之间传递输入输出信号,构成完整的控制系统,完成自动控制的各项任务。

相对普通计算机网络系统而言,控制网络的组成成员种类比较复杂。除了作为普通计算机网络系统成员的各类计算机、工作站、打印机、显示终端之外,大量的网络节点是各种可编程控制器、开关、马达、变送器、阀门、按钮等,其中大部分节点的智能程度远不及计算机。有的现场控制设备内嵌有 CPU、单片机或其他专用芯片,有的只是功能相当简单的非智能设备。

控制网络属于一种特殊类型的计算机网络。它位于生产现场,是用于完成自动化任务的网络系统。其应用涉及离散、连续制造业,交通、楼宇、家电,甚至农、林、牧、渔等各行各业。其网络规模可以从两三个数据节点到成千上万台现场设备。一个汽车组装生产线可能有多达 25 万个 I/O 节点,石油炼制过程中的一个普通装置也会有上千台测量控制设备。由它们组成的控制网络,其规模相当可观。

控制网络的出现,打破了自动化系统原有的信息孤岛的僵局,为工业数据的集中管理与远程传送,为自动化系统与其他信息系统的沟通创造了条件。控制网络与办公网络、Internet 的结合,拓宽了控制系统的视野与作用范围,为实现企业的管理控制一体化、实现远程监视与操作提供了基础条件。如操作远在数百公里之外的电气开关、在某些特定条件下建立无人值守机站等。

控制网络的出现,导致了传统控制系统结构的变革,形成了以网络作为各组成部件之间信息传递通道的新型控制系统,即网络化控制系统 NCS。网络成为这种新型控制系统各组成部分之间信息流动的命脉,网络本身也成为控制系统的组成环节之一。

控制网络改变了传统控制系统的结构形式。传统模拟控制系统采用一对一的设备连线,按控制回路的信号传递需要连线。位于现场的测量变送器与位于控制室的控制器之间,控制器与位于现场的执行器、开关、马达之间均为一对一的物理连接。网络化控制系统则借助网络在传感器、控制器、执行器各单元之间传递信息,通过网络连接形成控制系统。如图1.3所示比较了网络化控制系统与传统控制系统的结构。这种网络化的连接方式简化了控制系统各部分之间的连线关系,为系统设计、安装、维护带来很多方便。

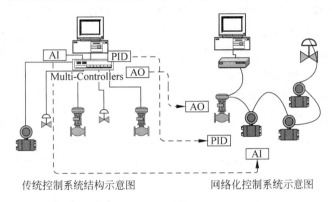

图1.3 网络化控制系统与传统控制系统的结构比较

### 1.1.4 现场总线系统适应了综合自动化的发展需要

随着计算机、信息技术的飞速发展,20世纪末世界最重大的变化是全球市场的逐渐形成,从而导致竞争空前加剧,产品技术含量高、更新换代快。处于全球市场之中的工业生产必须加快新产品的开发,按市场需求调整产品的上市时间T(Time to Market),改善质量Q(Quality),降低成本C(Cost),并不断完善售前售后服务S(Service),才能在剧烈的竞争之中立于不败之地。追求完善的T、Q、C、S是一个永无止境的过程,它能不断地促进技术进步与管理改革。为了适应市场竞争需要、在追求TQCS的过程中逐渐形成了计算机集成制造系统。它采用系统集成、信息集成的观点来组织工业生产。把市场、生产计划、制造过程、企业管理、售后服务看作一体化过程,并采用计算机、自动化、通信等技术来实现整个过程的综合自动化,以改善生产加工、管理决策等。由于它把整个生产过程看作是信息的采集、传送及加工处理的过程,因而信息技术成为生产制造过程的重要因素。综合自动化就是在信息采集、加工的基础上,运用网络和数据库技术,实现经营、管理、控制信息的集成,在集成信息的基础上进一步优化资源配置与生产操作,增加产量,改善T、Q、C、S,提高企业的市场应变能力和竞争能力。

随着计算机与计算机网络技术的迅速发展,使计算机集成制造系统具备了良好的实施基础。处于企业生产过程底层的测控自动化系统,如果继续采用模拟仪表,采用DCS模拟数字混合系统,就难以与外界交换信息,难以支持计算机集成制造系统的实施。现场总线系统是实现整个生产过程信息集成,实施综合自动化的重要基础,它适应了信息时代自动化系统智能化、网络化、综合自动化的发展需求。

### 1.1.5 早期的现场总线

早期的现场总线又称为工业电话线。用于在测量控制设备之间传递信号。总线把传感器、按钮、执行机构等连接到可编程控制器(PLC)或其他类型的专用控制器上,共同执行工业控制任务。控制系统的输入包括按钮、传感器、接触器的位置状态与数值,控制系统的输出用于去驱动信号灯、接触器、开关等。

20 世纪 70 年代,大约在可编程控制器出现的同时,Culter-Hammer 推出了一个称之为 Directrol 的产品,这是第一个设备层现场总线系统。20 世纪 80 年代中出现的 General Electric 公司的 Genius I/O,Phoenix 公司的 Interbus-S,TURCK 公司的 Sensoplex,Process Data 的 P-Net,以及 Siemens 公司的 PROFIBUS,都属于至今还在应用、有一定影响力的总线技术。

Genius I/O 属于通用型,能够处理较长的数据。它从一个 PLC 到另外的 PLC、从 PLC 到人机界面操作盘之间传递数据信息,对 I/O 口进行管理。Genius I/O 属于令牌总线,网段节点总数可达 32 个;采用分支受限制的总线拓扑;传输距离为 3500ft(传输速率 153.6Kbaud 时)~7500ft(传输速率 38.4Kbaud 时);传输介质为屏蔽双绞线,支持光缆;传输信号为 FSK 频移键控调制信号;每个节点的输入为 1024 位,节点的输出也为 1024 位,均按字节分配;传输速度为 38.4Kbaud~153.6Kbaud;具有错误检测和错误纠正功能。

Interbus 是独具特色的一种现场总线,是一种快速、确定、高效的总线。它是给单主机系统设计的。Interbus-S 在物理上是直线总线,而采用数据环的方式交换数据。当需要一个快速且长距离的系统时,Interbus 是一种较好的选择。它的远程总线最多带有 64 个节点。覆盖距离最远可达 12.8km。每个节点的输入数据为 16 位,输出数据为 16 位。在数据环路中,每个节点都接收来自网络的报文,从中得到它需要的信息,并添加上各节点自己需要回传给其他节点的信息,形成单一集总帧的结构,因而数据帧中有效数据位的比率高。其信号遵循 EIA-485 标准,传输速率为 500Kb/s。

Sensoplex 作为早期的一种专用总线,最初是在德国科隆的福特汽车公司开发的。这个项目要求将节点和数据线直接连接到机器人的焊接臂上。由于接近电磁场,周围的低频电磁场不仅影响数据,还影响节点的输入输出电源。而该项目对数据集成的要求又很高。Sensoplex 在抗噪声、抗电磁干扰方面的能力很强,安装在上述恶劣环境中的机器上,工作状态良好。

Sensoplex 采用主从结构,用 75Ω 同轴电缆连接,采用 FSK 频移键控调制信号,支持总线供电和本质安全。节点总数在第一代时为 32 个,第二代时增加到 64~120 个。采用总线拓扑,分支数不受限制。主节点与最远从节点之间的距离为 200m,使用中继器可使该距离增加至 400m。传输速度为 187Kbaud,地址设置采用 DIP 开关,每个节点的数据输入位为 8 位,数据输出位也为 8 位。1992 年推出的第二代 Sensoplex 产品具有本质安全特性,除了最易爆炸的乙炔和氢气环境之外,它可以广泛应用在易燃易爆的环境。

P-Net 是丹麦 Process Data 公司于 1983 年推出的控制网络技术。它主要用于动物饲养系统、奶制品厂、啤酒厂、农业环境控制等应用场合,将 I/O 节点连接成网络系统。P-Net 的系统规模可从几个节点的简单系统到几千个 I/O 节点的复杂系统。至今许多控制网络的通信参考模型都只采用了 ISO/OSI 参考模型中的物理层、数据链路层、应用层,而 P-Net 采用了许多总线技术所没有的网络层与传输层,因而可以形成网络系统结构较为复杂的控制网络。

P-Net 的电气规范基于 EIA-485 标准,使用屏蔽双绞线。传输速率为 76.8Kb/s。最大传输距离为 1200m,每段最多可以连接 125 个设备。各分段间采用多口主节点隔开。为了保证实时数据的采集,规定每帧数据为 56 位。当数据大于 56 位时,将自动地分割成几个连续的帧来传输。采用 CRC 循环冗余检测和海明码校正的出错校验机制。

P-Net 采用分段结构的多主网络系统,网络中可以连接多至 32 个主节点,主节点下可连接多个从节点。图 1.4 为 P-Net 多主网络系统的连接示意图,图中的 Master 表示主节点,Slave 表示从节点,而 Multi-port Master 是作为网段间接口的多口主节点。

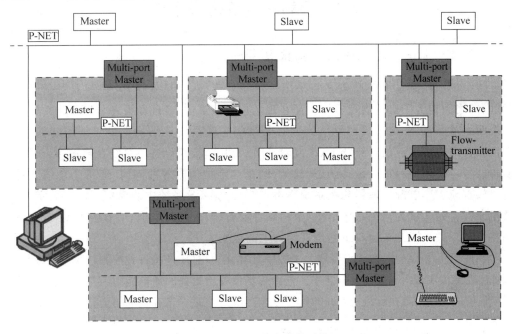

图 1.4  P-Net 多主网络系统

P-Net 的所有主节点具有相同的优先级,采用"虚拟令牌"在主节点之间依次循环传递,决定对总线的访问控制权。网络中每个节点都具有自己的节点地址。组态时所需要的通信参数较少。对于从节点模块,只需设置它的节点地址。对于主节点模块,也只需设定它的节点地址和主节点数量。即使系统在运行过程中也可更改节点地址。

P-Net 现已成为丹麦的国家标准和欧洲标准 EN50170 的子集,并被列入国际现场总线标准 IEC61158,属该标准的子集 4。

从这些早期的总线技术也可以看出工业数据通信与控制网络的特点。它在网络规模、节点种类、通信帧的长度、所处的工作环境、各种通信技术参数、需要考虑解决的问题等方面,都具有区别于语音通信、计算机通信系统的显著特征。

早期的总线技术大多是专有通信技术,自成系统,不具备开放性。不同生产商的产品之间不能相互通信。技术的发展与用户需求促进了开放总线诞生。开放意味着通信协议与规范公开统一,产品容许多个制造商生产,不同制造商生产的产品能在同一通信网络系统中互连、互操作。

工业数据通信系统早期最典型的开放产品范例就是 CAN 总线芯片。它有公开统一的技术规范。许多芯片制造商，如 Motorola、Intel、Philips、Hitachi 都在生产。CAN 的开放性确实对 CAN 技术的发展与推广应用起到了积极的促进作用。

早期总线技术的另一特点是通信帧短。应该说这也是工业数据通信的特点之一。但今天的控制网络与早期的总线通信相比，其通信帧普遍变长、通信量变大。这也说明控制网络中信息量的需求在日趋增大。

## 1.2 现场总线系统的特点

### 1.2.1 现场总线系统的结构特点

传统模拟控制系统在设备之间采用一对一的连线，测量变送器、控制器、执行器、开关、电机之间均为一对一物理连接。而在现场总线系统中，各现场设备分别作为总线上的一个网络节点，设备之间采用网络式连接是现场总线系统在结构上最显著的特征之一。在两根普通导线制成的双绞线上，挂接着几个、十几个自控设备。总线在传输多个设备的多种信号，如运行参数值、设备状态、故障、调校与维护信息等的同时，还可为总线上的设备提供直流工作电源。现场总线系统不再需要传统 DCS 系统中的模拟/数字、数字/模拟转换卡件。这样就为简化系统结构、节约硬件设备、节约连接电缆、节省各种安装、维护费用创造了条件。图 1.3 比较了它们在结构上的区别。

在现场总线系统中，由于设备增强了数字计算能力，有条件将各种控制计算功能模块、输入输出功能模块置入到现场设备之中。借助现场设备所具备的通信能力，直接在现场完成测量变送仪表与阀门等执行机构之间的信号传送，实现了彻底分散在现场的全分布式控制。

### 1.2.2 现场总线系统的技术特点

现场总线是控制系统运行的动脉、通信的枢纽，因而应关注系统的开放性、互可操作性、通信的实时性、以及对环境的适应性等问题。

**系统的开放性**。系统的开放性体现在通信协议公开，不同制造商提供的设备之间可实现网络互连与信息交换。这里的开放是指对相关规范的一致与公开，强调对标准的共识与遵从。一个开放系统，是指它可以与世界上任一制造商提供的、遵守相同标准的其他设备或系统相互连通。用户可按自己的需要和考虑，把来自不同供应商的产品组成适合自己控制应用需要的系统。现场总线系统应该成为自动化领域的开放互连系统。

今天，位于企业基层的测控系统，许多依然处于封闭、孤立的状态，严重制约了其自身信息交换的范围与功能发展。从用户到设备制造商都强烈要求形成统一标准，从根本上打破现有各自封闭的体系结构，组成开放互联网络。正是这种需求促进了现场总线技术的诞生与发展。

**互可操作性**。这里的互可操作性，是指网络中互连的设备之间可实现数据信息传送与交换。如 A 设备可以接收 B 设备的数据,也可以控制 C 设备的动作与所处状态。而互用则意味着对不同生产厂家的性能类似的设备可以相互替换。

**通信的实时性与确定性**。现场总线系统的基本任务是实现测量控制。而有些测控任务是有严格的时序和实时性要求的。达不到实时性要求或因时间同步等问题影响了网络节点间的动作时序,有时会造成灾难性的后果。这就要求现场总线系统能提供相应的通信机制,提供时间发布与时间管理功能,满足控制系统的实时性要求。现场总线系统中的媒体访问控制机制、通信模式、网络管理与调度方式等都会影响到通信的实时性、有效性与确定性。

**现场设备的智能与功能自治性**。这里的智能主要体现在现场设备的数字计算与数字通信能力上。而功能自治性则是指将传感测量、补偿计算、工程量处理、控制计算等功能块分散嵌入到现场设备中,借助位于现场的设备即可完成自动控制的基本功能,构成全分布式控制系统。并具备随时诊断设备工作状态的能力。

**对现场环境的适应性**。现场总线系统工作在生产现场,应具有对现场环境的适应性。工作在不同环境下的现场总线系统,对其环境适应性有不同要求。在不同的高温、严寒、粉尘环境下能保持正常工作状态,具备抗震动、抗电磁干扰的能力。在易燃易爆环境下能保证本质安全,有能力支持总线供电等。这是现场总线控制网络区别于普通计算机网络的重要方面。采用防雨、防潮、防电磁干扰的壳体封装,采用工作温度范围更宽的电子器件,采用屏蔽电缆或光缆作为传输介质,实现总线供电,满足本质安全防爆要求等都是现场总线系统所采取的提高环境适应性的措施。

### 1.2.3 现场总线系统的优势与劣势

由于现场总线的以上特点,使得控制系统的设计、安装、投运和检修维护,都体现出优越性。

**节省硬件数量与投资**。现场总线系统中,由于智能现场设备能直接执行多参数测量、控制、报警、累计计算等多种功能,因而可减少变送器的数量,不再需要单独的调节器、计算单元等,不再需要 DCS 系统的信号调理、转换等功能单元,从而也省去了它们之间的复杂接线,节省了一大笔硬件投资,减少了控制室的占地面积。

**节省安装费用**。现场总线系统在一对双绞线或一条电缆上通常可挂接多个设备,因而系统的连线非常简单。与传统连接方式相比,所需电缆、端子、槽盒、桥架的用量大大减少,连线设计与接头校对的工作量也大大减少。当需要增加现场控制设备时,无需增设新的电缆,可就近连接在原有的电缆上,既节省了投资,也减少了设计、安装的工作量。据有关典型试验工程的测算资料,可节约安装费用 60% 以上。

**节省维护开销**。由于现场控制设备具有自诊断与简单故障处理的能力,并通过数字通信将相关的诊断维护信息送往控制室,用户可以查询所有设备的运行,诊断维护信息,以便早期分析故障原因并快速排除,缩短了维护停工时间。同时由于系统结构简化,连线简单而减少了维护工作量。

**用户具有系统集成主动权**。用户可以自由选择不同厂商所提供的设备来集成系统。不会为系统集成中不兼容的协议、接口而一筹莫展。使系统集成过程中的主动权牢牢掌握在用户手中。

**提高了系统的准确性与可靠性**。由于现场总线设备的智能化、数字化,与模拟信号相比,从根本上提高了测量与控制的精确度,减少了传送误差。同时,由于系统的结构简化,设备与连线减少,现场仪表内部功能加强,减少了信号的往返传输,提高了系统的工作可靠性。此外,由于设备标准化,功能模块化,使系统具有设计简单,易于重构等优点。

现场总线系统中,由于网络成为各组成部件之间的信息传递通道,网络成为控制系统不可缺少的组成部分之一。而网络通信中数据包的传输延迟,通信系统的瞬时错误和数据包丢失,发送与到达次序的不一致等,都会破坏传统控制系统原本具有的确定性,使得控制系统的分析和综合变得更复杂,使控制系统的性能受到负面影响。如何使控制网络满足控制系统对通信实时性、确定性的要求,是现场总线系统在设计和运行中应该关注的重要问题。

## 1.3 以现场总线为基础的企业网络系统

### 1.3.1 企业网络系统的基本组成

图1.5是以现场总线为基础的企业网络系统示意图。该系统按功能结构划分为以下三个层次:企业资源规划层 ERP(Enterprise Resource Planning)、制造执行层 MES(Manufacturing Execution System)以及现场控制层 FCS(Field Control System)。通过各层之间的网络连接与信息交换,构成完整的企业网络系统。

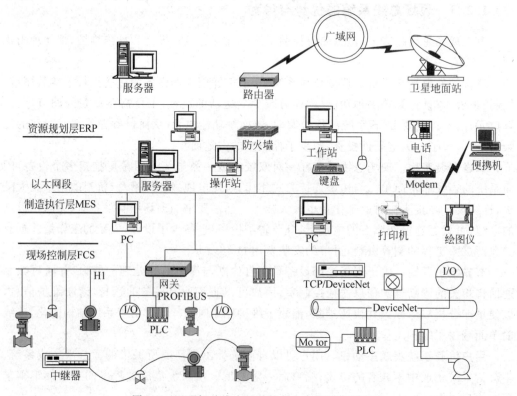

图1.5 以现场总线为基础的企业网络系统示意图

## 1.3 以现场总线为基础的企业网络系统

企业网络系统早期的结构比较复杂,功能层次较多,包括控制、监控、调度、计划、管理、经营决策等。随着互联网技术的发展和普及,企业网络系统的结构层次趋于扁平化。同时对功能层次的划分也更为简化。下层为现场总线所处的现场控制层 FCS,最上层为企业资源规划层 ERP,而将传统概念上的监控、计划、管理、调度等多项控制管理功能交错的部分,都包罗在中间的制造执行层 MES 中。

由于 ERP 与 MES 功能层大多采用以太网技术构成信息网络,网络节点多为各种计算机及外设,它们之间的网络集成、它们与外界互联网之间的信息交互得到了较好解决,其信息集成相对比较容易。

图 1.5 中 H1、PROFIBUS、LonWorks 等现场总线网段与工厂现场设备连接,构成现场控制层 FCS,它是企业网络的基础。目前,现场控制层所采用的控制网络种类繁多,本层网络内部的通信一致性很差,有形形色色的现场总线,再加上 DCS、PLC、SCADA 等。控制网络从通信协议到网络节点类型,都与数据网络存在较大差异。使得控制网络之间、控制网络与外部互联网之间实现信息交换的难度较大,实现互连和互操作存在较多障碍。因此,需要从通信一致性、数据交换技术等方面入手,改善控制网络的数据集成与交换能力。

图 1.6 为企业网络系统各功能层次的信息传递示意图。可把它视为图 1.5 的简化形式。从图中可以看到,除现场控制层 FCS 之外,上层的 ERP 和 MES 都采用以太网。图 1.6 清楚地描绘了各层的网络类型、网络节点设备、信息传递的流向等。

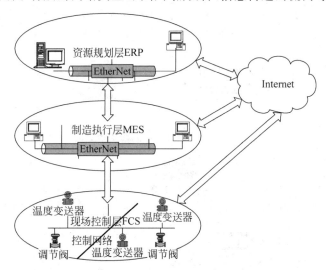

图 1.6 企业网络系统各功能层次信息传递示意图

### 1.3.2 现场总线系统在企业网络中的地位与作用

从以上讨论可以看到,无论从哪个角度看,现场总线系统都处于企业网络的底层,或者说,它是构成企业网络的基础。

现场总线系统在企业网络中的作用主要是为自动化系统传递数字信息,借助现场总线把控制设备连接成控制系统。它所传递的数字信息主要包括生产运行参数的测量值、控制量、阀门的工作位置、开关状态、报警状态、设备的资源与维护信息、系统组态、参数修改、零点量程调校信息等。它们是企业信息的重要组成部分。

企业的管理控制一体化系统需要控制信息的参与,生产的优化调度需要实现装置间的数据交换,需要集成不同装置的生产数据。这些都要求在现场控制层内部,在 FCS 与 MES、ERP 各层之间,能实现数据传输与信息共享。现场总线系统在实施生产过程控制、为企业网络提供、传输、集成生产数据方面,发挥着重要作用。

### 1.3.3 现场总线系统与上层网络的连接

由于现场总线系统所处的特殊环境及所承担的实时控制任务,现场总线技术是普通局域网、以太网技术所难以取代的,因而它至今依然保持着在现场控制层的地位和作用。但是它需要与上层的信息网络、与外界的互联网实现信息交换,以拓宽控制网络的作用范围,实现企业的管理控制一体化。

目前,控制网络与上层网络的连接方式一般有以下三种:一是采用专用网关完成不同通信协议的转换,把控制网段或 DCS 连接到以太网上。图 1.7 画出了通过网关连接控制网段与上层网络的示意图。二是将现场总线网卡和以太网卡都置入工业 PC 的 PCI 插槽内,在 PC 内完成数据交换。图 1.8 中采用现场总线的 PCI 卡,实现控制网段与上层网络的连接。三是将 WEB 服务器直接置入 PLC 或现场控制设备内,借助 WEB 服务器和通用浏览工具,实现数据信息的动态交互。这是近年来互联网技术直接应用于现场设备的结果,但它需要有一直延伸到生产底层的以太网支持。正是因为控制设备内嵌 WEB 服务器,使得控制网络的设备有条件直接通向互联网,与外界直接沟通信息。

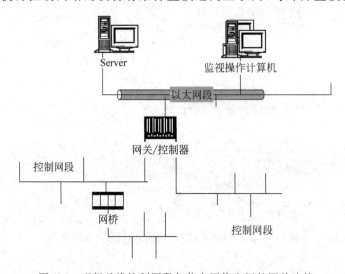

图 1.7 现场总线控制网段与信息网络之间的网关连接

现场总线系统与上层信息网络的连接,使互联网信息共享的范围延伸到设备层,同时也拓宽了测量控制系统的视野与工作范围,为实现跨地区的远程控制与远程故障诊断创造了条件。人们可以在千里之外查询生产现场的运行状态;方便地实现偏远地段生产设备的无人值守;远程诊断生产过程或设备的故障;在办公室查看并操作家中的各类电器;等等。

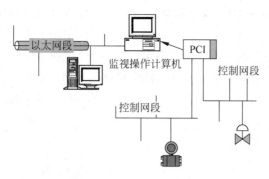

图 1.8 采用 PCI 卡连接控制网段与上层网络

## 1.4 现场总线技术的标准化

近年来,欧洲、北美、亚洲的许多国家都投入巨额资金与人力,研究开发现场总线技术,出现了百花齐放、兴盛发展的态势。据说,世界上已出现各式各样的现场总线 100 多种,其中宣称为开放型总线的就有 40 多种。有些已经在特定的应用领域显示了各自的特点和优势,表现了较强的生命力。出现了各种以推广现场总线技术为目的的组织,如现场总线基金会(**Fieldbus Foundation**),PROFIBUS 协会,**LonMark** 协会,工业以太网协会 IEA(Industrial EtherNet Association),工业自动化开放网络联盟 IAONA(Industrial Automation Open Network Alliance)等。并形成了各式各样的企业、国家、地区、及国际现场总线标准。这种多标准现状的本身就违背了标准化的初衷。标准的一致性无疑会有益于用户,有益于促进该项技术本身的发展。形形色色的现场总线使数据通信与网络连接的一致性不得不面临许多问题。

国际标准化组织 ISO,IEC 都卷入了现场总线标准的制定。最早成为国际标准的是 CAN,它属于 ISO11898 标准。但 IEC/TC65 主持的制定现场总线标准的工作历经了 20 多年的坎坷。其负责测量和控制系统数据通信国际标准化工作的 SC65C/WG6,应该是最先开始现场总线标准化工作的组织。它于 1984 年就开始着手总线标准的制定,初衷是致力于推出世界上单一的现场总线标准。作为一项数据通信技术,单从应用需要与技术特点的角度,统一通信标准应该是首选。但由于行业、地域发展历史和商业利益的驱使,以及种种经济、社会的复杂原因,总线标准的制定工作并非一帆风顺。IEC 现场总线物理层标准 IEC61158-2 诞生于 1993 年,从数据链路层开始,标准的制定一直处于混乱状态。在历经了波及全球的现场总线标准大战之后,迎来的依然是多种总线并存的尴尬局面。IEC 于 2000 年初宣布:由原有的 IEC 61158;ControlNet;PROFIBUS;P-Net;High Speed EtherNet;Newcomer SwiftNet;WorldFIP;Interbus-S 八种现场总线标准共同构成 IEC 现场总线国际标准子集。而近两年正在进行的实时以太网的标准化进程又重蹈覆辙,有 11 个基于实时以太网的 PAS 文件进入了 IEC61784-2,它们是:EtherNet/IP,PROFINET,P-Net,Interbus,VNET/IP,TCnet,EtherCAT,EtherNet Powerlink,EPA,

Modbus-RTPS,SERCOS-III。这些结果都违背了当初制定单一现场总线标准的初衷,令人无奈的多种总线并存依然是今后相当长一段时期不得不面对的现实。

  比较而言,IEC/17B 的工作要顺利得多。它负责制定低压开关装置与控制装置用控制设备之间的接口标准,即 IEC 62026 国际标准已经通过。该标准包括第 2 部分 ASI,第 3 部分 DeviceNet;第 4 部分智能分布式系统 SDS(Smart Distributed System);第 5 部分 Seriplex。

# 第 2 章 数据通信基础

## 2.1 基本术语

### 2.1.1 总线

总线(bus)是网络上各节点共享的传输媒体,是信号传输的公共路径。总线段(bus segment)则指通过总线连接在一起的一组设备,这一组设备的连接与操作方式遵循同一种技术规范。一个总线段上的所有节点能同时收到总线上的报文信号。可以通过总线段的相互连接把多个总线段连接成一个网络系统。

总线协议(bus protocol)。总线上的设备如何使用总线的一套规则称为"总线协议"。这是一套事先规定的、必须共同遵守的规约。

总线操作。总线上数据发送者与接收者之间的连接→数据传送→脱开这一操作序列称为一次总线操作。这里的连接(connection)指在相同或不同设备内,通信对象之间的逻辑绑定(binding)。连接完成之后通信报文的发送与接收过程,或者数据的读写操作过程,称为数据传送。而脱开(disconnect)则指完成一次或多次总线操作后,断开发送者与接收者之间的连接关系,放弃对总线的占有权。

现场设备(fieldbus device)。作为网络节点连接在现场总线上的物理实体。现场设备具备测量控制功能,也具有数据通信的能力。具有总线通信接口的传感器、变送器、电子控制单元、执行器等都属于现场设备。

总线主设备(bus master)。有能力在总线上发起通信的设备叫做总线主设备。或者说,总线的通信权由总线主设备掌管。

总线从设备(bus slaver)。不能在总线上主动发起通信,只能挂接在总线上、对总线信号进行接收查询的设备称为总线从设备。从设备有时也被称之为基本设备。

在一条总线段上可能连接有多个主设备,这些主设备都有能力主动发起通信。但某一时刻,一条总线段上只能有一个主设备掌管其总线的通信权,即只能由一个主设备执行其主设备的功能。

总线仲裁(bus arbitration)。由于总线是多个设备之间信号传输的公共路径,当有一个以上设备企图同时占用总线时就可能会发生冲突(contention)。总线仲裁指对总线冲突的处理过程,根据某种裁决规则来确定下一个时刻具有总线占有权的设备。某一时刻只允许一个设备占用总线,等到它完成总线操作,释放总线占有权后,才允许其他设备占用总线。总线设备为获得总线占有权而等待仲裁的时间叫做访问等待时间(access latency)。设备占有总线的时间叫做总线占有期。

总线仲裁有集中仲裁与分布式仲裁两种。集中仲裁由一个仲裁单元完成。如果有两个以上主设备同时请求使用总线时,由特定的仲裁单元利用优先级方案进行仲裁。而分布式仲裁的仲裁过程是在各主设备中完成的。当某一主设备在总线上置起它的优先级代码时,开始一个仲裁周期。仲裁周期结束时,只有最高优先级仍置放在总线上。某一主设备检测到总线上的优先级和它自己的优先级相同时,就知道下一时刻的总线主设备是它自己。

有多种优先级方案可供选用。有的方案中允许高优先级的设备可以无限期地否决低优先级的设备而占有总线,而另一些方案则不允许某一主设备长时间霸占总线。

### 2.1.2 数据通信系统

数据通信是现场总线系统的基本功能。数据通信过程,是两个或多个节点之间借助传输媒体以二进制形式进行信息交换的过程。将数据准确、及时地传送到正确的目的地,是数据通信系统的基本任务。数据通信系统一般不对数据内容进行任何操作。

图 2.1 表示了数据通信系统的基本构成。虚线框内为一个单向数据通信系统。其硬件由数据信息的发送设备、接收设备、传输介质组成。由数据信息形成的通信报文和通信协议是通信系统实现数据传输不可缺少的软件。例如在图 1.1 所示的数据通信系统中,温度变送器要将生产现场的温度测量值送到监控计算机。这里的现场温度变送器即为发送设备,计算机为接收设备,中间的连接电缆为传输介质,温度测量值为要传送的报文内容,通信协议则是存在于计算机和温度变送器内的一组程序。因此,数据通信系统实际上是一个硬软件的结合体。

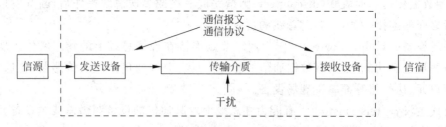

图 2.1 数据通信系统的基本构成

### 2.1.3 数据通信的发送与接收设备

数据通信系统中,具有通信信号发送电路的设备称为发送器(transmitter)或发送设备。而具有通信信号接收电路的设备则称为接收器(receiver)或接收设备。发送、接收设备往往都与数据源连成一个整体。现场总线系统中许多测量控制设备同时兼有测量控制功能和信号发送、接收功能,它们在完成测量控制功能的同时完成通信系统的发送接收功能。通常由监控计算机、现场测量控制仪表等兼作通信设备。它们一般既可以作为发送设备,又可以作为接收设备。一方面将本设备产生的数据发送到通信系统,另一方面也接收其他设备传送给它的信号。例如在传送参数测量值时,变送器是发送设备而控制计算机是接收设备,而在计算机发出对变送器零点量程调校信息时,计算机是发送设备,而变送器则成为接收设备。这时,它们被称之为收发器(transceiver)。

### 2.1.4 传输介质

传输介质是指在两点或多点之间连接收发双方的物理通路,是发送设备与接收设备之间信号传递所经过的媒介,也称之为传输媒体。数据通信系统可以采用无线传输媒体,如电磁波、红外线等,也可以采用双绞线、电缆、电力线、光缆等有线媒体。在媒体的传输过程中,必然会引入某些干扰,如噪声干扰、信号衰减等。传输媒体的特性对网络中数据通信的质量影响很大。

传输媒体的特性主要指

(1) 物理特性。传输介质的物理结构;

(2) 传输特性。传输介质对通信信号传送所允许的传输速率、频率、容量等;

(3) 连通特性。点对点或一对多点的连接方式;

(4) 地域范围。传输介质对某种通信信号的最大传输距离;

(5) 抗干扰性。传输介质防止噪声与电磁干扰对通信信号影响的能力。

### 2.1.5 通信软件

报文与通信协议都属于通信系统中的软件。一般把需要传送的信息,包括文本、命令、参数值、图片、声音等称为报文。它们是数字化的信息。这些信息或是原始数据,或是测控参数值,或是经计算机处理后的结果,还可能是某些指令或标志。

要理解各通信实体之间传送的二进制码的含义,还需要有一套事先规定、共同遵守的规约。通信设备之间用于控制数据通信与理解通信数据意义的一组规则,称为通信协议。协议定义了通信的内容、通信何时进行以及通信如何进行等。协议的关键要素是语法、语义和时序。

语法。这里的语法是指通信中数据的结构、格式及数据表达的顺序。如一个简单的协议可以定义数据的前面 8 位(或 16 位)是发送者的地址即源地址,接着的 8 位(或 16 位)是接收者的地址即目的地址,后面紧跟着的是要传送的指令或数据等。

语义。这里的语义是指通信数据位流中每个部分的含义,收发双方正是根据语义来理解通信数据的意义。如某数据表明了现场某点的温度测量值,该点温度是否处于异常状态,该温度测量仪表本身的工作状态是否正常等。

时序。时序包括两方面的特性,一是数据发送时间的先后次序,二是数据的发送速率。收发双方往往需要以某种方式校对时钟周期,并协调数据处理的快慢。如果发送方以 100Mb/s 的速率发送数据,而接收方仅能处理 1Mb/s 速率的数据,接收方将因负荷过重而导致大量数据丢失。在网络通信中,由于传输迟延、路由路径不等之类的原因,还会出现先发送的数据却在某些数据之后才能被接收到的数据收发次序错乱现象,这种现象在许多控制系统,特别是装置启停控制过程中,是不容许发生的。

一个完整的通信协议所包含的内容十分丰富,它规定了用以控制信息通信的各方面的规则。在通信设备或产品的形成过程中,还需要有依通信协议所制定的各项标准或行规,如国际标准化组织的 ISO 标准、IEC 标准等。

## 2.2 通信系统的性能指标

通信系统的任务是传递信息,因而信息传输的有效性和可靠性是通信系统最主要的质量指标。有效性是指传输信息的能力,而可靠性是指接收信息的可靠程度。通信有效性实际上反映了通信系统资源的利用率。通信过程中用于传输有用报文的时间比例越高越有效。同样,真正要传输的数据位在所传输的报文中占有的比例越高也说明有效性越好。

### 2.2.1 有效性指标

数据传输速率指单位时间内传送的数据量,它是衡量数字通信系统有效性的指标之一。传输速率越高,其数据通信的有效性越好。单位时间内所传输的数据位数,称为数据的位传输速率 $S_b$,可由下式求得

$$S_b = \frac{1}{T} \log_2 n \tag{2.1}$$

式中 $T$ 为数据信号周期,信号周期 $T$ 越小,数据的传输速率则越高。$n$ 为信号的有效状态,例如在计算机网络的数据通信过程中,信号只包含两种数据状态,即 $n=2$,这时的 $S_b = \frac{1}{T}$。数据的位传输速率记作 bit/s 或 b/s。这里的 bit 指数据位数。通信系统每秒传输数据的位数被定义为比特率。传输 1 个数据位即 1 比特所需要的时间称为比特时间(bit time)。工业数据通信中常用的数据传输速率为 9600b/s、31.25Kb/s、500Kb/s、1Mb/s、2.5Mb/s、10Mb/s 以及 100Mb/s 等。

一个与比特率相近的名词是波特率。波特(Baud)是指信号的一个变化波形。把每秒传输的信号波的个数称为波特率。单位为波特,记作 Baud 或 B。比特率和波特率是有区别的,因为每个信号可以包含一个、也可以包含多个二进制数据位。若每个信号只包含单一数据位时,其比特率和波特率相等。当每个信号由 2 个数据位组成时,如果数据传输的比特率为 9600b/s,则意味着其波特率只有 4800B。

在讨论信道特性,特别是传输频带宽度时,通常采用波特率;在涉及系统实际的数据传送能力时,则使用比特率。

吞吐量(throughput)是表示数据通信系统有效性的又一指标。以单位时间内通信系统接收发送的比特数、字节数或帧数来表示。它描述了通信系统的数据交互能力。

频带利用率是指单位频带内的传输速度。它是衡量数据传输系统有效性的重要指标。单位为 bit/s·Hz,即每赫兹带宽所能实现的比特率。由于传输系统的带宽通常不同,因而通信系统的有效性仅仅看比特率是不够的,还要看其占用带宽的大小。真正衡量数据通信系统传输有效性的指标应该是单位频带内的传输速度,即每赫兹每秒的比特数。

协议效率是衡量通信系统软件有效性的指标之一。协议效率指所传数据包中,有效

数据位与整个数据包长度的比值。一般用百分比表示,它可用作对通信帧中附加量的量度。在通信参考模型的每个分层,都会有相应的层管理和协议控制的加码。从提高协议编码效率的角度来看,减少层次可以提高编码效率。不同的通信协议通常具有不同的协议效率。协议效率越高,其通信有效性越好。

传输迟延指数据从链路或网段的发送端传送到接收端所需要的时间,也被称为传输时间。它也是影响数据通信系统有效性的指标之一。它包括把数据块从节点送上传输介质所用的发送时间、信号通过一定长度的介质所需要的传播时间、以及途经路由器交换机一类的网络设备时所需要的排队转发时间。发送时间等于数据块长度与数据传输速率之比。传播时间等于信号途经的信道长度与电磁波的传输速率之比。而转发时间则取决于网络设备的数据处理能力和转发时的排队等待状况。

通信效率指数据帧的传输时间与用于发送报文的所有时间之比。用于发送报文的所有时间除包括上述传输时间之外,还包括竞用总线或等待令牌的排队时间、用于发送维护信息等的时间之和。通信效率为1,就意味着所有时间都有效地用于传输数据帧。通信效率为0,就意味着总线被报文的碰撞、冲突所充斥。

### 2.2.2 可靠性指标

衡量数字通信系统可靠性的指标是误码率 $P_e$,即数字通信中二进制码元出现传输出错的概率。在实际应用中,如果 $N$ 为传输的二进制码元总数,$N_e$ 为传输出错的码元数,则 $N_e$ 与 $N$ 的数值之比被认为是误码率的近似值。即 $P_e \approx \dfrac{N_e}{N}$。理论上只有 $N \to \infty$ 时,该比值才能趋近于误码率 $P_e$。理解误码率定义时应注意以下几个问题。

(1) 误码率应该是衡量数据传输系统正常工作状态下传输可靠性的参数。

(2) 对于一个实际的数据传输系统,不能笼统地说误码率越低越好,应根据实际传输的需要提出对误码率的要求。在数据传输速率确定后,对数据通信系统可靠性的要求越高,即希望的误码率数值越小,对数据传输系统设备的要求就越复杂,造价越高。

(3) 在实际应用中经常采用的是平均误码率。通过对一种通信信道进行大量、重复地测试,得到该信道的平均误码率,或者得到某些特殊情况下的平均误码率。测试中传输的二进制码元数越大,其平均误码率的结果越接近于真正的误码率值。

计算机通信中一般要求其平均误码率低于 $10^{-9}$。需要采取特定的差错控制措施,才能满足计算机系统对数据通信的误码率要求。

通信系统的有效性与可靠性两者之间是相互联系、相互制约的。

### 2.2.3 通信信道的频率特性

不同频率的信号通过通信信道以后,其波形的幅度与相位会发生变化,可采用频率特性来描述通信信道这种变化。频率特性分为幅频特性和相频特性,幅频特性指不同频率的信号在通过信道后,其输出信号幅值与输入信号的幅值之比,它表示了信号在通过信道的过程中受到的不同衰减;相频特性是指不同频率的信号通过信道后,其输出信号的相位与输入信号的相位之差。通信信号在通过实际信道后,其幅值和相位都会发生某些变化,导致波形失真,产生畸变。

实际传输线路存在电阻、电感、电容,由它们组成分布参数系统。由于电感、电容的阻抗随频率而变,使得它对信号的各次谐波的幅值衰减、相角变化都不尽相同。如果通信信号的频率在信道带宽的范围内,则传输的信号基本上不失真,否则,信号的失真将较严重。

信道的频率特性取决于传输介质的物理特性和中间通信设备的电气特性。

### 2.2.4 信号带宽与介质带宽

如果将通信系统中所传输的数字信号进行傅里叶变换,可以把位式的矩形波信号分解成无穷多个频率、幅度、相位各不相同的正弦波。这就意味着传输数字信号相当于是在传送无数多个简单的正弦信号。信号中所含有的频率分量的集合称为频谱。信号频谱所占有的频率宽度称之为信号带宽。理论上矩形波信号具有的频谱为无穷大,其频谱如图 2.2 所示。

图 2.2 矩形波信号的频谱

发送端所发出的数字信号的所有频率分量都必须通过通信介质到达接收端,接收端才能再现该数字信号的原有波形。如果其中一部分频率分量在传输过程中被严重衰减,就会导致接收端所收到的信号发生变形。

以一定的幅度门限为界,将在接收端能收到的那部分主要信号的频谱从原来的无穷大频谱中划分出来,这部分信号集合所具有的频谱即为该信号的有效频谱。该有效频谱的频带宽度称之为信号的有效带宽。图 2.3 为有效带宽的示意图。

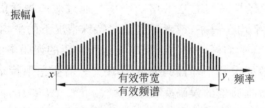

图 2.3 信号的有效频谱与有效带宽

信道带宽指信道容许通过的物理信号的频率范围,即容许通过的信号的最高与最低频率之差。信道带宽取决于传输介质的物理特性和信道中通信设备的电气特性。

介质带宽则指该传输介质所能通过的物理信号的频率范围。实际传输介质的带宽是有限的,它只能传输某些频率范围内的信号。一种介质只能传输信号有效带宽在介质带宽范围内的信号。如果介质带宽小于信号的有效带宽,信号就可能产生失真而使接收端难以正确辨认。图 2.4 描述了因介质带宽不足导致的信号失真。

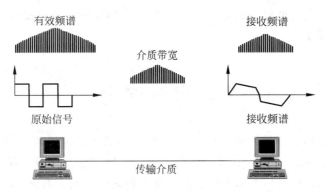

图 2.4 介质带宽与信号畸变

不同传输介质具有不同带宽。例如同轴电缆的带宽高于双绞线。信道带宽越高,其数据传输能力越强。

信道容量指信道在单位时间内可能传送的最大比特数。当传输速率升高时,由于信号的有效带宽会随之增加,因而需要传输介质具有更大的介质带宽。所以,数据的传输速率应该在信道容量容许的范围之内。若实际传输速率超过信道容量,即使只超过一点,其传输也不能正确进行。因此传输介质的带宽会限制传输速率的增高。

依照奈奎斯特准则,一个带宽为 $W$ 的无噪声低通信道,其最高码元传输速率为 $2W$。而对于带通矩形特性的信道,其最高码元传输速率为 $W$。因而信道容量也被视为该信道容许的数据传输的最高速率。这里的带通矩形特性指只容许带通上下限之间的频率信号通过,其他频率成分的信号不能通过。

### 2.2.5 信噪比对信道容量的影响

在有噪声存在的情况下,信道中传输出错的几率会更大,因而会降低信道容量。

噪声大小一般由信噪比来衡量。信噪比指信号功率 $S$ 与噪声功率 $N$ 的比值。信噪比一般用 $10\lg S/N$ 来表示,单位为分贝。

信道容量 $C$ 与信道带宽 $W$,信噪比 $S/N$ 之间的香农(Shannon)计算公式为

$$C = W\log_2\left(1 + \frac{S}{N}\right) \text{b/s} \tag{2.2}$$

由香农公式可以看到,提高信噪比或增加信道带宽均可增加信道容量。

如介质带宽 $W$ 为 3000Hz,当信噪比为 10dB($S/N=10$)时,其信道容量

$$C = 3000\log_2(1+10) = 10380\text{b/s} \tag{2.3}$$

如果信噪比提高为 20dB,即 $S/N=100$ 时

$$C = 3000\log_2(1+100) = 19980\text{b/s} \tag{2.4}$$

可见信道容量随信噪比的提高增加了许多。

增加带宽当然也可以提高信道容量,但另一方面,噪声功率 $N=Wn_0$($n_0$ 为噪声的单边功率谱密度),随着带宽 $W$ 的增大,噪声功率 $N$ 也会增大,导致信噪比降低,使信道容量随之降低。所以增加带宽 $W$ 并不能无限制地使信道容量增大。

由香农公式还可以看到,在信道容量一定时,带宽与信噪比之间可以相互弥补。即提

高信道带宽可使具有更低信噪比的信号得以通过,而传输信噪比较高的信号时,可适当放宽对信道带宽的要求。

## 2.3 数据编码

数据通信系统的任务是传送数据或指令等信息,这些数据通常以离散的二进制0、1序列的方式来表示,用0、1序列的不同组合来表达不同的信息内容。如2位二进制码的4种不同组合00、01、10、11,可用来分别表示某个控制电机处于断开、闭合、出错、不可用4种不同的工作状态。8位二进制码的256种不同组合可用来分别表示一组特定的出错代码。通过数据编码把一种数据组合与一个确定的内容联系起来。而这种对应关系的约定必须为通信各方认同和理解。

还有一些已经得到普遍认同的编码,由4位二进制码组合的二—十进制编码即BCD码;电报通信中的莫尔斯码;用5位表示一个字符或字母的博多码;已经在计算机数据通信中采用最为广泛的编码是 ASCII(American Standard Code for Information Interchange)码等。

ASCII码即美国标准信息交换码。这是一种7位编码。其128种不同组合分别对应一定的数字、字母、符号或特殊功能。如十六进制的30至39分别表示数字0至9;十六进制的41表示字母A;十六进制的27、2B分别表示逗号","和加号"+";0A、0D则分别表示换行与回车功能。

在工业数据通信系统中还有大量不经过任何编码而直接传输的二进制数据,如经A/D转换形成的温度、压力测量值,调节阀所处位置的百分数等。

### 2.3.1 数据编码波形

在设备之间传递数据,就必须将数据按编码转换成适合于传输的物理信号,形成编码波形。码元0、1是传输数据的基本单位。在工业数据网络通信系统中所传输的大多为二元码,它的每一位只能在1或0两个状态中取一个。这每一位就是一个码元。

采用模拟信号的不同幅度、不同频率、不同相位来表达数据的0,1状态的,称为模拟数据编码。用高低电平的矩形脉冲信号来表达数据的0、1状态的,称为数字数据编码。下面讨论几种数字数据编码波形。

单极性码。信号电平是单极性的,如逻辑1用高电平,逻辑0为0电平的信号编码。

双极性码。信号电平有正、负两种极性。如逻辑1用正电平,逻辑0用负电平的信号编码。

归零码(RZ)。在每一位二进制信息传输之后均返回零电平的编码。例如双极性归零码的逻辑1只在该码元时间中的某段(如码元时间的一半)维持高电平后就回复到零电平,其逻辑0只在该码元时间的一半维持负电平后也回复到零电平。

非归零码(NRZ)。在整个码元时间内都维持其逻辑状态的相应电平的编码。

图2.5表示了单、双极性归零码和非归零码的典型波形图。

## 2.3 数据编码

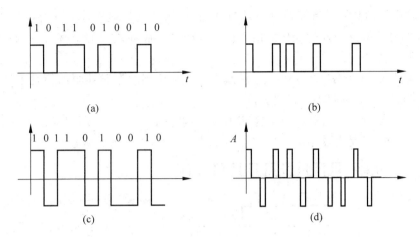

图 2.5 单、双极性的归零码和非归零码

差分码。在各时钟周期的起点,采用信号电平的变化与否来代表数据"1"和"0"的状态。例如规定用时钟周期起点的信号电平变化代表"1",不变化代表"0",按此规定形成的编码称为差分码。差分码按初始状态信号为高电平或低电平,有相位截然相反两种波形。图 2.6 表示了一个 8 位数据的数据波形及其差分码波形。当信号初始状态为低电平时,形成差分码波形 1;当信号初始状态为高电平时,形成差分码波形 2。

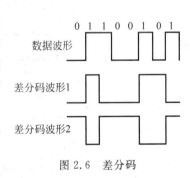

图 2.6 差分码

通过检查信号在每个周期起点处有无电平跳变来区分数据的 0、1 状态往往更可靠。即使作为通信传输介质的两条导线的连接关系颠倒了,对该编码信号的状态判别结果依然有效。

根据信息传输方式,还可分为平衡传输和非平衡传输。平衡传输指无论"0"或"1"都是传输格式的一部分;而非平衡传输中,只有"1"被传输,"0"则以在指定的时刻没有脉冲来表示。

实际的传输过程往往是上述几种方式的结合。图 2.7 表示了常见的几种波形。

(a) 平衡、归零、双极性。在这种方式中,信号包括两种极性的脉冲,在脉冲之间保留一定的空闲间隔。主要用于低速传输,其优点是比较可靠。

(b) 平衡、不归零、单极性。这是最普遍采用的传输形式。它能够比较有效地利用信道的带宽。

(c) 平衡、归零、单极性。该方式具有对称形式,在每个比特期间内均有跳变,可以简化同步处理。后面讨论的曼彻斯特编码就属于此类。

(d) 非平衡、归零、单极性。这种方式除了"0"脉冲被取消之外,其余与(a)的形式相同。

(e) 非平衡、归零、双极性。此方式与(d)形式的区别在于:每相邻脉冲的极性总是交替变化的。此方式有助于差错检测,通常用于高速传输。

(f) 非平衡、归零、变形双极性。此方式与(e)形式的区别在于：只有在出现相邻的"1"信号时，脉冲极性才发生变化。由于进一步减少了脉冲之间的干扰，所以有助于较好地利用信道带宽。

(g) 非平衡、不归零、单极性。这种方式是凡是遇到"1"，脉冲幅值便发生变化，故也称为"跳1法"，又名不归零1编码方法。

(h) 非平衡、不归零、双极型。这里"0"用零电平表示，而"1"用双极性形式表示。当两个"1"之间的"0"是奇数个时，"1"的脉冲极性发生变化，否则保持相同极性。

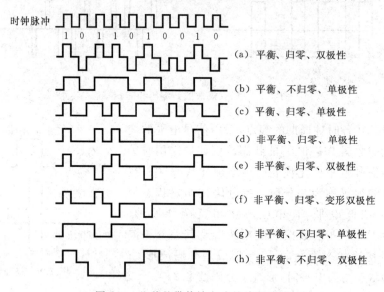

图 2.7　几种基带传输方式的编码波形

曼彻斯特编码(Manchester Encoding)。这是在数据通信中最常用的一种基带信号编码。它具有使网络上每个节点保持时钟同步的同步信息。在曼彻斯特编码中，时间按时钟周期被划分为等间隔的小段，其中每小段代表一个比特即一位。每个比特时间又被分为两半，前半个时间段所传信号是该时间段传送比特值的反码，后半个时间段传送的是比特值本身。因而从高电平跳变到低电平表示0，从低电平跳变到高电平表示1。可见在一个位时间内，其中间点总有一次信号电平的变化，这一信号电平的变化可用来作为节点间的同步信息。无需另外传送同步信号。

差分曼彻斯特编码(Differential Manchester Encoding)是曼彻斯特编码的一种变形。它既具有曼彻斯特编码在每个比特时间间隔中间信号一定会发生跳变的特点，也具有差分码用时钟周期起点电平变化与否代表逻辑"1"或"0"的特点。

图2.8表示了曼彻斯特编码与差分曼彻斯特编码的信号波形。

从频谱分析理论知道，理想的方波信号包含从零到无限高的频率成分，由于传输线中不可避免地存在分布电容，故允许传输的带宽是有限的，所以要求波形完全不失真的传输是不可能的。为了与线路传输特性匹配，除很近距离传输外，一般可用低通滤波器将图2.8中的矩形波整形成为变换点比较圆滑的基带信号，而在接收端，则在每个码元的最大值(中心点)取样复原。

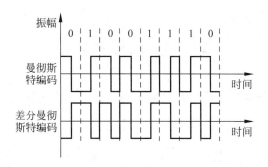

图 2.8 曼彻斯特编码与差分曼彻斯特编码的波形

### 2.3.2 模拟数据编码

模拟数据编码采用模拟信号来表达数据的 0,1 状态。信号的幅度、频率、相位是描述模拟信号的参数,可以通过改变这三个参数,实现模拟数据编码。幅值键控(amplitude-sheft keying,ASK)、频移键控(frequency-sheft keying,FSK)、相移键控(phase-sheft keying,PSK)是模拟数据编码的三种编码方法。

幅值键控 ASK 中,载波信号的频率、相位不变,幅度随调制信号变化。例如一个二进制数字信号,在调制后波形的时域表达式为

$$S_A = a_n A \cos\omega_c t \tag{2.5}$$

这里 $A$ 为载波信号幅度,$\omega_c$ 为载波频率,$a_n$ 为二进制数字 0 或 1。当 $a_n$ 为 1 时,$S_A = A\cos\omega_c t$ 的波形代表数字 1;当 $a_n$ 为 0 时,$S_A = 0$ 就代表 0。图 2.9 中,(b)表示了幅度键控调制后的波形与数据信号的关系。

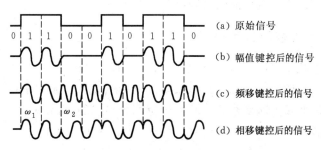

图 2.9 三种模拟数据编码调制后的信号波形

频移键控 FSK 中,载波信号的频率随着调制信号而变化,而载波信号的幅度、相位不变。例如在二进制频移键控中,可定义为信号 0 对应的载波频率大,信号 1 对应的载波频率小,调制后信号波形如图 2.9 中(c)所示。现场总线的 HART 通信信号即采用这种编码方式,其信号频率为 1200Hz 表示 1,信号频率为 2200Hz 表示 0。

相移键控 PSK 中,载波信号的相位随着调制信号而变化,而载波信号的幅度、频率不变。例如在二进制相移键控中,通常用相应 0°和 180°来分别表示 1 或 0,调制后信号的典型波形如图 2.9 中(d)所示。

## 2.4 数据传输方式

数据传输方式是指数据代码的传输顺序和数据信号传输时的同步方式。

### 2.4.1 串行传输和并行传输

串行传输(serial transmission)中,数据流以串行方式逐位地在一条信道上传输。每次只能发送一个数据位,发送方必须确定是先发送数据字节的高位还是低位。同样,接收方也必须知道所收到字节的第一个数据位应该处于字节的什么位置。串行传输具有易于实现、在长距离传输中可靠性高等优点。适合远距离的数据通信。但需要在收发双方采取同步措施。

并行传输(parallel transmission)是将数据以成组的方式在两条以上的并行通道上同时传输。它可以同时传输一组数据位,每个数据位使用单独的一条导线,例如采用8条导线并行传输一个字节的8个数据位,另外用一条"选通"线通知接收者接收该字节,接收方可对并行通道上各条导线的数据位信号并行取样。若采用并行传输进行字符通信时,不需要采取特别措施就可实现收发双方的字符同步。

并行传输所需要的传输通道多。一般在近距离的设备之间进行数据传输时使用。最常见的例子是计算机和打印机等外围设备之间的通信,CPU、存储器模块与外围芯片之间的通信等。显然并行传输不适合长距离的通信连接。

串行传输在传输一个字符或字节的各数据位时是依顺序逐位传输,而并行传输在传输一个字符或字节的各数据位时采用同时并行地传输。

### 2.4.2 同步传输与异步传输

在数据通信系统中,各种处理工作总是在一定的时序脉冲控制下进行的。如串行数据传输中的二进制代码在一条总线上以数据位为单位按时间顺序逐位传送,接收端则按顺序逐位接收。因此接收端必须能正确地按位区分,才能正确恢复所传输的数据。串行通信中的发送者和接收者都需要使用时钟信号。通过时钟决定什么时候发送和读取每一位数据。

同步传输和异步传输是指通信处理中使用时钟信号的不同方式。

同步传输中,所有设备都使用一个共同的时钟,这个时钟可以是参与通信的那些设备或器件中的一台产生的,也可以是外部时钟信号源提供的。时钟可以有固定的频率,也可以间隔一个不规则的周期进行切换。所有传输的数据位都和这个时钟信号同步。传输的每个数据位只在时钟信号跳变(上升或者下降沿)之后的一个规定的时间内有效。接收方利用时钟跳变来决定什么时候读取每一个输入的数据位。如发送者在时钟信号的下降沿发送数据字节,接收者则在时钟信号中间的上升沿接收并锁存数据。也可以利用所检测到的逻辑高或者低电平来锁存数据。

同步传输可用于一个单块电路板的元件之间传送数据,或者在30～40cm甚至更短距离间用于电缆连接的数据通信。由于同步式比下面的异步式传输效率高,适合高速传输的要求,在高速数据传输系统中具有一定优势。对于更长距离的数据通信,同步传输的代价较高,需要一条额外的线来传输时钟信号,并且容易受到噪声的干扰。

异步传输中,每个通信节点都有自己的时钟信号。每个通信节点必须在时钟频率上保持一致,并且所有的时钟必须在一定误差范围内相吻合。当传输一个字节时,通常会包括一个起始位来同步时钟。PC上的232接口就是使用异步传输与调制解调器以及其他设备进行通信。

异步传输是在计算机通信中常用的各节点间的同步方式。异步传输方式并不要求收发两端在传送信号的每一数据位时都同步。例如在单个字符的异步方式传输中,在传输字符前设置一个启动用的起始位,预告字符代码即将开始,在字符代码和校验信号结束后,也设置1个或多个终止位,表示该字符已结束。在起始位和停止位之间,形成一个需传送的字符。因而异步传输又被称为起止同步。由起始位对该字符内的各数据位起到同步作用。

异步传输实现起来简单容易,频率的漂移不会积累,对线路和收发器要求较低。但异步传输中,往往因同步的需要,要另外传输一个或多个同步字符或帧头,因而会增加网络开销,使线路效率受到一定影响。

### 2.4.3 位同步、字符同步与帧同步

同步(synchronous)是数据通信中必须要解决的重要问题。接收方为了能正确恢复位串序列,必须能正确区分出信号中的每一位,区分出每个字符的起始与结束位置,区分出报文帧的起始与结束位置。因而传输同步又分为位同步、字符同步和帧同步。

位同步(bit synchronous)。位同步要求收发两端按数据位保持同步。数据通信系统中最基本的收发两端的时钟同步,就属于位同步,它是所有同步的基础。接收端可以从接收信号中提取位同步信号。为了保证数据的准确传输,位同步要求接收端与发送端的定时信号频率相同,并使数据信号与定时信号间保持固定的相位关系。

字符同步(character or word synchronous)。在电报传输、计算机与其外设之间的通信中,其发送接收通常以字符作为一个独立的整体,因而需要按字符同步。字符同步可将字符组织成组后连续传送,每个字符内不加附加位,在每组字符之前加上一个或多个同步字符。在传输开始时用同步字符使收发双方进入同步。接收端接收到同步字符,并根据它来确定字符的起始位置。

帧同步(frame synchronous)。数据帧是一种按协议约定将数据信息组织成组的形式。图2.10为通信数据帧的一般结构形式。它的第一部分是用于实现收发双方同步的一个独特的字符段或数据位的组合,称之为起始标志或帧头,其作用是通知接收方有一个通信帧已经到达。中间是通信控制域、数据域和校验域。帧的最后一部分是帧结束标记,它和起始标志一样,是一个独特的位串组合,用于标志该帧传输过程的结束。

帧同步指数据帧发送时,收发双方以帧头帧尾为特征实行同步的工作方式。它将数据帧作为一个整体,实行起止同步。

图 2.10 通信数据帧的构成

帧同步是现场总线系统通信中主要采用的同步方式。

## 2.5 通信线路的工作方式

### 2.5.1 单工通信

单工,是指通信线路传送的信息流始终朝着一个方向,而不进行与此相反方向的传送,如图 2.11(a),图中设 A 为发送终端,B 为接收终端,数据只能从 A 传送至 B,而不能由 B 传送至 A。单工通信线路一般采用二线制。

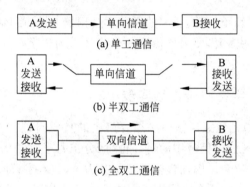

图 2.11 几种通信线路的工作方式

### 2.5.2 半双工通信

半双工通信是指信息流可在两个方向上传输,但同一时刻只限于一个方向。如图 2.11(b)。信息可以从 A 传至 B,或从 B 传至 A,所以通信双方都具有发送器和接收器。实现双向通信必须改换信道方向。半双工通信采用二线制线路,当 A 站向 B 站发送信息时,A 站将发送器连接在信道上,B 站将接收器连接在信道上,而当 B 站向 A 站发送信息时,B 站则要将接收器从信道上断开,并把发送器接入信道,A 站也要相应的将发送器从信道上断开,而把接收器接入信道。这种在一条信道上进行转换,实现 A→B 与 B→A 两个方向通信的方式,称为半双工通信。现场总线系统的数据通信中常采用半双工通信。

### 2.5.3 全双工通信

全双工通信是指通信系统能同时进行如图 2.11(c)所示的双向通信。它相当于把两个相反方向的单工通信方式组合在一起。这种方式常用于计算机与计算机之间的通信。

## 2.6 信号的传输模式

### 2.6.1 基带传输

基带(baseband)是数字数据转换为传输信号时其数据变化本身所具有的频带。基带传输指在基本不改变数据信号频率的情况下,直接按基带信号进行的传输。它不包含任何调制(频率变换),按数据波的原样进行传输。

基带传输是目前广泛应用的最基本的数据传输方式。大部分计算机局域网,包括控制局域网,都采用基带传输方式。信号传输按数据位流的基本形式,整个系统不用调制解调器。它可采用双绞线或同轴电缆作为传输介质,也可采用光缆作为传输介质。与宽带网相比,基带网的传输介质比较便宜,可以达到较高的数据传输速率(一般为 1Mb/s～10Mb/s),但其传输距离一般不超过 25km,传输距离加长,传输质量会降低。基带网的线路工作方式一般为半双工方式或单工方式。

### 2.6.2 载波传输

在载波传输中,发送设备要产生某个频率的信号作为基波来承载数据信号,这个基波被称为载波信号,基波频率就称为载波频率。按幅值键控、频移键控、相移键控等不同方式,依照要承载的数据改变载波信号的幅值、频率、相位,形成调制信号,载波信号承载数据后的信号传输过程称为载波传输。

### 2.6.3 宽带传输

宽带传输指在同一介质上可传输多个频带的信号。由于基带网不适于传输语言、图像等信息,随着多媒体技术的发展,计算机网络传输数据、文字、语音、图像等多种信号的任务愈来愈重,提出了宽带传输的要求。

宽带传输与基带传输的主要区别,一是数据传输速率不同。基带网的数据速率范围为几十到几百 Mb/s,宽带网可达 Gb/s;二是宽带网可划分为多条基带信道。能提供多条良好的通信路径。

## 2.7 传输差错及其检测

由于种种原因,数据在传输过程中可能出错。为了提高通信系统的传输质量,提高数据的可靠程度,应该对通信中的传输错误进行检测和纠正。有效地检测并纠正差错也被称为差错控制。目前还不可能做到检测和校正所有的错误。

### 2.7.1 传输差错的类型

工业数据在通信过程中,其信号会受到电磁辐射等多种干扰。这些干扰可能影响到数据波形的幅值、相位或时序。而二进制编码数据中,任何一位的0变为1或1变为0都会影响数据的数值或含义,进而影响到数据的正确使用。

数据通信中差错的类型一般按照单位数据域内发生差错的数据位个数及其分布,划分为单比特错误、多比特错误和突发错误三类。这里的单位数据域一般指一个字符、一个字节或一个数据包。

单比特错误。在单位数据域内只有1个数据位出错的情况,称为单比特错误。如一个8位字节的数据10010110从A节点发送到B节点,到B节点后该字节变成10010010,低位第3个数据位从1变为0,其他位保持不变,则意味着该传输过程出现了单比特错误。

单比特错误是工业数据通信的过程中比较容易发生、也容易被检测和纠正的一类错误。

多比特错误。在单个数据域内有1个以上不连续的数据位出错的情况,称为多比特错误。如上述那个8位字节的数据10010110从A节点发送到B节点,到B节点后发现该字节变成10110111,低位第1、第6个数据位从0变为1,其他位保持不变,则意味着该传输过程出现了多比特错误。多比特错误也被称为离散错误。

突发错误。在单位数据域内有2个或2个以上连续的数据位出错的情况,称为突发错误。如上述那个8位字节的数据10010110从A节点发送到B节点,到B节点后如果该字节变成10101000,其低位第2至第6连续5个数据位发生改变,则意味着该传输过程出现了突发错误。发生错误的多个数据位是连续的,是区分突发错误与多比特错误的主要特征。

### 2.7.2 传输差错的检测

差错检测就是监视接收到的数据并判别是否发生了传输错误。让报文中包含能发现传输差错的冗余信息,接收端通过接收到的冗余信息的特征,判断报文在传输中是否出错的过程,称为差错检测。差错检测往往只能判断传输中是否出错,识别接收到的数据中是否有错误出现,而并不能确定哪个或哪些位出现了错误,也不能纠正传输中的差错。

差错检测中广泛采用冗余校验技术。在基本数据信息的基础上加上附加位,在接收端通过这些附加位的数据特征,校验判断是否发生了传输错误。数据通信中通常采用的冗余校验方法有如下几种。

(1) 奇偶校验

在奇偶校验中,一个单一的校验位(奇偶校验位)被加在每个单位数据域如字符上,使得包括该校验位在内的各单位数据域中1的个数是偶数(偶校验),或者是奇数(奇校验)。在接收端采用同一种校验方式检查收到的数据和校验位,判断该传输过程是否出错。如果规定收发双方采用偶校验,在接收端收到的包括校验位在内的各单位数据域中,如果出现的1的个数是偶数,就表明传输过程正确,数据可用。如果某个数据域中1的个数不是偶数,就表明出现了传输错误。

奇偶校验的方法简单,能检测出大量错误。它可以检测出所有单比特错误。但它也有可能漏掉许多错误。如果单位数据域中出现错误的比特数是偶数,在奇偶校验中则会判断传输过程没有出错。只有当出错的次数是奇数时,它才能检测出多比特错误和突发错误。

(2) 求和校验

在发送端将数据分为 k 段,每段均为等长的 n 比特。将分段 1 与分段 2 做求和操作,再逐一与分段 3 至 k 做求和操作,得到长度为 n 比特的求和结果。将该结果取反后作为校验和放在数据块后面,与数据块一起发送到接收端。在接收端对接收到的、包括校验和在内的所有 k+1 段数据求和,如果结果为零,就认为传输过程没有错误,所传数据正确。如果结果不为零,则表明发生了错误。

求和校验能检测出 95% 的错误,但与奇偶校验方法相比,增加了计算量。

(3) 纵向冗余校验 LRC

纵向冗余校验按预定的数量将多个单位数据域组成一个数据块。首先每个单位数据域各自采用奇偶校验,得到各单位数据域的冗余校验位。再将各单位数据域的对应位分别作奇偶校验,如对所有单位数据域的第 1 位作奇偶校验,对所有单位数据域的第 2 位作奇偶校验,如此等等。并将所有位置奇偶校验得到的冗余校验位组成一个新的数据单元,附加在数据块的最后发送出去。

收发双方采用相同的校验方法,或都是偶校验,或都是奇校验。接收端在对接收到的数据进行校验时,如果发现任一个冗余校验位出现差错,不管是哪个单位数据域的冗余校验位,还是附加在数据块最后的新数据单元的某个冗余校验位,则认为该数据块的传输出错。

纵向冗余校验大大提高了发现多比特错误和突发错误的可能性。但如果出现以下情况,纵向冗余校验依然检测不出其错误:在某个单位数据域内有两个数据位出现传输错误,而另一个单位数据域内相同位置碰巧也有两个数据位出现传输错误,纵向冗余校验的结果会认为没有错误。

(4) 循环冗余校验

循环冗余校验(cyclic redundancy check,CRC)对传输序列进行一次规定的除法操作,将除法操作的余数附加在传输信息的后边。在接收端,也对收到的数据做相同的除法。如果接收端除法得到的结果其余数不是零,就表明发生了错误。

基于除法的循环冗余校验,其计算量大于奇偶与求和校验,其差错检测的有效性也较高,它能够检测出大约 99.95% 的错误。

差错检测的原理比较简单,容易实现,已经得到了广泛应用。

### 2.7.3 循环冗余校验的工作原理

循环冗余校验是将要发送的数据位序列当作一个多项式 $f(x)$ 的系数,$f(x)$ 的系数只有 1 与 0 两种形式。在发送方用收发双方预先约定的生成多项式 $G(x)$ 去除,求得一个余数多项式。将余数多项式加到数据多项式之后发送到接收端。这里的除法中使用借位不减的模 2 减法,相当于异或运算。接收端采用同样的生成多项式 $G(x)$ 去除接收到的数据多项式 $f'(x)$,如果传输无差错,则接收端除法运算 $f'(x)/G(x)$ 的结果,其余数为零。如果接收端除法运算的结果其余数不为零,则认为传输出现了差错。CRC 的检错能力强,实现容易,是目前应用最广的检错码编码方法之一。CRC 检错码工作原理如图 2.12 所示。

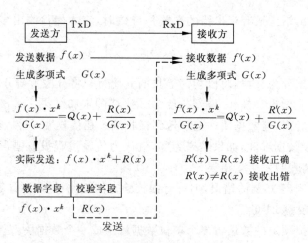

图 2.12 CRC 校验的基本工作原理

CRC 生成多项式 $G(x)$ 由协议规定，目前已有多种生成多项式列入国际标准中，例如

CRC-12　$G(x)=x^{12}+x^{11}+x^3+x^2+x+1$

CRC-16　$G(x)=x^{16}+x^{15}+x^2+1$

CRC-CCITT　$G(x)=x^{16}+x^{12}+x^5+1$

CRC-32　$G(x)=x^{32}+x^{26}+x^{23}+x^{22}+x^{16}+x^{12}+x^{11}+x^{10}+x^8+x^7+x^5+x^4+x^2+x+1$

生成多项式 $G(x)$ 的结构及检错效果是要经过严格的数学分析与实验后确定的。

图 2.12 所示 CRC 校验的工作过程可以描述为：

(1) 在发送端，将发送数据多项式 $f(x)$ 左移 $k$ 位得到 $f(x) \cdot x^k$，其中 $k$ 为生成多项式的最高幂值。例如生成多项式 CRC-12 的最高幂值为 12，则将发送数据多项式 $f(x)$ 左移 12 位，得到 $f(x) \cdot x^{12}$。

(2) 将 $f(x) \cdot x^k$ 除以生成多项式 $G(x)$，得

$$\frac{f(X)x^k}{G(x)}=Q(x)+\frac{R(x)}{G(x)}$$

式中 $R(x)$ 为余数多项式。

(3) 将 $f(x) \cdot x^k + R(x)$ 作为整体，从发送端通过通信信道传送到接收端。

(4) 接收端对接收数据多项式 $f'(x)$ 采用同样的除法运算，即 $\frac{f'(x)}{G(x)}$。

(5) 根据上述除法得到的结果判断传输过程是否出错。如果通过除法得到的余数多项式不为零，则认为传输过程出现了差错。余数多项式为零，则认为传输过程无差错。

下面的实例可进一步说明 CRC 的校验过程。

(1) 设发送数据多项式 $f(x)$ 为 110011(6 比特)。

(2) 生成多项式 $G(x)$ 为 11001(5 比特，$k=4$)。

(3) 将发送数据多项式左移 4 位得到 $f(x) \cdot x^k$，即乘积为 1100110000。

(4) 将该乘积用生成多项式 $G(x)$ 去除，除法中采用模二减法，求得余数多项式为 1001。

## 2.8 传输差错的校正

$$
\begin{array}{r}
100001 \quad Q(x) \\
G(x) \rightarrow 11001 \overline{\smash{\big)}\,1100110000} \quad \leftarrow f(x) \cdot x^k \\
\underline{11001\phantom{00000}} \\
10000 \\
\underline{11001} \\
1001 \quad \leftarrow R(x)
\end{array}
$$

（5）将余数多项式加到 $f(x) \cdot x^k$ 中得：1100111001。

（6）如果在数据传输过程中没有发生传输错误，那么接收端接收到的带有 CRC 校验码的接收数据多项式 $f'(x)$ 一定能被相同的生成多项式 $G(x)$ 整除，即余数多项式为零。

$$
\begin{array}{r}
100001 \\
11001 \overline{\smash{\big)}\,1100111001} \\
\underline{11001\phantom{00000}} \\
11001 \\
\underline{11001} \\
0
\end{array}
$$

如果除法运算得到的结果表明余数多项式不为零，就认为传输过程出现了差错。

在实际网络应用中，CRC 校验码生成与校验过程可以用软件或硬件方法实现。目前很多大规模集成电路芯片内部就可以非常方便地实现标准 CRC 校验码的生成与校验功能。

CRC 校验的检错能力很强，它能检查出

（1）全部单比特错误；

（2）全部离散的二位错；

（3）全部奇数个数的错；

（4）全部长度小于或等于 $k$ 位的突发错；

（5）能以 $1-\left(\dfrac{1}{2}\right)^{k-1}$ 的概率检查出长度为 $(k+1)$ 位的突发错。例如，如果 $k=16$，则该 CRC 校验码能全部检查出小于或等于 16 位长度的突发错，并能以 $1-\left(\dfrac{1}{2}\right)^{16-1}=99.997\%$ 的概率检查出长度为 17 位的突发错，即此时的漏检概率为 0.003%。

## 2.8 传输差错的校正

传输差错的校正指在接收端发现并自动纠正传输错误的过程，也被称为纠错。差错校正在功能上优于差错检测，但实现也较为复杂，成本较高。差错校正也需要让传输报文中携带足够的冗余信息。

最常用的两种差错校正方法是自动重传与前向差错纠正。

### 2.8.1 自动重传

当系统检测到一个错误时，接收端自动地请求发送方重新发送传输该数据帧，用重新传输过来的数据替代出错的数据，这种差错校正方法被称作自动重传。

采用自动重传的通信系统，其自动重传过程又分为停止等待和连续两种不同的工作方式。在停止等待方式中，发送方在发送完一个数据帧后，要等待接收方的应答帧的到来。应答帧表示上一帧已正确接收,发送方就可以发送下一数据帧。如果应答帧表示上一帧传输出现错误,则系统自动重传上一次的数据帧。其等待应答的过程影响了系统的通信效率。连续自动重传就是为了克服这一缺点而提出的。

连续自动重传指发送方可以连续向接收方发送数据帧,接收方对接收的数据帧进行校验,然后向发送方发回应答帧。如果没有发生错误,通信就一直延续;如果应答帧表明发生了错误,则发送方将重发已经发出过的数据帧。

连续自动重传的重发方式有两种:拉回方式与选择重发方式。采用拉回方式时,如果发送方在连续发送了编号为 0~5 的数据帧后,从应答帧得知 2 号数据帧传输错误。那么发送方将停止当前数据帧的发送,重发 2、3、4、5 号数据。拉回状态结束后,再接着发送 6 号数据帧。

选择重发方式与拉回方式不同之处在于,如果在发送完编号为 5 的数据帧时,接收到编号为 2 的数据帧传输出错的应答帧,那么发送方在发送完编号为 5 的数据帧后,只重发出错的 2 号数据。选择重发完成后,接着发送编号为 6 的数据帧。显然,选择重发方式的效率将高于拉回方式。

自动重传所采用的技术比较简单,也是校正差错最有效的办法。但因出错确认和数据重发会加大通信量,严重时还会造成通信障碍,使其应用受到一定程度的限制。

### 2.8.2 前向差错纠正

前向差错纠正的方法是在接收端检测和纠正差错,而不需要请求发送端重发。将一些额外的位按规定加入到通信序列中,这些额外的位按照某种方式进行编码,接收端通过检测这些额外的位,发现是否出错、哪一位出错、并纠正这些差错位。纠错码比检错码要复杂得多,而且需要更多的冗余位。前向差错纠正方法会因增加这些位而增加了通信开支,同时也因纠错的需要而增加了计算量。

尽管理论上可以纠正二进制数据的任何类型的错误,但纠正多比特错误和突发错误所需的冗余校验的位数相当多,因而大多数实际应用的纠错技术都只限于纠正 1~2 个比特的错误。下面以纠正单比特错误为例,简单介绍其纠错方法。

采用前向差错纠正方法纠正单比特错误,首先是要判断出是否出现传输错误;如果有错,是哪一位出错;然后把出错位纠正过来。要表明是否出现传输错误,哪一位出错,需要增加冗余位。表明这些状态所需的冗余位个数显然与数据单元的长度有关。

比如,字符的 ASCII 码由 7 个数据位组成。对纠正单比特错误而言,其传输过程的状态则有,第 1 位出错、第 2 位出错、……第 7 位出错,以及没有出错这 8 种状态。表明这 8 种状态需要 3 个冗余位。由这 3 个冗余位的 000 到 111 可以表明这 8 种状态。如果再考虑到冗余位本身出错的情况,则还需要再增加冗余位。

设数据单元的长度为 $m$,为纠正单比特错误需要增加的冗余位数为 $r$,$r$ 个冗余位可以表示出 $2^r$ 个状态,满足式(2.6)的最小 $r$ 值即为应该采用的冗余位的位数。

$$2^r \geqslant m + r + 1 \tag{2.6}$$

对上述 7 位的 ASCII 码而言,$m$ 值为 7,如果冗余位数 $r$ 取 3,代入式(2.6)计算时会发现不等式不成立,说明 3 个冗余位还不能表达出所有出错状态。当冗余位数 $r$ 取 4 时,

## 2.8 传输差错的校正

代入式(2.6)计算,得到的不等式成立。说明 4 为满足式(2.6)的最小 $r$ 值,表明 7 位数据应该采用 4 个冗余位,即带纠错冗余位的 ASCII 码应该具有 11 位。

### 2.8.3 海明码的编码

海明码是由 R. W. Hamming 提出的一种用于纠错的编码技术,可以在任意长度的数据单元上使用。利用海明码纠错,也像在上节讨论过的那样,需要设置冗余比特位。对于海明码的编码过程来说,一是需要根据要传输的数据单元的长度,确定冗余比特位的个数;二是需要确定各冗余比特位在数据单元中的位置;三是要计算出各冗余比特位的值。接收方接收到传输数据后,按与发送方相同的方法和相同的位串组合,计算出新的校验位,排列成冗余比特位串,根据冗余比特位串的数值,确定传输过程是否出错。如果出错,是哪一位出错,并将出错位取反,以纠正该错误。

上一节中已经讨论过,为纠正单比特错误,对长度为 $m$ 的数据单元,如何确定它需要增加的冗余位的最小位数 $r$。因此本节仅讨论海明码如何确定各冗余比特位在数据单元中的位置,如何计算各冗余比特位的值,以及如何根据冗余比特位串的数值纠错。

1. 冗余比特位的定位

上一节的讨论中已经得到,要纠正一个 ASCII 码 7 位数据中的单比特错误,需要 4 个冗余比特位。如何将这 4 个冗余比特位插入到原来的 7 位数据中,即是冗余比特位的定位问题。

如果把这 4 个冗余比特位分别编号为 $R_1, R_2, R_3, R_4$,在海明码的编码过程中,应该将这 4 个冗余比特位分别插入到数据单元的 $2^0, 2^1, 2^2, 2^3$ 位置上,即冗余比特位 $R_1, R_2, R_3, R_4$ 将被分别插入到数据单元的 $D_1, D_2, D_4, D_8$ 位上。图 2.13 表明了由 7 位数据和 4 个冗余位组成的 11 位海明码中,各冗余比特位所在的位置。

图 2.13 各冗余比特位在 11 位海明码中的位置

2. 各冗余比特位值的计算

在海明码中,每个冗余比特位的值都是一组数据的奇偶校验位。冗余比特位 $R_1, R_2, R_3, R_4$ 分别是 4 组不同数据位的奇偶校验位。将数据位数用二进制数据来表示,其中 $R_1$ 是 11 位海明码中,对位数最低位为 1 的位置进行偶校验而得到的校验结果。$R_2$ 是 11 位海明码中,对位数次低位为 1 的位置进行偶校验而得到的校验结果。这里的次低位指倒数第 2 位。依此类推,$R_3$ 是对倒数第 3 位为 1 的位置进行偶校验而得到的校验位,$R_4$ 是对倒数第 4 位为 1 的位置进行偶校验而得到的校验位。

对于 11 位海明码来说,用二进制数据来表示数据位数,有 0001、0010、0011、0100、0101、0110、0111、1000、1001、1010、1011 这 11 种情况。其中,位数最低位为 1 的有: 0001、0011、0101、0111、1001、1011 这 6 种。即 $R_1$ 是对 11 位海明码中从低位数起的第 1、3、5、7、9、11 这 6 位作偶校验而得到的校验位。

同理，位数次低位为 1 的有 0010、0011、0110、0111、1010、1011 这 6 种。即 $R_2$ 是对 11 位海明码中从低位数起的第 2、3、6、7、10、11 这 6 位作偶校验而得到的校验位。倒数第 3 位为 1 的有 0100、0101、0110、0111，因而 $R_3$ 则是对 11 位海明码中从低位数起的第 4、5、6、7 这 4 位作偶校验而得到的校验位。而倒数第 4 位为 1 的有 1000、1001、1010、1011，因而 $R_4$ 是对 11 位海明码中从低位数起的第 8、9、10、11 这 4 位作偶校验而得到的校验位。

图 2.14 表明了一个 7 位数据 1001101 变成海明码的编码过程。由数据 1001101 得到的海明码为 10011100101。

| 位号 | 11 | 10 | 9 | 8 | 7 | 6 | 5 | 4 | 3 | 2 | 1 |
|---|---|---|---|---|---|---|---|---|---|---|---|
| 数据 | 1 | 0 | 0 | $R_4$ | 1 | 1 | 0 | $R_3$ | 1 | $R_2$ | $R_1$ |

在从低位数起的第 1、3、5、7、9、11 这 6 位作偶校验而得到的校验位 $R_1$ 是 1。

| 加入 $R_1$ | 1 | 0 | 0 | $R_4$ | 1 | 1 | 0 | $R_3$ | 1 | $R_2$ | 1 |
|---|---|---|---|---|---|---|---|---|---|---|---|

在从低位数起的第 2、3、6、7、10、11 这 6 位作偶校验而得到的校验位 $R_2$ 是 0。

| 加入 $R_2$ | 1 | 0 | 0 | $R_4$ | 1 | 1 | 0 | $R_3$ | 1 | 0 | 1 |
|---|---|---|---|---|---|---|---|---|---|---|---|

在从低位数起的第 4、5、6、7 这 4 位作偶校验而得到的校验位 $R_3$ 是 0。

| 加入 $R_3$ | 1 | 0 | 0 | $R_4$ | 1 | 1 | 0 | 0 | 1 | 0 | 1 |
|---|---|---|---|---|---|---|---|---|---|---|---|

在从低位数起的第 8、9、10、11 这 4 位作偶校验而得到的校验位 $R_4$ 是 1。

| 加入 $R_4$ | 1 | 0 | 0 | 1 | 1 | 1 | 0 | 0 | 1 | 0 | 1 |
|---|---|---|---|---|---|---|---|---|---|---|---|

图 2.14　海明码的编码过程示例

### 2.8.4　海明码的错误检测与纠正

发送方将数据按上述编码过程形成海明码并实行传输。接收方收到数据后，采用与发送方相同的方法和相同的数据位组合，重新计算出各数据位组合的偶校验位的值 $R_1$，$R_2$，$R_3$，$R_4$，并将其排列成一个 4 位的二进制数 $R_4R_3R_2R_1$，这个二进制数就会指示出该传输过程是否出错，以及发生错误的精确位置。接收方确定是哪一位出错后，只要将该位取反，就纠正了本次传输中的单比特错误。

例如在图 2.14 示例中，编码形成的海明码为 10011100101。如果在传输过程中出现单比特错误，比如第 7 位出错，由原本的 1 变为 0，使接收方收到数据变成 10010100101。接收方收到数据后，采用与发送方相同的方法和相同的数据位组合，重新计算出各数据位组合的偶校验位的值。即对其从低位数起的第 1、3、5、7、9、11 这 6 位作偶校验，得到的校验位 $R_1$ 是 1；对其从低位数起的第 2、3、6、7、10、11 这 6 位作偶校验而得到的校验位 $R_2$ 是 1；对其第 4、5、6、7 这 4 位作偶校验而得到的校验位 $R_3$ 是 1；对其第 8、9、10、11 这 4 位作偶校验得到的校验位 $R_4$ 是 0。由它们排列成的二进制数 $R_4R_3R_2R_1$ 即为 0111，表示第 7 位出错。图 2.15 表示了接收方出错时求取校验位的过程。

由校验位排列成的二进制数 0111 表明传输过程中出现了错误，而且是第 7 位出现了错误。只需将接收数据的第 7 位求反，由 0 改变为 1，便纠正了传输过程中出现的错误。

## 2.8 传输差错的校正

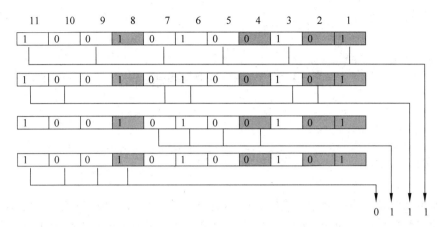

图 2.15　传输出错时在接收方求得的偶校验位

如果该海明码在传输过程中没有出错,即接收方收到的数据仍然是 10011100101。接收方对该数据的相同数据位组合进行偶校验。图 2.16 表示了接收方在无错传输时求得的偶校验位。其偶校验位 $R_1$、$R_2$、$R_3$、$R_4$ 均为 0。由它们排列成的二进制数 $R_4R_3R_2R_1$ 即为 0000。该数值说明传输过程正确。

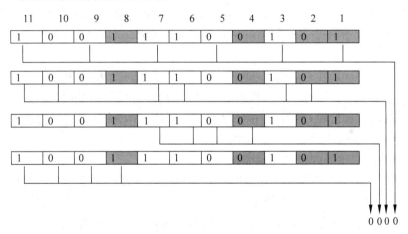

图 2.16　无错传输时在接收方求得的偶校验位

### 2.8.5　多比特错误的纠正

以上讨论的是单比特错误的纠错方法。对于出现多比特错误的场合,采用相互重叠的数据位组合来计算冗余位,也可以实现多比特错误的检测和纠正。但纠正多比特错误所需要的冗余位的数量,要大大高于纠正单比特错误所需要的冗余位。

如果要纠正两个比特的错误,需要考虑到数据单元中任意两个数据位的组合情况。如果要纠正三个比特的错误,需要考虑到数据单元中任意三个数据位的组合情况,等等。因此其海明码的编码策略将比纠正单比特错误时复杂许多。

# 第 3 章  控制网络基础

## 3.1  控制网络与计算机网络

计算机网络是指由多台相互连接、可共享数据资源的计算机构成的集合,是采用传输线路将计算机连接起来的计算机群。网络中的单台计算机除了为本地终端用户提供有效的数据处理与计算能力之外,还能与网络上挂接的其他计算机彼此交换信息。具有独立功能的多台计算机,通过通信线路和网络互连设备相互连接在一起,在网络系统软件的支持下,所形成的实现资源共享和协同工作的系统,就是计算机网络。计算机网络节点的主要成员是各种类型计算机及其外设。

由现场总线把具备数字计算、处理与通信能力的自控设备连接组成的系统,称为控制网络。控制网络节点的主要成员是各种类型的自控设备。通过现场总线,把单个的控制设备连接成能够彼此交换信息的网络系统,连接成协同完成测量控制任务的控制系统。

计算机网络使计算机的功能与作用范围发生了神奇的变化,对社会的发展乃至人类的生活方式产生了重要影响。计算机网络从最初局域网内部的计算机互连,局域网与局域网之间互连而逐步发展,导致 Internet 的出现。Internet 就是当今世界上最大的计算机网络的集合,是全球范围成千上万个网连接起来的互联网,已成为当代信息社会的重要基础设施,成为沟通世界的信息高速公路。

在通常意义上,计算机网络是指已在办公和通信等领域广为采用的、由包括 PC 在内的各种计算机及网络连接设备构成的系统,也被称之为信息网络。计算机之间通过信息网络共享资源与数据信息,人们也可以直接从数据网络获取数据信息。这类网络的特点是,数据通信量较大,需要支持传送文档、报表、图形,以及信息量更大的音频、视频等多媒体数据。

计算机网络是以各式各样的计算机为网络节点而形成的系统。计算机网络的种类繁多,分类方法各异。按地域范围可分为广域网(wide area networks,WAN)、城域网(metropolitan area networks,MAN)、局域网(local area networks,LAN)。

广域网的跨越范围可从几十公里到几百公里,其传输线造价较高。考虑到信道上的传输衰减,其传输速率不能太高。提高传输速率要受到增加通信线路费用的限制。为提高传输线路的利用率,广域网通常采用多路复用技术,或采用通信卫星、微波通信技术等。

局域网的作用范围较小,一般在 10km 以内。往往为某个单位或某个部门所有,用于连接单位内部的计算机资源,如一所学校或一幢办公楼,因而一般属于专用。局域网内部的传输速率较高,一般为 10Mb/s、100Mb/s 乃至 1000Mb/s。随着高速以太网技术的发展,局域网内部的传输速率还在不断提高。局域网具有多样化的传输介质,如同轴电缆、光缆、双绞线,电话线等。

城域网的范围通常在一座城市的范围之内。其规模介于局域网与广域网之间,可看作是一种大型局域网,但它属于为多用户提供数据、语音、图像等传输服务的公用网。采用与局域网相同的技术,传输速率在千兆位以上的高速以太网技术已经可以用于城域网。

控制网络属于一种特殊类型的计算机网络。控制网络技术与计算机网络技术有着千丝万缕的联系,也受到计算机网络,特别是互联网、局域网技术发展的影响,有些局域网技术可直接用于控制网络。但由于控制网络大多工作在生产现场,从节点的设备类型、传输信息的种类、网络所执行的任务、网络所处的工作环境等方面,控制网络都有别于由各式计算机所构成的信息网络。

## 3.2 控制网络的特点

控制网络一般为局域网,作用范围一般在几 km 之内。将分布在生产装置周围的测控设备连接为功能各异的自动化系统。控制网络遍布在工厂的生产车间、装配流水线、温室、粮库、堤坝、隧道、各种交通管制系统、建筑、军工、消防、环境监测、楼宇家居等处,几乎涉及生产和生活的各个方面。控制网络通常还与信息网络互连,构成远程监控系统,并成为互联网中网络与信息拓展的重要分支。

### 3.2.1 控制网络的节点

作为普通计算机网络节点的 PC 或其他种类的计算机、工作站,当然也可以成为控制网络的一员。但控制网络的节点大都是具有计算与通信能力的测量控制设备。它们可能具有嵌入式 CPU,但功能比较单一,其计算或其他能力也许远不及普通 PC,也没有键盘、显示等人机交互接口。有的甚至不带 CPU、单片机,只带有简单的通信接口。具有通信能力的以下设备都可以成为控制网络的节点成员:

- 限位开关、感应开关等各类开关
- 条形码阅读器
- 光电传感器
- 温度、压力、流量、物位等各种传感器、变送器
- 可编程控制器 PLC
- PID 等数字控制器
- 各种数据采集装置
- 作为监视操作设备的监控计算机、工作站及其外设
- 各种调节阀
- 马达控制设备

- 变频器
- 机器人
- 作为控制网络连接设备的中继器、网桥、网关等

受制造成本和传统因素的影响,作为控制网络节点的上述自控设备,其计算、处理能力等方面一般比不上普通计算机。

把这些单个分散的有通信能力的测量控制设备作为网络节点,连接成如图3.1所示的网络系统,使它们之间可以相互沟通信息,由它们共同完成自控任务,这就是控制网络。

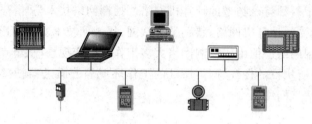

图 3.1 组成控制网络的节点示例

### 3.2.2 控制网络的任务与工作环境

控制网络以具有通信能力的传感器、执行器、测控仪表作为网络节点,以现场总线作为通信介质,连接成开放式、数字化、多节点通信,完成测量控制任务的网络。控制网络要将现场运行的各种信息传送到远离现场的控制室,在把生产现场设备的运行参数、状态以及故障信息等送往控制室同时,又将各种控制、维护、组态命令等送往位于现场的测量控制现场设备,起着现场级控制设备之间的数据联系与沟通作用。同时控制网络还要在与操作终端、上层管理网络的数据连接和信息共享中发挥作用。近年来随着互联网技术的发展,已经开始对现场设备提出了参数的网络浏览和远程监控的要求,甚至要求控制网络与信息网络连通,协同完成远程监控的任务。在有些应用场合,还需要借助网络传输介质为现场设备提供工作电源。

与工作在办公室的普通计算机网络不同,控制网络要面临工业生产的强电磁干扰,面临各种机械震动,面临严寒酷暑的野外工作环境,要求控制网络能适应这种恶劣工作环境。另外,自控设备千差万别,实现控制网络的互连与互操作往往十分困难,这也是控制网络必须要解决的问题。

控制网络肩负的特殊任务和工作环境,使它具有许多不同于普通计算机网络的特点。控制网络的数据传输量相对较小,传输速率相对较低,多为短帧传送。但它要求通信传输的实时性强,可靠性高。

网络的拓扑结构,传输介质的种类与特性,介质访问控制方式,信号传输方式,网络与系统管理等都是影响控制网络性能的重要因素。为使控制网络适应完成自控任务的需要,人们在开发控制网络技术时,注意力往往集中在满足控制的实时性要求,工业环境下的抗干扰,总线供电等控制网络的特定需求上。

### 3.2.3 控制网络的实时性要求

计算机网络普遍采用以太网技术,采用带冲突检测的载波监听多路访问的媒体访问控制方式,一条总线上挂接的多个节点,采用平等竞争的方式争用总线。节点要求发送数据时,先监听总线是否空闲,如果空闲就发送数据,如果总线忙就只能以某种方式继续监听,等总线空闲后再发送数据。即便如此还是会出现几个节点同时发送而发生冲突的可能性,因而被称之为非确定性(nondeterministic)网络。由于计算机网络传输的文件、数据一般在时间上没有严格的要求,一次连接失败之后还可继续要求连接。因而这种非确定性不致于造成严重的不良后果。

可以说,控制网络不同于普通数据网络的最大特点在于它必须满足对控制的实时性要求。实时控制对某些变量的数据往往要求准确定时刷新,控制作用必须在一定时限内完成,或者相关的控制动作一定要按事先规定的先后顺序完成。这种对动作时间有严格要求的系统称为实时系统。实时系统不仅要求测量控制作用满足时限性要求,而且要求系统动作在顺序逻辑上的正确性。否则会对生产过程造成破坏,甚至酿成灾难。

实时系统又可分为硬实时、软实时两类。硬实时系统要求实时任务必须在规定的时限内完成,否则会产生严重的后果。而在软实时系统中,实时任务在超过截止期后的一定时限内,仍可以执行处理。在计算机控制系统中,硬实时往往与系统时钟、中断处理、电子线路等硬件实现联系在一起,而软实时则往往与软件的程序循环、调用相关联。

由控制网络组成实时系统一般为分布式实时系统,其实时任务通常是在不同节点上周期性执行的,往往要求通过任务的实时调度,使得网络系统的通信具有确定性(deterministic)。

例如一个控制网络由几个 PLC 作为网络节点而构成,每个 PLC 连接着各自下属的电气开关或阀门,由这些 PLC 共同控制管理着一个生产装置不同部件的动作。这些电气开关或阀门的动作应该满足一定的时序与时限要求,而且这些电气开关或阀门的动作先后通常需要严格互锁,例如锅炉启动、停车中鼓风、引风机及其相关阀门的动作,就有严格的时序与互锁要求。对于此类分布式系统来说,其网络通信就应该满足实时控制的要求。

控制网络中传输信息内容通常有生产装置运行参数的测量值、控制量、开关阀门的工作位置、报警状态、系统配置组态、参数修改、零点量程调校信息、设备资源与维护信息等。其中一部分参数的传输有实时性的要求,有的参数要求周期性刷新,如参与控制的测量值与开关状态数据。而像系统组态、参数修改、趋势报告、调校信息等则对传输时间没有严格要求。应根据各自的情况分别采取措施,让现有的网络资源能充分发挥作用,满足各方面的应用需求。

## 3.3 网络拓扑

网络的拓扑结构是指网络中节点的互连形式。控制网络中常见的拓扑结构如图 3.2 所示,按它们在图中排列的位置从左到右分别是环形、星形、总线形和树形。

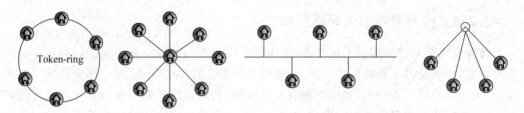

图 3.2 控制网络中常见的拓扑结构

### 3.3.1 环形拓扑

图 3.3 为环形拓扑的连接示意图。在环形拓扑中,通过网络节点的点对点链路连接,构成一个封闭的环路。信号在环路上从一个设备到另一个设备单向传输,直到信号传输到目的地为止。每个设备只与逻辑或空间上与它相连的设备链接。每个设备都集成有一个中继器。中继器接收前一个节点发来的数据,然后按原来速度一位一位地从另一条链路发送出去。

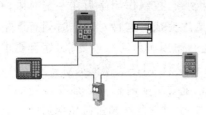

图 3.3 环形拓扑的连接示意图

由于有多个设备共享环路,需有某种访问控制方式来确定每个站何时能向环上插入本节点要发送的数据报文。每个节点都应具备存取逻辑和收发控制。

环形拓扑中的网络连接设备只是简单的中继器,由节点提供拆包和存取控制逻辑。环形网络的中继器之间可使用适用于工业环境的光纤,作为高速链路。与其他拓扑结构相比,光纤环网可提供更大的吞吐量。

信号只能单向传输是环形拓扑的一个缺陷。另外环路中一个设备的故障有可能导致网络瘫痪。因而工业应用环境下通常采用冗余的光纤环网。

### 3.3.2 星形拓扑

在星形拓扑中,每个节点通过点对点连接到中央节点,任何两节点之间通信都通过中央节点进行。一个节点要传送数据,首先向中央节点发出请求,要求与目的站建立连接。连接建立后,该节点才向目的节点发送数据。这种拓扑采用集中式通信控制策略,所有通信均由中央节点控制,中央节点必须建立和维持许多并行数据通路,因此中央节点的结构显得非常复杂,而每个节点的通信处理负担很小,只需满足点对点的链路连接要求,结构简单。

星形拓扑可实现数据通信量的综合,每个终端节点只承担较小的通信处理量。适合用于终端密集的地方。

图 3.4 为星形拓扑的连接示意图。常见的将几台计算机通过 HUB 相互连接的方式就是典型的星形拓扑结构。星形连接中,如果一条线路受损,不会影响其他线路的正常工作。

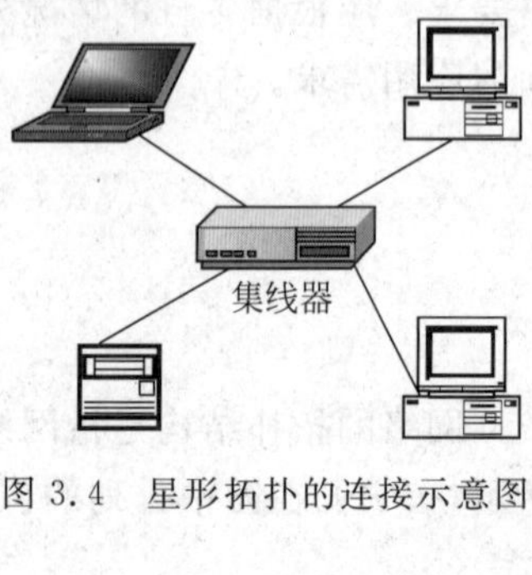

图 3.4 星形拓扑的连接示意图

### 3.3.3 总线拓扑

由一条主干电缆作为传输介质,各网络节点通过分支与总线相连的网络拓扑结构,称为总线拓扑。图 3.5 为总线拓扑的连接示意图。

在总线拓扑的网络结构中,总线上一个节点发送数据,所有其他节点都能接收。由于所有节点共享一条传输链路,某一时刻只允许一个节点发信息,因此需要有某种介质存取访问控制方式,来确定总线的下一个占有者,也就是下一时刻可以向总线发送报文的节点。

图 3.5 总线拓扑连接

报文可以在总线上一对一地发送,也可以在总线上分组发送,即通过地址识别,把报文送到某个或某组特定的目的节点。总线拓扑上也可以发送广播报文,让总线上所有节点有条件同时接收。

总线拓扑是工业数据通信中应用最为广泛的一种网络拓扑形式。总线拓扑易于安装,比星形、树形和网状拓扑更节约电缆。随着信号在总线段上传输距离的增加,信号会逐渐变弱。将一个设备连接到总线时,其分支也会引起信号反射而降低信号的传输质量。因而在总线拓扑中,对可连接的节点设备数量、总线长度、分支个数、分支长度等都要受到一定程度的限制。

### 3.3.4 树形拓扑

可以认为树形拓扑是星形拓扑的扩展形式,图 3.6 表明了由树形拓扑连接的网络。也有人认为树形拓扑是总线拓扑的扩展形式。在一条总线或分支的终端,通过接线盒扩展连接多个节点设备,便可形成树形拓扑。树形拓扑和总线拓扑一样,一个站点发送数据,其他站点都能接收。因此,树形拓扑也可完成多点广播式通信。

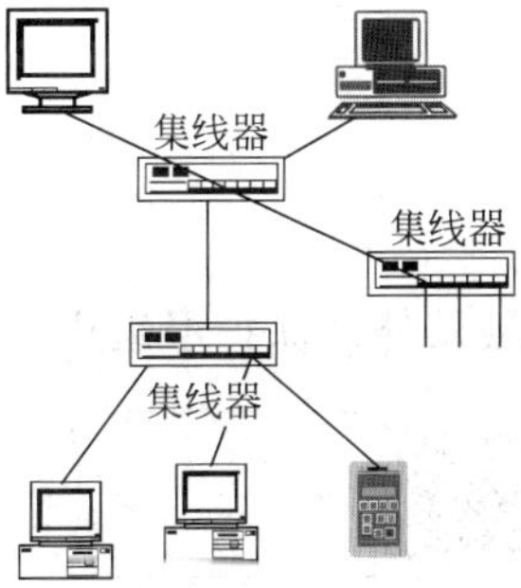

树形拓扑是适应性很强的一种,可适用于很宽范围,如对网络设备的数量、传输速率和数据类型等,没有太多限制,可达到很高的带宽。

如果把多个总线型或星形网连在一起,也会形成树形拓扑结构。树形结构比较适合于分主次、分等级的层次型系统。

在实际应用中,经常还会把几个不同拓扑结构的子网结合在一起,形成混合型拓扑的更大网络。

图 3.6 树形拓扑

## 3.4 网络的传输介质

网络中常用的传输介质包括有线、无线两大类。有线介质中常见的有双绞线、同轴电缆、仪表电缆、电力电缆、光纤、光缆等。

### 3.4.1 双绞线

无论对于模拟数据还是对于数字数据信号,双绞线都是最常见的传输介质。

1. 物理特性

双绞线由按规则螺旋结构排列的两根或四根绝缘线组成。一对线可以作为一条通信线路,各线对螺旋排列的目的是使各线对之间的电磁干扰最小。

2. 传输特性

双绞线最普遍的应用是语音信号的模拟传输。用于10Mb/s局域网时,节点与集线器的距离最大为100m。

3. 连通性

双绞线可以用于点对点连接,也可用作多点连接。

4. 抗干扰性

双绞线的抗干扰性取决于线对的扭曲长度及屏蔽条件。在低频传输时,其抗干扰能力相当于同轴电缆。在10～100KHz时,其抗干扰能力低于同轴电缆。

5. 价格

双绞线的价格低于其他传输介质,具有安装、维护方便的优点。

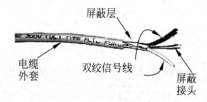

图 3.7 屏蔽双绞线电缆

在工业生产环境下使用的双绞线电缆,在其抗伸强度、抗电磁干扰方面的要求是不可忽视的。因而现场总线系统的传输介质往往采用屏蔽双绞线电缆。图 3.7 为屏蔽双绞线电缆的示意图。它在双绞信号线的基础上添加了屏蔽层和保护层,以提高电缆抗伸、抗电磁干扰的能力。

### 3.4.2 同轴电缆

同轴电缆也是网络中应用十分广泛的传输介质之一。

1. 物理特性

同轴电缆的结构如图 3.8 所示,它由内导体、外导体、绝缘层及外部保护层组成。同轴介质的特性参数由内、外导体及绝缘层的电气参数和机械尺寸决定。

2. 传输特性

根据同轴电缆通频带,同轴电缆可以分为基带同轴电缆和宽带同轴电缆两类。基带同轴电缆一般仅用于单通道数据信号的传输。而宽带同轴电缆可以使用频分多路复用方法,将一条宽带同轴电缆的频带划分成多条通信信道,支持多路传输。

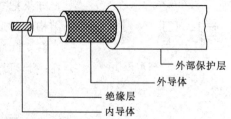

图 3.8 同轴电缆结构示意图

描述同轴电缆的另一个电气参数是它的特征阻抗。特征阻抗的大小与内、外导体的几何尺寸、绝缘层介质常数相关。

在以太网的基带传输中,常使用特征阻抗为 50Ω 的同轴电缆。而在电视天线电缆中,通常采用特征阻抗为 75Ω 同轴电缆。这种电视电缆既可以用于传输模拟信号,也可以用于传输数字信号。当用于模拟信号传输时,其带宽可达 400MHz。也可采用频分多路复用 FDM 技术,将电视天线电缆的带宽分成多个通道,每个通道既可以传输模拟信号,也可以传输数字信号。

同轴电缆也用作某些现场总线系统的传输介质。

3. 连通性

同轴电缆支持点对点连接,也支持多点连接。基带同轴电缆可支持数百台设备的连接。而宽带同轴电缆可支持上千台设备的连接。

4. 地理范围

基带同轴电缆最大距离限制在几千米范围内,而宽带同轴电缆最大距离可达几十千米。

5. 抗干扰性

同轴电缆的结构使得它的抗干扰能力较强。

6. 价格

同轴电缆造价介于双绞线与光缆之间,维护方便。

### 3.4.3 光缆

光缆是光导纤维构成的线缆,它是网络传输介质中性能最好、应用前途广泛的一种。

1. 物理特性

光纤是直径为 $50\sim100\mu m$ 的能传导光波的柔软介质。有玻璃和塑料材质的光纤,用超高纯度石英玻璃纤维制作的光纤的传输损耗很低。把折射率较高的单根光纤用折射率较低的材质包裹起来,就可以构成一条光纤通道。多条光纤组成一束就构成光缆。光缆的结构如图 3.9(a)所示。

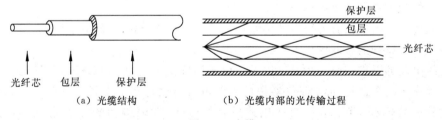

(a) 光缆结构　　　　　　(b) 光缆内部的光传输过程

图 3.9　光缆

2. 传输特性

光导纤维通过内部的全反射来传输一束经过编码的光信号。光波通过光导纤维内部全反射进行光传输的过程如图 3.9(b)所示。由于光纤的折射系数高于外层的折射系数,因此可以形成光波在光纤与包层界面上的全反射。光纤可以作为频率从 $10^{14}\sim10^{15}$Hz 的光波的导线。这一频率范围覆盖了可见光谱与部分红外光谱。典型的光纤传输系统的结构如图 3.10 所示。在发送端采用发光二极管或注入型激光二极管作为光源。光波以小角度进入光纤,按全反射方式沿光纤向前传播。在接收端使用光电二极管检波器再将光信号转换成电信号。光纤传输速率可达几千 Mb/s。

图 3.10 光缆传输系统示意图

光纤传输分为单模与多模两类。所谓单模光纤是指光纤中的光信号仅沿着与光纤轴成单个可分辨角度的单光纤传输,而多模光纤中,光信号可沿着与光纤轴成多个可分辨角度的多光纤传输。单模光纤在性能上一般优于多模光纤。

3. 连通性

光纤最普遍的连接方式是点对点,在某些系统中也采用多点连接方式。

4. 地理范围

光纤信号的衰减极小,它可以在 6~8km 距离内不使用中继器实现高速率数据传输。

5. 抗干扰性

光纤不受外界电磁干扰与噪声的影响,能在长距离、高速率传输中保持低误码率。双绞线典型的误码率在 $10^{-5} \sim 10^{-6}$ 之间,基带同轴电缆为 $10^{-7}$,宽带同轴电缆为 $10^{-9}$,而光纤误码率可以低于 $10^{-10}$。此外光纤传输的安全性与保密性也很好。

6. 价格

光纤价格高于同轴电缆与双绞线。由于光纤具有低损耗、宽频带、高数据传输速率、低误码率、安全保密性好,因此是一种最有前途的传输介质。

### 3.4.4 无线传输

无线传输指无需线缆类传输介质,依靠电磁波穿越空间运载数据的传输过程。无线传输也属于一种重要的数据传输方式。在某些特殊应用场合具有独特的技术优势,近年来得到了快速发展和广泛应用。

无线传输主要包括有无线电波传输、微波传输、红外传输以及激光传输。卫星传输可以看成是一种特殊的微波传输。

无线电波的频率一般在 1GHz 以下。由于国际上通行把 2.4GHz 频段留给工业、科学和医疗作短距离通信,因而这个频段的无线电波传输近年来发展十分迅速。无线电波的传输特性与频率有关。高频无线电波呈直线传播,对障碍物的穿透能力较差。而低频无线电波对障碍物的穿透能力较强,可穿越某些障碍物。无线电波的传输是全方位的,信号的发送和接收一般借助天线,发送和接收装置一般无需准确对准。但无线电波易受传输途径周围的电磁场干扰,在工业环境下使用无线传输应对此引起足够的重视。

微波的频率范围在 300MHz~300GHz。但用于微波传输的载波频率大多在 2~40GHz。微波沿直线传播,不能绕射。发送端与接收端之间应能直视,中间没有阻挡。其抛物状天线需要对准,远距离传输需要中继。由于微波载波频率很高,可以同时传送大量信息,例如,一个带宽为 2MHz 的微波频段就可以容纳 500 路语言信道。当用于数字通信时,其数据传输速率也很高。

红外线的电磁波频率范围在 $10^{11}\sim10^{14}\,\text{Hz}$,也属于方向性极强的直线传播,穿障能力很差,也不适合在户外阳光下使用,一般用于室内的短距离通信。红外线传输广泛应用于许多家用电器与其遥控器之间的信号通信。

激光的工作频率范围在 $10^{14}\,\text{Hz}\sim10^{15}\,\text{Hz}$,采用调制解调的相干激光实现激光通信。

应根据应用需求,选择合适的传输介质。选择传输介质需要考虑的相关问题有:要传输的信号类型,网络覆盖的地理范围,环境条件,节点间的距离,网络连接方式,网络通信量,传输介质与相关设备的性能价格比等。

## 3.5 网络传输介质的访问控制方式

如前所述,在总线或环形拓扑中,网上设备共享传输介质,为解决在同一时间有几个设备同时发起通信而出现的争用传输介质的现象,需要采取某种介质访问控制方式,协调各设备访问介质的顺序。在控制网络中,这种用于解决介质争用冲突的办法称之为传输介质的访问控制方式,也被称为总线竞用或总线仲裁技术。

传输介质的利用率一方面取决于通信流量,另一方面也取决于介质的访问控制方式。通信中对介质的访问可以是随机的,即网络各节点可在任何时刻随意地访问介质;也可以是受控的,即采用一定的算法调整各节点访问介质的顺序和时间。在计算机网络中普遍采用载波监听多路访问/冲突检测的随机访问方式。而在控制网络中则采用主/从、令牌总线、并行时间多路存取等受控的介质访问控制方式。

### 3.5.1 载波监听多路访问/冲突检测

采用载波监听多路访问/冲突检测(CSMA/CD)的介质访问控制方式时,网络上的任何节点都没有预定的发起通信的时间,节点随机向网络发起通信。当遇到多个节点同时发起通信时,信号会在传输线上相互混淆而遭破坏,称为产生"冲突"。为尽量避免由于竞争引起的冲突,每个节点在发送信息之前,都要侦听传输线上是否有信息在发送,这就是"载波监听"。

由于传输线上不可避免地存在传输延迟,有可能多个站同时侦听到线上空闲并开始发送,从而导致冲突。故每个节点在开始发送信息之后,还要继续侦听线路,判定是否有其他节点正与本节点同时向传输介质发送,一旦发现,便中止当前发送,这就是"冲突检测"。

载波监听 CSMA 的控制方式是先听再讲。一个节点要发送,首先需要监听总线,以判断介质上是否有其他节点正在发送信号。如果介质处于空闲,则可以发送。如果介质忙,则要等待一定时间间隔后重试。这种避免冲突的发送等待策略,称为坚持退避算法。有三种 CSMA 坚持退避算法:

第一种为不坚持 CSMA。假如监听的结果表明介质是空闲的,则发送。假如介质是忙的,则等待一段随机时间,再重新监听。

第二种为 1 坚持 CSMA。假如介质是空闲的,则发送。假如介质是忙的,继续监听,直到介质空闲,立即发送。假如冲突发生,则等待一段随机时间,继续监听。

第三种为P坚持CSMA。假如介质空闲,则以一定的概率P坚持发送,或以(1-P)的概率延迟一个时间单位后再听。这个时间单位等于最大的传播延迟。假如介质是忙的,继续监听直到介质空闲,再以一定的概率P坚持发送。

CSMA/CD已广泛应用于计算机局域网中。每个节点都具备检测冲突和发送信号帧的能力,即可实现边讲边听。一旦检测到冲突,就立即停止发送,并向总线上发一串Jam信号,通知总线上各个节点已经发生冲突,以防止因冲突而传送已损坏的数据帧,白白浪费网络通信资源。

### 3.5.2 令牌

CSMA的访问产生冲突的原因是由于各节点发起通信是随机的。为了避免产生冲突,可采取某种方式控制通信的发起者或发起时间。令牌访问就是其中的一种。这种方法按一定顺序在各站点间传递令牌,得到令牌的节点才有发起通信的权力,从而避免了几个节点同时发起通信而产生的冲突。令牌访问原理可用于环形网,构成令牌环形网络;也可用于总线网,构成令牌总线网络。

令牌环是环形局域网采用的一种访问控制方式。令牌在网络环路上不断地传送,只有拥有此令牌的站点,才有权向环路上发送报文,而其他站点仅允许接收报文。一个节点在发送完毕后,便将令牌交给网上下一个站点,如果该站点没有报文需要发送,便把令牌顺次传给下一个站点。因此,表示发送权的令牌在环形信道上不断循环。环路上每个节点都可获得发送报文的机会,而任何时刻只会有一个节点利用环路传送报文,因而在环路上保证不会发生访问冲突。

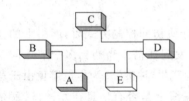

图3.11 令牌环的网络结构示意图

图3.11是令牌环的网络结构示意图。图中每个网络节点都有一个入口和一个出口分别与环形信道相连。通信接口中有缓冲器用来存储转发数据。若A站要发送数据给C站,则A站把目的地址和要发送的数据交给本站的通信处理器组织成帧。一旦A站从环上得到令牌,就从它的出口发出该帧。B站从其入口收到此帧后,查看目的地址与本站地址不符,便将原帧依次转发给C站。C站在查看目的地址时,得知此帧是给本站的,便采用校验和查错,如传输的帧无错误,便将帧中的数据收下,并修改状态位,表示此帧已被正确接收。然后C站再把修改了状态位的原帧沿D、E站送回A站。A站从返回的帧状态位得知发送成功,从环上取消此帧,再把令牌转交给B站,这样完成了一次站点间的通信过程。

采用令牌环方式的局域网,网上每一个站点都知道信息的来去动向,保证了通信传输的确定性。由于能估算出报文传输的延迟时间,所以适合于实时系统的使用。令牌环方式对轻、重负载不敏感,但单环环路出故障将使整个环路通信瘫痪,因而可靠性比较差。

令牌总线方式采用总线拓扑,网上各节点按预定顺序形成一个逻辑环。每个节点在逻辑环中均有一个指定的逻辑位置,末站的后站就是首站,即首尾相连。总线上各站的物

## 3.5 网络传输介质的访问控制方式

理位置与逻辑位置无关。

像令牌环方式那样,令牌总线也采用称为令牌的控制帧来调整对总线的访问控制权。收到令牌的站点在一段规定时间内被授予对介质的控制权,可以发送一帧或多帧报文。当该节点完成发送或授权时间已到时,它就将令牌传递到逻辑环中的下一站,使下一站得到发送权。传输过程由交替进行的数据传输阶段和令牌传送阶段组成。令牌总线上的站点也可以退出逻辑环而成为非活动站点。

令牌总线的介质访问控制要在物理总线上建立如图 3.12 所示的逻辑环。从物理上看,它是一种总线结构的局域网,总线是各站点共享的传输介质。但是从逻辑上看,它是一种环形局域网,由总线上的站点组成一个逻辑环,每个站点被规定一个逻辑位置。令牌在逻辑环上依次传递,站点只有取得令牌,才能发送通信帧。

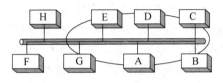

图 3.12 令牌总线与逻辑环

在正常运行时,当站点完成了它的发送,就将令牌送给下一个站点。从逻辑上看,令牌按地址顺序传送至下一个站点。但从实现过程来看,当对总线上所有站点广播带有目的地址的令牌帧时,与帧中目的地址一致的站点识别出该帧与自己的地址符合,即接收令牌。

假如取得令牌的站点有报文要发送,则发送报文,随后,将令牌送至下一个站点。假如取得令牌的站点没有报文要发送,则立即把令牌送到下一个站点。由于站点接收到令牌的过程是顺序依次进行的,因此对所有站点都有公平的访问权。为使站点等待取得令牌的时间是确定的,需要限定每个站点发送帧的最大长度。如果所有站点都有报文要发送,最坏情况下,等待取得令牌和发送报文的时间应该等于全部令牌传送时间和报文发送时间的总和。如果只有一个站点有报文要发送,则等待时间只是全部令牌传递时间的总和,而平均等待时间是它的一半,实际等待时间应在这个区间范围内。

对控制网络来说,这个访问等待时间是一个重要参数,可以根据需求,选定网中的站点数及最大的报文长度,从而保证在限定的时间内取得令牌。令牌总线的访问控制还可提供不同的服务级别,即不同的优先级。

令牌总线网络的正常运行十分简单。但网络必须有初始化功能,要生成一个访问次序。当网上令牌丢失,或产生多个令牌时,必须有故障恢复功能。还应该有取消不活动站点和加入新活动站点的功能,这些附加功能会大大增加令牌总线访问控制的复杂性。

因此,令牌总线的介质访问控制应具备以下几项功能。

(1) 令牌传递算法。逻辑环按站点地址次序组成。刚发完帧的站点将令牌传给后继站点。后继站点应立即发送数据或令牌帧,原先释放令牌的站点监听到总线上的信号,便可以确认后继站点获得了令牌。

(2) 逻辑环的初始化。网络开始启动时,或由于某种原因,在运行中所有站点活动的时间超过规定的时间,都需要进行逻辑环的初始化。初始化的过程是一个争用的过程,争用的结果只有一个站点能获得令牌,其他的站点采用站点插入算法插入。

(3) 站点插入算法。逻辑环上应周期性地使新站点有机会插入环中。当同时有几个站点要插入时,可以采用带有响应窗口的争用处理算法。

(4) 退出环路。一个工作站点应能将其自身从逻辑环中退出,并将其先行站点和后继站点连接起来。

(5) 恢复。网络应能发现差错,丢失令牌应能恢复,在多重令牌情况下应能识别处理。

实令牌与虚令牌。上面在讨论令牌总线与令牌环时涉及的令牌为实令牌。实令牌是指在网络传递的数据帧中有一种专门起令牌作用的令牌帧。虚令牌是指不存在专门的令牌帧,而在普通数据帧中隐含着令牌的情况。网络管理者给每个节点分配一个唯一的地址。每个站点监视收到的每个报文帧的源地址,并为接收到的源地址设置一个隐性令牌寄存器,让隐性令牌寄存器的值为收到的源地址加1,这样所有站点的隐性令牌寄存器在任一时刻的值都相同。如果隐性令牌寄存器的值与某个站点自己的 MAC 地址相等,就意味着该站点获得了令牌,可立即发送数据。虽然网络中并没有真正的令牌帧传递,但能起到与实令牌相同的作用,因而也不会引发介质访问冲突。

### 3.5.3 时分复用

时分复用(TDM)是指为共享介质的每个节点预先分配好一段特定的占用总线的时间。各个节点按分配的时间段及其先后顺序占用总线,这种介质访问控制方式称为时分多路复用。比如让节点 A、B、C、D 分别按 1、2、3、4 的顺序,循环并等长时间占用总线,就是一种多路时分复用的工作方式。

如果事先可以预计好每个节点占用总线先后顺序,需要通信的时间长短或要传送的报文字节数量,则可以准确估算出每个节点两次占用总线之间的时间。这对控制网络中实现时间的确定性是有益的。

时分复用又分为同步时分复用和异步时分复用两种。这里的同步与异步在意义上与前面位同步、帧同步中的同步概念不同。同步时分复用指为每个节点分配相等的时间,而不管每个设备要通信的数据量的大小。每当分配给某个节点的时间片到来时,该节点就可以发送数据,如果此时该节点没有数据发送,传输介质在该段时间片内就是空的。这意味着同步时分复用的平均分配策略有可能造成通信资源的浪费,不能有效利用链路的全部容量。

时分复用还可以按交织方式组织数据的发送。由一个复用器作为快速转换开关。当开关转向某个设备时,该节点有机会向网络发送规定数量的数据。复用器以固定的转动速率和顺序在各网络节点间循环运转的过程称为交织。交织可以以位、字节或其他数据单元进行。交织单元的大小一般相同。比如有 16 个节点,以每个节点每次一个字节进行交织,则可在 32 个时间片内让每个节点发送 2 个字节。

异步时分复用指为各个节点分配的向网络发送数据的时间片长度不一。在控制网络中,各节点数据信号的传输速率一般相同,可以按固定方式给数据传输量大的节点分配较长时间片,而给数据传输量小的节点分配较短的时间片,以避免浪费。控制网络中常见的主从通信也属于时分复用的一种形式,只是各从节点向总线发送数据的时刻和时间片长度,全都由主节点控制。

异步时分复用还可采用变长时间片的方法来实现。根据给定时段内可能进行发送的节点的通信量统计结果来决定时间片的分配。这种统计时分复用的方法动态地分配时间片，按动态方式有弹性地管理变长域，可以大大减少信道资源的浪费，在语音通信系统中应用广泛。

## 3.6 网络互连

### 3.6.1 网络互连的基本概念

网络互连要将分布在不同地理位置的网络、网络设备连接起来，构成更大规模的网络系统，以实现网络的数据资源共享。相互连接的网络可以是同种类型网络，也可以是运行不同网络协议的异构系统。网络互连是计算机网络和通信技术迅速发展的结果，也是网络系统应用范围不断扩大的自然要求。网络互连要求不改变原有的子网内的网络协议、通信速率、硬软件配置等，通过网络互连技术使原先不能相互通信和共享资源的网络间有条件实现相互通信和信息共享，并要求网络互连对原有子网的影响减至最小。

在相互连接的网络中，每个子网成为网络的一个组成部分，每个子网的网络资源都应该成为整个网络的共享资源，可以为网上任何一个节点所享有。同时，又应该屏蔽各子网在网络协议、服务类型、网络管理等方面的差异。网络互连技术能实现更大规模、更大范围的网络连接，使网络、网络设备、网络资源、网络服务成为一个整体。

### 3.6.2 网络互连规范

网络互连必须遵循一定的规范，随着计算机和计算机网络的发展，以及市场对局域网络互连的需求，IEEE 于 1980 年 2 月成立了局域网标准委员会（IEEE 802 委员会），建立了 802 课题，制定了 OSI 模型的物理层、数据链路层的局域网标准。已经发布了 IEEE 802.1～IEEE 802.16 系列标准，其中 IEEE 802.1～IEEE 802.6 已经成为 ISO 的国际标准 ISO 8802-1～ISO 8802-6。IEEE 802 标准的系列组成如下。

IEEE 802.1A 为综述和体系结构，802.1B 为寻址、网际互连和网络管理；

IEEE 802.2 为逻辑链路控制；

IEEE 802.3 为 CSMA/CD 接入方法和物理层规范；

IEEE 802.4 为 Token bus 令牌总线接入方法和物理层规范；

IEEE 802.5 为 Token ring 令牌环接入方法和物理层规范；

IEEE 802.6 为 MAN 城域网接入方法和物理层规范；

IEEE 802.7 为宽带技术；

IEEE 802.8 为光纤技术；

IEEE 802.9 为话音综合数据业务网；

IEEE 802.10 为可互操作的局域网安全规范；

IEEE 802.11 为 WLAN 无线局域网；

IEEE 802.12 为优先级轮询局域网；
IEEE 802.14 为 Cable-TV 的广域网；
IEEE 802.15 为 WPAN 无线个人局域网；
IEEE 802.16 为宽带无线局域网。

从上述内容可以看到，服务于网络互连的 IEEE 802 系列标准只涉及物理层与数据链路层中与网络连接直接相关的内容。要为用户提供应用服务，还需要高层协议提供相关支持。

## 3.7 网络互连的通信参考模型

### 3.7.1 开放系统互连参考模型

为实现不同厂家生产的设备之间的互连操作与数据交换，国际标准化组织 OSI/TC97 于 1978 建立了"开放系统互连"分技术委员会，起草了开放系统互连参考模型 OSI (Open System Interconnection) 的建议草案，并于 1983 年成为正式国际标准 OSI 7498,1986 年又对该标准进行了进一步的完善和补充，形成了为实现开放系统互连所建立的分层模型，简称 OSI 参考模型。这是为异构计算机互连提供的一个共同基础和标准框架，并为保持相关标准的一致性和兼容性提供参考。开放并不是指对特定系统实现具体互连的技术或手段，而是对标准的认同。一个开放系统，是指它可以与遵守相同标准的其他系统互连通信。

OSI 参考模型是在博采众长的基础上形成的系统互连技术。它将开放系统的通信功能划分为七个层次。各层的协议细节由各层独立进行。这样一旦引入新技术或提出新的业务要求时，可以把因功能扩充、变更所带来的影响限制在直接有关的层内，而不必改动全部协议。OSI 参考模型分层的原则是将相似的功能集中在同一层内，功能差别较大时则分层处理，每层只对相邻的上、下层定义接口。

在 OSI 参考模型中，从邻接物理媒体的层次开始，将各层分别赋予 1、2、…、7 层的顺序编号，相应地称之为物理层、数据链路层、网络层、传输层、会话层、表示层和应用层。OSI 参考模型如图 3.13 所示。

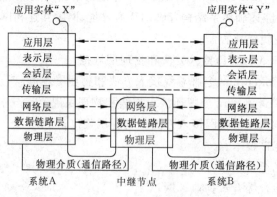

图 3.13 OSI 参考模型

通常，第1～3层功能称为低层功能(LLF)，即通信传送功能。第4～7层功能称为高层功能(HLF)，即通信处理功能。

### 3.7.2 OSI 参考模型的功能划分

OSI 参考模型每一层的功能是独立的，它利用其下一层提供的服务并为其上一层提供服务，而与其他层的具体实况无关。两个开放系统中相同层次之间的通信规约称之为通信协议。

1. 物理层(第1层)

物理层并不是物理媒体本身，它只是开放系统中利用物理媒体实现物理连接的功能描述和执行连接的规程。物理层提供用于建立、保持和断开物理连接的机械、电气、功能和规程条件。简而言之，物理层提供有关信号同步和数据流在物理媒体上的传输手段，常见的 EIA-232 就属于典型的物理层协议。

物理层规定与网络传输介质连接的机械和电气特性，并把数据转化为在通信链路上传输的信号。包括节点与传输线路的连接方式，连接器的尺寸与排列，数据传输是单向还是双向，数据如何通过信号表示，如何区分信号的 0、1 状态。

2. 数据链路层(第2层)

数据链路层用于链路连接的建立、维持和拆除，实现无差错传输。在点到点或一点到多点的链路上，保证报文的可靠传递。该层实现访问仲裁、数据成帧、同步控制、寻址、差错控制等功能。

这里的访问仲裁是指由数据链路层来决定某一时刻由哪个节点获得链路控制权，即完成总线仲裁。数据成帧是指将来自上一层的数据加上有特定意义的数据位，置于报文的头部和尾部，形成数据帧。帧头含有如起始位等特殊的数据位，提示接收节点有数据帧到达，并在知道了该比特的起始点及持续时间后，与发送节点实现时序同步。帧尾含有出错校验码和结束码。结束码表示该帧结束，后面是线路空闲或出现新的一帧。

数据链路层还要实现流量控制，使数据的发送速率不大于接收节点的接收能力，防止因接收缓冲能力不足造成报文溢出。为数据帧加源地址与目的地址，采用差错检测措施与重发机制实现错误恢复等，都是在数据链路层中实现的。

3. 网络层(第3层)

网络层规定了网络连接的建立、维持和拆除的协议。它的主要功能是利用数据链路层所提供的功能，通过多条网络连接，将数据包从发送节点传输到接收节点。实现分组转发和路由选择。在网络连接中存在多于一条的路径可选时，通过路由选择，在收发双方之间选择最佳路径。通过限制进入子网的分组数、以至丢弃分组，实现拥塞控制。

网络层还用于在包头部加入源地址和目的地址信息，实现逻辑寻址，并将逻辑寻址转换成对应的物理地址。

4. 传输层(第4层)

传输层完成收发之间的数据传送控制，在源节点到目的节点提供端到端的可靠传输服务，保证整个信息无差错、按顺序地到达目的地。传输层将要传输的信息分成片段，加上顺序编号,或称为分段号,便于这些片段在接收端重新组装成完整的信息。

为了增加安全性,传输层可以在收发节点之间建立一条单独的逻辑路径,来传输相关的所有数据包。以便对顺序、流量、出错检测与控制有更好的控制机制。

传输层信息的报文头还包括端口地址,或称作套接字地址、服务点地址,以便将所传输的报文与目的节点上的指定程序入口联系起来。

5. 会话层(第5层)

会话层是网络通信的会话控制器,负责会话管理与控制。包括建立、验证会话双方的连接,维护通信双方的交互操作,控制数据交换是双向进行还是单向进行,哪一方在何时发送,在单向进行时如何逐次交替变换等。

会话层将一次会话分解为多个子会话过程,打上标记,确定子会话的传输顺序,并引入检查点,确定哪一点需要在接收端得到确认。如果出现通信意外,会话层还要确定在会话恢复后如何传输。例如由会话层将长文件分页标记,逐页发送,如发生传输中断,由某个特定的标记处重发。

6. 表示层(第6层)

表示层可实现用户或应用程序之间交换数据的格式转换。在发送端将数据转化为收发双方可接受的传输格式,在接收端再将这种格式转化为接收者使用的数据格式。也可用于把应用层的信息内容变换为能够共同理解的形式,通过对不同控制码、数据字符等的解释,使收发双方对传输内容的理解一致。

为保证数据传输的安全性,表示层还负责对数据进行加密解密。在发送端,表示层实现数据加密,以防止数据被窃听或恶意破坏。而在接收端,表示层再将该数据解密,送往应用层。为满足安全要求而进行的验证口令和登录等,也是表示层的基本任务。

为了使传输更为有效,表示层还可实现数据的压缩和解压。

表示层仅对应用层的信息内容进行形式变换,而不改变其内容本身。

7. 应用层(第7层)

应用层是OSI参考模型的最高层。其功能是实现各种应用进程之间的信息交换,为用户提供网络访问接口,提供如文件传输访问与管理、邮件服务、虚拟终端等服务功能。

### 3.7.3 几种典型控制网络的通信模型

从上述内容可以看到,具有七层结构的OSI参考模型可支持的通信功能是相当强大的。作为一个通用参考模型,需要解决各方面可能遇到的问题,需要具备丰富的功能。作为工业数据通信的底层控制网络,要构成开放互连系统,应该如何制定和选择通信模型,七层OSI参考模型是否适应工业现场的通信环境,简化型是否更适合于控制网络的应用需要,这是应该考虑的重要问题。

工业生产现场存在大量传感器、控制器、执行器等,它们通常相当零散地分布在一个较大范围内。对由它们组成的控制网络,其单个节点面向控制的信息量不大,信息传输的任务相对比较简单,但实时性、快速性的要求较高。如果按照七层模式的参考模型,由于层间操作与转换的复杂性,网络接口的造价与时间开销显得过高。为满足实时性要求,也为了实现工业网络的低成本,现场总线采用的通信模型大都在ISO模型的基础上进行了

## 3.7 网络互连的通信参考模型

不同程度的简化。

几种典型控制网络的通信参考模型与 ISO 模型的对照参见图 3.14。可以看到，它们与 OSI 模型不完全保持一致，在 ISO 模型的基础上分别进行了不同程度的简化，不过控制网络的通信参考模型仍然以 OSI 模型为基础。图 3.14 中的这几种控制网络还在 OSI 模型的基础上增加了用户层，用户层是根据行业的应用需要施加某些特殊规定后形成的标准，它们在较大范围内取得了用户与制造商的认可。

| OSI 模型 | | H1 | HSE | PROFIBUS |
|---|---|---|---|---|
| | | 用户层 | 用户层 | 应用过程 |
| 应用层 | 7 | 总线报文规范子层 FMS | FMS/FDA | 报文规范 |
| | | 总线访问子层 FAS | | 低层接口 |
| 表达层 | 6 | | | |
| 会话层 | 5 | | | |
| 传输层 | 4 | | TCP/UDP | |
| 网络层 | 3 | | IP | |
| 数据链路层 | 2 | H1 数据链路层 | 数据链路层 | 数据链路层 |
| 物理层 | 1 | H1 物理层 | 以太网物理层 | 物理层(485) |

图 3.14 OSI 与部分控制网络通信参考模型的对应关系

图中的 H1 指 IEC 标准中的基金会现场总线 FF。它采用了 OSI 模型中的三层：物理层、数据链路层和应用层，隐去了第三层至第六层。应用层有两个子层，总线访问子层 FAS 和总线报文规范子层 FMS。并将从数据链路到 FAS、FMS 的全部功能集成为通信栈。

在 OSI 模型基础上增加的用户层规定了标准的功能模块、对象字典和设备描述，供用户组成所需要的应用程序，并实现网络管理和系统管理。在网络管理中，设置了网络管理代理和网络管理信息库，提供组态管理、性能管理和差错管理的功能。在系统管理中，设置了系统管理内核、系统管理内核协议和系统管理信息库，实现设备管理、功能管理、时钟管理和安全管理等功能。

这里的 HSE 指 FF 基金会定义的高速以太网，它是 H1 的高速网段，也属于 IEC 的标准子集之一。它从物理层到传输层的分层模型与计算机网络中常用的以太网大致相同。应用层和用户层的设置与 H1 基本相当。

**PROFIBUS** 是 IEC 的标准子集之一，并属于德国国家标准 DIN 19245 和欧洲标准 EN 50170。它采用了 OSI 模型的物理层，数据链路层。其 DP 型标准隐去了第三层至第七层，而 FMS 型标准则只隐去第三至第六层，采用了应用层，并增加了用户层作为应用过程的用户接口。

图 3.15 是 OSI 模型与另两种控制网络通信参考模型的分层对应关系。其中 **LonWorks** 采用了 OSI 模型的全部七层通信协议，被誉为通用控制网络。图中还表示了它的各分层的作用。

图中作为 ISO 11898 标准的 CAN 只采用了 OSI 模型的下面两层，物理层和数据链路层。这是一种应用广泛、可以封装在集成电路芯片中的协议。要用它实际组成一个控制网络，还需要增添应用或用户层的其他约定。

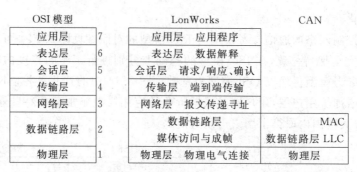

图 3.15 OSI 模型与 LonWorks 和 CAN 的分层对照

## 3.8 网络互连设备

常见的网络互连设备有中继器(repeater),网桥(bridge),路由器(router),网关(gateway)。它们分别用于不同层次的网络连接,属于不同层次的网络互连设备。

### 3.8.1 中继器

中继器又称为重发器。从通信参考模型的角度来看,中继器属于物理层的网络互连设备。中继器的主要作用是延长电缆或光缆的传输距离,也可用于增加网段上挂接的节点数量。有电信号中继器和光信号中继器。

由于网络节点间存在一定的传输距离,网络中传输的数据信号,在通过一定长度的传输距离之后,将会因衰减或噪声干扰而影响到数据信号的正确性与完整性,影响接收节点正确地接收和辨认。因而经常需要利用中继器,通过复制位信号延伸网段长度。中继器接收线路中的报文信号,将其进行整形放大、按数据位重新复制。然后,将这个新生成的具有良好波形的复制信号转发至下一网段,或转发到其他媒体的网段。中继器一般用于方波信号的传输过程。它们对所通过的数据不作处理。

每种网络都规定了一个网段所容许的最大长度。安装在传输线路上的中继器要在信号变得太弱或损坏之前将接收到的信号还原,重新生成原来的信号,并将更新过的信号转发到后续的传输线路中,使信号在更靠近目的地的地方开始二次传输,以延长信号的传输距离。因而安装中继器可使节点间的传输距离加长。

中继器仅在网络的物理层起作用,它不以任何方式改变网络的功能。网段上的中继器两侧具有相同的数据速率、协议和地址。

在图 3.16 中,通过中继器连接在一起的两段实际上是一个网段。如果节点 A 发送一个帧给节点 B,所有节点(包括 C、D 和 E)都将有条件接收到这个帧。中继器并不能阻止发往节点 B 的帧到达节点 C 和 D。但有了中继器,节点

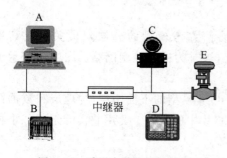

图 3.16 采用中继器延长网段

C、D 和 E 所接收到的信号质量会更好。

中继器不同于放大器。放大器从输入端获取输入信号,然后输出一个与输入信号形状相同、幅度放大了的输出信号。放大器实时实形地放大信号,包括放大输入信号中的所有失真。也就是说,放大器不能分辨信号和噪声,对输入信号的所有部分都进行放大。而中继器则不同,当它接收到一个微弱或损坏的信号时,它并不是放大信号,而是按照信号的原始波形,一位一位地再生复制。因而中继器是一个再生器而不是一个放大器。

中继器放置在传输线路上的位置是很重要的。中继器放置的位置,应该是在噪声使信号中任一位的含义分辨受到影响之前。噪声可以改变信号电压的准确值,但是只要不影响到辨认出某一位是 0 还是 1,该信号还可使用。如果让该信号传输得更远,由于信号衰减和噪声影响的积累,将会影响到正确辨认出某位是 0 是 1,甚至完全改变信号的含义。这时如果继续采用原来的信号,将会出现无法恢复的差错。因而在传输线路上,中继器应放置在信号失去可读性之前,也就是在尚可以辨认出信号原有含义的地方放置中继器。利用中继器恢复信号的本来面目,让重新生成的复制信号继续传输,从而使得网络可以跨越一个更远距离的地域范围。

### 3.8.2 网桥

网桥属于作用在物理层和数据链路层的存储转发设备,在两个相同类型的网段之间进行帧中继,在局域网之间存储或转发数据帧。网桥用于在局域网中连接同一类型的不同网段,互连采用不同传输速率、不同传输介质的网络。即网桥所连接的不同网段之间,在传输媒体种类、电气接口和数据速率上可以存在差异。但在网桥两侧的网络中,其网络协议和地址应该一致。

网桥可以访问所有连接节点的物理地址,有选择性地过滤通过它的报文。当在一个网段中生成的报文要传到另外一个网段中时,网桥开始苏醒,转发信号;而当一个报文在本地网段中传输时,网桥处于睡眠状态。

网桥具备寻址与路径选择的功能,它为接收到的数据帧决定正确的传输路径,并将数据帧送到目的地。当一个报文帧到达网桥时,网桥不仅重新生成复制信号,而且检查目的地址,将新生成的复制信号仅仅发送到这个地址所属的网段。每当网桥收到一个报文帧时,它读出该报文帧中所包含的地址,同时将这个地址和所有节点的地址表相比较,当发现一个匹配的地址时,网桥将查找出这个节点属于哪个网段,然后将这个包仅仅传送到那个网段。

例如,图 3.17 中显示了两个通过网桥连接在一起的网段。节点 A 和节点 D 处于同一个网段中;当节点 A 送到节点 D 的包到达网桥时,这个包被阻止进入下面其他的网段中,而只是在本中继网段内中继,被节点 D 所接收;而在节点 A 的包要送到节点 G 时,网桥允许这个包跨越并转发到下面的网段,数据包将在那里被节点 G 所接收。因此使用网桥可减小总线负荷。

网桥与中继器区别在于,网桥具有使不同网段之间

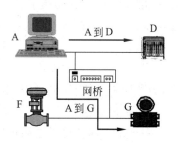

图 3.17 由网桥连接的网段

的通信相互隔离的逻辑,或者说网桥是一种聪明的中继器。它比中继器多了一点智能。中继器不处理报文,不能理解报文中的任何东西,只是简单地复制信号。而网桥除了对数据帧进行差错校验外,它还知道相邻段的地址,并基于这些地址实行包过滤。

为了在网段之间进行传输选择,网桥需要一个包含有与它连接的所有节点地址的查找表。这个表要指出各个节点属于哪个段,有多少个段连接到这个网桥上。网桥只接收需要经过它转发到其他网段的信号,接收到的数据包也只转发到其地址指定的网段。这样,网桥可以起到过滤信号包的作用。利用网桥可以在一定程度上控制网络拥塞,隔离出现了问题的链路,利用通信段的分割为网络提供安全性。但网桥在任何情况下都不修改包的结构或包的内容,因此只可以应用在使用相同协议的网段之间。

下面是三种不同类型的网桥。

### 1. 简单网桥

简单网桥是最原始和最便宜的网桥类型。一个简单网桥连接两个网段,同时包含有一个列出了所有位于相邻网段的节点地址表。简单网桥的这个节点地址表必须完全通过手工输入。在一个简单网桥可以使用之前,操作员必须为其输入每个节点的地址。每当一个新的站点加入时,这个表都必须被更新。如果一个站点被删除了,那么新出现的该无效地址必须被删除。对制造商来说这种配置简单并且便宜,但安装和维护简单网桥耗费时间,比较麻烦,比起它所节约的费用来可能是得不偿失。

### 2. 学习网桥

学习网桥在它执行网桥功能的时候,自己有能力建立站点地址表。当一个学习网桥首次安装时,它的表是空的。每当它遇到一个包时,它同时查看源地址和目标地址。网桥通过查看目标地址,决定将数据包送往何处。如果这个目标地址是它所不认识的,它就将这个包转发到所有的网段中。

网桥使用源地址来建立地址表。当网桥读出源地址时,它将记下这个包从哪个网段来的,从而将这个地址和它所属的网段联系在一起。通过由每个节点所发送的第一个包,网桥可以得知该站点所属的网段。例如,如果图 3.17 中的网桥是一个学习网桥,当站点 A 发送包到站点 G 时,网桥得知从 A 来的包是属于上面那个网段。在此之后,每当网桥遇到地址为 A 的包时,它就知道应该将它仅仅转发到上面的网段中。最终,网桥将获得一个完整的节点地址和各自所属网段的表,并将这个表储存在它的内存之中。

在地址表建立后网桥仍然会继续上述过程,使学习网桥不断自我更新。假定图中节点 A 和节点 G 相互交换了位置,这样会导致储存的所有节点地址的信息发生错误。但由于网桥仍然在检查所收到包的源地址,它会注意到现在站点 A 所发出的包来自下面的网段,而站点 G 所发出的包来自上面的网段,因此网桥可以根据这个信息更新它的表。

当然具有这种自动更新功能的学习网桥会比简单网桥的成本高。但对大多数应用来说,为了增强功能、提供应用方便,这种花费是值得的。

### 3. 多点网桥

一个多点网桥可以是简单网桥,也可以是学习网桥。它可以连接两个以上相同类型的网段。

### 3.8.3 路由器

路由器工作在物理层、数据链路层和网络层,它比中继器和网桥更复杂一点,并包含有软件。在路由器所包含的地址之间,可能存在若干路径,路由器可以为某次特定的传输选择一条最好的路径。

报文传送的目的网络和目的地址一般存在于报文的某个位置。当报文进入时,路由器读取报文中的目的地址,然后把这个报文转发到对应的网段中。它会取消没有目的地的报文传输。对存在多个子网络或网段的网络系统,路由器是很重要的部分。

路由器可以在多个互连设备之间转发数据包。它们对来自某个网络的数据包确定路线,发送到互联网络中任何可能的目的网络中。图 3.18 显示了一个由 5 个网络组成的互联网络。当网络节点发送一个数据包到邻近网络时,数据包将会先传送到连接处的路由器中。然后通过这个路由器把它转发到目的网络中。如果在发送和接收网络之间没有一个路由器直接将它们连接时,发送端的路由器将把这个包通过和它相连的网络,送往通向最终目的地路径上的下一个路由器,那个路由器将会把这个数据包传递到路径中的下一个路由器。如此这般,最后到达最终目的地。

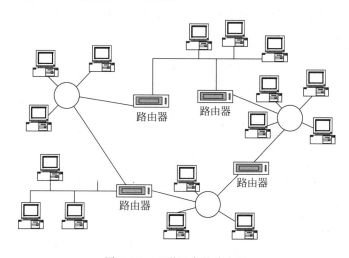

图 3.18 互联网中的路由器

路由器如同网络中的一个节点那样工作。但是大多数节点仅仅是一个网络的成员。路由器同时连接到两个或更多的网络中,并同时拥有它们各自的地址。路由器从所连接的节点上接收到数据包,同时将它们传送到第二个连接的网络中。当一个接收到的数据包的目标地址位于不与这个路由器所连接的网络时,路由器有能力决定哪一个连接网络是这个包最好的下一个中继点。一旦路由器识别出一个包所走的最佳路径,它将通过合适的网络把数据包传递给下一个路由器。下一个路由器再检查目标地址,找出它所认为的最佳路由,然后将该数据包送往目的地址,或送往所选路径上的下一个路由器。

路由器在具有独立地址空间、不同数据速率和传输媒体的网段间存储转发信号。路由器连接的所有网段,其协议是一致的。

### 3.8.4 网关

网关又被称为网间协议变换器,用以实现不同通信协议的网络之间的互连。由于它在技术上与它所连接的两个网络的具体协议有关,因而用于不同网络间转换连接的网关是不相同的。

一个普通的网关可用于连接两个不同的总线或网络。由网关进行协议转换,提供更高层次的接口。网关允许在具有不同协议和报文组的两个网络之间传输数据。在报文从一个网段到另一个网段的传送中,网关提供了一种方式把报文重新封装,形成新的报文组。

网关需要完成报文的接收,翻译与发送。通常它会使用两个微处理器和两套各自独立的通信接口。微处理器理解本地两种网络或总线的语言,在两个通信接口之间设置翻译器。通过微处理器在网段之间来回传递数据。

在工业数据通信中,网关最常见的应用就是把一个现场总线网络的信号送往另一个不同类型的现场总线网络,如把 ASI 网络的数据通过网关送往 PROFIBUS DP 网段。或者借助网关把一个现场总线网络与 Internet 连接起来,例如把在 FF 网络的 H1 网段通过网关(被称为链接设备)与 HSE 相连接,并进一步使控制网络与信息网络贯通为一体。

# 第 4 章　CAN 总线与基于 CAN 的控制网络

## 4.1　CAN 通信技术简介

CAN(Controller Area Network)是控制器局域网的简称,是德国 Bosch 公司在 1986 年为解决现代汽车中众多测量控制部件之间的数据交换而开发的一种串行数据通信总线。已成为 ISO 国际标准 ISO 11898。尽管 CAN 最初是为汽车电子系统设计的,但由于它在技术与性价比方面的独特优势,在航天、电力、石化、冶金、纺织、造纸、仓储等领域得到了广泛应用。在火车、轮船、机器人、楼宇自控、医疗器械、数控机床、智能传感器、过程自动化仪表等自控设备和现场总线系统中,都有 CAN 技术的身影。CAN 已成为工业数据通信的主流技术之一。

### 4.1.1　CAN 通信的特点

与其他同类技术相比,CAN 在可靠性、实时性和灵活性方面具有独特的技术优势,其主要技术特点如下。

(1) CAN 总线上任一节点均可在任意时刻主动地向其他节点发起通信,节点不分主从,通信方式灵活。

(2) 可将 CAN 总线上的节点信息,按对实时性要求的紧急程度,分成不同的优先级,最高优先级的数据可在最多 $134\mu s$ 内得到传输,以满足控制信息的通信需求。

(3) CAN 采用载波监听多路访问、逐位仲裁的非破坏性总线仲裁技术。一是先听再讲,二是当多个节点同时向总线发送报文而引起冲突时,优先级较低的节点会主动地退出发送,而最高优先级的节点可不受影响地继续传输数据,从而大大节省了总线冲突仲裁时间。

(4) CAN 只需通过报文滤波即可实现点对点、一点对多点及全局广播等几种方式传送接收数据,无需专门的"调度"。

(5) CAN 的直接通信距离最远可达 10km(速率 5Kb/s 以下);通信速率最高可达 1Mb/s(此时通信距离最长为 40m)。

(6) CAN 上的节点数主要决定于总线驱动电路,目前可达 110 个;报文标识符可达 2032 种(CAN 2.0A),而扩展标准(CAN 2.0B)的报文标识符几乎不受限制。

(7) 采用短帧结构,传输时间短,受干扰概率低,具有极好的检错效果。

(8) CAN 节点中均设有出错检测、标定和自检的强有力措施。出错检测的措施包括发送自检、循环冗余校验、位填充和报文格式检查。因而数据出错率低。

(9) CAN 的通信介质可为双绞线、同轴电缆或光纤,选择灵活。

(10) CAN 器件可被置于无任何内部活动的睡眠方式,以降低系统功耗。其睡眠状态可通过总线激活或者系统的内部条件被唤醒。

(11) CAN 节点在错误严重的情况下具有自动关闭输出功能,以使总线上其他节点的运行不受影响。

随着 CAN 在各种领域的应用和推广,对其通信的标准化提出了要求。1991 年 9 月 Philips Semiconductors 制订并发布了 CAN 技术规范(Version 2.0)。该技术规范包括 A 和 B 两部分。2.0A 给出了 CAN 报文标准格式,而 2.0B 给出了标准的和扩展的两种格式。此后,1993 年 11 月 ISO 正式将它颁布为道路交通运输工具—数据信息交换—高速通信控制器局域网标准,从此 CAN 成为国际标准 ISO 11898。这一标准的颁布,为 CAN 的标准化、规范化铺平了道路。

### 4.1.2 CAN 的通信参考模型

参照 ISO/OSI 标准模型,CAN 分为数据链路层和物理层。而数据链路层又包括逻辑链路控制子层 LLC(Logic Link Control)和媒体访问控制子层 MAC(Medium Access Control),CAN 的通信参考模型如图 4.1 所示。

| | 逻辑链路子层 LLC |
| --- | --- |
| | 接收滤波 |
| | 超载通知 |
| | 恢复管理 |
| 数据链路层 | 媒体访问控制子层 MAC |
| | 数据封装/拆装 |
| | 帧编码(填充/解除填充) |
| | 媒体访问管理 |
| | 错误监测 |
| | 出错标定 |
| | 应答 |
| | 串行化/解除串行化 |
| 物理层 | 位编码/解码 |
| | 位定时 |
| | 同步 |
| | 驱动器/接收器特性 |
| | 连接器 |

图 4.1 CAN 通信模型的分层结构

图中逻辑链路子层 LLC 的主要功能是,对总线上传送的报文实行接收滤波,判断总线上传送的报文是否与本节点有关,哪些报文应该为本节点所接收;对报文的接收予以确认;为数据传送和远程数据请求提供服务;当丢失仲裁或被出错干扰时,逻辑链路子层具有自动重发的恢复管理功能;当接收器出现超载,要求推迟下一个数据帧或远程帧时,则通过逻辑链路子层发送超载帧,以推迟接收下一个数据帧。

MAC 子层是 CAN 协议的核心。它负责执行总线仲裁、报文成帧、出错检测、错误标

## 4.1 CAN 通信技术简介

定等传输控制规则。MAC 子层要为开始一次新的发送确定总线是否可占用,在确认总线空闲后开始发送。在丢失仲裁时退出仲裁,转入接收方式。对发送数据实行串行化,对接收数据实行反串行化。完成 CRC 校验和应答校验,发送出错帧。确认超载条件,激活并发送超载帧。添加或卸除起始位、远程传送请求位、保留位、CRC 校验和应答码等,即完成报文的打包和拆包。

物理层规定了节点的全部电气特性,并规定了信号如何发送,因而涉及位定时、位编码和同步的描述。在这部分技术规范中没有规定物理层中的驱动器/接收器特性,允许用户根据具体应用,规定相应的发送驱动能力。一般说来,在一个总线段内,要实现不同节点间的数据传输,所有节点的物理层应该是相同的。

### 4.1.3 CAN 信号的位电平

CAN 总线上信号的位电平如图 4.2 所示。图中的 CANH 和 CANL 分别指作为总线传输介质的两条线。$V_{CANH}$ 和 $V_{CANL}$ 表示 CANH 和 CANL 上的电压。CAN 总线上的信号电平是它们之间的差分电压。

$$V_{diff} = V_{CANH} - V_{CANL}$$

CAN 总线具有两种逻辑状态,显性状态和隐性状态。在传输一个显性位时,总线上呈现显性状态。在传输一个隐性位时,总线上呈现隐性状态。隐性状态时,CANH 和 CANL 两条线之间的差分电压 $V_{diff}$ 近似为 0。显性状态时,CANH 和 CANL 两条线之间的差分电压 $V_{diff}$ 一般为 2V 到 3V,明显高于隐性状态时的差分电压值。显性位可以改写隐性位。当总线上两个不同节点在同一位时间分别强加显性和隐性位时,总线上呈现显性位,即显性位覆盖了隐性位。

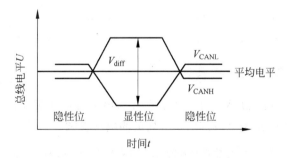

图 4.2 CAN 总线上的位电平

### 4.1.4 CAN 总线与节点的电气连接

在国际标准 ISO 11898 中,对基于双绞线的 CAN 系统建议了图 4.3 所示的电气连接。图中的各 CAN 模块即为 CAN 总线上的节点。像许多其他现场总线那样,为了抑制信号在端点的反射,CAN 总线也要求在总线的两个端点上,分别连接终端器。图中的终端电阻 $R_2$ 即为终端器。其阻值大约在 120Ω 左右。

CAN 总线的驱动可采用单线上拉、单线下拉或双线驱动。信号接收采用差分比较器。如果所有节点的晶体管均处于关断状态,则 CAN 总线上呈现隐性状态。如果总线

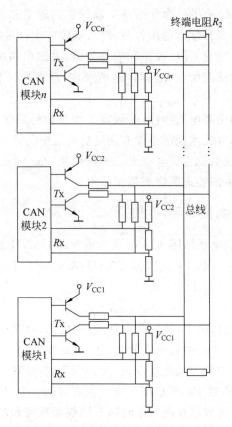

图 4.3　CAN 总线与节点的电气连接

上至少有一个节点发送端的那对晶体管导通,产生的电流流过终端电阻 $R_2$,在 CANH 和 CANL 两条线之间产生差分电压 $V_{diff}$,总线上就呈现出显性状态。

### 4.1.5　CAN 节点的电气参数

在相关规范中,有时把 CAN 总线的节点称为电子控制单元 ECU。这些电子控制单元的工作范围应该满足表 4.1 到表 4.5 所规定的电气参数。

表 4.1　与总线断开的 ECU 在隐性状态下的 DC 参数

| 参　数 | 符　号 | 单　位 | 数　值 | | | 条　件 |
| --- | --- | --- | --- | --- | --- | --- |
| | | | 最小值 | 典型值 | 最大值 | |
| 总线输出电压 | $V_{CANH}$ | V | 2.0 | 2.5 | 3.0 | 无负载 |
| | $V_{CANL}$ | V | 2.0 | 2.5 | 3.0 | |
| 总线差分输出电压 | $V_{diff}$ | mV | −500 | 0 | 50 | 无负载 |
| 内部差分电阻 | $R_{diff}$ | kΩ | 10 | | 100 | 无负载 |
| 内部电阻 | $R_{in}$ | kΩ | 5 | | 50 | |
| 差分输入电压 | $V_{diff}$ | V | −1.0 | | 0.5 | |

## 4.1 CAN 通信技术简介

表 4.2 与总线断开的 ECU 在显性状态下的 DC 参数

| 参 数 | 符 号 | 单 位 | 数值 | | | 条 件 |
|---|---|---|---|---|---|---|
| | | | 最小值 | 典型值 | 最大值 | |
| 总线输出电压 | $V_{CANH}$ | V | 2.75 | 3.5 | 4.5 | 负载 60Ω |
| | $V_{CANL}$ | V | 0.5 | 1.5 | 2.25 | 负载 60Ω |
| 差分输出电压 | $V_{diff}$ | V | 1.5 | 2.0 | 3.0 | 负载 60Ω |
| 差分输入电压 | $V_{diff}$ | V | 0.9 | | 5.0 | 负载 60Ω |

表 4.3 与总线断开的 ECU 的 AC 参数

| 参 数 | 符 号 | 单 位 | 数值 | | | 条 件 |
|---|---|---|---|---|---|---|
| | | | 最小值 | 典型值 | 最大值 | |
| 位时间 | $t_B$ | μs | 1 | | 4.5 | |
| 内部电容 | $C_{in}$ | pF | | 20 | 3.0 | |
| 内部差分电容 | $C_{diff}$ | pF | | 10 | 5.0 | 1Mb/s |

表 4.4 总线在隐性状态下的参数

| 参 数 | 符 号 | 单 位 | 数值 | | | 条 件 |
|---|---|---|---|---|---|---|
| | | | 最小值 | 典型值 | 最大值 | |
| 总线共模电压 | $V_{CANH}$ | V | | 2.5 | 7.0 | |
| | $V_{CANL}$ | V | −2.0 | 2.5 | | |
| 总线差分电压 | $V_{diff}$ | mV | −120 | 0 | 12 | |

表 4.5 总线在显性状态下的参数

| 参 数 | 符 号 | 单 位 | 数值 | | | 条 件 |
|---|---|---|---|---|---|---|
| | | | 最小值 | 典型值 | 最大值 | |
| 总线共模电压 | $V_{CANH}$ | V | | 3.5 | 7.0 | |
| | $V_{CANL}$ | V | −2.0 | 1.5 | | |
| 总线差分电压 | $V_{diff}$ | V | −2.0 | 2.0 | 3.0 | |

总线所采用的电缆参数及终端电阻值如表 4.6 所示。总线的拓扑结构见图 4.4，其结构参数见表 4.7。

表 4.6 CAN 总线所采用的电缆参数及终端电阻值

| 参 数 | 符 号 | 单 位 | 数值 | | | 条 件 |
|---|---|---|---|---|---|---|
| | | | 最小值 | 典型值 | 最大值 | |
| 特征阻抗 | $Z$ | Ω | 108 | 120 | 132 | |
| 单位长度电阻 | $r$ | mΩ/m | | 70 | | |
| 传播时延 | | ns/m | | 5 | | |
| 终端电阻 | $R_L$ | Ω | 118 | 120 | 130 | |

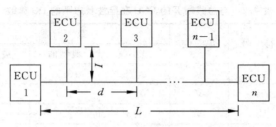

图 4.4  总线拓扑

表 4.7  CAN 总线的结构参数

| 参　数 | 符　号 | 单　位 | 数　值 最小值 | 数　值 典型值 | 数　值 最大值 | 条　件 |
|---|---|---|---|---|---|---|
| 总线长度 | $L$ | m | 0 | | 40 | 传输速率：1Mb/s |
| 节点分支长度 | $I$ | m | 0 | | 0.3 | |
| 节点距离 | $d$ | m | 0 | | 40 | |

根据 ISO 11898 的建议，在总线发生某些故障时，应使通信不至于中断，并能提供故障定位。图 4.5 及表 4.8 表示了总线可能发生的各种开路和短路故障，以及这些故障对 CAN 总线的影响。

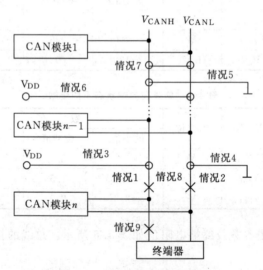

图 4.5  总线可能的故障情况

表 4.8  故障及其对总线的影响

| 总线故障描述 | 图 4.5 示例中的网络状态 | 规范性质 |
|---|---|---|
| 一个节点从总线断开 | 其余节点继续通信 | 推荐性 |
| 一个节点丢失电源 | 其余节点以低信噪比继续通信 | 推荐性 |
| 一个节点丢失接地 | 其余节点以低信噪比继续通信 | 推荐性 |
| 任何接地屏蔽连接损坏[①] | 所有节点继续通信 | 推荐性 |

续表

| 总线故障描述 | 图 4.5 示例中的网络状态 | 规范性质 |
|---|---|---|
| 开路和短路故障：<br>图 4.5 情况 1. CAN-H 断开<br>图 4.5 情况 2. CAN-L 断开<br>图 4.5 情况 3. CAN-H 与电源电压短接<br>图 4.5 情况 4. CAN-L 与地短接<br>图 4.5 情况 5. CAN-H 与地短接<br>图 4.5 情况 6. CAN-L 与电源电压短接 | 所有节点以低信噪比继续通信 | 推荐性 |
| 图 4.5 情况 7. CAN-L 与 CAN-H 线短接 | 整个系统停止工作 | 可选性 |
| 图 4.5 情况 8. CAN-H 和 CAN-L 线<br>在同一位置断开 | 含有终端电阻的子系统内的节点继续通信 | 推荐性 |
| 图 4.5 情况 9. 丢失一个终端器 | 所有节点以低信噪比继续通信 | 推荐性 |

注：①使用屏蔽电缆时应考虑这一故障，这种情况下可导致在两条线上产生共模电压。

## 4.2 CAN 报文帧的类型与结构

### 4.2.1 CAN 报文帧的类型

CAN 的技术规范包括 A 和 B 两个部分，CAN 2.0A 规范所规定的报文帧被称为标准格式的报文帧，它具有 11 位标识符。而 CAN 2.0B 规定了标准和扩展两种不同的帧格式，其主要区别在于标识符的长度。CAN 2.0B 中的标准格式与 CAN 2.0A 所规定的标准格式兼容，都具有 11 位标识符。而 CAN 2.0B 所规定的扩展格式中，其报文帧具有 29 位标识符。因此根据报文帧标识符的长度，可以把 CAN 报文帧分为标准帧和扩展帧两大类型。

在 CAN 通信控制器的设计中，并不要求控制器执行完全的扩展格式，但必须能完全执行标准格式。控制器至少应具有下列特性，方可被认为与 CAN 技术规范兼容：每个控制器均支持标准格式；每个控制器均接受扩展格式报文，不至于因为格式的差异而破坏扩展帧。

CAN 2.0B 的报文滤波以整个标识符为基准。屏蔽寄存器用于标识符的选择。屏蔽寄存器的长度可以是整个标识符，也可以仅是其中一部分。它的每一位都是可编程的。标识符被选中的报文会映像至接收缓冲器中。

根据 CAN 报文帧的不同用途，还可以把 CAN 报文帧划分为以下 4 种类型：数据帧、远程帧、出错帧、超载帧。数据帧用于从发送器到接收器之间传送所携带的数据。远程帧用于请求其他节点为它发送具有规定标识符的数据帧。出错帧由检测出总线错误的节点发出，用于向总线通知出现了错误。超载帧由出现超载的接收器发出，用于在当前和后续的数据帧之间增加附加迟延，以推迟接收下一个数据帧。

不同类型的报文帧具有不同的帧结构。下面分别讨论这 4 种不同报文帧的结构。

## 4.2.2 数据帧

数据帧由 7 个不同的位场组成，即帧起始、仲裁场、控制场、数据场、CRC（校验）场、应答场和帧尾。数据帧中数据场的长度可为 0。数据帧的位场排列如图 4.6 所示。标准格式和扩展格式的数据帧结构如图 4.7 所示。

图 4.6　数据帧的位场排列

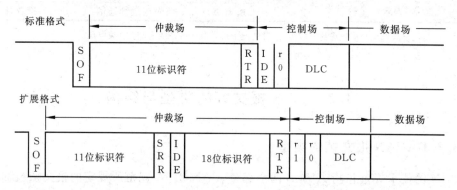

图 4.7　标准格式和扩展格式数据帧

**1. 帧起始（SOF）**

起始位标志数据帧和远程帧的开始，它仅由一个显位构成。用于节点同步。所有节点都必须同步于首先开始发送的那个节点的帧起始位前沿。只有在总线处于空闲状态时，才允许节点开始发送。

**2. 仲裁场**

仲裁场由标识符和远程发送请求位（RTR）组成。仲裁场如图 4.8 所示。

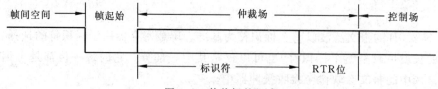

图 4.8　仲裁场的组成

对于 CAN 2.0A 标准，标识符的长度为 11 位，这些位以从高位到低位的顺序发送，最低位为 ID.0，其中最高的 7 位（ID.10～ID.4）不能全为隐位。

RTR 位在数据帧中必须是显位，而在远程帧中必须为隐位。

对于 CAN 2.0B，标准格式和扩展格式的仲裁场格式不同。在标准格式中，仲裁场由 11 位标识符和远程发送请求位 RTR 组成，标识符位为 ID.28～ID.18；而在扩展格式中，

## 4.2 CAN 报文帧的类型与结构

仲裁场由 29 位标识符和替代远程请求 SRR 位、标识位 IDE 和远程发送请求位组成,标识符位为 ID.28～ID.0,分基本 ID(ID.28～ID.18)和扩展 ID(ID.17～ID.0)。

为区别标准格式和扩展格式,将 CAN 规范较早的版本 1.0～1.2 中的 r1 改记为 IDE 位。在扩展格式中,先发送基本 ID,其后是 IDE 位和 SRR 位。扩展 ID 在 SRR 位后发送。SRR 位为隐位,在扩展格式中,它在标准格式的 RTR 位上被发送,并替代标准格式中的 RTR 位。至此,由于基本 ID 相同而造成的标准帧与扩展帧的仲裁冲突问题便得以解决。且由于标准数据帧中 RTR 为显位,而扩展数据帧中 SRR 为隐位,所以原有的相同基本 ID 的标准数据帧优先级高于扩展数据帧。

IDE 位对于扩展格式属于仲裁场,对于标准格式属于控制场。IDE 在标准格式中以显性电平发送,而在扩展格式中为隐性电平。

3. 控制场

控制场由 6 位组成,如图 4.9 所示。

图 4.9 控制场的组成

标准格式与扩展格式中的控制场是有区别的。在标准格式中,控制场包括数据长度代码 DLC,IDE 和保留位 r0,保留位必须发送显位,但接收器认可显位与隐位的任何组合。

数据长度码 DLC 指出数据场的字节数目。数据长度码为 4 位,在控制场中被发送。数据长度码中数据字节数目编码如表 4.9 所列,其中 d 表示显位,r 表示隐位。数据字节允许使用的数值为 0～8,不能使用其他数值。

表 4.9 数据长度码中数据字节数目编码

| 数据字节数目 | 数据长度码 | | | |
| --- | --- | --- | --- | --- |
| | DLC3 | DLC2 | DLC1 | DLC0 |
| 0 | d | d | d | d |
| 1 | d | d | d | r |
| 2 | d | d | r | d |
| 3 | d | d | r | r |
| 4 | d | r | d | d |
| 5 | d | r | d | r |
| 6 | d | r | r | d |
| 7 | d | r | r | r |
| 8 | r | d | d | d |

4. 数据场

数据场由数据帧中被发送的数据组成,它可包括 0～8 字节,每字节 8 位。首先发送的是最高有效位。

5. 校验场

CRC 校验场包括 CRC 序列,后随 CRC 界定符。CRC 场的结构如图 4.10 所示。

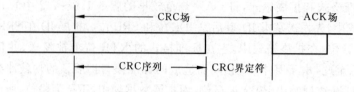

图 4.10 CRC 场的结构

CRC 序列由循环冗余校验求得的帧检查序列组成。在 CRC 计算中,被除数多项式包括帧起始、仲裁场、控制场、数据场(若存在的话)在内,无填充位。除数多项式为

$$X^{15} + X^{14} + X^{10} + X^8 + X^7 + X^4 + X^3 + 1$$

该多项式除法的余数即为发向总线的 CRC 序列。为完成此运算,可以使用一个 15 位的移位寄存器 CRC-RG(14:0)。被除多项式位流由帧起始到数据场结束的无填充序列给定,若以 NXTBIT 标记该位流的下一位,则 CRC 序列可用如下的方法求得

CRC-RG=0              //初始化移位寄存器
REPEAT
    CRCNXT=NXTBIT EXOR CRC-RG(14);
    CRC-RG(14:1)=CRC-RG(13:0):    //寄存器左移一位
    CRC-RG(0)=0;
    IF CRCNXT THEN
        CRC-RG(14:0)=CRC-RG(14:0)EXOR(4599H)
    END IF
UNTIL(CRC 序列开始或者存在一个出错状态)

发送或接收到数据场的最后一位后,CRC-RG 包含 CRC 序列。CRC 序列后面是 CRC 界定符,它只包括一个隐位。

6. 应答场

应答场(ACK)为两位,包括应答间隙和应答界定符,如图 4.11 所示。

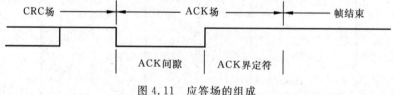

图 4.11 应答场的组成

发送器在应答场中送出两个隐位。一个正确地接收到有效报文的接收器,将在应答间隙发送一个显位,以此来告知发送器。

应答界定符是应答场的第二位,并且必须是隐位,因此应答间隙被两个隐位(CRC 界定符和应答界定符)包围。

7. 帧结束

每个数据帧和远程帧均以 7 个连续隐位作为结束的标志。

### 4.2.3 远程帧

要求接收数据的节点可以通过向相应的数据源节点发送一个远程帧来激活该源节点,让它把该数据发送过来。远程帧由 6 个不同位场组成,帧起始、仲裁场、控制场、CRC 场、应答场和帧结束。

同数据帧相反,远程帧的 RTR 位是隐位。远程帧不存在数据场。DLC 的数据值可以是 0~8 中的任何数值,这一数值为对应数据帧的 DLC。远程帧的组成如图 4.12 所示。

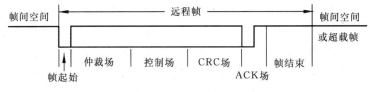

图 4.12 远程帧的组成

### 4.2.4 出错帧

出错帧由两个不同场组成,第一个场由来自各节点的出错标志叠加得到,后随的第二个场是出错界定符。出错帧的组成如图 4.13 所示。

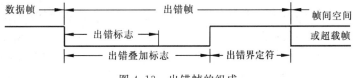

图 4.13 出错帧的组成

出错标志具有两种形式:一种是活动出错标志(active error flag);一种是认可出错标志(passive error flag)。活动出错标志由 6 个连续的显位组成;而认可出错标志由 6 个连续的隐位组成,它可被来自其他节点的显位改写。

一个检测到出错条件的"活动出错"节点通过发送一个活动出错标志来指示出错。这一出错标志在格式上违背了由帧起始至 CRC 界定符的位填充规则,破坏了应答场或帧结束场的固定格式,因而其他节点将检测到出错条件并发送出错标志。这样,在总线上监视到的显位序列是由各个节点单独发送的出错标志叠加而成的。该序列的总长度在最小值 6 位到最大值 12 位之间变化。

一个检测到出错条件的"出错认可"节点试图发送一个出错认可标志来指明出错。该出错认可节点以认可出错标志为起点,等待 6 个相同极性的连续位。当检测到 6 个相同的连续位后,认可出错标志即告完成。

出错界定符包括 8 个隐位。出错标志发送后,每个节点都送出隐位,并监视总线,直到检测到隐位,然后开始发送剩余的 7 个隐位。

### 4.2.5 超载帧

超载帧包括两个位场,超载标志和超载界定符,如图 4.14 所示。

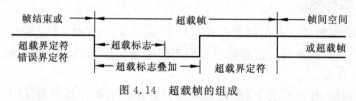

图 4.14 超载帧的组成

CAN 2.0A 指明了两种导致发送超载标志的超载条件,一个是接收器因内部条件要求推迟下一个数据帧或远程帧;另一个是在间歇场检测到显位。由前一个超载条件引起的超载帧,仅允许在间歇场的第一位时间开始,而由后一个超载条件引起的超载帧在检测到显位的后一位开始。而根据 CAN 2.0B,有 3 种超载的情况,这 3 种情况都会引发超载标志的传送。①接收器因内部原因在接收下一个数据帧或远程帧之前需要一个延时;②在"间歇场"的第一或第二位检测到显位的情况;③如果 CAN 节点在错误界定符或超载界定符的第 8 位(最后一位)采样到一个显位,则该节点会发送一个超载帧(不是出错帧),错误计数器不会增加。

由情况①引发的超载帧只允许起始于间歇场的第一个位时间;而由情况②或③引发的超载帧则起始于检测到的显位的后一位。通常两种超载帧均可用于延迟下一个数据帧或远程帧的发送。

超载标志由 6 个显位组成。其全部形式对应于活动出错标志形式。超载标志形式破坏了间歇场的固定格式,因而所有其他节点都将检测到一个超载条件,并且各自开始发送超载标志。如果在间歇场的第 3 位检测到显位,则这个显位将被认为是帧起始。

超载界定符由 8 个隐位组成。超载界定符与错误界定符具有相同的形式。节点在发送超载标志后,就开始监视总线,直到检测到一个从显位到隐位的跳变,这说明总线上的所有节点都已经完成超载标志的发送,因此所有节点将开始发送超载界定符的剩下 7 个隐位。

### 4.2.6 帧间空间

数据帧或远程帧通过帧间空间与前一帧分隔开,而不管前一帧是何种类型的帧(数据帧、远程帧、出错帧或超载帧)。而在超载帧与出错帧前面不需要帧间空间,多个超载帧之间也不需要帧间空间来作分隔。

帧间空间包括间歇场和总线空闲场,如果前一报文的发送器是"出错认可"节点,则其帧间空间还包括一个"暂停发送场"。作为"活动出错"的前一报文的发送器节点,或作为报文接收器的节点,其帧间空间如图 4.15(a)所示;而前一报文的发送器作为"出错认可"节点时,其帧间空间如图 4.15(b)所示。

间歇场由 3 个隐位组成。间歇期间,所有节点都不允许启动发送数据帧或远程帧,只能标示超载条件。

### 4.3 CAN 通信中的几个问题

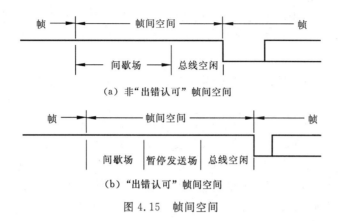

图 4.15　帧间空间

总线空闲时间可为任意长度。此时,总线是开放的,因此任何需要发送的节点均可访问总线。在其他报文发送期间,暂时被挂起的待发送报文在间歇场后第一位开始发送。此时总线上的显位被理解为帧起始。

暂停发送场是指出错认可节点发完一个报文后,在开始下一次报文发送或认可总线空闲之前,紧随间歇场后送出 8 个隐位。如果此时另一节点开始发送报文(由其他站引起),则本节点将变为报文接收器。

## 4.3　CAN 通信中的几个问题

### 4.3.1　发送器与接收器

在 CAN 总线中,发出报文的节点称为报文发送器。节点在总线空闲或丢失仲裁前均为发送器。如果总线不处于空闲状态,一个不是报文发送器的节点则为接收器。

报文发送器和接收器认为报文实际有效的时刻是不同的。对于发送器而言,如果直到帧结束的最后一位一直未出错,则发送器的该报文有效。如果报文受损,将允许按照优先权顺序自动重新发送。当总线空闲时,发送器同其他节点竞争总线。一旦取得总线访问权,便重新开始发送。对于接收器而言,如果直到帧结束的最后一位一直未出错,则接收器认为该报文有效。

### 4.3.2　错误类型与出错界定

在 CAN 总线中存在 5 种错误类型。

(1) 位错误。节点在发送每一位的同时也对总线进行监视,当监视到总线上某位的数值与送出的该位数值不同时,则认为在该位时间里检测到一个位错误。例外情况是,在仲裁场的填充位流期间或应答间隙送出隐位而检测到显位时,不视为位错误。节点在发送"出错认可标志"期间检测到显位,也不视为位错误。

(2) 填充错误。在应使用位填充方法进行编码的报文中,若出现了第 6 个连续相同的位电平时,则判断检出一个位填充错误。

(3) CRC 错误。CRC 序列是由发送器的 CRC 计算结果组成的。接收器以与发送器相同的方法计算出 CRC 序列。若计算结果与接收到的 CRC 序列不相同，则认为检出一个 CRC 错误。

(4) 格式错误。若固定形式的位场中出现一个或多个非法位时，则认为检出一个格式错误。

(5) 应答错误。在应答间隙，若发送器未检测到显位，则它认为检出一个应答错误。

检测到出错条件的节点通过发送出错标志来指示错误。当任何节点检出位错误、填充错误、格式错误或应答错误时，该节点将在下一位开始发送出错标志。

当检测到 CRC 错误时，出错标志在应答界定符后面那一位开始发送，除非其他出错条件的错误标志在此之前已经开始发送。

在 CAN 总线中的故障状态有 3 种，活动出错、认可出错和总线关闭。

检测到出错条件的节点通过发送出错标志来表示。对于出错活动节点，它发送活动出错标志；而对于出错认可节点，发送认可出错标志。

活动出错节点可以照常参与总线通信，当检测到错误时，送出一个活动出错标志。当出错认可节点检测到错误时，只能送出认可出错标志。节点在总线关闭状态不允许对总线有任何影响（如输出驱动器关闭）。

为了界定故障，在每个总线节点中都设有两种计数，发送出错计数和接收出错计数。这些计数按照下列规则进行。

(1) 当接收器检出错误时，接收出错计数加 1；在发送活动出错标志或超载标志期间接收器检测到位错误时接收出错计数不加 1。

(2) 接收器在送出错误标志后在下一位时间检测出显位时，接收器出错计数加 8。

(3) 发送器送出一个出错标志时，发送出错计数加 8。其中有两个例外情况：一是发送器为"认可出错"，并检测到一个应答错误（在应答间隙检测不到显位），而且在送出其认可出错标志期间没有检测到显位；二是由于仲裁期间发生的填充错误，此填充位应该为隐位，但却检测出为显位，发送器送出一个出错标志。在以上两种例外情况下，发送器错误计数不改变。

(4) 检测到位错误，发送器送出一个活动出错标志或超载标志时，则发送出错计数加 8。

(5) 检测到位错误，接收器送出一个活动出错标志或超载标志时，则发送出错计数加 8。

(6) 在送出活动出错标志、认可出错标志后，最多允许 7 个连续的显位。在这些标志后面，如果检测到第 8 个连续的显位，或者多于 8 个连续的显位，则每个发送器的发送出错计数都加 8，并且每个接收器的接收出错计数也加 8。

(7) 报文成功发送后（得到应答，并且直到帧结束未出现错误），则发送出错计数减 1，除非它已经为 0。

(8) 报文成功接收后（直到应答间隙接收无错误，并且成功地送出应答位），如果计数器处于 1～127 之间，则接收出错计数器减 1。若接收出错计数为 0，则仍保持为 0；而若接收出错计数大于 127，则将其值置为 119～127 之间的某个数值。

### 4.3 CAN 通信中的几个问题

（9）当某个节点的发送出错计数器等于或大于 128，或接收出错计数器等于或大于 128 时，该节点进入出错认可状态。导致节点变为出错认可的出错条件使节点送出一个活动出错标志。

（10）当发送出错计数大于或等于 256 时，节点进入总线关闭状态。

（11）当发送出错计数和接收出错计数两者均小于或等于 127 时，出错认可节点再次变为出错活动节点。

（12）在监测到总线上 11 个连续的隐位发生 128 次后，进入总线关闭状态的节点将变为两个出错计数器均为 0 的活动出错节点。

当出错计数器数值大于 96 时，说明总线被严重干扰。节点应提供测试此状态的一种手段。

若系统启动期间仅有一个节点在线，节点发出报文后，将得不到应答，检出错误并重发该报文。因此，它将会变为出错认可状态，但不会进入总线关闭状态。

#### 4.3.3 位定时与同步

CAN 总线的位定时包括如下一些重要概念。

（1）正常位速率。在非重同步情况下，借助理想发送器每秒发送的位数。

（2）正常位时间。即正常位速率的倒数。

正常位时间可分为几个互不重叠的时间段。这些时间段包括同步段（SYNC-SEG）、传播段（PROP-SEG）、相位缓冲段 1（PHASE-SEG1）和相位缓冲段 2（PHASE-SEG2）。图 4.16 表示了位时间的各段。

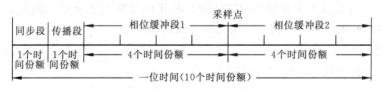

图 4.16 位时间的各组成部分

（3）同步段。它用于总线上各个节点的同步，为此，段内需要有一个跳变沿。

（4）传播段。指总线上用于传输的延迟时间。它是信号在总线上的传输时间、输入比较器延迟和输出驱动器延迟之和的两倍。

（5）相位缓冲段 1 和相位缓冲段 2。它们用于弥补跳变沿的相位误差造成的影响，通过重同步，这两个时间段可被延长或缩短。

（6）采样点。采样点是读取总线电平并理解该位数值的时刻，它位于相位缓冲段 1 的终点。

（7）处理时间。这是以采样点为起点的一个时间段，采样点后续的位电平用于理解该位数值。

（8）时间单元。它是由振荡器工作周期派生出的一个固定时间单元。存在一个可编程的预置比例因子，其整数值范围为 1~32，以一个最小时间单元为起点，时间单元可为

$$时间单元 = m \times 最小时间单元$$

其中 $m$ 为预置比例因子。

正常位时间中各时间段长度分别为：SYNC-SEG 为一个时间单元；PROP-SEG 长度可编程为 1~8 个时间单元；PHASE-SEG1 可编程为 1~8 个时间单元；PHASE-SEG2 长度为 PHASE-SEG1 和信息处理时间两者中的最大值；信息处理时间长度小于或等于 2 个时间单元。在位时间中，时间单元的总数必须被编程为 8~25 范围内的值。

(9) 硬同步。硬同步后，内部位时间以 SYNC-SEG 重新开始。它迫使触发该硬同步的跳变沿处于新的位时间的同步段（SYNC-SEG）之内。

(10) 重同步跳转宽度。由于重同步的结果，PHASE-SEG1 可被延长或 PHASE-SEG2 可被缩短。相位缓冲段长度的改变量不应大于重同步跳转宽度。重同步跳转宽度可编程为 1 和 4 之间的值。

时钟信息可由一位到另一位的跳转获得。总线上出现连续相同位的最大位数是确定的，在帧期间可利用跳变沿将总线节点重新同步于位流。可用于重同步的两次跳变之间的最大长度为 29 位时间。

(11) 沿的相位误差。沿的相位误差由沿相对于 SYNC-SEG 的位置给定，以时间单元度量。相位误差的定义如下

若沿处于 SYNC-SEG 之内，则 $e=0$；

若沿处于采样点之前，则 $e>0$；

若沿处于前一位的采样点之后，则 $e<0$。

(12) 重同步。当引起重同步的沿的相位误差小于或等于重同步跳转宽度的编程值时，重同步的作用跟硬同步相同。若相位误差大于重同步跳转宽度且相位误差为正，则 PHASE-SEG1 延长总数为重同步跳转宽度。若相位误差大于重同步跳转宽度且相位误差为负，则 PHASE-SEG2 缩短总数为重同步跳转宽度。

(13) 同步规则。硬同步和重同步是同步的两种形式。它们遵从下列规则：

① 在一个位时间内仅允许一种同步。

② 对于一个跳变沿，仅当它前面的第一个采样点数值与紧跟该跳变沿之后的总线值不相同时，才把该跳变沿用于同步。

③ 在总线空闲期间，若出现一个隐位至显位的跳变沿，则执行一次硬同步。

④ 符合规则①和规则②的从隐性到显性的跳变沿都被用于重同步（在低位速时也可选择从显性到隐性的跳变沿），例外的情况是，具有正相位误差的隐性到显性的跳变沿将不会导致重同步。

## 4.4 CAN 通信控制器

CAN 的通信协议由 CAN 通信控制器完成。CAN 通信控制器由实现 CAN 总线协议部分和跟微控制器接口部分的电路组成。对于不同型号的 CAN 总线通信控制器，实现 CAN 协议部分电路的结构和功能大都相同，而与微控制器接口部分的结构及方式存在一些差异。这里主要以 Philips 支持 CAN 2.0A 协议的 82C200 和支持 CAN 2.0B 协

## 4.4 CAN 通信控制器

议的 SJA 1000 为代表,对 CAN 控制器的结构、功能及应用加以介绍。

### 4.4.1 CAN 通信控制器 82C200

82C200 有 PCA 82C200 和 PCF 82C200 两种类型。前者的使用温度范围为 $-40℃ \sim +125℃$,适用于汽车及某些军用领域;后者适用于一般工业领域,温度范围为 $-40℃ \sim +80℃$。82C200 具有完成高性能通信协议所要求的必要特性。通过简单连接即可完成 CAN 总线协议的物理层和数据链路层的所有功能,应用层功能由微控制器完成。

82C200 的功能框图如图 4.17 所示,引脚功能见表 4.10。

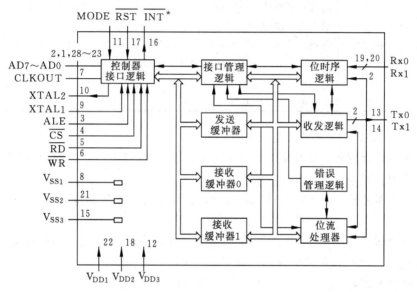

\*"睡眠方式"期间,此引脚功能为输入

图 4.17  82C200 功能框图

表 4.10  82C200 的引脚功能

| 符 号 | 引 脚 | 功 能 |
|---|---|---|
| AD0~AD7 | 2,1,28~23 | 分时使用地址/数据总线 |
| ALE | 3 | ALE 信号(INTEL 方式)或 AS 信号(Motorola 方式) |
| $\overline{CS}$ | 4 | 片选输入,低电平允许访问 82C200 |
| $\overline{RD}$ | 5 | 来自微控制器的读信号(INTEL 方式)或 E 开放信号(Motorola 方式) |
| $\overline{WR}$ | 6 | 来自微控制器的写信号(INTEL 方式)或读-写信号(Motorola 方式) |
| CLKOUT | 7 | 82C200 为微控制器产生的时钟输出信号。此信号由振荡器经可编程分频器得到 |
| $V_{SS1}$ | 8 | 逻辑电路地 |
| XTAL1 | 9 | 振荡放大器输入,外部振荡器信号经此引脚输入 |
| XTAL2 | 10 | 振荡放大器输出,使用外部振荡放大器信号时,此引脚必须开路 |
| MODE | 11 | 方式选择输入端,接至 $V_{DD}$ 为 INTEL 方式,接至 $V_{SS}$ 为 Motorola 方式 |
| $V_{DD3}$ | 12 | 输出驱动器的 5V 电源 |
| Tx0 | 13 | 由输出驱动器 0 至物理总线的输出端 |

续表

| 符号 | 引脚 | 功能 |
| --- | --- | --- |
| Tx1 | 14 | 由输出驱动器 1 至物理总线的输出端 |
| $V_{SS3}$ | 15 | 输出驱动器地电位 |
| $\overline{INT}$ | 16 | 中断输出端,用于中断微控制器。若中断寄存器为高电平,则 $\overline{INT}$ 将被激活, $\overline{INT}$ 为开漏输出,并且被设计为同系统内其他 $\overline{INT}$ 输出线与。此引脚低电平将 IC 由睡眠状态重新激活 |
| $\overline{RST}$ | 17 | Reset 输入端,用于重新启动 CAN 接口。通过接至 $\overline{RST}$ 的电容和接至 $V_{SS}$ 的电阻可自动上电复位 |
| $V_{DD2}$ | 18 | 输入比较器的 5V 电源 |
| Rx0,Rx1 | 19,20 | 由物理总线至 82C200 输入比较器的输入端。显性电平将唤醒 82C200。Rx0 高于 Rx1,读出为隐性电平,否则为显性电平 |
| $V_{SS2}$ | 21 | 输入比较器地电位 |
| $V_{DD1}$ | 22 | 逻辑电路的 5V 电源 |

由图可见,控制器主要由下述几部分构成。

(1) 接口管理逻辑。接收来自微控制器的命令,分配控制信息缓冲器,并为微控制器提供中断和状态信息。

(2) 发送缓冲器。由 10 字节存储单元组成,存储由微控制器写入,将被发送到 CAN 总线的报文。

(3) 接收缓冲器 0 和 1。均由 10 字节组成,交替存储由总线接收到的报文,当一个缓冲器被分配给 CPU 时,位流处理器可以对另一个进行写操作。

(4) 位流处理器。是一个控制发送缓冲器和接收缓冲器(并行数据)与 CAN 总线(串行数据)之间数据流的序列发送器。

(5) 位时序逻辑。将 82C200 同步于 CAN 总线上的位流。

(6) 收发逻辑。用来控制输出驱动器。

(7) 错误管理逻辑。按照 CAN 协议完成错误界定。

(8) 控制器接口逻辑。是与外部微控制器的接口,82C200 可直接与多种微控制器相连接。

下面介绍各寄存器的地址分配及功能。

1. 地址分配

82C200 的地址域由控制段和报文缓冲器组成,其地址分配如图 4.18 所示。在初始化向下加载期间,控制段可通过编程配置通信参数。被发送的报文必须写入发送缓冲器然后经位流处理器发送到 CAN 总线上;而接收报文时,必须先写入接收缓冲器,成功接收后,微控制器可从接收缓冲器读取报文,然后释放它,准备下次使用。

2. 控制段

在微控制器与 82C200 之间,其状态、控制和命令信号的交换在控制段中完成。初始化后,接收码、接收屏蔽、总线定时 0 和 1 以及输出控制器的内容不应改变。当控制器中的复位请求位置为高时,这些寄存器又可被访问。以下分别说明控制段的 10 个寄存器。

## 4.4 CAN 通信控制器

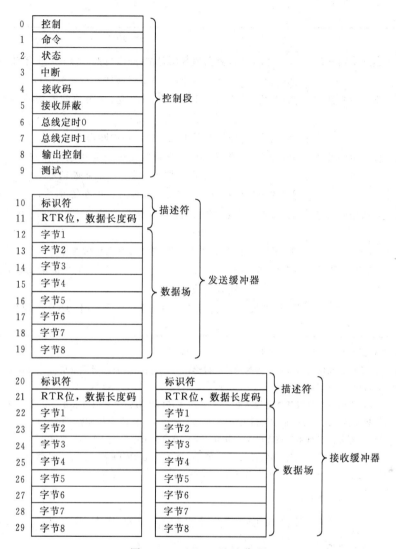

图 4.18 82C200 地址分配

(1) 控制寄存器(CR)

控制寄存器的内容用于改变 82C200 的行为状态,控制位可被微控制器置位或复位,微控制器可以对控制寄存器进行读写操作。控制寄存器各位的功能如表 4.11 所列。

表 4.11 控制寄存器的功能

| 位 | 符号 | 名 称 | 数 值 | 功 能 |
|---|---|---|---|---|
| CR.7 | TM | 测试方式[①] | 高(开放) | 82C200 进入测试方式(正常运行不可能) |
| | | | 低(禁止) | 正常运行方式 |
| CR.6 | S | 同步[②] | 高(单沿) | 总线由隐性至显性跳变及相反用于重同步 |
| | | | 低(双沿) | 仅由隐性至显性跳变用于重同步 |
| CR.5 | — | — | — | 保留 |

续表

| 位 | 符号 | 名 称 | 数 值 | 功 能 |
|---|---|---|---|---|
| CR.4 | OIE | 超载中断开放 | 高(开放) | 若数据超载位置位,则微控制器接收一个超载中断信号 |
| | | | 低(禁止) | 控制器不能从82C200接收超载中断信号 |
| CR.3 | EIE | 出错中断开放 | 高(开放) | 若出错或总线状态改变,则微控制器接收一个出错中断信号 |
| | | | 低(禁止) | 微控制器不能接收出错中断信号 |
| CR.2 | TIE | 发送中断开放 | 高(开放) | 当一个报文被成功发送或发送缓冲器可再次被访问时,82C200向微控制器发送一次中断信号 |
| | | | 低(禁止) | 82C200不向微控制器发送中断信号 |
| CR.1 | RIE | 接收中断开放 | 高(开放) | 当一个报文被无错误接收时,82C200向微控制器发送一次接收中断信号 |
| | | | 低(禁止) | 82C200不向微控制器发送接收中断信号 |
| CR.0 | RR | 复位请求③ | 高(常态) | 82C200检测到复位请求后,取消当前的发送或接收操作,进入复位模式 |
| | | | 低(非常态) | 在复位请求位由高至低跳变时,82C200返回其正常运行状态 |

注:① 测试方式是为工厂进行测试扩展的,不对用户开放。
② 同步位仅应在复位请求位被置为高电平时被修改,否则将被忽略。当复位请求位由低电平至高电平跳变时,可以置位同步位。
③ 外部复位期间或当总线状态置为高电平(总线脱离)时,IML强迫复位请求为高电平(常态),外部复位期间,微控制器不能置复位请求为低电平(非常态),因而置复位请求为低电平后,微控制器必须检查此位,以确保外部复位引脚不保持高电平。复位请求位被置为低电平后,82C200将等待:
当复位请求位为高电平时,不管任何理由,控制、命令、状态和中断寄存器各位均将受到影响;当复位请求被置为高电平时,地址4~8的各寄存器均可被访问,但TBF除外。

(2) 命令寄存器(CMR)

命令寄存器对微控制器来说是只写存储器。如果去读这个寄存器,将返回"11111111"。命令寄存器中各位的功能列于表4.12。

表4.12 命令寄存器的功能

| 位 | 符号 | 名 称 | 数 值 | 功 能 |
|---|---|---|---|---|
| CMR.7 | — | — | — | 保留 |
| CMR.6 | — | — | — | 保留 |
| CMR.5 | — | — | — | 保留 |
| CMR.4 | GTS | 进入睡眠状态① | 高(睡眠) | 若微控制器无中断信号及不存在总线活动,则82C200进入睡眠状态 |
| | | | 低(唤醒) | 82C200功能正常 |
| CMR.3 | COS | 清除超载状态② | 高(清除) | 数据超载状态位被置为低电平 |
| | | | 低(无作用) | 无作用 |

## 4.4 CAN 通信控制器

续表

| 位 | 符号 | 名 称 | 数 值 | 功 能 |
|---|---|---|---|---|
| CMR.2 | RRB | 释放接收缓冲器③ | 高(释放) | 接收缓冲器被释放 |
| | | | 低(无作用) | 无作用 |
| CMR.1 | AT | 取消发送④ | 高(常态) | 如果报文还没开始发送,而是在发送寄存器中等待发送,则该报文将会被取消 |
| | | | 低(非常态) | 无作用 |
| CMR.0 | TR | 发送请求⑤ | 高(常态) | 报文将被发送 |
| | | | 低(非常态) | 无作用 |

注: ① 若 GTS 位为高,总线不存在活动及 $\overline{\text{INT}}$ 为高电平(位3激活),则82C200将进入睡眠状态。GTS 被置位后,CLKOUT 信号继续,直至至少经过15个位时间。当上述进入睡眠状态的三个条件之一改变时,82C200将被唤醒,振荡器被启动,并产生一个唤醒中断。如果是因为总线活动唤醒 82C200 的,82C200 将不能接收报文,直至其监测到总线释放信号。

② 这个命令位用来清除数据溢出状态(数据溢出状态由数据溢出状态位指示),并发出清除数据溢出状态命令。它可以在释放接收缓冲器命令的同时置位。

③ 读取接收缓冲器内容后,微控制器必须通过置释放接收缓冲器位为高释放缓冲器,以便其他报文立即可用。

④ 当 CPU 要求挂起先前的请求发送时,可使用"取消发送位",但如果该发送进程已经开始则发送不会被取消。要查看原来的信息是被成功发送或是被取消,可以通过发送成功状态位来检测,但这必须在发送缓冲器状态位已被置为高(释放)或已经产生发送中断的情况下才能实现。

⑤ 如果发送请求在前面的命令中被置位,则不能通过将发送请求位设置为0来取消它,但可以通过将取消发送位设置为高来取消它。

(3) 状态寄存器(SR)

状态寄存器的内容反映了控制器的状态。状态寄存器对于微控制器是只读存储器。状态寄存器各位的功能列于表4.13。

表 4.13 状态寄存器各位的功能

| 位 | 符号 | 名 称 | 数 值 | 功 能 |
|---|---|---|---|---|
| SR.7 | BS | 总线状态① | 高(脱离) | 82C200 退出总线活动 |
| | | | 低(在线) | 82C200 加入总线活动 |
| SR.6 | ES | 错误状态 | 高(出错) | 至少一个错误计数器已经达到或超过 CPU 报警界限 |
| | | | 低(正常) | 两个计数器均未达到报警限 |
| SR.5 | TS | 发送状态② | 高(发送) | 82C200 正在发送一个报文 |
| | | | 低(空闲) | 没有发送报文 |
| SR.4 | RS | 接收状态② | 高(接收) | 82C200 正在接收一个报文 |
| | | | 低(空闲) | 没有接收报文 |
| SR.3 | TCS | 发送完成状态③ | 高(完成) | 上一次请求的发送已经成功完成 |
| | | | 低(未完) | 先前请求的发送尚未完成 |
| SR.2 | TBS | 发送缓冲器状态④ | 高(释放) | 微控制器可以向发送缓冲器写入报文 |
| | | | 低(锁定) | 微控制器不能访问 TBS,报文正在等待发送或正在发送过程中 |
| SR.1 | DO | 数据超载状态⑤ | 高(超载) | 当接收缓冲器已满且另一报文的第一字节应被存储时,该位被置高,新的报文将被丢弃 |

续表

| 位 | 符号 | 名称 | 数值 | 功能 |
|---|---|---|---|---|
| SR.0 | RBS | 接收缓冲器状态⑥ | 低(未超载) | 上次清除超载命令以来,未发生数据超载 |
| | | | 高(满) | 当新报文有效时,该位被置位,即接收缓冲器中有可用信息供 CPU 读取 |
| | | | 低(空) | 自上次释放接收缓冲器命令位被置位后,没有有效报文 |

注:① 当发送错误计数超过限制(255)[总线状态位被置为高(总线关闭)],CAN 控制器将会置复位请求位为高。这种状态会持续,直到 CPU 清除复位请求位。这些一旦完成,CAN 控制器将会等待协议规定的最短时间(128 个总线释放信号)。之后,总线状态位会被清除(总线开启),错误状态位被置为 0,错误计数器被复位。

② 若接收状态位和发送状态位均为低(空闲),则 CAN 总线为空闲。

③ 无论何时发送请求位被置为 1,发送完成状态位都会被置为 0(未完成)。发送完成状态位会一直保持为 0,直到发送成功。若发出取消发送命令时,信息未开始发送,则发送缓冲器将被释放,在这种情况下,发送完成状态位仍保持为 0。

④ 当发送缓冲器访问位为低(锁定),若微控制器试图写发送缓冲器,被写入字节将不被接受,并不予通告地被丢失。

⑤ 若监测到数据超载为高,当前接收报文被丢失,发送报文也被存储在接受缓冲器中。因此尚不知 82C200 是否将失去仲裁,并因而变为报文接收器。若接收缓冲器无效,将认为数据超载。

⑥ 若命令位释放接收缓冲器被微控制器置为高,则接收缓冲器状态位被 IML 置为低。当新报文被存储在任何接收缓冲器中时,接收缓冲器状态位再次被置高。

(4) 中断寄存器(IR)

中断寄存器允许识别中断源,当寄存器的一个或更多位被置位时,$\overline{\text{INT}}$引脚被激活(低电平)。该寄存器被微控制器读出后,所有位被 82C200 复位。该寄存器对于微控制器是只读存储器。中断寄存器中各位的功能列于表 4.14。

表 4.14 中断寄存器各位的功能

| 位 | 符号 | 名称 | 数值 | 功能 |
|---|---|---|---|---|
| IR.7 | — | — | — | 保留 |
| IR.6 | — | — | — | 保留 |
| IR.5 | — | — | — | 保留 |
| IR.4 | WUI | 唤醒中断 | 高(置位) | 当脱离睡眠方式时,唤醒中断位为高 |
| | | | 低(复位) | 通过微控制器读访问中断寄存器,唤醒中断位被复位 |
| IR.3 | OI | 超载中断① | 高(置位) | 若接收缓冲器已有报文,且另一报文的第一字节被存储(已通过验收),则此位置为高,超载中断开放 |
| | | | 低(复位) | 微控制器读取中断寄存器,使超载中断位被复位 |
| IR.2 | EI | 出错中断 | 高(置位) | 当错误状态或总线状态位改变时,此位被置位,出错中断开放 |
| | | | 低(复位) | 微控制器读取中断寄存器,出错中断位被复位 |
| IR.1 | TI | 发送中断 | 高(置位) | 在发送缓冲器访问位由低至高改变时,发送中断开放,此位被置位 |
| | | | 低(复位) | 在微控制器读访问中断寄存器后,发送中断位被复位 |
| IR.0 | RI | 接收中断② | 高(置位) | 当接收缓冲器中新报文为有效时,接收中断开放位为高,此位被置位 |
| | | | 低(复位) | 通过微控制器读访问中断寄存器,接收中断位被自动复位 |

注:① 超载中断位(如开放)和数据超载位同时被置位。
② 接收中断位(如开放)和接收缓冲器状态位同时被置位。

### 4.4 CAN 通信控制器

复位请求位置为高时,对 CR,CMR,SR 和 IR 各位的影响如表 4.15 所示。

表 4.15 置复位请求位为高时,对 CR,CMR,SR 和 IR 各位的影响

| 寄存器类型 | 位 | 功　能 | 影　　响 |
| --- | --- | --- | --- |
| 控制寄存器 | CR.7 | 测试方式 | 低(禁止) |
| 命令寄存器 | CMR.4 | 进入睡眠状态 | 低(唤醒) |
|  | CMR.3 | 清除超载状态 | 高(清除) |
|  | CMR.2 | 释放接收缓冲器 | 高(释放) |
|  | CMR.1 | 取消发送 | 低(非常态) |
|  | CMR.0 | 发送请求 | 低(非常态) |
| 状态寄存器 | SR.7 | 总线状态 | 低(总线在线) |
|  | SR.6 | 出错状态 | 低(未出错) |
|  | SR.5 | 发送状态 | 低(空闲) |
|  | SR.4 | 接收状态 | 低(空闲) |
|  | SR.3 | 发送完成状态 | 高(完成) |
|  | SR.2 | 发送缓冲器访问状态 | 高(释放) |
|  | SR.1 | 数据超载状态 | 低(非常态) |
|  | SR.0 | 接收缓冲器状态 | 低(空) |
| 中断寄存器 | IR.3 | 超载中断 | 低(复位) |
|  | IR.1 | 发送中断 | 低(复位) |
|  | IR.0 | 接收中断 | 低(复位) |

(5) 接收码寄存器(ACR)

接收码寄存器是 82C200 的接收滤波器的一部分,若复位请求位被置为高,该寄存器可被访问。当一个报文通过接收测试时,如果接收缓冲器空,则该报文的标识符和数据场被存储在接收缓冲器中;如果接收缓冲器满,则数据超载位被置为高,该报文被丢弃。当完整报文被正确接收,将出现下列操作。

① 接收缓冲器状态位被置为高(满)。

② 若接收中断开放位被置为高(开放),则接收中断被置位。

接收码和接收屏蔽码的长度都是 8 位。报文滤波只基于 CAN 标识符的高 8 位来进行。接收屏蔽码用来决定接收码和 CAN 标识符的相应位是否必须匹配。要求匹配时,接收屏蔽码的相应位应设置为 0;否则应设置为 1。若满足下列等式,则予以接收。

$$[(ID.10 \sim ID.3) \odot (AC.7 \sim AC.0)] OR (AM.7 \sim AM.0) = 11111111B$$

在报文发送期间,报文也被写到它自己的接收缓冲器中。若无可使用的接收缓冲器,则将被标定为数据超载,发送器并因而变成报文接收器。

(6) 接收屏蔽寄存器(AMR)

接收屏蔽寄存器是 82C200 的接收滤波器的一部分。若复位请求位被置高,则该寄存器可被访问,接收屏蔽寄存器认定接收码对应的哪些位对于接收滤波是相关的或不相关的。当置高时,为不相关位,否则为相关位。

(7) 总线定时寄存器 0(BTR0)

总线定时寄存器 0 的内容定义了波特率预分频器(BRP)和同步跳转宽度(SJW)的数值。当复位请求位被置为高时,该寄存器才可被 CPU 访问。总线定时器 0 各位功能如表 4.16 所示。

表 4.16 总线定时器 0 各位的功能

| D7 | D6 | D5 | D4 | D3 | D2 | D1 | D0 |
|---|---|---|---|---|---|---|---|
| SJW.1 | SJW.0 | BRP.5 | BRP.4 | BRP.3 | BRP.2 | BRP.1 | BRP.0 |

波特率预分频器(BRP)使用方法如下。

系统时钟 $t_{SCL}$ 的周期可进行编程,并决定各个位定时。系统时钟使用下式进行计算

$$t_{SCL} = 2t_{CLK}(32BRP.5 + 16BRP.4 + 8BRP.3 + 4BRP.2 + 2BRP.1 + BRP.0 + 1)$$

为补偿不同总线控制器的时钟振荡器之间的相移,任何总线控制器必须重同步于当前进行发送的相关信号跳变沿。同步跳转宽度定义了一个位时间内可以被重同步、缩短或延长的时钟周期的最大数目。

$$t_{SJW} = t_{SCL}(2SJW.1 + SJW.0 + 1)$$

(8) 总线定时寄存器 1(BTR1)

总线定时寄存器 1 的内容定义了位周期的长度、采样点位置和在每个采样点获取采样的数目。在复位模式中,该寄存器可被 CPU 访问(读/写)。总线定时寄存器 1 各位功能列于表 4.17。

表 4.17 总线定时寄存器 1 各位功能

| D7 | D6 | D5 | D4 | D3 | D2 | D1 | D0 |
|---|---|---|---|---|---|---|---|
| SAM | TSEG2.2 | TSEG2.1 | TSEG2.0 | TSEG1.3 | TSEG1.2 | TSEG1.1 | TSEG1.0 |

在高速总线上,建议在 SAM 为低时总线被采样一次;建议在低/中速总线(A 级和 B 级)上,在当 SAM 位置为高时,总线采样 3 次。这对过滤总线上的毛刺波是有利的。

TSEG1 和 TSEG2 用于确定一个位周期内系统时钟周期数目和采样点位置。

$$t_{TSEG1} = t_{SCL}(8TSEG1.3 + 4TSEG1.2 + 2TSEG1.1 + TSEG1.0 + 1)$$
$$t_{TSEG2} = t_{SCL}(4TSEG2.2 + 2TSEG2.1 + TSEG2.0 + 1)$$

(9) 输出控制寄存器(OCR)

在软件的控制下,输出控制寄存器可配置输出驱动器的不同输出方式。在复位模式中,该寄存器可被 CPU 访问(读/写)。输出控制寄存器各位功能列于表 4.18。

表 4.18 输出控制寄存器各位功能

| D7 | D6 | D5 | D4 | D3 | D2 | D1 | D0 |
|---|---|---|---|---|---|---|---|
| OCTP1 | OCTN1 | OCPOL1 | OCTP0 | OCTN0 | OCPOL0 | OCMODE1 | OCMODE0 |

若 82C200 处于睡眠方式(Sleep 位为高),引脚 CTx0 和 CTx1 输出隐性电平。若 82C200 处于复位状态(复位请求位为高),则输出 CTx0 和 CTx1 悬浮。由输出控制寄存器中的两位(OCMODE1,OCMODE0)来确定 4 种输出方式,这 4 种输出方式列于表 4.19,可配置的 CAN 发送器如图 4.19 所示。

## 4.4 CAN 通信控制器

表 4.19 82C200 的 4 种输出方式

| OCMODE1 | OCMODE2 | 输出方式 |
|---|---|---|
| 0 | 0 | 双相输出方式 |
| 0 | 1 | 测试输出方式。Tx0——位序列；Tx1——COMP OUT |
| 1 | 0 | 正常输出方式。Tx0，Tx1——位序列 |
| 1 | 1 | 时钟输出方式：Tx0——位序列；Tx1——总线时钟 |

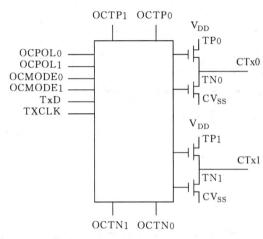

图 4.19 可配置的 CAN 发送器

① 正常输出方式。位序列（TxD）通过 CTx0 和 CTx1 被传送。输出驱动引脚 CTx0 和 CTx1 的电平取决于两个因素，一个是 OCTPX 和 OCTNX 编程的驱动特性（悬浮、上拉、下拉和推挽）；另一个是 OCPOLX 编程的输出极性。

② 时钟输出方式。对于引脚 CTx0，这种方式与正常输出方式相同。而 CTx1 的数据流被发送时钟代替，发送时钟的上升沿标志位周期的开始，时钟脉冲宽度为 $t_{SCL}$。

③ 双相输出方式。相对于正常输出方式，位出现时间是可变的，并且是可触发的。若总线控制器通过发送器与总线进行电气隔离，则此位流不允许包含直流成分，这可通过双相输出来解决。在隐性位期间，所有输出被禁止（悬浮），显性位被交替地送至 CTx0 和 CTx1，亦即第一个显位被送至 CTx0；第二个显位被送至 CTx1；第三个又被送至 CTx0，如此反复。

④ 测试输出方式。对于引脚 CTx0，这种方式与正常方式相同。为测试发送和接收之间的延迟时间，在这种方式下将输入比较器的输出端与 CTx1 输出驱动器的输入端连接起来。此方式仅用于测试。表 4.20 为输出引脚配置。

表 4.20 输出引脚设置

| 驱动方式 | OCTPX | OCTNX | OCPOLX | TxD | TPX[①] | TNX[②] | TXX[③] |
|---|---|---|---|---|---|---|---|
| 悬浮 | 0 | 0 | 0 | 0 | 关 | 关 | 悬浮 |
| | 0 | 0 | 0 | 1 | 关 | 关 | 悬浮 |
| | 0 | 0 | 1 | 0 | 关 | 关 | 悬浮 |
| | 0 | 0 | 1 | 1 | 关 | 关 | 悬浮 |

续表

| 驱动方式 | OCTPX | OCTNX | OCPOLX | TxD | TPX[①] | TNX[②] | TXX[③] |
|---|---|---|---|---|---|---|---|
| 下拉 | 0 | 1 | 0 | 0 | 关 | 开 | 低 |
|  | 0 | 1 | 0 | 1 | 关 | 关 | 悬浮 |
|  | 0 | 1 | 1 | 0 | 关 | 关 | 悬浮 |
|  | 0 | 1 | 1 | 1 | 关 | 开 | 低 |
| 上拉 | 1 | 0 | 0 | 0 | 关 | 关 | 悬浮 |
|  | 1 | 0 | 0 | 1 | 开 | 关 | 高 |
|  | 1 | 0 | 1 | 0 | 开 | 关 | 高 |
|  | 1 | 0 | 1 | 1 | 关 | 关 | 悬浮 |
| 推挽 | 1 | 1 | 0 | 0 | 关 | 开 | 低 |
|  | 1 | 1 | 0 | 1 | 开 | 关 | 高 |
|  | 1 | 1 | 1 | 0 | 开 | 关 | 高 |
|  | 1 | 1 | 1 | 1 | 关 | 开 | 低 |

注：① TPX 为接至 $V_{DD}$ 的在片输出晶体管 X(X=0 或 1)。
② TNX 为接至 $V_{SS}$ 的在片输出晶体管 X(X=0 或 1)。
③ TXX 为 Tx0 或 Tx1 上的串行输出电平。要求 CAN 总线上的输出电平在 TxD=0 时为显性，TxD=1 时为隐性。

（10）测试寄存器

测试寄存器仅用于生产测试。

**3. 发送缓冲器段**

该区用于存储由微控制器送至 82C200 的将要发送的报文。它分为描述符和数据场。发送缓冲器可被微控制器写入或读出。

（1）描述符

描述符为两个字节，包括标识符、远程发送请求位和数据长度码，如表 4.21 所列。

表 4.21 描述符的两个字节

| | 地址 | D7 | D6 | D5 | D4 | D3 | D2 | D1 | D0 |
|---|---|---|---|---|---|---|---|---|---|
| DSCR1 | 10 | ID.10 | ID.9 | ID.8 | ID.7 | ID.6 | ID.5 | ID.4 | ID.3 |
|  | 11 | ID.2 | ID.1 | ID.0 | RTR | DLC.3 | DLC.2 | DLC.1 | DLC.0 |

① 标识符(ID)。标识符由 11 位(ID.10～ID.0)构成，ID.10 为最高位。在仲裁过程中，它首先被送至总线。标识符作为报文的名称，在接收器的接收滤波中和仲裁过程中都要用到。标识符的二进制数值越低，其优先权越高，这是由于仲裁期间较大量的前导显位所致。

② 远程发送请求位(RTR)。当远程发送请求位为高电平时（隐性），82C200 将发送远程帧，否则发送数据帧。

③ 数据长度码(DLC)。报文数据场中，字节的数目由数据长度码编制。在远程帧开始发送时，由于 RTR 位为高，数据长度码不被考虑，这使得发送或接收数据字节数为 0。然而，若有两个 CAN 控制器同时开始远程帧发送，则数据长度码必须被正确指定，以避免总线出错。

数据字节计数的范围为 0～8 字节，并被编码为：

数据字节数=8×DLC.3+4×DLC.2+2×DLC.1+DLC.0

## 4.4 CAN 通信控制器

（2）数据场

发送数据字节的数目由数据长度码决定。地址单元 12 中的数据字节 1 的最高位将首先被发送。

4. 接收缓冲器段

接收缓冲器各字节定义与发送缓冲器相同,只是起始地址不同。接收缓冲器有两个物理存储区,对应同一个逻辑地址空间。究竟微控制器访问哪一个物理区域,由 82C200 内部接口管理逻辑确定。

5. 时钟分频寄存器

时钟分频寄存器各位功能列于表 4.22,它控制 CLKOUT 的输出频率。它可被微控制器写入或读出。寄存器的默认状态在 Motorola 方式下为 12 分频,而在 Intel 方式下为 2 分频。数值 0~7 可被写入该寄存器,其所对应的 CLKOUT 频率选择如表 4.23 所列。

表 4.22 时钟分频寄存器各位功能

| D7 | D6 | D5 | D4 | D3 | D2 | D1 | D0 |
|---|---|---|---|---|---|---|---|
| 保留 | 保留 | 保留 | 保留 | 保留 | CD.2 | CD.1 | CD.0 |

表 4.23 CLKOUT 频率选择

| CD.2 | CD.1 | CD.0 | CLKOUT 频率 |
|---|---|---|---|
| 0 | 0 | 0 | $f_{CLK}/2$ |
| 0 | 0 | 1 | $f_{CLK}/4$ |
| 0 | 1 | 0 | $f_{CLK}/6$ |
| 0 | 1 | 1 | $f_{CLK}/8$ |
| 1 | 0 | 0 | $f_{CLK}/10$ |
| 1 | 0 | 1 | $f_{CLK}/12$ |
| 1 | 1 | 0 | $f_{CLK}/14$ |
| 1 | 1 | 1 | $f_{CLK}$ |

### 4.4.2 SJA1000CAN 通信控制器

SJA1000CAN 通信控制器是 Philips 公司于 1997 年推出的一种 CAN 总线控制器,它实现了 CAN 总线物理层和数据链路层的所有功能。SJA1000 是 PCA 82C200 的替代产品。PCA 82C200 支持 CAN 2.0A 协议,可完成基本的 CAN 模式。而 SJA1000 可完成增强 CAN 模式(PeliCAN),支持 CAN 2.0B 协议。适用于汽车和一般工业环境。

1. SJA1000 的主要特点

与 PCA 82C200 相比,SJA1000 在技术上具有以下特点。

- 引脚、电气特性、软件与 PCA 82C200 兼容。
- 增强 CAN 模式(PeliCAN)支持 CAN 2.0B 协议,同时支持 11 位和 29 位标识符。
- 具有 64 字节的 FIFO 扩展接收缓冲器。
- 位通信速率高达 1Mb/s。
- 采用 24MHz 时钟频率。
- 支持多种微处理器接口。

- 可编程配置 CAN 输出驱动方式。
- 单触发发送。
- 具有不应答、不激活出错标志的只听模式。
- 支持热插拔。
- 接收滤波器扩展为 4 字节编码,4 字节屏蔽。
- 自身报文的接收(自接收请求)。
- 工作温度范围扩展为 −40℃～+125℃。

SJA1000 还增强了以下出错处理功能。
- 带读写访问的出错计数器。
- 可通过编程设置出错报警限。
- 最近一次错误代码寄存器。
- 可对总线错误的出错中断。
- 仲裁丢失中断带有位置细节信息。

2. SJA1000 的功能框图与引脚说明

SJA1000 的功能框图如图 4.20 所示,其引脚图见图 4.21。从图 4.20 中可以看到,这种独立的 CAN 控制器由以下几部分构成。

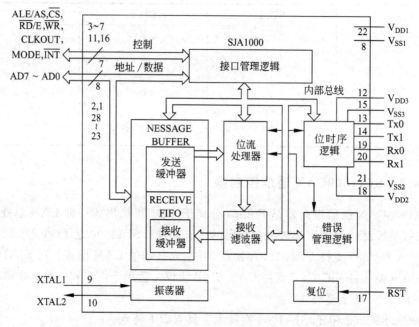

图 4.20　SJA1000 的功能框图

(1) 接口管理逻辑 IML。处理来自主 CPU 的命令,控制 CAN 寄存器的寻址,并为主 CPU 提供中断和状态信息。

(2) 发送缓冲器 TxB。它是 CPU 和位流处理器(BSP)之间的接口,有 13 字节长。能存储一条可发送到 CAN 总线上的完整报文。报文由 CPU 写入,由位流处理器 BSP 读出。

## 4.4 CAN 通信控制器

(3) 接收缓冲器(RxB,13 字节)。接收缓冲器是接收 FIFO(RxFIFO,64 字节)的一个可被 CPU 访问的窗口。在接收 FIFO 的支持下,CPU 可以在处理当前信息的同时接收总线上的其他信息。

(4) 接收滤波器 ACF。接收滤波器把收到的报文标识符和接收滤波寄存器中的内容进行比较,以判断该报文是否应被接收。如果符合接收的条件,则报文被存入 RxFIFO。

(5) 位流处理器 BSP。位流处理器是一个序列发生器,它控制发送缓冲器,RxFIFO 和 CAN 总线之间的数据流,同时它也执行错误检测、仲裁、位填充和 CAN 总线错误处理功能。

(6) 位时序逻辑 BTL。BTL 监视串行 CAN 总线并处理与总线相关的位时序。它在报文开始发送,总线电平从隐性跳变到显性时同步于 CAN 总线上的位流(硬同步),并在该报文的传送过程中,每遇到一次从隐性到显性的跳变沿就进行一次重同步(软同步)。BTL 还提供可编程的时间段来补偿传播延迟时间和相位漂移(如晶振导致的漂移),还能定义采样点以及每一个位时间内的采样次数。

图 4.21  SJA1000 引脚排列图

(7) 错误管理逻辑 EML。它按照 CAN 协议完成传输错误界定。它接受来自 BSP 的出错通知,并向 BSP 和 IML 提供出错统计。

### 3. SJA1000 的寄存器配置

SJA1000 有复位和运行两种工作模式。在初始化期间的复位模式下,其寄存器配置如表 4.24 所示;在正常工作期间的运行模式下,个别寄存器的定义会有所变更。表 4.24 为复位模式下的 SJA1000 寄存器配置表。

表 4.24  SJA1000 寄存器配置(复位模式)

| 名称 | 地址 | 7 | 6 | 5 | 4 | 3 | 2 | 1 | 0 |
| --- | --- | --- | --- | --- | --- | --- | --- | --- | --- |
| 模式寄存器 | 0 | — | — | — | 睡眠方式 | 滤波方式 | 自检方式 | 监听方式 | 复位方式 |
| 命令寄存器 | 1 | — | — | — | 自收请求 | 清超限状态 | 释放接收缓冲器 | 中止发送 | 发送请求 |
| 状态寄存器 | 2 | 总线状态 | 错误状态 | 发送状态 | 接收状态 | 发送完成状态 | 发送缓冲器状态 | 数据超限状态 | 接收缓冲器状态 |
| 中断寄存器 | 3 | 总线错误中断 | 仲裁丢失中断 | 错误认可状态中断 | 唤醒中断 | 数据超限中断 | 错误报警中断 | 发送中断 | 接收中断 |
| 中断允许寄存器 | 4 | 总线错误中断允许 | 仲裁丢失中断允许 | 错误认可中断允许 | 唤醒中断允许 | 数据超限中断允许 | 错误报警中断允许 | 发送中断允许 | 接收中断允许 |
| 保留 | 5 | | | | | | | | |
| 总线时序寄存器 0 | 6 | SJM.1 | SJM.0 | BRP.5 | BRP.4 | BRP.3 | BRP.2 | BRP.1 | BRP.0 |
| 总线时序寄存器 1 | 7 | SAM | TSEG2.2 | TSEG2.1 | TSEG2.0 | TSEG1.3 | TSEG1.2 | TSEG1.1 | TSEG1.0 |
| 输出控制寄存器 | 8 | OCTP1 | OCTN1 | OCPOL1 | OCTP0 | OCTN0 | OCPOL0 | OCMODE1 | OCMODE0 |
| 测试寄存器 | 9 | | | | | | | | |

续表

| 名称 | 地址 | 7 | 6 | 5 | 4 | 3 | 2 | 1 | 0 |
|---|---|---|---|---|---|---|---|---|---|
| 保留 | 10 | — | — | — | — | — | — | — | — |
| 仲裁丢失捕捉 | 11 | — | — | — | ALC.4 | ALC.3 | ALC.2 | ALC.1 | ALC.0 |
| 出错码捕捉 | 12 | ECC.7 | ECC.6 | ECC.5 | ECC.4 | ECC.3 | ECC.2 | ECC.1 | ECC.0 |
| 错误警告限 | 13 | EWL.7 | EWL.6 | EWL.5 | EWL.4 | EWL.3 | EWL.2 | EWL.1 | EWL.0 |
| Rx 出错计数 | 14 | RXERR.7 | RXERR.6 | RXERR.5 | RXERR.4 | RXERR.3 | RXERR.2 | RXERR.1 | RXERR.0 |
| Tx 出错计数 | 15 | TXERR.7 | TXERR.6 | TXERR.5 | TXERR.4 | TXERR.3 | TXERR.2 | TXERR.1 | TXERR.0 |
| 滤波码寄存器 1~3 | 16~18 | AC.7 | AC.6 | AC.5 | AC.4 | AC.3 | AC.2 | AC.1 | AC.0 |
| 滤波屏蔽寄存器 0~3 | 20~23 | AM.7 | AM.6 | AM.5 | AM.4 | AM.3 | AM.2 | AM.1 | AM.0 |
| 保留 | 24~28 | 00H | 00H | 00H | 00H | 00H | 00H | 00H | 00H |
| Rx 报文个数 | 29 | 0 | 0 | 0 | RMC.4 | RMC.3 | RMC.2 | RMC.1 | RMC.0 |
| Rx 缓冲器起始地址 | 30 | 0 | 0 | RBSA.5 | RBSA.4 | RBSA.3 | RBSA.2 | RBSA.1 | RBSA.0 |
| 时钟分配器 | 31 | CAN 模式 | CBP | RXINTEN | 0 | Clock off | CD.2 | CD.1 | CD.0 |
| 内部 RAM(FIFO) | 32~95 | | | | | | | | |
| 内部 RAM(Tx) | 96/108 | | | | | | | | |
| 内部 RAM(free) | 109/111 | | | | | | | | |
| 00H | 112/127 | | | | | | | | |

**4. SJA1000 的增强功能**

SJA1000 为增强出错处理功能增加了一些新的特殊功能寄存器,包括:仲裁丢失捕捉寄存器(ALC)、出错码捕捉寄存器(ECC)、出错警告限寄存器(EWL)、接收出错计数寄存器(RXERR)和发送出错计数寄存器(TXERR)等。借助于这些出错寄存器可以找到丢失仲裁位的位置,分析总线错误类型和位置,定义错误警告极限值以及记录发送和接收时出现的错误个数等。

一般来说,CAN 控制器的出错分析可通过以下 3 个途径来实现:

(1) 出错寄存器。在增强 CAN 模式中,有两个出错寄存器:接收出错寄存器和发送出错寄存器。对应的 CAN 相对地址为 14 和 15。在调试阶段,可以通过直接从这两个寄存器中读取出错计数器的值来判断目前 CAN 控制器所处的状态。

(2) 出错中断。增强 CAN 模式共有 3 种类型的出错中断源:总线出错中断、错误警告限中断(可编程设置)和出错认可中断。可以在中断允许寄存器(IER)中区分出以上各中断,也可以通过直接从中断寄存器(IR)中直接读取中断寄存器的状态来判断属哪种出错类型产生的中断。

(3) 出错码捕捉寄存器(ECC)。当 CAN 总线发生错误时,产生相应的出错中断,与此同时,对应的错误类型和产生位置写入出错码捕捉寄存器(对应的 CAN 相对地址为 12)。这个代码一直保存到被主控制器读取出来后,ECC 才重新被激活,可捕捉下一个错误代码。可以从出错码捕捉寄存器读取的数据来分析错误是属于何种错误以及错误产生的位置,从而为调试工作提供了方便。

SJA1000 有两种自我测试方法,本地自我测试和全局自我测试。本地自我测试为单节点测试,它不需要来自其他节点的应答信号,可以自己发送数据,自己接收数据。通过

## 4.4 CAN 通信控制器

检查接收到的数据是否与发送出去的数据相吻合，来确定该节点能否正常地发送和接收数据。这样就极大地方便了 CAN 通信电路的调试，使 CAN 通信电路的调试不再需要用一个正确的节点来确定某个节点是否能够成功地发送和接收数据。只需将 CAN 控制器的命令寄存器(CMR)的第三位(MOD.2)设置为 1，CAN 控制器就会自动进入自我测试模式。需要指出的是，虽然是单个节点进行自我测试，但是 CAN 的物理总线必须存在。

**5. SJA1000 的应用电路**

图 4.22 为由 SJA1000 与 80C51 系列的单片机、PCA 82C250 总线收发器一起构成的应用电路。

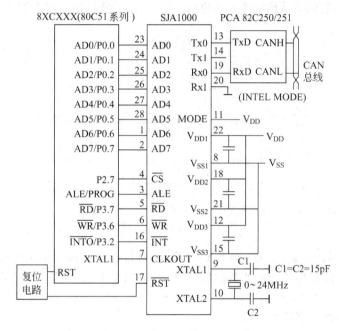

图 4.22 SJA1000 的应用电路

### 4.4.3 Intel 82527 CAN 通信控制器

82527 是 Intel 公司生产的一种独立的 CAN 控制器。它可通过并行总线与各种微控制器(包括 Intel 和 Motorola 类型)接口，也可通过串行口(SPI)与无并行总线的微控制器(例如 MC68HC05)连接。

82527 串行通信控制器是一种可按 CAN 协议完成串行通信的高集成度器件，它可借助主微控制器或 CPU 的极小开销完成所有串行通信的功能，如报文的发送与接收、报文滤波、发送扫描和中断扫描等工作。

82527 是 Intel 第一个支持 CAN 2.0B 标准和扩展报文格式的器件。它具有发送和接收功能，并能完成扩展格式报文的报文滤波。由于 CAN 规范 2.0 的向后兼容性，82527 也完全支持 CAN 2.0A 的标准报文格式。

82527 可灵活地与不同的 CPU 相连接。例如它可被配置为与使用 Intel 或非 Intel 结构的 8 位分时复用的、或 16 位分时复用的、或 8 位非分时复用的地址或数据总线的 CPU 相连接。

82527可提供15个8字节长的报文对象。除最后一个报文对象外,每个报文对象可被配置为发送或接收,最后一个报文对象是一个只用于接收的缓冲器,它具有一个特殊的屏蔽,这是为接收一组具有不同标识符的报文而设计的。

82527还具有实现报文滤波的全局屏蔽功能,这一功能允许用户全局性地屏蔽报文的任何标识符位。可编程的全局屏蔽功能适用于标准的和扩展的两种报文。

82527采用Intel高可靠性的CHMOS III 5V工艺制造,可使用44引脚PLCC封装或44引脚的QFP封装,适用于-44℃~125℃的温度范围。82527的封装及主要引脚设计成与82526兼容的形式,82526是Intel公司早些时间开发的支持CAN 2.0A规范的CAN总线通信控制器,它们的结构原理大致相同。82527的功能框图如图4.23所示。

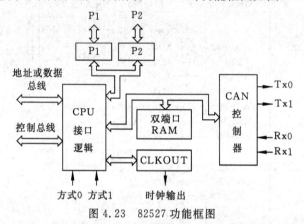

图4.23  82527功能框图

与82C200不同的是,82527的CAN控制器通过在片双端口RAM与微控制器进行数据交换。微控制器将要传送的数据信息,包括数据字节、标识符、数据帧或远程帧等包装成可多达15个的通信报文对象送入双端口RAM,82527可自动完成这些通信目标的传送。其主要特性可概括如下。

- 支持CAN 2.0B规范,包括标准和扩展数据帧和远程帧。
- 可程控全局屏蔽,包括标准和扩展标识符。
- 具有15个报文对象缓冲区,每个缓冲区长度为8字节,包括14个Tx/Rx缓冲区,1个带可编程屏蔽的Rx缓冲区。
- 灵活的CPU接口,包括8位多元总线(Intel或Motorola方式)、16位多元总线、8位非多元总线(同步或异步)、串行接口(如SPI)。
- 可程序控制位速率并可程序控制时钟输出。
- 灵活的中断结构。
- 可设置输出驱动器和输入比较器结构。
- 两个8位双向I/O口。
- 44脚PLCC/QFP封装。

### 4.4.4  带有CAN通信控制器的CPU

**1. P8XC592**

P8XC592是适用于自动化和通用工业领域的高性能8位微控制器。它是飞利浦公

## 4.4 CAN 通信控制器

司现有微控制器 P8XC552 和 CAN 通信控制器 82C200 的功能组合,而且功能有所增强。它与 8XC552 微控制器的不同之处是,CAN 总线取代了原 $I^2C$ 总线;在片程序存储器扩展至 16KB;增加了 256 字节内部 RAM,并在 CAN 发送、接收缓冲器与内部 RAM 之间建立了 DMA;为便于访问 CAN 发送、接收缓冲器,在内部专用寄存器块中增加了 4 个特殊功能寄存器。P8XC592 中 CPU 与 CAN 控制器之间的接口如图 4.24 所示。

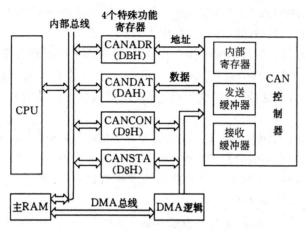

图 4.24 CPU 与 CAN 控制器接口

CPU 通过 4 个特殊的功能寄存器 CANADR,CANDAT,CANCON 和 CANSTA 访问 CAN 控制器,也可以访问 DMA 逻辑。需注意的是,CANCON 和 CANSTA 在读和写访问时对应不同的物理单元。这 4 个寄存器的功能列于表 4.25。

表 4.25　4 个特殊功能寄存器

| SFR | 地址 | RW | D7 | D6 | D5 | D4 | D3 | D2 | D1 | D0 |
|---|---|---|---|---|---|---|---|---|---|---|
| CANADR | DBH | RW | DMA | — | 自动增量 | CANA4 | CANA3 | CANA2 | CANA1 | CANA0 |
| CANDAT | DAH | RW | CAND7 | CAND6 | CAND5 | CAND4 | CAND3 | CAND2 | CAND1 | CAND0 |
| CANCON | D9H | R | — | — | — | 唤醒中断 | 超载中断 | 出错中断 | 发送中断 | 接收中断 |
| CANCON | D9H | W | RX0 激活 | RX1 激活 | 唤醒方式 | 睡眠 | 清除超载 | 释放接收缓冲器 | 取消发送 | 发送请求 |
| CANSTA | D8H | R | 总线状态 | 错误状态 | 发送状态 | 接收状态 | 发送完成状态 | 发送缓存访问 | 数据超载 | 接收缓存状态 |
| CANSTA | D8H | W | RAMA7 | RAMA6 | RAMA5 | RAMA4 | RAMA3 | RAMA2 | RAMA1 | RAMA0 |

通过写 CANADR 寄存器的低 5 位 CANA4～CANA0,可以确定通过 CANDAT 访问的是 CAN 控制器的哪一个内部寄存器。CANADR 还通过 CANADR.5 位控制自动地址增量方式及通过 CANADR.7 位(DMA)控制 DMA。CANADR 寄存器是可读写的。

寄存器 CANDAT 对应于由 CANA4～CANA0 所选择的 CAN 控制器的内部寄存器。于是读写 CANDAT 就相当于读写被选中的内部寄存器。

CANCON 是读写寄存器,但读和写时对应的寄存器是不同的。当读 CANCON 时,CAN 控制器中的中断寄存器被访问;写 CANCON 则是对命令寄存器的访问。

CANSTA 是一个位可寻址的读写寄存器。读 CANSTA 是对 CAN 控制器的状态寄存器访问；写 CANSTA 是为后续的 DMA 传输设置在片主 RAM 的地址。

CANADR 具有自动地址增量功能。借助自动地址增量方式可以快速连续地读写 CAN 控制器的内部寄存器，类似于快速堆栈的读写操作。若 CANADR.5 位为高，则对 CANDAT 的任何读或写操作后，CANADR 的内容自动加 1。例如，为传送一个报文至发送缓冲器，可将 2AH 写入 CANADR，然后将报文逐个字节地送入 CANDAT。当增量 CANADR 超出 XX111111B 时，将自动复位为 XX000000B。

DMA 逻辑允许用户在最多两个指令周期内，在 CAN 控制器的发送、接收缓冲器和主 RAM 之间传送一个完整的报文(最多 10 字节)；在一个指令周期内最多可传送 4 字节。传送过程是在后台完成的，因此 CPU 可以继续执行下一条指令，这使 CPU 的功能得以大大地增强。

DMA 传送首先将 RAM 地址(0～FFH)写入 CANSTA，然后，置 Tx 缓冲器或 Rx 缓冲器地址入 CANADR，并同时将 CANADR.7(DMA) 位置位；RAM 地址指向被传送的第一个字节的位置，置位 DMA 位引起数据长度码自动定值，然后进行传送。对于 Tx-DMA 传送，数据长度码应处于"RAM 地址+1"的位置。

为对 Tx-DMA 传送编程，必须将数值 8AH(地址 10)写入 CANADR，然后，由 2 字节描述符和 0～8 字节数据场组成完整报文，由"RAM 地址"位置开始传送至 Tx 缓冲器。

Rx-DMA 传送十分灵活，通过将 94H(地址 20)直至 9DH(地址 29)范围内的任一数值写入 CANADR，整个或一部分接收报文由指定地址开始被传送至内部数据存储器。

一次成功的 DMA 传送后 DMA 位被复位。DMA 传送期间，CPU 可以处理下一条指令，但不允许访问特殊功能寄存器 CANADR、CANDAT、CANCON 和 CANSTA。置位 DMA 位后，各个中断均被禁止，直至传送结束。请注意，不适当的编程可能导致中断响应时间最高达 10 个指令周期。在置位 DMA 位后，直接使用两条连续的单周期指令可以使中断响应时间达到最短。复位状态期间(复位请求位为高)，不能进行 DMA 传送。

带有 CAN 总线驱动接口的 80C592 嵌入式微控制器已得到广泛应用。

2. 87C196CA/CB 及 P51XA-C3

87C196CA/CB 是 INTEL MCS 96 微控制器系列的成员，它在 MCS 96 基础上扩展了许多有用的在片外设及存储器，并通过集成支持 CAN 2.0B 规范的高速串行总线而支持联网应用。

在 MCS 96 微控制器系列中，87C196CB 具有较高的存储器密度：56KB 在片 EPROM，1.5KB 在片存储器 RAM 和 512B 附加 RAM(代码 RAM)，具有 1MB 线性地址空间。它支持高速串行通信协议 CAN 2.0B，采用与 82527CAN 控制器相似的面向通信目标的结构，具有 8 字节数据长度的 15 个报文目标；具有可编程 S/H 的 8 通道 10bit A/D 转换器，转换时间小于 $20\mu s$(时钟频率为 20MHz 时)；具有双向 16 位波特率产生器的异步/同步串行 I/O 口，一个带有全双工主从收发器的同步串行 I/O 口；具有预分频级联与 90°相移功能的定时/计数器；具有双缓存输入的 10 个模块化的多路转换高速 I/O，可执行几种通道方式，包括单个或成组地由任何存储器位置至其他位置的块传送；具有可编程的外设收发服务(peripheral transaction server，PTS)的高级优先权中断结构。

## 4.4 CAN 通信控制器

87C196CA 是 87C196CB 的一个子集,具有 32KB 在片 EPROM,1KB 在片存储器 RAM 和 256 字节代码 RAM,在片外设也有所精简。

87C196CA/CB 的主要性能归纳如下。

- 高性能的 20MHz 16 位 CHMOS CPU。
- 寄存器-寄存器结构。
- 56KB 在片 EPROM。
- 1.5KB 在片存储器 RAM。
- 512 字节附加 RAM(代码 RAM)。
- 具有 1MB 线性地址空间。
- 支持高速串行通信协议 CAN 2.0B。
- 具有 8 字节数据长度的 15 个报文目标。
- 具有可编程 S/H 的 8 通道 10 位 A/D。
- 38 优先级中断。
- 7 个 8 位 I/O 口。
- 具有双向 16 位波特率产生器的异步/同步串行 I/O 口。
- 带有全双工主/从收发器的同步串行 I/O 口。
- 处理器间进行通信的从口。
- 用于灵活接口的可选择总线定时方式。
- 振荡器故障检测电路。
- 两个灵活的 16 位定时/计数器。
- 两个双向 16 位高速比较寄存器。
- 用于捕获和比较的多路转换高速 I/O。
- 可编程的外设收发服务。
- 灵活的可编程 8/16 位外部总线。
- 可编程总线(HLD/HLDA)。
- $1.4\mu s$ $16\times 16$ 位乘及 $2.4\mu s$ 32/16 位除。

P51XA-C3 是 Philips 80C51XA 系列产品中的最新派生产品之一,是一种适应于汽车及工业应用的 16 位单片微控制器,其指令系统可兼容原 80C51 的指令。

XA-C3 符合 CAN 2.0B 协议要求,可在高达 1Mb/s 数据速率下支持 11 位和 29 位两种标识符。

XA 增强型结构支持 80C51 应用广泛的位操作功能,同时支持多任务操作系统和高级语言 C 等。XA 增强结构的速度为 80C51 的 10~100 倍,可为设计者提供一个有效的真正高性能嵌入控制的简便途径,同时也为特殊需要的适配软件保持最大的灵活性。

XA-C3 的主要功能如下:

- 2.7~5.5V 宽电压范围工作。
- 1024 字节在片数据 RAM。
- 32KB 在片 EPROM/ROM 程序存储器。
- 带有增强功能,具有输出端的 3 个标准计数器或定时器。

- CAN 模块支持 CAN 2.0B,可达 1Mb/s 速率。
- 监视跟踪定时器(WDT)。
- 一个 UART。
- 低电压检测。
- 具有 4 种可编程配置的 3 个 8 位 I/O 口。
- EPROM/OTP 版本可在线编程。
- 当电源电压为 4.5~5.5V 时,可工作于 25MHz;2.7~3.6V 时,可工作于 16MHz。
- 40 引脚 DIP,44 引脚 PLCC 和 44 引脚 QFP 封装形式。

## 4.5 CAN 应用节点的相关器件

### 4.5.1 CAN 总线收发器 82C250

82C250 是 CAN 控制器与物理总线之间的接口,它最初是为汽车高速通信(最高达 1Mb/s)的应用而设计的。器件可以提供对总线的差动发送和接收功能。82C250 的主要特性如下。

- 与 ISO/DIS 11898 标准完全兼容。
- 高速性(最高可达 1Mb/s)。
- 具有抗汽车环境下的瞬间干扰,保护总线能力。
- 降低射频干扰的斜率控制。
- 热保护。
- 电源与地之间的短路保护。
- 低电流待机方式。
- 掉电自动关闭输出,不干扰总线的正常运作。
- 可支持多达 110 个节点相连接。

82C250 的功能框图如图 4.25 所示,其基本参数见表 4.26。

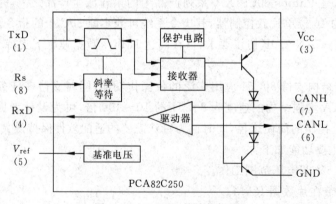

图 4.25  82C250 的功能框图

## 4.5 CAN 应用节点的相关器件

表 4.26　82C250 基本参数

| 符号 | 参　　数 | 条　件 | 最小值 | 典型值 | 最大值 | 单位 |
|---|---|---|---|---|---|---|
| $V_{CC}$ | 电源电压 | 待机模式 | 4.5 | | 5.5 | V |
| $I_{CC}$ | 电源电流 | | | | 170 | μA |
| $1/t_{CC}$ | 发送速率最大值 | NRZ | 1 | | | Mb/s |
| $V_{CAN}$ | CANH,CANL 输入输出电压 | | -8 | -2 | +18 | V |
| $\Delta V$ | 差动总线电压 | | 1.5 | | 3.0 | V |
| $\gamma_d$ | 传播延迟 | 高速模式 | | | 50 | ns |
| $T_{amb}$ | 工作环境温度 | | -40 | | +125 | ℃ |

82C250 驱动电路内部具有限流电路,可防止发送输出级电源与地之间的短路。虽然短路出现时功耗增加,但不致使输出级损坏。

若结温超过大约 160℃ 时,两个发送器输出端极限电流将减小,由于发送器是功耗的主要部分,电流减小导致功耗减少,因而限制了芯片的温升。器件的所有其他部分将继续工作。这种温度保持在总线短路的情况下特别重要。82C250 采用双线差分驱动,有助于抑制汽车等恶劣电气环境下的瞬变干扰。

引脚 Rs(8)可用于选择 3 种不同的工作方式,高速、斜率控制和待机,如表 4.27 所示。

表 4.27　Rs 端选择的 3 种不同的工作方式

| Rs 管脚上的强制条件 | 工作方式 | Rs 上的电压或电流 |
|---|---|---|
| $V_{Rs}>0.75V_{CC}$ | 待机方式 | $I_{Rs}<10\mu A$ |
| $10\mu A<-I_{Rs}<200\mu A$ | 斜率控制 | $0.4V_{CC}<V_{Rs}<0.6V_{CC}$ |
| $V_{Rs}<0.3V_{CC}$ | 高速方式 | $-I_{Rs}<500\mu A$ |

在高速工作方式下,发送器输出晶体管以尽可能快的速度启闭,在这种方式下不采取任何措施限制上升和下降斜率,此时,建议采用屏蔽电缆以避免射频干扰问题的出现。选择高速工作方式时只需将图 4.25 中的引脚 8 接地即可。

对于速度较低或长度较短的总线,可使用非屏蔽双绞线或一对平行线。为降低射频干扰,应限制上升和下降斜率。上升和下降斜率可通过从引脚 8 连接至地的电阻进行控制。斜率正比于引脚 8 上的电流输出。

若引脚 8 接高电平,则电路进入低电平待机方式,在这种方式下,发送器被关闭,而接收器转至低电流。若检测到显性位,RxD 将转至低电平,微控制器应通过引脚 8 将发送器变为正常方式对此条件做出反应。由于在待机方式下,接收器是慢速的,因此第一个报文将被丢失。82C250 真值表如表 4.28 所示。

对于 CAN 控制器及带有 CAN 总线接口的器件,82C250 并不是必须使用的器件,因为多数 CAN 控制器均具有配置灵活的收发接口,并允许总线故障,只是驱动能力一般只允许 20～30 个节点连接在一条总线上。而 82C250 支持多达 110 个节点,并能以 1Mb/s 的速率工作于恶劣电气环境下。

表 4.28　82C250 真值表

| 电源 | TxD | CANH | CANL | 总线状态 | RxD |
| --- | --- | --- | --- | --- | --- |
| 4.5～5.5V | 0 | 高电平 | 低电平 | 显性 | 0 |
| 4.5～5.5V | 1(或悬浮) | 悬浮状态 | 悬浮状态 | 隐性 | 1 |
| <2V(未加电) | × | 悬浮状态 | 悬浮状态 | 隐性 | × |
| 2V<$V_{CC}$<4.5V | >0.75$V_{CC}$ | 悬浮状态 | 悬浮状态 | 隐性 | × |
| 2V<$V_{CC}$<4.5V | × | 若 $V_{Rs}$>0.75V 则悬浮 | 若 $V_{Rs}$>0.75V 则悬浮 | 隐性 | × |

利用 82C250 还可方便地在 CAN 控制器与收发器之间建立光电隔离，以实现总线上各节点间的电气隔离。

双绞线并不是 CAN 总线的唯一传输介质。利用光电转换接口器件及星形光纤耦合器，可建立光纤介质的 CAN 总线通信系统。此时，光纤中有光表示显位，无光表示隐位。

利用 CAN 控制器(如 82C200)的双相位输出方式，通过设计适当的接口电路，也不难实现人们希望的 CAN 通信线的总线供电。

另外，CAN 协议中卓越的错误检出及自动重发功能给我们建立高效的基于电力线载波或无线电介质(这类介质往往存在较强的干扰)的 CAN 通信系统提供了方便，且这种多机通信系统只需要一个频点。

### 4.5.2　CAN 总线 I/O 器件 82C150

82C150 是一种具有 CAN 总线接口的模拟和数字 I/O 器件，它为提高微控制器 I/O 能力和降低线路数量和复杂性提供了一种廉价、高效的方法，可广泛应用于机电领域、自动化仪表及通用工业应用中的传感器、执行器接口。

82C150 的主要功能包括：

(1) CAN 接口功能
- 具有严格的位定时，符合 CAN 技术规范 2.0A 和 2.0B。
- 全集成内部时钟振荡器(不需要晶振)，位速率为 20Kb/s～125Kb/s。
- 具有位速率自动检测和校正功能。
- 有 4 个可编程标识符位，在一个 CAN 总线系统上最多可连接 16 个 82C150。
- 支持总线故障自动恢复。
- 具有通过 CAN 总线唤醒功能的睡眠方式。
- 带有 CAN 总线差分输入比较器和输出驱动器。

(2) I/O 功能
- 16 条可配置的数字及模拟 I/O 口线。
- 每条 I/O 口线均可通过 CAN 总线单独配置，包括 I/O 方向、口模式和输入跳变的检测功能。
- 在用作数字输入时，可设置为由输入端变化而引起 CAN 报文自动发送。
- 两个分辨率为 10 位的准模拟量(分配脉冲调制 PDM)输出。
- 具有 6 路模拟输入通道的 10 位 A/D 转换器。
- 两个通用比较器。

(3) 工作特性
- 电源电压为 5V±4%,典型电源电流为 20mA。
- 工作温度范围为 -40℃～+125℃。
- 采用 28 脚小型表面封装。

图 4.26 为 CAN 总线 I/O 器件 82C150 的应用示例。82C150 作为 CAN 总线节点,与模拟量输入、开关量输入直接相连,把这些采集到的信号通过 PCA 82C250 送到总线上,再进一步送往总线上其他带有 CPU 的节点进行处理。同时 82C150 也把从总线上接收到的控制输出信号送往驱动电路,对电机、指示灯等实行控制。

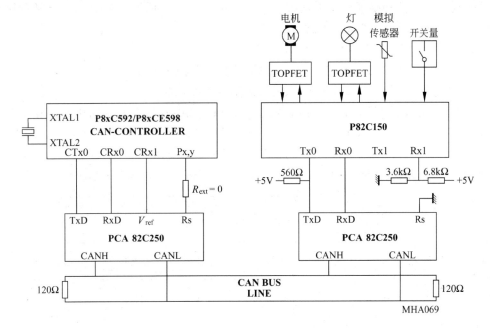

图 4.26  I/O 器件 82C150 的应用示例

## 4.6 基于 CAN 通信的时间触发协议

### 4.6.1 时间触发与通信确定性

CAN 总线一个明显的特点是各节点可自主、随机向总线发起通信,当多个节点同时向总线发送信息时,高优先级的节点可通过逐位仲裁获得总线访问权而传输数据,优先级较低的节点则退出发送。因而高优先级的节点具有较小的访问等待时间,而优先级低的节点需要更多的访问等待时间。CAN 采用的这种非破坏性总线仲裁技术,本质上属于以事件触发的通信方式,其通信具有某种程度的非确定性,无法从根本上保证数据的实时传输。

为了满足汽车控制的实时性与通信确定性的要求,人们提出了基于 CAN 的时间触发通信机制及其相关协议,如 TT-CAN、FTT-CAN、TTP/C、ByteFlight 和 FlexRay 等。采用时间触发的目的在于避免访问等待时间的随机性,保证通信的确定性。

时间触发通信协议的网络调度具有确定性，具有较小的介质访问等待时间，能及时传送各种网络数据，从而满足了汽车通信确定性的要求。这里的时间触发意味着网络通信的任何活动都由全局同步的时间来决定。数据发送、接收和其他总线活动按照预先定义的时间调度表进行。整个通信方式规定在一个时间调度表中。这种通信是确定性的和可预测的。满足实时控制的确定性与实时性要求。采用这种机制还可以有效地利用现有带宽。

### 4.6.2 TT-CAN

TT-CAN(Time Triggered communication on CAN)是对 CAN 扩展而形成的实时控制协议，它在 CAN 的物理层和数据链路层上添加了一个会话层。TT-CAN 已被国际标准化组织接收为 ISO 11898-4 规范。

ISO 11898-4 规定了两种 TT-CAN。

1) 基于时间主节点(time master)参考报文的时间触发 CAN 协议。

2) 建立全局同步时基(time base)的时间触发 CAN 协议。

图 4.27 说明了 TT-CAN 的矩阵周期(matrix cycle)及其报文传输机制。在图中可以看出，矩阵周期构成 TT-CAN 通信的一个单元。将循环执行的矩阵周期连接起来，构成整个通信过程的时间轴。一个矩阵周期由若干个基本周期(basic cycle)构成，具体需要多少个基本周期取决于网络中控制回路的数目和各个节点的通信传输任务。

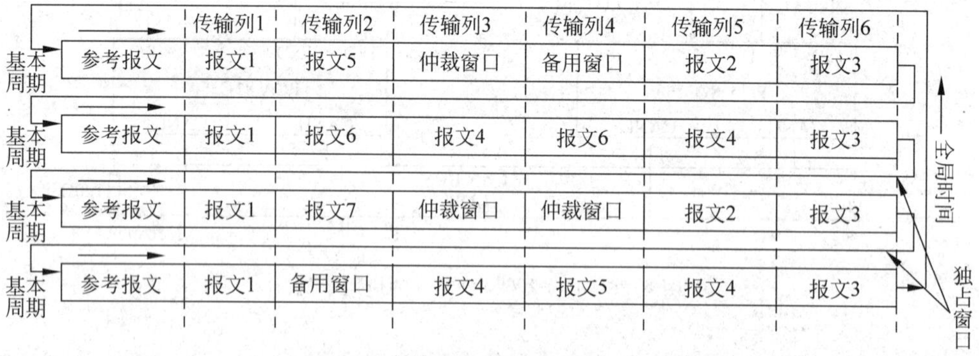

| 基本周期 | | 传输列1 | 传输列2 | 传输列3 | 传输列4 | 传输列5 | 传输列6 | |
|---|---|---|---|---|---|---|---|---|
| 基本周期 | 参考报文 | 报文1 | 报文5 | 仲裁窗口 | 备用窗口 | 报文2 | 报文3 | |
| 基本周期 | 参考报文 | 报文1 | 报文6 | 报文4 | 报文6 | 报文4 | 报文3 | 全局时间 |
| 基本周期 | 参考报文 | 报文1 | 报文7 | 仲裁窗口 | 仲裁窗口 | 报文2 | 报文3 | |
| 基本周期 | 参考报文 | 报文1 | 备用窗口 | 报文4 | 报文5 | 报文4 | 报文3 | 独占窗口 |

图 4.27 TT-CAN 的矩阵周期

基本周期的开始是同步参考报文，供网络上所有节点同步时钟。一个基本周期由若干个不同大小的时间窗口组成，按其类型可分为独占时间窗口、仲裁时间窗口和备用时间窗口。需要传输的报文大体可分为实时的周期性报文和非实时的事件触发报文。独占时间窗口负责周期性报文(如图中报文 1、报文 3 等)的传输；当多个事件触发的报文需要同时访问总线时，在仲裁时间窗口中要通过逐位仲裁(也就是传统 CAN 媒体访问方式)来决定哪个节点获得总线的访问权。备用时间窗口则用于日后系统的扩展。根据不同需要可变换独占时间窗口或仲裁时间窗口的时间长度。

一个网络一般包括多个控制回路和传输任务，而每个回路在传递信息时所需要的时间间隔各自不同。在系统设计阶段，TT-CAN 会根据网络容量决定一个矩阵周期应包括多少个基本周期，这些基本周期相继连接构成一个矩阵周期。矩阵周期可采取多种方式调度其中的基本周期,如可以包括整个矩阵周期中所有的基本周期,或每次只包括其中任选的一部分基本周期,或只发送其中某一个基本周期。

TT-CAN 通过这种矩阵周期式的时间触发方式,在兼顾 CAN 原有的非破坏性总线仲裁机制的基础上,较好地实现了报文的实时传输。

### 4.6.3 FTT-CAN

为了更灵活地调度时间触发通信,人们又提出了 CAN 的柔性时间触发协议,即 FTT-CAN(Flexible TT-CAN)。FTT-CAN 的最大特点是它能根据需求在线修改网络策略,调整通信参数,添加新报文、删除已有报文等,适合于子系统之间异步访问总线的应用场合。如用于导航控制和 ABS 等。

FTT-CAN 采用单主多从结构。由主节点同步系统时钟。总线时间由无限循环的基本周期组成,每个基本周期(elementary cycle)的开始是触发报文(trigger message),表示基本周期的开始。基本周期分为同步报文窗口和异步报文窗口,分别用于传输周期性报文和非周期性报文。同步报文的数据域中包括有触发通信的调度信息,如同步窗口的起始时刻点、在此周期里需要传输的报文等。在基本周期中同步窗口以外的时间用于传输报警、诊断等非实时性的信息。

FTT-CAN 采用面向基本周期而非面向每个报文的方式,减少了报文头的比重,有效地利用带宽。

### 4.6.4 TTP/C

TTP(Time Triggered Protocol)是时间触发协议的缩写。这里的 C 代表 SAE 的网络级别 Class C。TTP/C 属于实时、容错、确定性的协议,采用基于时分多路访问(TDMA)的总线访问方式。即所有总线活动基于事先规定的时刻点进行。因此,每个节点需要准确的全局时间基准,而且 TTP/C 通信协议能提供容错的时钟同步。

在 TDMA 总线访问中,每个通信控制器在时间轴上将分配到属于自己的时隙(time slot),用于传输自己的报文。事先规定好每个报文的传输时刻点,总线上的所有节点知道某一节点发送报文的时刻点。通过比较事先规定好的报文接收时刻点和实际接收时刻,接收报文的节点可以简单地进行时钟同步的校正,并可以预测每个报文的最大传输延迟时间,保证高实时性通信的要求。

从图 4.28 中可以看出,通信活动的时间轴被划分为多个周期。在每个周期完成一次网络上各节点的通信任务,总线的通信活动按周期不断重复。总线上的每个通信控制器都将分配到属于自己的相应时隙,每个控制器的报文传输活动就在此时隙中完成。并规定好各控制器相应时隙的先后顺序。

TTP/C 具有容错、接收端故障检测、支持冗余等功能。能保证总线上某个节点的故障不会影响整个通信过程,即故障节点不会影响其他节点的正常通信任务。TTP/C 还提供两路串行通信通道,这种冗余可以满足高实时报文的容错要求,即使在一路通道被损坏的情况下,可无缝隙地切换到另一路通道,顺利完成通信任务。

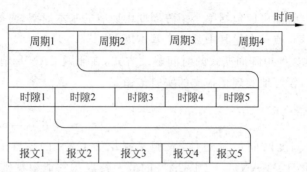

图 4.28 时分多路访问

### 4.6.5 ByteFlight

ByteFlight 是宝马公司发布的总线标准，主要应用于安全气囊、安全带等高性能汽车控制领域和一些航空领域。

ByteFlight 的数据通信采用 FTDMA 柔性时分多路访问（flexible time division multiple access）的媒体访问方式。一个同步主控制器周期性地发送同步脉冲，网络上的其他节点基于此脉冲同步本地时钟。连续两个同步脉冲之间的时间间隔是一个周期时间（cycle time），每个周期时间为 $250\mu s$。

ByteFlight 根据报文实时性要求的高低把报文分为两种。一种是实时性要求高、每个周期都需要发送的"同步"报文。另一种是对实时性要求低、非周期性发送的"同步"和"异步"报文。每个周期被划分为若干时隙，先前的一部分时隙用于传输"同步"报文，剩余时隙用于传输所谓低优先级的"异步"报文。各时隙按报文的优先级大小排队。图 4.29 表示了这种 FTDMA 通信调度的周期与时隙。

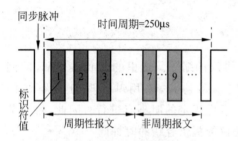

图 4.29 FTDMA 的周期与时隙

在 FTDMA 方式中，每个节点带有时隙计数器（slot counter）。在每个周期的开始，每个节点的时隙计数器被置为 0，时隙计数器开始计数。当一个节点的时隙计数器的值与该节点的传输请求标识符（ID）的值相对应时，该节点的报文就被发送。在报文传输过程中计数器停止计数，等传输完毕，到下一个时隙继续计数。

将报文传输过程分为周期性报文与非周期性报文两个时段，每个时段包含有多个时隙，以满足不同节点不同类型报文传输的要求。使通信调度具有了灵活性，同时还可以有效地利用带宽。

### 4.6.6 FlexRay

FlexRay 是为高速数据传输和高级控制应用而设计的故障容错协议，具有全局时间同步、实时数据传输和时间触发通信等特点。FlexRay 在通信方式上继承了 ByteFlight 的一些特性。部分采用了 ByteFlight 的数据链路层协议规范，用于 FlexRay 动态事件触发报文的传输。FlexRay 的通信调度分为通信周期、仲裁网格（arbitration grid）、宏标记（macrotick）和微标记（microtick）四个层次。每个通信周期由静态段、动态段、符号窗口和网络空闲时间构成。静态段负责传输控制参数等周期性实时信息，动态段则用于发送事件触发的非实时信息（如诊断数据等），符号窗口中提供系统的状态信息（如正常或报警状态等），对通信控制器的网络调度活动提供信息，空闲时间则用于日后系统的扩展。

图 4.30 表示了 FlexRay 时间域的分段与分层。静态段在仲裁网格层被划分为静态时隙（static slot），每个时隙中将发生报文传输。时隙又被分为 macrotick，指明具体报文传输活动的时刻点。macrotick 进而还被划分为 microtick，用于同步所有节点的同步时基，使系统的通信活动时钟偏差限制在 1μs 内。

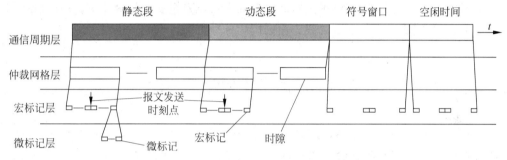

图 4.30　FlexRay 时间域的分段与分层

动态段的媒体访问控制方式类似于 ByteFlight，也采用时隙计数器的方法。当计数器的计数值与某节点中报文的 ID 值相对应时，将发送此报文，完成事件触发的非实时报文的传输。

可以看到，FlexRay 的通信方式兼顾了时间触发（静态段）和事件触发（动态段）报文的处理。其中静态段的传输机制类似于 TTP/C，并提供最多 246 字节的数据帧，而动态段基本采用了 ByteFlight 的基于优先级的时间触发报文传输方式。macrotick 和 microtick 层对报文发送和时钟的同步起关键作用。

### 4.6.7　几种时间触发协议的性能比较

上述几种通信协议都以时间触发为主要特征，能在不同程度上满足汽车网络的通信实时性要求。但各协议具有各自的特点，也表现出不同的性能。表 4.29 列出了它们的主要特性和参数。

表 4.29　几种协议的性能比较

| 协议种类 | 拓扑 | 传输介质 | 传输速率 Mb/s | 数据域大小 B | 冗余 | 事件触发流量 | 灵活性 |
| --- | --- | --- | --- | --- | --- | --- | --- |
| TT-CAN | 总线 | 双绞线 | 1 | 8 | 无 | 高 | 中等 |
| FTT-CAN | 总线 | 双绞线 | 1 | 8 | 有 | 高 | 高 |
| TTP/C | 总线、星型 | 双绞线，光纤 | 2/25 | 240 | 有 | 低 | 差 |
| ByteFlight | 星型 | 塑料光纤 | 10 | 12 | 有 | 中等 | 中等 |
| FlexRay | 总线、星型 | 双绞线，光纤 | 10 | 246 | 有 | 中等 | 中等 |

在实时性能要求很高的应用领域，TT-CAN 和 FTT-CAN 受到一定限制，其最高速率只有 1Mb/s，因此它们一般不作为高安全性能应用领域的标准。

TTP/C 把汽车网络通信中的安全性放在第一位，是严格按照时间触发概念的协议，可以有效地缩短信息传输的时延，已在概念车上成功应用。TTP 目前在铁路和航空等非汽车领域也有很好的应用。该协议的不足之处是对事件触发通信的机制不够灵活，且已申请了专利，不是完全开放的标准。

ByteFlight 已成功应用于 BMW 7 系列的汽车中，在有严格时间要求的汽车控制领域有良好的应用发展空间。但在其后出现的 FlexRay，在继承、扩展 ByteFlight 协议的基础上，已经发展成为很有前途的实时控制协议标准。FlexRay 协议具有较快的传输速率，网络调度的灵活性较高，能同时满足时间触发和事件触发报文的传输要求，符合汽车安全控制要求，有希望成为汽车安全总线方面的国际标准。

## 4.7 CAN 的下层网段——LIN

LIN(Local Interconnect Network)是面向汽车低端分布式应用的低成本、串行通信总线。它作为 CAN 的下层网段，属于 SAE 规定的汽车 A 类网络。LIN 作为 CAN 总线的一种有效补充，适合用于对总线性能要求并不高的车身系统，如车门、车窗、灯光等智能传感器、执行器的连接、控制中。

### 4.7.1 LIN 的主要技术特点

(1) 单总线、低成本。LIN 是基于 SCI/UART 通用异步收发接口的单总线串行通信协议。其总线驱动器和接收器的规范遵从改进的 ISO 9141 单线标准。这种单总线的解决方案与双绞线连接相比，既简化了布线，还可减少一半的布线成本。在几乎任何微控制器芯片上都具有 SCI/UART 接口。

(2) 低传输速率。LIN 总线的最高传输速率为 20Kb/s。LIN 推荐的传输速率有 2400b/s、9600b/s、19200b/s 和 20Kb/s。这是为了适应汽车内部电磁兼容性问题和节点间时钟同步的需要。对大多数车身电控单元来说，这种低速数据传输已经能满足其通信要求。

(3) 主从通信。在总线型拓扑结构的 LIN 网络中，由主节点控制对传输介质的访问，从节点只是应答主节点的命令。因此，LIN 的通信不需要节点间的仲裁或冲突管理机制，符合简单实现的设计思想。

(4) 同步机制简单。LIN 通信中的从节点采用简单的自我同步机制。主节点在报文帧的头部发送同步间隙，以此标记报文帧的开始。从节点根据此间隙与总线同步，无需专门的晶振去实现从节点的时钟复位和同步，从而减少了每个从节点的硬件成本。

(5) 通信确定性。在 LIN 网络中由主节点控制整个网络的通信，控制不同节点的传输时间，而且每个报文帧的长度是预知的。LIN 通信使用调度表，调度表可以保证信号的周期性传输和总线不会出现超负荷现象。这种对通信任务的可预见性和可控性，保证了通信确定性和信号传输的最大延迟时间。

（6）报文的数据长度可变。LIN 应答帧报文的数据域长度可在 0 到 8 个字节之间变化，便于不同任务的通信应用。

（7）采用奇偶校验与求和校验相结合的双重校验机制。LIN 对标识符实行奇偶校验，一个字节的受保护标识符，其前 6 位为真正的标识符，后 2 位为奇偶校验位。而应答报文帧采用两种不同的求和校验，只对数据域进行求校验和的叫做传统求和校验，对标识符与数据域都进行求校验和的叫做改进求和校验。

### 4.7.2 LIN 的通信任务与报文帧类型

LIN 网络包括一个主节点和一个或多个从节点，主节点包括一个主通信任务，而所有主、从节点都包括一个从通信任务，从通信任务还分为一个发送任务和一个接收任务。图 4.31 表示了 LIN 的主、从节点与任务类型的关系。

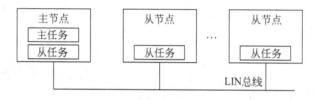

图 4.31 LIN 任务

主任务控制所有 LIN 总线活动意味着总线的确定性行为。主节点的一个任务就是给所有报文帧提供足够的传输时间，供正常的通信操作。

LIN 的报文帧具有以下 6 种类型，无条件帧、事件触发帧、偶发帧、诊断帧、用户自定义帧和保留帧。

无条件（unconditional）帧总是携带数据信息，事件触发帧是为了处理偶尔发生的事件，而偶发帧则是为了在保证调度表确定性的条件下为系统动态行为的灵活性而设置的。这 3 种帧的报文标识符范围都是 0 到 59(0x3b)。

诊断帧总是携带 8 个字节的诊断或组态信息，主节点诊断请求帧的标识符为 60 (0x3c)，从节点诊断应答帧的标识符为 61(0x3d)。用户自定义帧可携带用户自定义的任何信息，标识符为 62(0x3e)，在调度中可以给用户自定义帧分配报文帧时隙，每当时隙到来时发送用户自定义帧的帧头。保留帧在 LIN 2.0 版本中没有被使用，保留帧的标识符为 63(0x3f)。

### 4.7.3 LIN 的报文通信

1. LIN 的报文帧结构

图 4.32 表示了 LIN 的报文帧结构，报文帧由报文头、应答间隙、响应报文几部分组成。

一个 LIN 通信活动由主节点发起。首先由主节点发送报文头。报文头包含同步间隙、同步字节和报文标识符。经过一段应答间隙，只有一个从节点接收并过滤此标识符而

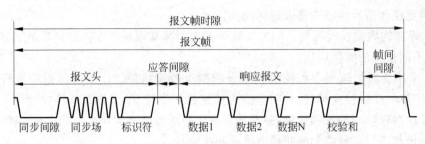

图 4.32　LIN 报文帧结构

被激活,然后开始响应报文。响应报文由 2、4 或 8 个字节和一个校验和字节组成。报文头和响应报文构成一个完整的报文帧。

在 LIN 总线上,传输一个报文帧的时间为传输每个字节的时间加上应答间隙、字节间隙的总和。字节间隙是指前一个字节的停止位和后一个字节的起始位之间的间隔,这些间隔可大于或等于零。帧间间隙指的是上一个帧的结束到下一个帧的开始的一段时间,它也是一个非负值。

图 4.33 表示了字节域的串行发送顺序,每个字节域都是按照一定的格式串行传输的。字节域的开始是起始位,起始位的编码为逻辑'0'(显性);接着发出的是数据字节的最低位 LSB,数据字节的最高位 MSB 在该字节的最后发出;字节域的最后是停止位,停止位的编码为逻辑'1'(隐性)。

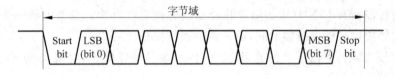

图 4.33　字节域的串行发送顺序

图 4.34 表示了报文头中的同步间隙,它由主节点内的主任务产生,表示新报文帧的开始。包括其起始位在内,它至少有 13bit 的显性(逻辑 0)位,之后紧随至少 1bit 隐性值的同步定界符。一个从节点能检测到的同步间隙域一般为 11bit。

图 4.34　同步间隙域

报文头中同步场的字节域规定为 0x55。从任务总是能检测到同步间隙和同步场字节,如果检测到新的同步间隙和同步场字节,则中止进行中的传输任务,开始新的报文帧传输。

2. 受保护的标识符

报文头中还包含一个字节受保护的标识符,它由标识符和标识符的奇偶校验位两部分组成,其中 bit0 到 bit5 为标识符,bit6 和 bit7 为奇偶校验位。

(1) 标识符。bit0 到 bit5 这 6 位构成标识符,取值范围为 0 到 63。取值 0 到 59 的标识符指明是携带数据的无条件报文帧;取值 60(0x3c)和 61(0x3d)的标识符指明是携带

## 4.7 CAN 的下层网段——LIN

诊断数据的诊断报文帧；取值 62(0x3e) 的标识符指明是用户自定义报文帧；而取值 63(0x3f) 的标识符指明是保留给将来协议扩展后使用的保留报文帧。

(2) 奇偶校验位。奇偶校验位对标识符按照下列等式进行计算。

$$P0 = ID0 \oplus ID1 \oplus ID2 \oplus ID4$$
$$P1 = !(ID1 \oplus ID3 \oplus ID4 \oplus ID5)$$

图 4.35 表示了标识符和奇偶校验位在报文标识符域中的位置序列。

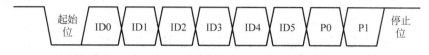

图 4.35 标识符和奇偶校验位的位置序列

### 3. LIN 总线的唤醒和睡眠

LIN 有总线唤醒和总线睡眠两种不同的工作状态。当总线处于睡眠状态时，任何节点可以请求唤醒总线，通过使总线的显性状态维持 250μs 到 5ms 来请求唤醒。每个节点会检测到唤醒请求(大于 150μs 的显性脉冲)，并在 100ms 内开始监听总线命令。主节点被请求唤醒后，发送帧头来查明唤醒请求的原因。总线处于唤醒状态。如果在唤醒请求后的 150ms 内主节点没有发送报文头，发布唤醒请求的节点会重新发送唤醒请求。如果连续 3 次请求失败，要过 1.5s 之后，才可发送第四次唤醒请求。

当主节点发送第一个数据域为 0 的诊断帧(称为总线睡眠命令)时，活动中的从节点就会进入睡眠模式。LIN 总线停止活动超过 4s 后，从节点自动进入睡眠模式。

### 4. 出错状态报告

从节点被要求向网络报告其状态，每个从节点要在它传输的帧里向主机发送 1bit 出错响应的状态信号 Response_Error。只要从节点发送或接收报文中出错，该位被置位，Response_Error 在帧传输之后被清零。由主节点负责处理各从节点面向网络的报告，用以监视网络状态。主节点根据出错响应位的值判断每个节点的状态。

Response_Error=0　　节点活动正常
Response_Error=1　　节点有暂时故障
节点没有响应　　节点(或总线)有严重故障

每个节点还为自己提供 2bit 的状态信号：Error_in_response 和 Successful_transfer，用于状态管理。每当接收或发送的报文帧的应答域有错误时，Error_in_response 位被置位。而当节点成功地发送或接收一个报文帧时，Successful_transfer 位被置位。

两个状态位的值与通信状态的关系如表 4.30 所示。

表 4.30 状态报告字

| Error_in_response | Successful_transfer | 说　明 |
| --- | --- | --- |
| 0 | 0 | 无通信活动 |
| 1 | 1 | 断续的通信 |
| 0 | 1 | 完整的通信 |
| 1 | 0 | 错误的通信 |

**5. 信号的位定时和同步**

一般情况下,所有从节点参考主节点的位时间,图 4.36 表示了同步场字节域及其位时间测量的相关图示。同步场由一个字节域"0x55"组成,基于方波下降沿之间的时间测量值进行同步。测量第 2、4、6 和 8 位下降沿之间的时间 bit times,根据 bit times 计算出基准位时。

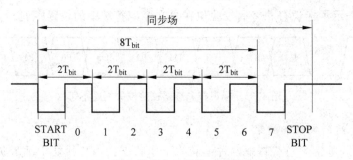

图 4.36 同步场字节及其位时间测量示意图

#### 4.7.4 LIN 的应用

MC 33399 是符合 LIN 规范的典型 LIN 总线收发器。

LIN 作为 CAN 总线的下层网络,是 CAN 总线的一种补充,主要应用于汽车电子网络中。LIN 总线特别适合汽车车身控制网络中底层节点的互连和数据通信,用于车身电子部件电控单元的集成,如车身系统中的自动门窗、方向盘、雨刷器、自动门锁、电动座椅、电动后视镜、空调、电动车顶和照明灯等,这些节点一般数据量小、对通信速率的要求不高。它们的传感器、执行器的数据与状态信息,可以通过 LIN 总线方便地连接到汽车主体网络,从而便于整车的信息集成,便于对部件进行故障诊断和报警。

## 4.8 基于 CAN 的汽车控制网络——SAE J1939

CAN 的通信参考模型只包含有物理层和数据链路层,其所有的协议功能均可在 CAN 通信控制器芯片中完成,因而被誉为封装在芯片内部的协议。CAN 被广泛用于汽车控制网络,但只有 CAN 通信还不足以支撑起一个控制网络,组成控制网络还需要有网络连接、网络管理、各种控制功能与应用数据的规范支持。SAE J1939 就是一个基于 CAN 通信的汽车控制网络的标准。

SAE J1939 是由卡车与公共汽车电气电子委员会控制与通信网络分委员会开发、由美国汽车工程师协会 SAE 推荐的汽车控制网络标准,这是一个基于 CAN 通信的网络规范。

### 4.8.1 SAE J1939 规范

SAE J1939 的通信参考模型如图 4.37 所示,它以 CAN 通信为基础,其物理层和数据链路层基本上沿用了 CAN 规范。在此基础上增加了网络层、应用层和网络管理的内

## 4.8 基于 CAN 的汽车控制网络——SAE J1939

容。SAE J1939 的组成部分如下。

J1939/01 卡车、公共汽车控制与通信网络

J1939/12 物理层,250Kb/s,四线双绞线

J1939/13 物理层,诊断连接器

J1939/31 网络层

J1939/71 车辆应用层

J1939/72 虚拟终端应用层

J1939/73 应用层-诊断

J1939/81 J1939 网络管理协议

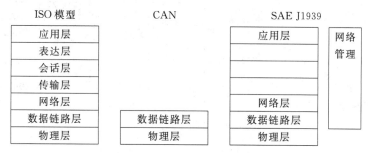

图 4.37 通信参考模型比较

在 SAE J1939 汽车网络中,网络节点采用符合 CAN 2.0B 规范的通信芯片,SAE J1939 对汽车主要电控单元的物理网络连接、网络管理以及应用参数等作出了相应的规范要求。

### 4.8.2 SAE J1939 的物理连接与网络拓扑

图 4.38 为一个汽车网络的设计方案示例,这是一个以燃料电池作为动力的动力汽车,它分为动力系统、车身电子系统和车载娱乐系统几部分,其动力系统采用了通信速率为 250Kb/s 的 SAE J1939 的网络。通过该网段连接动力系统的主要电控单元,包括整车控制器、电机控制器、燃料电池控制器等。

这些电控单元作为 SAE J1939 的网络节点,除了采用符合 CAN 2.0B 规范要求的通信芯片之外,其网络物理连接还应符合以下要求。

(1) SAE J1939 是由多个电控单元 ECU 连接形成的网段,网段以屏蔽双绞线刈作为传输介质,以整车控制器等车辆功能部件的电控单元为网络节点。

(2) 总线由 3 条名为 CAN-H、CAN-L、CAN-SHLD 的导线组成,CAN-H 为黄色、CAN-L 为绿色。

(3) 为简化主干总线的路径安排,采用分支短线将每个 ECU 连接到总线上,而不要求每个 ECU 直接连到主干线上。

(4) 一个网段上容许挂接的 ECU 的个数即网段节点数目被限制为 30 个。

(5) 网段以 250Kb/s 的数据传输速率运行。

(6) 为防止信号反射,在总线主干段的两个终端应分别各连接一个 120Ω 的终端电

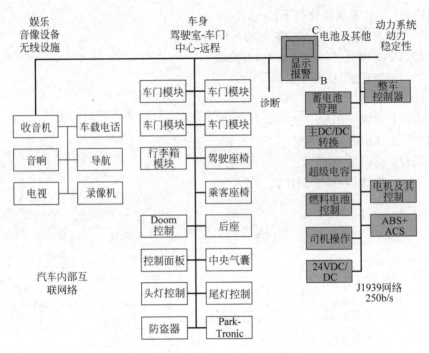

图 4.38 SAE J1939 汽车网络示例

阻,每个 ECU 均应配备有终端电阻。终端电阻采用支架安装,通过跳线与主干总线的端点连接,以便灵活调整搭配。

(7) SAE J1939 网络可以由一个或多个网段组成,网段间由网络互连设备如网桥连接。

### 4.8.3　SAE J1939 报文帧的格式与定义

SAE J1939 采用 CAN 2.0B 扩展帧格式。图 4.39 表示了 J1939 29 位 ID 的位定义。从图中可以看到,SAE J1939 进一步定义了 CAN 数据帧仲裁域中的标识位。

| CAN扩展帧格式 | S O F | 11位ID | | | | | | | | | | | S R R | I D E | 扩展ID18位 | | | | | | | | | | | | | | | | | R T R | ... |
|---|---|---|---|---|---|---|---|---|---|---|---|---|---|---|---|---|---|---|---|---|---|---|---|---|---|---|---|---|---|---|---|---|---|
| J1939帧格式 | S O F | 优先级 | | | R | D P | PDU格式(PF)6位 | | | | | | S R R | I D E | PR (CONT) | | PDU细节(PS) | | | | | | | 源地址 | | | | | | | | | R T R | ... |
| J1939帧位置 | F 1 | 3 2 | 2 3 | 1 4 | 5 | 6 | 8 7 | 7 8 | 6 9 | 5 10 | 4 11 | 3 12 | R 13 | E 14 | 2 15 | 1 16 | 8 17 | 7 18 | 6 19 | 5 20 | 4 21 | 3 22 | 2 23 | 1 24 | 8 25 | 7 26 | 6 27 | 5 28 | 4 29 | 3 30 | 2 31 | 1 32 | R 33 | ... |
| CAN29帧ID位置 | | 28 | 27 | 26 | 25 | 24 | 23 | 22 | 21 | 20 | 19 | 18 | | | 17 | 16 | 15 | 14 | 13 | 12 | 11 | 10 | 9 | 8 | 7 | 6 | 5 | 4 | 3 | 2 | 1 | 0 | | |

图 4.39　J1939 29 位 ID 的位定义

SAE J1939 报文帧包含一个单一的协议数据单元 PDU,这个 PDU 包括 7 个预定的域,它们是优先级、保留位、数据页、PDU 格式、PDU 细节(可以是目标地址、组扩展或专有)、源地址和数据域,把它们打包成一个或多个 CAN 数据帧通过传输介质发送给其他网络节点设备。

CAN 数据帧中的 SOF、SRR、IDE、RTR、控制域的一部分、CRC、ACK 和 EOF 没有包括在 PDU 内。因为这些部分完全由 CAN 规范控制,未被 SAE J1939 修改,在数据链接层上也是不可见的。

SAE J1939 的 7 个域与两种 PDU 格式见表 4.31。

表 4.31　J1939 的两种 PDU 格式

| | P | R | DP | PF | PS | SA | 数据域 |
| --- | --- | --- | --- | --- | --- | --- | --- |
| PDU1 | 3 位 | 1 位 | 1 位 | 8 位 0～239 | 8 位 (DA) | 8 位 | 0～64 位 |
| PDU2 | 3 位 | 1 位 | 1 位 | 8 位 240～255 | 8 位 (GE) | 8 位 | 0～64 位 |

(1) 优先级(P)。这三位用于总线仲裁,通过仲裁优选出可在总线上继续发送的报文,它们被接收器完全屏蔽接收,报文的优先级设置从最高的 $0(000_2)$ 到最低的 $7(111_2)$。所有面向控制的报文其缺省优先级为 3(011),其他报文、专有报文、请求以及 AKC 报文的缺省优先级为 6(110)。随着参数组号 PGN 的分配情况和总线通信的变化,允许提高或降低优先级。每一个参数组 PGN 被加到应用层文件时,都为它分配了一个推荐的优先级。当 OEM 制造商进行网络调整时,如有必要可以重编优先级域。

(2) 保留位(R)。该保留位可供 SAE 将来使用,不能与 CAN 的保留位混淆,传输时所有的报文应该将 SAE 保留位设为 0。今后可以为扩展新的 PDU 格式对它作进一步定义,如扩展优先级域或寻址空间等。

(3) 数据页(DP)。数据页位的 0、1 状态用于选择参数组描述在哪一页,目前已规定的参数组号都在第 0 页上。当第 0 页上可获得的所有参数组号分配完后,再对第 1 页的参数组号进行分配,第 1 页是第 0 页的一个辅助页。

(4) PDU 格式(PF)。PDU 格式域是一个 8 位域。J1939 规定了 PDU1 和 PDU2 两种格式,其值低于 240 为 PDU1 格式,其值为 240～255 为 PDU2 格式。PDU1 格式允许将参数组发送给一个指定目标或全局目标,这时在 PDU 细节(PS)域中是目标地址(DA)。PDU1 格式报文可被请求也可作为主动报文进行发送。PF 值为 239(保留位=0,数据位=0)时指定为专用,这个专用 PGN 为 61184。

PF 值为 240～255 的报文为 PDU2 格式,PDU2 格式仅用于作全局报文即广播通信的参数组。PDU2 格式报文可被请求发送,也可作为主动报文发送,不能选用 PDU2 格式将 PGN 传送给特定目标。PF 等于 255(保留位=0,数据页位=0)被指定为专用,专用 PDU 的细节域由制造商定义,这时专用 PGN 的范围是从 65280 到 65535。

PF 也是决定参数组号 PGN 的域之一,采用参数组 PGN 这个词是因为把它们规定为一组特定的参数。由参数组号来唯一地识别出每个参数组,参数组号用于标识命令、数据、某些请求、确认和否定确认,参数组号还标注了需要一个、还是多个 CAN 数据帧来传输该信息。如果需要 8 个以上的数据字节来表达信息,则需要用多包报文来发送该信息;如果只需要少于 8 个或 8 个数据字节,则仅用一个 CAN 数据帧。

一个参数组号能够提供一个或多个参数,例如一个发动机的转速可以作为一个参数。可以让每个参数都有一个参数组标签,但为了使数据域的 8 个字节都可得到有效利用,在许多应用场合让多个参数编成一组,共享一个参数组号,会成为更为合理的一种选择。

(5) PDU 细节(PS)——这也是一个 8 位的域,它的定义取决于 PDU 格式(PF)域的内容。当 PDU 格式(PF)域的值低于 240,则 PDU 细节域表示的是一个目的地址;当 PF 域的值是 240~255 时,则 PDU 细节域表示的是一个组扩展(GE)值。

目的地址 DA 是指报文应发送到的节点地址,该地址以外的其他设备应忽视这个报文。当目的地址 DA 的值为 255 时,表明是全局目的地址,这时要求网段上的所有设备都成为报文接收方,监听该报文并对此作出响应。

组扩展(GE)域与 PDU 格式域的最低 4 位一起,共同为每个数据页提供 4096 个参数组号,这 4096 个参数组仅在使用 PDU2 格式时可用。另外,在 PDU1 格式下每个数据页可提供 240 个参数组号。因此,可用参数组的总数为

$$(240+(16\times 256))\times 2=8672$$

其中,240 为每个数据页可获得的 PDU1 格式域的数量;16 为每个组扩展的 PDU 格式值,属 PDU2 格式;256 为可能的组扩展的数量;2 为数据页数。因而两个数据页共可容纳 8672 个参数组。

(6) 源地址 SA 域,共 8 位。网络中应防止地址的重复,两个不同的 ECU 不能同时采用相同地址。参数组号 PGN 应与地址无关,使任一 ECU 都能发送任意报文。在 SAE J1939-81 中详细列出了地址管理和分配的有关规定。

(7) 数据域为 0~8 字节的数据。当某参数组的数据字节等于或小于 8 时,数据域的所有 8 个字节都可用。推荐使所有参数组号都保留 8 个数据字节,以便将来扩展应用。一旦指定了某一参数组号的数据字节数量,该数据字节的数量将不可改变。

当需要 9~1785 个字节来表达某个参数组时,数据通信将由多个 CAN 数据帧完成。因此,使用多包这个术语来描述这种类型的参数组号。定义成多包的参数组在某一时刻需要传输的数据字节数小于 9 时,将在一个单一的将 DLC 设定为 8 的 CAN 数据帧中被发送。当某一参数组有 9 个或多于 9 个数据字节要传输时,则使用"传输协议功能",以启动和关闭多包参数组的通信。

J1939 允许在同一网络中使用 11 位 ID 的设备,但 11 位 ID 不是 J1939 的直接组成部分,J1939 将来也不会为使用 11 位 ID 提供任何进一步的定义,它可以保证 11 位 ID 的设备与 29 位 ID 的设备能共存于同一 J1939 网络而不会发生冲突。

### 4.8.4 ECU 的设计说明

SAE J1939 规范将工作在网络上的 ECU 分为标准 ECU、网络互连 ECU、诊断/开发工具几种类型。标准 ECU 指用于发动机、变速器、ABS 系统、虚拟终端、仪表盘等的电控单元,标准 ECU 不具备修改其他 ECU 源地址的能力。

网络互联 ECU——网络互联 ECU 用于网段互连,它们主要指中继器、网桥、路由器、网关。网络通过网络互连 ECU 把报文从一个子网传到另一个子网。

诊断/开发工具的任务是分析、调试、开发、监视在网段上工作的各种 ECU。尽管

## 4.8 基于 CAN 的汽车控制网络——SAE J1939

网络连接千变万化,但诊断/开发工具却保持相对独立。它们适用于不同网络,用于监视操作不同制造商提供的 ECU,或在网络上为车辆的 OEM 制造商、系统集成商提供网络综合服务。

下面简要介绍 ECU 设计中涉及的共性问题。

### 1. ECU 的名称

SAE J1939 规定,每个 ECU 将至少有一个名称和一个与之关联的地址。一个电控单元 ECU 中可能有多个名称与多个地址共存。容许多个作相同工作的 ECU 在同一网络上共存,但要为每个 ECU 命名独特的名称。

可以用 ECU 的功能来命名,例如,1#发动机、2#发动机、1#变速器、ABS 控制器等。名称域由 64 位组成,表 4.32 表示了名称域的具体内容。由于名称不便于一般通信,因而一旦网络完成初始化后,每个 ECU 就使用 8 位地址作为其标识。

表 4.32 名称域

| 仲裁寻址能力 | 行业组 | 车辆系统实况 | 车辆系统 | 保留位 | 功能 | 功能详情 | ECU详情 | 制造商编码 | ID 号 |
|---|---|---|---|---|---|---|---|---|---|
| 1bit | 3bit | 4bit | 7bit | 1bit | 8bit | 5bit | 3bit | 11bit | 21bit |

为了让多个行业采用 J1939,采用行业组编码来识别与 ECU 关联的行业。编码 0 是一类特殊的行业组,它标识了对所有行业通用的首选地址和名称,可用于多个行业。通用 ECU 都应该有这个全局组内的名称和首选地址。

不同行业组的功能编码各异,因而对不同行业组或车辆系统来说,相同的功能值并不代表其功能相同。当网络上的 ECU 可以组成多项功能时,会有选项为所支持每种功能宣称一个分别的地址。

名称按惯例包括制造商编码,一个独特的 ID 号成为全名的一部分,该 ID 号由制造商赋值,对给定制造商是唯一的,并可能成为各 ECU 的序列号之一。为了能使 ID 号分配给所有采用 J1939 的制造商一个编码,容许一个制造商有多个编码,以适应如多个部门和主要产品线的场合。如果每个产品各自有独特的制造商编码时,会很快耗尽可用编码的范围。在名称的 ID 号域中有 21 位可用,容许制造商对每个产品分别指定,如果希望的话。

表中的 ID 号为 29 位,ID 中不包括原地址 SA 的 21 位:P,R,DP,PF,PS。

名称用于识别车辆部件或 ECU 实现的功能,即使网络上存在多个有相同类型的功能单元,也应能根据它的名称和与之关联的地址唯一地辨认出来。例如一个发动机可以分配地址 0,但如果出现第 2 个发动机,它就需要有一个区别于其他节点的唯一地址,比如 1。

### 2. ECU 的首选地址

为了方便于网络初始化过程,通常使用的设备都有一个由委员会指派的首选地址。采用首选地址可以避免多个设备企图在网络上宣称相同的地址。大多数 ECU 一般在上电瞬间都将采用为它们指定的首选地址,同时,运用一个在上电之后分配地址的专门程序来解决可能发生的冲突。每个 ECU 都必须有能力宣布它想要采用的地址,这是地址宣称特征,它可以有两个选项。

(1) 在上电和无论何时被请求时,ECU 应该能发送一个地址宣称报文来宣称它的地址。当 ECU 发送一个地址宣称报文时,所有 ECU 都记录或把这个新宣称的地址与它们自己的网络地址表进行比较。并不要求所有 ECU 都维持这样一张网络地址表,但至少能把新宣称的地址与它自己的地址进行比较。如果多个 ECU 宣称了相同地址,具有最小值名称的 ECU 就使用该地址,其他的必须宣称另一个不同的地址或停止在网络上通信。

(2) ECU 可以为地址宣称报文发送一个请求,以便得到其他 ECU 已宣称的地址。当 ECU 为地址宣称发送请求时,所有被请求的 ECU 则发送它们的地址宣称报文,这样使得过渡性 ECU(如工具、拖车等)或推迟上电的 ECU 有条件得到现有的地址表,以便找到一个可用的地址并完成地址宣称,还可确定哪些 ECU 现在在网上。

ECU 的地址号不能超过 254。在 J1939 网络上运行的 ECU 都应该有一个可用的首选地址,首选地址的分配从 0 开始,0 to 127 分配给工业组 0 中最常用的 ECU;128 to 247 留给行业特定分配;248 to 253 留给特殊的 ECUs;254 为空地址;255 为全局地址。ECU 不能宣称空地址和全局地址。

一个 ECU 可以要求有多个地址,以区别要发生的作用。例如,变速器可能给发动机(地址为 0)发出一个特定扭矩值命令,而刹车减速器也会给发动机(地址 15)发出一个特定扭矩值命令,这两种情况是有区别的。通过这个例子可以看到,网络上的一个 ECU 可能需要有多个地址,而每个地址将有一个与之关联的名称。

3. ECU 的能力类型

(1) 自组态 ECU(Self-Configurable ECUs)。自组态 ECU 有能力动态地计算并宣称一个网络上未用过的地址。自组态地址是一个选项,并不要求所有 ECU 都具有这一能力,建议那些会面临地址冲突的 ECU 支持这种能力。大多数的服务工具和网桥都应该有这个能力。

(2) 命令组态 ECU(Command Configurable ECUs)。命令组态 ECU 可以命令另一个 ECU 采用一个给定的地址。一个网络互连 ECU,如桥或服务工具可以是命令组态 ECU,接收该地址的 ECU 则应发布一个地址宣称报文来确认收到了这个新命令的地址。即使在一个节点已经宣称了一个合法的地址的情况下,也可以命令 ECU 接受一个新地址。

(3) 维护性可组态 ECU(Service Configurable ECUs)。可由维护者修改其地址的 ECU,通常指采用 DIP 开关方式或服务工具可改变其地址的 ECU。当采用"commanded address"报文时,它的选项不同于命令组态。

(4) 不可组态 ECU(Non-Configurable ECUs)。这些 ECUs 既不能自组态,也不能接受其他节点对它的命令组态。如果它们在宣称地址中失败,将不得不终止通信。

4. ECU 的通信方式

ECU 作为 J1939 网段上的节点,有三种通信方式。

(1) 有明确目的地址(包括采用全局目的地址 255)的通信方式。它采用 PDU1 格式,其 PF 值为 0~239,它要求报文指向一个确定的目的地址,而不能同时是两个目的地址。

(2) 采用 PDU2 格式的广播通信方式,其 PF 值为 240~255,报文从单一或多个源节点传到多个目的地址。

(3) 既采用 PDU1 也采用 PDU2 格式的专有通信方式。已经为广播专有通信和特定目的地址的专有通信分别指定了特定的参数组号。

广播专有通信把特定源节点的专有信息按 PDU2 格式广播发送出去,特定目的地址的专有通信使得服务工具有条件把它的通信目标指向一个特定目的地址。例如当一个发动机采用了一个以上的控制器时,服务工具就可以通过这种方式分别完成对各控制器的校准/编程。当然,作为目的节点的 ECU 应该有能力正确地理解这些专有数据。

5. ECU 的处理能力

250Kb/s 的数据传输速率意味着每个数据位占 $40\mu s$,一个包含有 8 个字节数据域的典型报文,其长度是 128 位(不包括填充位),大约占 0.5ms。而数据域为 0 个字节的最短的报文有 64 位长,这意味着网段上每 $250\mu s$ 可能会出现一个新的报文。即使并非每个报文都与某个 ECU 相关,总线负荷也并非都超过 50%,但作为接收节点的 ECU,其处理器应该一直能处理(或缓存)多个紧接着的报文。这就要求 ECU 有一定的 RAM 空间以及存储转换的处理时间,要求不能因 ECU 硬件或软件的设计限制而导致报文丢失。

6. ECU 的诊断

ECU 在发生故障后应能发送故障信息,说明故障与哪个 ECU 的哪个特定部件(如传感器)有关,便于系统能正确掌握、辨别部件的工作状态,委员会特别为发送故障信息规定了一系列由 19 位数表示的疑点参数号 SPN。ECU 在发现故障、发送疑点参数号的同时,还可以说明故障的模式、等级、发生次数等相关信息。带有 SPN 的故障诊断帧对网络系统的故障诊断特别有用。

7. 应用数据的格式约定

在 J1939 网络中,各 ECU 通过网络相互沟通数据信息,构成测量与控制系统。车辆各 ECU 之间需要借助网络传输的数据有:测量数据、控制数据、状态标志、故障诊断代码等。为了使应用数据的收发双方能正确理解数据意义,应该对数据域内应用数据的格式、排列顺序等作出相应规定。

对测量数据,如发动机转速、扭矩、踏板位置、电压、电流、温度值等,需要分别设置其数据长度、有效范围、分辨率、量程范围、运行范围、所属参数组号、在数据域中的排列位置、出错指示、故障参数号 SPN 等。

对各种开关量,应统一规定表明其正处于正向、反向、闭合、断开、不起作用等状态的状态代码,以及命令开关量处于上述某一状态的控制命令代码。

对如发动机、变速器等车辆中常用的 ECU,J1939 规范中已经对它们的应用数据的格式约定、参数等作出了详细规定,以便不同厂商生产的 ECU 在同一网络条件下工作时能相互理解数据意义。

### 4.8.5 SAE J1939 的多网段与网络管理

由于牵引车要挂接一个或多个拖车,并需要频繁地卸掉和加挂拖车,因而应在牵引车、拖车和拖斗内各自采用单独的网段,由多网段组成的网络来支持系统工作。当暴露在牵引车和拖车之间的总线发生故障时,牵引车上的 J1939 主子网段将继续发挥作用,维持系统的正常工作。在车辆网络节点 ECU 的数量较多时,也需要组成多网段的网络系统。

图 4.40 为一个多网段的车辆网络，各网段之间采用网桥等网络互连 ECU 连接，当网络系统中存在着多个网段时，需要网络管理来协调系统工作。图中使用路由器或网关来连接一个专有子网的特殊应用，不属于 SAE J1939 的规范范围，由设备制造商提供相关功能与规范说明。

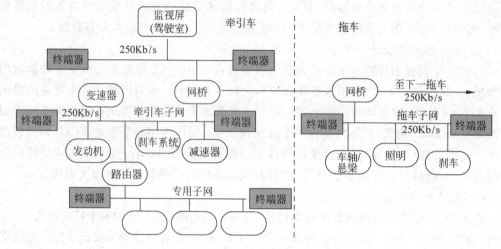

图 4.40 多网段的车辆网络

网络互连 ECU 为报文在网段之间的传送提供以下功能：报文转发、报文过滤、报文的地址转换和报文重新包装（打包）。网络互联 ECU 也要支持数据库管理，允许数据访问和内部数据库的构建。

网络互联 ECUs 参与子网中其他 ECUs 的地址宣称程序，特别是当网络互联 ECU 作为一个拖车或其他子系统的主控制器时。SAE J1939-01 中规定了网络互联 ECU 处理拖车初始化的详细要求，规范也对网络互联 ECUs 参与的地址宣称过程作出了详细说明。

SAE J1939 网络管理的主要功能是地址管理和网络出错管理，SAE J1939-81 对网络管理中的地址宣称程序、网络管理报文的格式都作出了详细规定，本节限于篇幅，对此不作深入讨论。

## 4.9 汽车电子网络的体系结构

### 4.9.1 网络化是汽车电子系统发展的趋势

现代汽车电子发展的重要方向是将计算机、控制、通信、电子传感器等技术融入汽车，使汽车由传统意义上的机械产品向机电一体化、自动化、网络化、智能化的高新技术方向发展。现在汽车上已装有上百个各类传感器，某些高端汽车上单台车使用的 CPU 个数已达到几十甚至上百个。在使汽车更加自动化的基础上，开始着手解决汽车与社会融为一体的相关问题，因而使得网络在汽车电子系统中的地位与作用日渐突出。

网络化是汽车电子系统发展的必然趋势。人们要求汽车本身更加自动化、智能化，要求在汽车上如同在家一样使用电脑、通信设备和其他电器。汽车内部电子设备数量的急剧增加必然导致汽车走上网络化之路,在汽车内部形成集控制、通信、导航、娱乐、移动办公为一体的多功能多层次混合网络。

汽车电子网络不仅只改变电子设备间点对点的连线方式,而且正在改变着汽车部件。分布式电子系统一旦真正替代了机械与液压系统,将使汽车部件及其工作方式发生重要变化,车辆将变得更轻、更便宜、更安全、更节能。

### 4.9.2 汽车电子网络的分类

汽车电子网络的发展很快,国际上流行的汽车电子网络标准已有数十种,它们的协议规范、技术特点、性能优势、应用场合各不相同,可满足汽车对多方面的应用需求。表 4.33 列出了几种常见的汽车电子网络协议。

表 4.33 几种汽车网络协议

| 协议 | 制定公司/组织 | 应用场合 | 最大传输速率(b/s) |
| --- | --- | --- | --- |
| IEEE1394 | IEEE | 高速主干/办公信息 | 3.2G |
| CAN | Bosch | 控制 | 1M |
| J1850 | SAE | 控制 | 10.4/41.6K |
| J1939 | SAE | 控制 | 1M |
| LIN | LIN Consortium | 控制 | 20K |
| VAN | Renault & PSA | 控制 | 1M |
| MOST | MOST Co-op | 多媒体 | 25M |
| MML | Delphi | 多媒体 | 10M |
| D2B | Optical Chip Consortium | 音频/视频 | 12M |
| TT-CAN | ISO | X-by-Wire app. | 1M |
| TTP | TTTech | 实时控制 | 2M |
| Byteflight | BMW/ELMOS/Infineon/Motorola/Tyco EC | 安全相关应用 | 10M |
| Bluetooth | Mobile Communication & Mobile Computer Co. | 移动设备 | 721K |

由于汽车电子网络的种类繁多,美国汽车工程师协会 SAE 根据网络通信传输速率的不同,把汽车网络分类为 A、B、C、D 四种类别。表 4.34 为汽车网络的分类表。或许是因为这一类别的区分尚为时过早的原因,可以看到,这里把传输速率大于 1Mb/s 的,都列为 D 类,即并没有把办公信息与多媒体应用这两种速率差异很大的网络区别开来。

表 4.34 汽车网络的分类表

| 网络分类 | 速 率 | 应用场合 |
| --- | --- | --- |
| Class A | <10Kb/s 低速 | 舒适性电子,电动门窗、灯光照明等 |
| Class B | 10~125Kb/s 中速 | 常规信号传输,仪表显示等 |
| Class C | 125Kb/s~1Mb/s 高速 | 实时控制,牵引控制、ABS 等 |
| Class D | >1Mb/s | 多媒体应用、Internet、数字式 TV、X-by-wire 应用等 |

从应用角度,也可以把汽车电子网络划分为车载信息网段,多媒体娱乐网段以及低、中、高速控制网段几大类。

### 4.9.3 汽车电子混合网络

汽车网络体系结构是由不同功能的多种网段构成的混合网络结构,图4.41为汽车电子混合网络的构成示意图。可以看到,它囊括了从低速到高速,从电缆到光纤,从有线到无线,从离散ECU到中央智能控制,从传感、显示到操作,从车载娱乐到通信、导航的复杂网络系统。

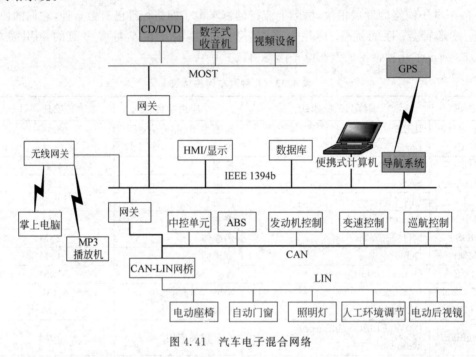

图 4.41　汽车电子混合网络

该系统以 IEEE 1394b 作为汽车内部的高速主干网段,其传输速率最高可达千兆位。车内的数据库、人机界面、计算机、GPS 导航系统等要求信息交换量大的电子设备都可以成为该网段的成员。

1394b 网段的一侧通过网关连接到汽车的控制网段 LIN 和 CAN,控制网段主要用于连接汽车部件中的传感器、执行器、各类 ECU 等,属于汽车网络中的低速网段,其典型的传输速率只有 20Kb/s、125Kb/s、250Kb/s。

1394b 网段的另一侧通过网关连接到汽车内部面向多媒体的网段 MOST,其传输速率为 25Mb/s。主要用于连接车载娱乐系统中 CD、DVD 一类的音频视频设备。

此外 1394b 网段还可通过蓝牙无线网关,以短距离无线通信的方式,与车内的蓝牙设备通信。汽车作为交通工具,可通过远距离无线通信的方式,如借助全球移动通信系统 GSM,解决其移动中与社会沟通信息的需要。

# 第 5 章  基金会现场总线 FF

基金会现场总线 FF(Foundation Fieldbus)是由现场总线基金会组织开发的,已被列入 IEC 61158 标准。这是为适应自动化系统,特别是过程自动化系统在功能、环境与技术上的需要而专门设计的。FF 适合在流程工业的生产现场工作,能适应本质安全防爆的要求,还可通过通信总线为现场设备提供工作电源。为使它进一步适应离散过程与间歇过程控制的需要,近年来还扩展了新的功能块。FF 今天已经成为世界上具有较强影响力的现场总线技术之一。

在 FF 的早期方案中,设立了低速总线 H1 和高速总线 H2。在 1996 年正式颁布了通信速率为 31.25Kb/s 的低速总线 H1 的标准。当时拟议中的高速总线 H2,由于其通信速率只有 1M、2.5Mb/s,不能适应技术发展与工业数据高速传输的应用需求,因而在 H2 标准尚未正式颁布之前就宣告夭折。FF 基金会于 1998 年又组织开发了通信速率为 10/100Mb/s 的高速网段 HSE(High Speed Ethernet),以取代 H2。

## 5.1  FF 的主要技术特点

### 5.1.1  FF 是一项完整的控制网络技术

从上一章的内容可以看到,现场总线 CAN 是一种通信技术,是一项仅涉及物理层、数据链路层,可以封装在芯片内的协议。要构建控制网络,还需要 SAE J1939、DeviceNet 等其他应用协议的支持。而 FF 现场总线则是一项完整的控制网络技术,它除了具备像 CAN 那样的数据通信技术之外,还包括有像标准化功能块那样的能集成控制应用功能的规范内容,即基于 FF 就可以构建执行自动化功能的控制网络。

从应用角度来看,FF 现场总线的特点是,适应过程自动化系统在功能、环境与技术上的需要,适合在生产现场环境中工作,满足本质安全防爆的要求,可通过数据传输总线为现场设备提供工作电源,可构成工厂底层网络,构成全分布式自动化系统。本节主要讨论 FF 现场总线的技术特点。

FF 的主要技术内容有:

1. FF 控制网络的通信技术

FF 控制网络的通信技术包括通信模型、通信协议、通信控制器芯片、通信网络与系统管理等内容。它涉及一系列与网络相关的硬软件,如通信栈软件,被称之为圆卡的仪表通信接口卡,FF 与计算机的接口卡,各种网关、网桥、中继器等。它是 FF 控制网络的核心基础技术之一。

2. 标准化功能块(function block,FB)与功能块应用进程(function block application

process,FBAP)

标准化功能块(function block,FB)与功能块应用进程(function block application process,FBAP)提供一个通用结构,把实现控制系统所需的各种功能划分为功能模块,使其公共特征标准化,规定它们各自的输入、输出、算法、事件、参数与块控制图,并把它们组成为可在某个现场设备中执行的应用进程。便于实现不同制造商产品的混合组态与调用。功能块的通用结构是实现开放系统构架的基础,也是实现各种网络功能与自动化功能的基础。

3. 设备描述(device description,DD)与设备描述语言(device description language,DDL)

设备描述(device description,DD)与设备描述语言(device description language,DDL)为实现现场总线设备的互操作性,支持标准的块功能操作,基金会现场总线采用了设备描述技术。设备描述为控制系统理解来自现场设备的数据意义提供必需的信息,因而也可以看作控制系统或主机对某个设备的驱动程序,即设备描述是设备驱动的基础。设备描述语言是一种用以进行设备描述的标准编程语言。采用设备描述编译器,把 DDL 编写的设备描述的源程序转化为机器可读的输出文件。控制系统正是凭借这些机器可读的输出文件来理解各制造商的设备的数据意义。现场总线基金会把基金会的标准 DD 和经基金会注册过的制造商附加 DD 写成 CD-ROM,提供给用户。

4. 系统集成技术

系统集成技术包括通信系统与控制系统的集成,如网络通信系统组态、网络拓扑、布线安装、网络系统管理;控制系统的设计与组态;人机接口、系统管理维护等。这是一项集控制、通信、计算机、网络等多方面的知识,集软硬件于一体的综合性技术。通过系统集成,使 FF 控制网络与各种计算机平台连接起来,使企业网络的各个层次能共享数据信息。实现生产现场的运行控制信息与办公室的管理指挥信息的沟通和协调。

5. 系统测试技术

系统测试技术包括通信系统的一致性与互可操作性测试技术;总线监听分析技术;系统的功能、性能测试技术。一致性与互可操作性测试是为保证系统的开放性而采取的重要措施。经授权过的第三方认证机构作专门测试、在基金会登记注册、取得了 FF 标志的产品,表明其通信的一致性与互可操作性符合 FF 控制网络的应用要求。可采用总线监听分析设备测试判断总线上通信信号的流通状态,用于通信系统的调试、诊断与评价。系统的功能、性能测试指对所实现控制系统功能、指标参数的测试。通过系统测试,开展对通信系统、自动化系统的综合指标评价。

### 5.1.2 通信系统的主要组成部分及其相互关系

FF 的核心技术之一是数字通信。为了实现通信系统的开放性,其通信模型是参考了 ISO/OSI 参考模型,并在此基础上根据自动化系统的特点进行演变后得到的。FF 的参考模型只具备 ISO/OSI 参考模型七层中的三层,即物理层、数据链路层和应用层,并按照现场总线的实际要求,把应用层划分为两个子层——总线访问子层与总线报文规范子层。省去了中间的 3 至 6 层,即不具备网络层、传输层、会话层与表达层。不过它又在原有 ISO/OSI 参考模型第七层应用层之上增加了新的一层——用户层。这样可以将通信模型视为四层,其中,物理层规定了信号如何发送;数据链路层规定如何在设备间共享网络和调度通信;应用层则规定了在设备间交换数据、命令、事件信息以及请求应答中的信息格式;用户层则用于组成用户所需要的应用程序,如规定标准的功能块、设备描述,实现网络管理、系统管理等。不过,在相应软硬件开发的过程中,往往又把除去最下端的物理层和最上端的用户层之后的中间部分作为一个整体,统称为通信栈。这时,现场总线的通信参考模型可简单地视为三层。

变送器、执行器等都属于现场物理设备。图5.1从物理设备构成的角度表明了通信模型的主要组成部分及其相互关系。它在分层模型的基础上更详细地表明了设备的主要组成部分。从图中可以看到,在通信参考模型所对应的四个分层,即物理层、数据链路层、应用层、用户层的基础上,按各部分在物理设备中要完成的功能,被分为三大部分:通信实体、系统管理内核、功能块应用进程。各部分之间通过**虚拟通信关系 VCR**(Virtual Communication Relationship)来沟通信息。VCR表明了两个或多个应用进程之间的关联,或者说,虚拟通信关系是各应用之间的逻辑通信通道,它是总线访问子层所提供的服务。

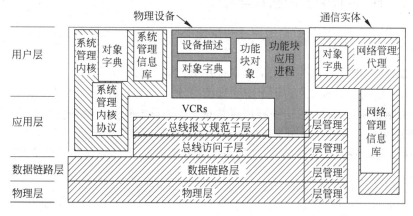

图 5.1 H1 通信模型的主要组成部分及其相互关系

通信实体贯穿从物理层到用户层的所有各层,由各层协议与网络管理代理共同组成。通信实体的任务是生成报文与提供报文传送服务,是实现现场总线数字通信的核心部分。网络管理代理则是要借助各层及其层管理实体,支持组态管理、运行管理、出错管理的功能。各种组态、运行、故障信息保存在网络管理信息库 NMIB(Network Management Information Base)中,并由**对象字典 OD**(Object Dictionary)来描述。对象字典为设备的网络可视对象提供定义与描述,为了明确定义、理解对象,把有如数据类型、长度一类的描述信息保留在对象字典中。可以通过网络得到这些保留在 OD 中的网络可视对象的描述信息。

系统管理内核 SMK(System Management Kernel)在模型分层结构中占有应用层和用户层的位置。系统管理内核主要负责与网络系统相关的管理任务,如确立本设备在网段中的位置,协调与网络上其他设备的动作和功能块执行时间。将系统管理操作的信息组织成对象,存储在**系统管理信息库 SMIB**(System Management Information Base)中。系统管理内核包含有现场总线系统的关键结构和可操作参数,它的任务是在设备运行之前将基本信息置入 SMIB,然后分配给该设备一个永久地址,并在不影响网络上其他设备运行的前提下,把该设备带入到运行状态。系统管理内核(SMK)采用系统管理内核协议(SMKP)与远程 SMK 通信。当设备加入到网络之后,可以按需要设置远程设备的功能块。由 SMK 提供对象字典服务。如在网络上对所有设备广播对象名,等待包含这一对象的设备的响应,而后获取网络中关于对象的信息。为协调与网络上其他设备的动作和功能块同步,系统管理还为应用时钟同步提供一个通用的时钟参考,使每个设备能共享公共的时间,并可通过调度对象控制功能块执行时间。

功能块应用进程用于实现用户所需的各种应用功能。功能块提供一个通用结构来规定输入、输出、算法和控制参数。把输入参数通过这种模块化的函数,转化为输出参数。如 PID 功能块完成现场总线系统的控制计算、AI 功能块完成参数输入等。每种功能块被单独定义,并可为其他功能块所调用。由多个功能块及其相互连接,集成为功能块应用。在功能块应用进程这部分,除了功能块对象之外,还包括对象字典 OD 和设备描述 DD。在功能块链接中,采用 OD 和 DD 来简化设备的互操作,因而也可以把 OD 和 DD 看作支持功能块应用的标准化工具。

### 5.1.3　H1 协议数据的构成与层次

图 5.2 表明了 H1 协议数据的内容和模型中每层应该附加的信息。它从一个角度反映了报文信息的形成过程。如某个用户要将数据通过网络发往其他设备,首先在用户层形成用户数据,并把它们送往总线报文规范层处理,每帧最多可发送 251 个 8 位字节的数据信息;用户数据信息在 FAS、FMS、DLL 各层分别加上各层的协议控制信息,在数据链路层还加上帧校验信息后,送往物理层将数据打包,即加上用于时钟同步的前导码,帧前定界码、帧结束码。该图还标明了各层所附协议信息的字节数。报文帧形成之后,还要通过物理层转换为符合规范的物理信号,在网络系统的管理控制下,发送到现场总线网段上。

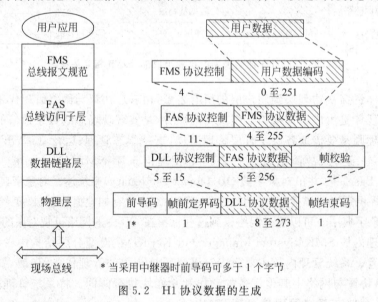

图 5.2　H1 协议数据的生成

### 5.1.4　FF 通信中的虚拟通信关系

在 FF 通信网络中,设备之间传送信息是通过预先组态好了的通信通道进行的,这种在现场总线网络系统各应用之间的通信通道称之为虚拟通信关系 VCR。

## 5.1 FF 的主要技术特点

建立两个现场设备应用进程间的通信连接，有点像建立两个电话之间通话的线路连接那样，但它并不要求有真正的物理线路上的连接。现场设备应用进程之间的连接是一种逻辑上的连接，或看作一种软连接，这也是把这种通信连接称为虚拟通信关系的重要原因。

**虚拟通信关系的类型**　为满足不同的应用需要，FF 控制网络设置了几种类型的虚拟通信关系，客户/服务器型；报告分发型；发布/预订接收型。表 5.1 表示了这些 VCR 的类型与典型应用。

表 5.1　虚拟通信关系的类型与典型应用

| VCR 类型 | 客户/服务器型 | 报告分发型 | 发布/预订接收型 |
| --- | --- | --- | --- |
| 通信特点 | 排队、一对一、非周期 | 排队、一对多、非周期 | 缓冲、一对多、周期或非周期 |
| 信息类型 | 初始设置参数或操作模式 | 事件通告，趋势报导 | 刷新功能块的输入输出数据 |
| 典型应用 | 设置给定值；改变模式；调整控制参数；上载/下载；报警管理；访问显示画面；远程诊断 | 向操作台通告报警状态；报告历史数据趋势 | 向 PID 控制功能块和操作台发送测量值 |

**客户/服务器型虚拟通信关系**

客户/服务器型虚拟通信关系用于现场总线上两个设备间由客户发起的、一对一的、排队式、非周期通信。这里的排队意味着消息的发送与接收是按所安排的顺序进行，先前的信息不会被覆盖。

当一个设备得到传递令牌时，这个设备可以对现场总线上的另一设备发送一个请求信息，这个请求者被称为客户，而接受这个请求的被称为服务器。当服务器收到这个请求，并得到了来自链路活动调度者的传递令牌时，就可以对客户的请求作出响应。采用这种通信关系在一对客户与服务者之间进行的请求/响应式数据交换，是一种按优先权排队的非周期性通信。由于这种非周期通信是在周期性通信的间隙中进行的，设备与设备之间采用令牌传送机制共享周期性通信以外的间隙时间，因而存在发生传送中断的可能性。当这种情况发生时，采用再传送程序来恢复中断了的传送。

客户/服务器型虚拟通信关系常用于设置参数或实现某些操作，如改变给定值，对调节器参数的访问与调整，对报警的确认，设备程序的上载与下载等。

**报告分发型虚拟通信关系**

报告分发型虚拟通信关系是一种排队式、非周期通信，也是一种由用户发起的一对多的通信方式。当一个带有事件报告或趋势报告的设备收到来自链路活动调度器的传递令牌时，就通过这种报告分发型虚拟通信关系，把它的报文分发给由它的虚拟通信关系所规定的一组地址，即有一组设备将接收该报文。它区别于客户/服务器型虚拟通信关系的最大特点是它采用一对多通信，一个报告者对应由多个设备组成的一组接收者。

这种报告分发型虚拟通信关系用于广播或多点传送事件与趋势报导。数据持有者按事先规定好的 VCR 目标地址向总线设备多点投送其数据。它可以按地址一次分发所有报告，也可能按每种报文的传送类型排队，按分发次序分别传送给接收者。由于这种非周期通信是在周期性通信的间隙进行的，因而要尽量避免非周期通信中可能存在的、由于传送受阻而发生的断裂。按每种报文的传送类型排队而分别发送,则在一定程度上可以缓解这一矛盾。报告分发型虚拟通信关系最典型的应用场合是将报警状态、趋势数据等通知操作台。

**发布/预订接收型虚拟通信关系**

发布/预订接收型虚拟通信关系主要用来实现缓冲型一对多通信。当数据发布设备收到令牌时,将对总线上的所有设备发布或广播它的消息。希望接收这一消息的设备就称为预订接收者,或称为订阅者。缓冲型意味着只有最近发布的数据保留在缓冲器内,新的数据会完全覆盖先前的数据。数据的产生与发布者采用该类VCR把数据放入缓冲器中。发布者缓冲器的内容会在一次广播中同时传送到所有数据用户,即预订接收者的缓冲器内。为了减少数据生成和数据传输之间的迟延,要把数据广播者的缓冲器刷新和缓冲器内容的传送同步起来。缓冲型工作方式是这种虚拟通信关系的重要特征。

这种虚拟通信关系中的令牌可以由链路活动调度者按准确的时间周期发出,也可以由数据用户按非周期方式发起,即这种通信可由链路活动调度者发起,也可以由用户发起。VCR的属性将指明采用的是哪种方法。

现场设备通常采用发行/预订接收型虚拟通信关系,按周期性的调度方式,为用户应用功能块刷新数据,如刷新过程变量、操作输出等。

## 5.2 H1 网段的物理连接

FF低速网段H1的物理层遵循IEC 1158-2标准,通信速率为31.25Kb/s。按照通信协议分层的原有概念,物理层并不包括传输媒体本身。但由于物理层的基本任务是为数据传输提供合格的物理信号波形,它直接与传输介质连接。传输介质的性能与应用参数对所传输的物理信号波形有较大影响,因此H1的物理层规范一方面对物理层内部的技术参数作出规定,另一方面还对影响物理信号波形、幅度的相关因素,如媒体种类、传输距离、接地、屏蔽等制定了相应的规范要求。因而本节中除了介绍物理层本身之外,还涉及一些与物理层直接相关的网络连接问题。

### 5.2.1 H1 的物理信号波形

基金会现场总线为现场设备提供两种供电方式,总线供电与非总线单独供电。总线供电设备直接从总线上获取工作能源;非总线单独供电方式的现场设备,其工作电源直接来自外部电源,而不是取自总线。在总线供电的场合,总线上既要传送数字信号,又要支持由总线为现场设备供电。按31.25Kb/s的技术规范,其电压曲线如图5.3(a)所示。携带协议信息的数字信号以31.25kHz的频率、峰-峰电压为0.75至1V的幅值加载到9至32V的直流供电电压上。图5.3中的(b)表明了对一个现场设备的网络配置。由于要求在网段的两个端点附近分别连接一个终端器,每个终端器由100Ω电阻和一个1μF的电容串联组成,以防止通信信号在线缆端点处反射而造成的信号失真。终端器与电缆屏蔽之间不应有任何连接,以保证总线与地之间的电气绝缘性能。

## 5.2 H1 网段的物理连接

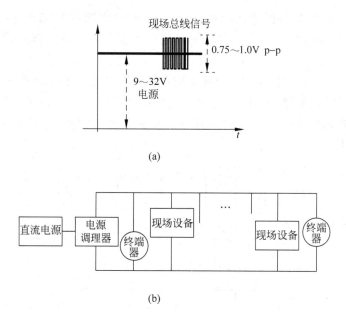

图 5.3 H1 的线路电压波形与网络配置

从图中可以看到,这样的网络配置使得其等效阻抗为 50Ω。现场变送设备内峰-峰 15 至 20mA 的电流变化就可在等效阻抗为 50Ω 的现场总线网络上形成 0.75 至 1V 的电压信号。

### 5.2.2 H1 的信号编码

H1 的通信信号由以下几种信号码制组成。

**协议报文编码**。这里的协议报文是指要传输的数据报文,这些数据报文由上层的协议数据单元生成。基金会现场总线采用曼彻斯特编码技术将数据编码信号加载到直流电压上形成物理信号。在曼彻斯特编码过程中,每个时钟周期被分成两半。H1 采用称之为双向 L 曼彻斯特编码的数据编码方式,实际上它是曼彻斯特编码的反码。它用前半周期为低电平、后半周期为高电平形成的脉冲正跳变来表示 0;前半周期为高电平、后半周期为低电平的脉冲负跳变表示 1。这种编码的优点是数据编码中隐含了同步时钟信号,不必另外设置同步信号。在每个时钟周期的中间,数据码都必然会存在一次电平的跳变。每帧报文的协议数据长度为 8 到 273 个字节。

**前导码**。前导码位于帧头,在通信信号最前端,是特别规定的一组 8 位数字信号, 10101010。一般情况下,它是一个 8 位的字节。如果采用中继器的话,前导码可以多于一个字节。接收端的接收器正是采用这一信号,与正在接收的网络信号同步其内部时钟的。

**帧前定界码**。它标明了协议数据信息的起点,长度为一个 8 位的字节。帧前定界码由特殊的 N+码、N-码和双向 L 曼彻斯特编码的跳变脉冲按规定的顺序组成。在 FF 的物理信号中,N+码和 N-码具有自己的特殊性。它不像数据编码那样在每个时钟周期的中间都存在一次电平的跳变,N+码在整个时钟周期都保持高电平,

N-码在整个时钟周期都保持低电平,即它们在时钟周期的中间不存在电平的跳变。接收端的接收器利用帧前定界码信号来找到协议数据信息的起点。帧前定界码的波形见图5.4。

**帧结束码**。帧结束码标志着协议数据信息的终止,其长度也为8个时钟周期,或称一个字节。像帧起始码那样,帧结束码也是由特殊的N+码、N-码和双向L曼彻斯特编码的跳变脉冲按规定的顺序组成。当然,其组合顺序不同于起始码。图5.4中画出了上述几种编码的波形。

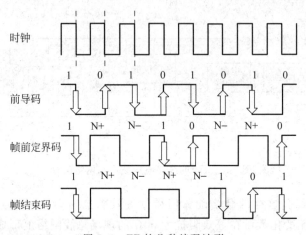

图5.4 FF的几种编码波形

前导码、帧前定界码、帧结束码都由物理层的硬件电路生成。这几种编码形成如图5.5所示的通信帧结构。作为发送端的发送驱动器,要把前导码、帧前定界码、帧结束码增加到发送序列之中;而接收端的信号接收器则要从所接收的信号序列中把前导码、帧前定界码、帧结束码去除,只将协议数据信息送往上层处理。

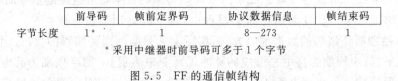

图5.5 FF的通信帧结构

### 5.2.3 H1网段的传输介质与拓扑结构

H1网段支持多种传输介质,双绞线、电缆、光缆、无线介质。目前应用较为广泛的是前两种。H1标准采用的电缆类型可为无屏蔽双绞线、屏蔽双绞线、屏蔽多对双绞线、多芯屏蔽电缆。

显然,接收信号的幅度、波形与传输介质的种类、导线屏蔽、传输距离、连接拓扑等密切相关。在许多场合,传输介质上既要传输数字信号,又要传输工作电源。要使挂接在总线上的所有设备都满足在工作电源、信号幅度、波形等方面的要求,具备良好的工作条件,必须对作为传输介质的导线横截面、允许的最大传输距离等作出规定。线缆种类、线径粗细不同,对传输信号的影响各异。

## 5.2 H1 网段的物理连接

H1 现场总线中可使用多种型号的电缆,表 5.2 中列出了可供选用的 A、B、C、D 四种电缆,其中 A 型为新安装系统中推荐使用的电缆。

表 5.2 现场总线电缆规格

| 型号 | 特征 | 规格 | 最大长度 |
| --- | --- | --- | --- |
| A | 屏蔽双绞线 | $0.8mm^2$ | 1900m |
| B | 屏蔽多股双绞线 | $0.32mm^2$ | 1200m |
| C | 无屏蔽多股双绞线 | $0.13mm^2$ | 400m |
| D | 外层屏蔽、多芯非双绞线 | $0.125mm^2$ | 200m |

根据 IEC 61158-2 规范的要求,对用于 H1 网络的电缆,其电气参数应满足以下要求。

(1) 特征阻抗 $100\Omega \pm 20\%$(对频率 $f_r$ 为 31.25kHz 的信号)

(2) 对 39kHz 信号的最大衰减系数 = 3.0dB/km

(3) 对屏蔽的最大不平衡电容 = 2.0nF/km

(4) 最大直流电阻(每根导线)= $24\Omega$/km

(5) 最大传播迟延变化(从 $0.25f_r$ 到 $1.25f_r$) = $1.7\mu s$/km

(6) 导线横截面积 = $0.8mm^2$(♯18AWG)

(7) 最小屏蔽覆盖系数 90%

不管是否为总线供电,在现场总线电缆与地之间,都应具备低频电气绝缘性能。对低于 63Hz 的低频场合,在总线主干电缆屏蔽层与现场设备地之间进行测试时,其绝缘阻抗应该大于 $250k\Omega$。通过在设备与地之间增加绝缘,或在主干电缆与设备间采用变压器、光耦合器隔离部件等措施,可以增强其电气绝缘性能。

低速现场总线 H1 支持点对点连接、总线型、菊花链型、树型拓扑结构。但在 FF 的工程设计指南中,建议尽量不采用菊花链型的拓扑结构,以防止因设备增减或维修造成总线段的断裂,影响正常的网络通信。图 5.6 表示了 H1 网段的拓扑结构示意图。表 5.3 则为 H1 总线网段的主要参数。

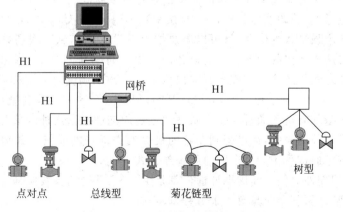

图 5.6 H1 网段的拓扑结构示意图

表 5.3　H1 网段的主要参数

| | 低速现场总线 H1 | | |
|---|---|---|---|
| 传输速率 | 31.25Kb/s | | |
| 信号类型 | 电压 | | |
| 拓扑结构 | 总线/菊花链/树型 | | |
| 通信距离 | 1900m | | |
| 分支长度 | 120m | | |
| 供电方式 | 非总线供电 | 总线供电 | 总线供电 |
| 本质安全 | 不支持 | 不支持 | 支持 |
| 设备数/段 | 2～32 | 1～12 | 2～6 |

## 5.3　H1 网段的链路活动调度

　　H1 的链路活动调度是为控制通信介质上的各种数据传输活动而设置的。通信中的链路活动调度，数据的接收发送，活动状态的探测、响应，总线上各设备间的链路时间同步，都是通过通信参考模型中的数据链路层实现的。每个总线段上有一个媒体访问控制中心，被称之为**链路活动调度器 LAS**（Link Active Scheduler）。LAS 具备链路活动调度能力，能形成链路活动调度表，并按照调度表的内容形成各类链路活动。链路活动调度是数据链路层的重要任务。对没有链路活动调度能力的设备来说，其数据链路层要对来自总线的链路数据作出响应，控制本设备对总线的活动。此外数据链路层还要对所传输的信息实行帧校验。

### 5.3.1　链路活动调度器 LAS 及其功能

　　链路活动调度器 LAS 拥有总线上所有设备的清单，由它来掌管总线段上各设备对总线的操作。任何时刻每个总线段上都只有一个 LAS 处于工作状态，总线段上的设备只有得到链路活动调度器 LAS 的许可，才能向总线上传输数据。因此 LAS 是总线的通信活动中心。

　　基金会现场总线的通信活动被归纳为两类，周期性通信与非周期性通信。由链路活动调度器按预定调度时间表周期性依次发起的通信活动，称为**周期性通信**。链路活动调度器内有一个面对所有需周期性动作的设备的预定调度时间表。一旦到了某个设备要发送数据的时间，链路活动调度器就发送一个强制数据（compel data，CD）给这个设备。基本设备收到了这个强制数据信息，就可以向总线上发送它的信息。现场总线系统中这种周期性通信一般用于在控制回路内部的设备间传送定时刷新的测量控制数据，如在现场变送器与执行器之间传送测量或控制器输出信号。在预定调度时间之外的时间，LAS 通过现场总线发出一个传递令牌（pass token，PT），得到这个令牌的设备就可以发送信息。所有总线上的设备都有机会通过这一方式发送预定周期性通信之外的信息。这种在预定周期性通信时间之外的时间，通过得到令牌的机会发送信息的通信方式称为**非周期性通信**。可以看到，FF 通信采用的是令牌总线工作方式。

　　由此可见，周期性通信与非周期性通信都是由 LAS 掌管的。按照基金会现场总线的规范要求，链路活动调度器应具有以下五种基本功能。

　　(1) 向设备发送强制数据 CD。按照链路活动调度器内保留的调度表，向网络上的设备发送 CD。基金会现场总线规定,调度表内只保存要发送 CD DLPDU 的请求,其余功能函数都分散在各通信实体内部。

（2）向设备发送传递令牌 PT,使设备得到发送非周期数据的权力,为它们提供发送非周期数据的机会。

（3）为新入网的设备探测未被采用过的地址。当为新设备找好地址后,把它们加入到活动表中。

（4）定期对总线段发布数据链路时间和调度时间。

（5）监视设备对传递令牌 PT 的响应,当这些设备既不能随着 PT 顺序进入使用,也不能将令牌返还,就从活动表中去掉这些设备。

### 5.3.2 通信设备类型

并非所有总线设备都可成为链路活动调度器。按照设备的通信能力,基金会现场总线把通信设备分为三类,链路主设备、基本设备和网桥。链路主设备是指那些有能力成为链路活动调度器的设备;而不具备这一能力的设备则被称为基本设备。基本设备只能接收令牌并作出响应,这是最基本的通信功能,因而可以说网络上的所有设备,包括链路主设备,都具有基本设备的能力。当网络中几个总线段进行扩展连接时,用于将单个总线段组合连接在一起的设备就称之为网桥。网桥属于链路主设备。由于它担负着对连接在它下游的各总线段的系统管理时间的发布任务,因而它必须成为链路活动调度器 LAS,否则就不可能对下游各段的数据链路时间和应用时钟进行再发布。

图 5.7 表示了 H1 网段中通信设备的类型。

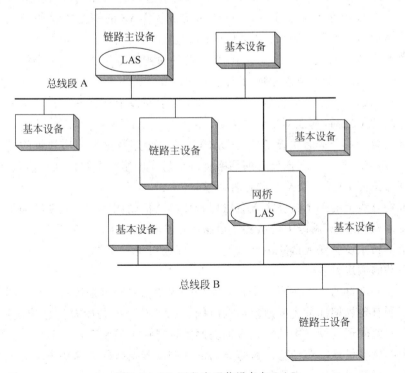

图 5.7　H1 网段中通信设备与 LAS

一个总线段上可以连接多种通信设备,也可以挂接多个链路主设备,但一个总线段上某个时刻只能有一个链路主设备成为链路活动调度器LAS,没有成为LAS的链路主设备起着后备LAS的作用。当作为链路活动调度器的主设备发生故障或因其他原因失去链路活动调度能力时,系统自动将链路活动调度权转交给本网段的其他主设备。图5.8表示了H1总线上的LAS转交。

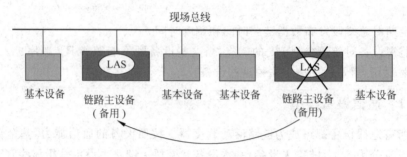

图5.8　H1网段中LAS转交

### 5.3.3　链路活动调度器的工作过程

**链路活动调度权的竞争过程与LAS转交**

当一个总线段上存在有多个链路主设备时,一般通过一个链路活动调度权的竞争过程,使赢得竞争的链路主设备成为LAS。在系统启动或现有LAS出错失去LAS作用时,总线段上的链路主设备通过竞争争夺LAS权。竞争过程将选择具有最低节点地址的链路主设备成为LAS。在系统设计时,可以给希望成为LAS的链路主设备分配一个低的节点地址。然而由于种种原因,希望成为LAS的链路主设备并不一定能赢得竞争而真正成为LAS。例如在系统启动时的竞争中,某个设备的初始化可能比另一个链路主设备要慢,因而尽管它具有更低的节点地址而不能赢得竞争而成为LAS。当具有低节点地址的链路主设备加入到已经处于运行状态的网络时,由于网段上已经有了一个在岗LAS,在没有出现新的竞争之前,它也不可能成为LAS。

如果确实想让某个链路主设备成为LAS,还可以采用数据链路层提供的另一种办法将LAS转交给它。不过要在该设备的网络管理信息库的组态中置入这一信息,以便能让设备了解到希望把LAS转交给它的这种要求。

一条现场总线上的多个链路主设备可以构成链路活动调度器的冗余。如果在岗的链路活动调度器发生故障,总线上的链路主设备中就会通过一个新的竞争过程,使其中赢得竞争的那个链路主设备变成链路活动调度器,总线便可继续工作。

**链路活动的调度算法**

链路活动调度器的工作按照一个预先安排好的调度时间表来进行。在这个预定调度表内包含了所有要周期性发生的通信活动时间。到了某个设备发布信息的预定时间,链路活动调度器就向现场设备中的特定数据缓冲器发出一个强制数据(CD),这个设备马上就向总线上的所有设备发布信息。这是链路活动调度器执行的最高优先级的行为。

链路活动调度器可以发送两种令牌,即强制数据和传递令牌。得到令牌的设备才有权对总线传输数据。一个总线段在一个时刻只能有一个设备拥有令牌。在数据链路层中设有协议数据单元 DLPDU。强制数据的协议数据单元 CD DLPDU 用于分配强制数据类令牌。LAS 按照调度表周期性地向现场设备循环发送 CD。LAS 把 CD 发送到数据发布者的缓冲器,得到 CD 后,数据发布者便开始传输缓冲器内的内容。

如果在发布下一个 CD 令牌之前还有时间,则可用于发布传递令牌 PT,或发送时间发布信息 TD,或发送节点探测信息。图 5.9 表示了链路活动的调度方法。

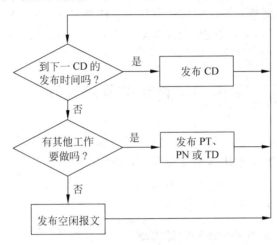

图 5.9 链路活动调度框图

传递令牌协议数据单元 PT DLPDU 则用于为设备发送非周期性通信的数据。设备收到传递令牌,就得到了在特定时间段传送数据的权力。PT DLPDU 中还规定了令牌持有时间的长短。

**活动表及其维护**

有可能对传递令牌作出响应的所有设备均被列入活动表。链路活动调度器周期性地对那些不在活动表内的地址发出节点探测信息 PN,如果这个地址有设备存在,它就会马上返回一个探测响应信息,链路活动调度器就把这个设备列入活动表,并且发给这个设备一个节点活动信息,以确认把它增加到了活动表中。

一个设备只要能响应链路活动调度器发出的传递令牌,它就会一直保持在活动表内。如果一个设备既不使用令牌,也不把令牌返还给链路活动调度器,经过三次试验,链路活动调度器就把它从活动表中去掉。

每当一个设备被增加到活动表、或从活动表中去掉的时候,链路活动调度器就对活动表中的所有设备广播这一变化。这样每个设备都能够保持一个正确的活动表的拷贝。

### 5.3.4 链路时间

在 H1 网段上存在两种意义的时间,一是应用时间,二是网络时间。应用时间用于对网络上发生的事件作时间标记,可以由用户选择的设备来发布应用时间。

网络时间用于通信报文调度,由执行链路活动调度的 LAS 发布。LAS 是本地链路的时间主管,它周期性地广播一个时间发布报文帧(time distribution,TD),以便所有的设备都准确地具有相同的数据链路时间。LAS 具有一个时间同步计时器,当时间同步计时器计满时,LAS 便以广播方式发送时间发布帧 TD。发送 TD 之后,它再重新启动时间同步计时器。

总线上预定的周期性通信和用户应用中的预定功能块执行都是根据所得到的 TD 时间进行工作的,因此这种链路时间同步是非常重要的。LAS 提供精确的控制时序,发布链路调度的绝对开始时间。所有预定的周期性通信、非周期通信和其他应用进程的执行时间,都以其对链路调度绝对开始时间的偏移量来计算。由 LAS 转交形成对这种网络时间发布的冗余。网络上各节点根据 LAS 所发布的网络时间实行时间同步。

## 5.4 H1 网段的网络管理

为了在设备的通信模型中把第二至第七层,即数据链路层至应用层的通信协议集成起来,并监督其运行,现场总线基金会采用网络管理代理 NMA(Network Management Agent)与网络管理者 NMgr(Network Manager)的工作模式。网络管理者在相应的网络管理代理的协同下,完成网络的通信管理。

### 5.4.1 网络管理者与网络管理代理

网络管理者按系统管理者的规定,负责维护网络运行。网络管理者监视每个设备中通信栈的状态,在系统运行需要或系统管理者指示时,执行某个动作。网络管理者通过处理由网络管理代理生成的报告,来完成其任务。它指挥网络管理代理通过 FMS,执行它所要求的任务。一个设备内部网络管理与系统管理的相互作用属本地行为,但网络管理者与系统管理者之间的关系,涉及系统构成。

网络管理者 NMgr 实体指导网络管理代理 NMA 运行,由 NMgr 向 NMA 发出指示,而 NMA 对它作出响应,NMA 也可在一些重要的事件或状态发生时通知 NMgr。每个现场总线网络至少有一个网络管理者。

每个设备都有一个网络管理代理 NMA,负责管理其通信栈。通过网络管理代理支持组态管理、运行管理、监视判断通信差错。网络管理代理利用组态管理设置通信栈内的参数,选择工作方式与内容,监视判断有无通信差错。在工作期间,它可以观察、分析设备通信的状况,如果判断出有问题,需要改进或者改变设备间的通信,就可以在设备一直工作的同时实现重新组态。是否重新组态则取决于它与其他设备间的通信是否已经中断。组态信息、运行信息、出错信息尽管大部分实际上驻留在通信栈内,但都包含在网络管理信息库 NMIB 中。

网络管理负责以下工作。

(1) 下载虚拟通信关系表 VCRL 或表中某个单一条目;

(2) 对通信栈组态;

(3) 下载链路活动调度表 LAS;

(4) 运行性能监视;

(5) 差错判断监视。

在 NMA VFD 中的对象是关于通信栈整体或各层管理实体(LMEs)的信息。这些网络管理对象集合在网络管理信息库(NMIB)中，由 NMgr 使用一些 FMS 服务，通过与 NMA 建立 VCRs 进行访问。NMgr,NMA 及被管理对象间相互作用如图 5.10 所示。

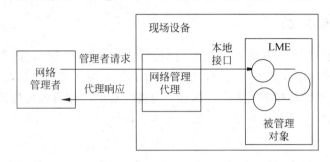

图 5.10 被管理对象与网络管理者/网络管理代理之间的相互作用关系

为网络管理者与它的网络管理代理之间的通信规定了标准虚拟通信关系。网络管理者与它的网络管理代理之间的虚拟通信关系总是 VCR 表中的第一个虚拟通信关系，它提供了排队式、用户触发、双向的网络访问。网络管理代理 VCR,以含有 NMA 的所有设备都熟知的数据链路连接端点地址的形式,存在于含有 NMA 的所有设备中。要求所有的 NMA 都支持这个 VCR。通过其他 VCR,也可以访问 NMA,但只允许通过那些 VCR 进行监视。

网络管理信息库 NMIB 是网络管理的重要组成部分之一,它是被管理变量的集合,包含了设备通信系统中组态、运行、差错管理的相关信息。网络管理信息库 NMIB 与系统管理信息库 SMIB 结合在一起,成为设备内部访问管理信息的中心。网络管理信息库的内容是借助虚拟现场设备管理和对象字典来描述的。

### 5.4.2 网络管理代理的虚拟现场设备

网络管理代理的虚拟现场设备 NMA VFD 是网络上可以看到的网络管理代理,或者说是由 FMS 看到的网络管理代理。NMA VFD 运用 FMS 服务,使得 NMA 可以穿越网络进行访问。

NMA VFD 的属性有厂商名称、模块名称、版本号、行规号、逻辑状态、物理状态及 VFD 专有对象表。前三个由制造商规定并输入；NMA VFD 的行规号为 0X4D47,即网络管理英文字头 M、G 的代码；逻辑状态、物理状态属于网络运行的动态数据；VFD 专有对象是指 NMA 索引对象,NMA 索引对象是 NMIB 中对象的逻辑映射,它作为一个 FMS 数组对象定义。

NMA VFD 像其他虚拟现场设备那样,具有它所包含的所有对象的对象描述,并形成对象字典；也像其他对象字典那样,它把对象字典本身作为一个对象进行描述。NMA VFD 对象字典的对象描述是 NMA VFD 对象字典中的条目 0,其内容有标识号、存储属性(ROM/RAM)、名称长度、所支持的访问保护、OD 版本、本地地址、OD 静态条目长度、第一个索引对象目录号等。

通信行规、设备行规、制造商都可以规定 NMA VFD 中所含有的网络可访问对象，这些附加对象收容在 OD 里，并为它们增加索引，通过索引指向这些对象。要确保被增加的对象定义不会受底层管理的影响，所规定的对象属性、数据类型不会被改变、替换或删除。

### 5.4.3 通信实体

图 5.11 为通信实体所包含内容的示意图。从图中可以看到，通信实体包含自物理层、数据链路层、现场总线访问子层和现场总线报文规范层直至用户层，占据了通信模型的大部分地区，是通信模型的重要组成部分。设备的通信实体由各层的协议和网络管理代理共同组成，通信栈是其中的核心。通信实体所包含的内容，可以看作是对本章前述各节内容的总结。

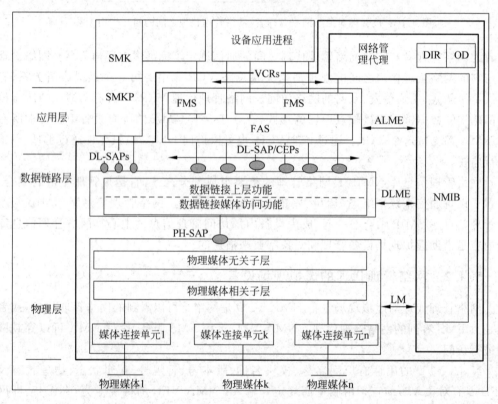

图 5.11　H1 通信实体示意图

图中的层管理实体 LMEs 提供对该层协议的管理能力。FMS、FAS、DLL、物理层都有自己的层管理实体，层管理实体向网络管理代理提供对协议被管理对象的本地接口。网络对层管理实体及其对象的全部访问，都是通过 NMA 进行的。

图中的 PH-SAP 为物理层服务访问点；DL-SAP 为数据链路服务访问点；DL-CEP 为数据链路连接端点。它们是构成层间虚拟通信关系的接口端点。

层协议的基本目标是提供虚拟通信关系。FMS 提供 VCR 应用报文服务，如变量读、写。不过,有些设备可以不用 FMS,而直接访问 FAS。系统管理内核除采用 FMS 服务外,还可直接访问数据链路层。

FAS 对 FMS 和应用进程提供 VCR 报文传送服务,把这些服务映射到数据链路层。FAS 提供 VCR 端点对数据链路层的访问,为运用数据链路层提供了一种辅助方式。在 FAS 中还规定了 VCR 端点的数据联络能力。

数据链路层为系统管理内核协议和总线访问子层访问总线媒体提供服务。访问通过链路活动调度器进行,访问可以是周期性的,也可是非周期性的。数据链路层的操作被分成两层,一层提供对总线的访问,一层用于控制数据链路用户之间的数据传输。

物理层是传输数据信号的物理媒体与现场设备之间的接口,它为数据链路层提供了独立于物理媒体种类的接收与发送能力,它由媒体连接单元、媒体相关子层、媒体无关子层组成。

由各层协议、各层管理实体和网络管理代理组成的通信实体协同工作,共同承担网络通信任务。

## 5.5 H1 网段的系统管理

### 5.5.1 系统管理概述

H1 网段的每个设备中都有系统管理实体。该实体由用户应用和系统管理内核(system management kernel,SMK)组成。系统管理内核 SMK 可看作一种特殊的应用进程 AP。从它在通信模型中的位置可以看出,系统管理是通过集成多层的协议与功能而完成的。

系统管理用以协调分布式现场总线系统中各设备的运行。基金会现场总线采用管理员/代理者模式(SMgr/SMK),每个设备的系统管理内核(SMK)承担代理者角色,对从系统管理者(SMgr)实体收到的指示作出响应。系统管理可以全部包含在一个设备中,也可以分布在多个设备之间。

系统管理内核使该设备具备了与网络上其他设备进行互操作的基础。图 5.12 为系统管理与其他部分的关系,从图中可以看到它与外部系统管理实体间的相互作用。在一个设备内部,SMK 与网络管理代理和设备应用进程之间的相互作用属于本地作用。

系统管理内核是一个设备管理实体。为加强网络各项功能的协调与同步,使用了系统管理员/代理者模式。在这一模式中,每个设备的系统管理内核承担了代理者的任务并响应来自系统管理员实体的指示。系统管理内核协议(SMK protocol,SMKP)就是用以实现管理员和代理者之间的通信的。用来控制系统管理操作的信息被组织为对象,存放在系统管理信息库(SMIB)中,从网络的角度来看,SMIB 属于管理虚拟设备 MVFD (Management Virtual Field Device),这使得 SMIB 对象可以通过 FMS 服务进行访问(如读、写),MVFD 与网络管理代理共享。

系统管理内核的作用之一是要把基本系统的组态信息置入到系统管理信息库中。采

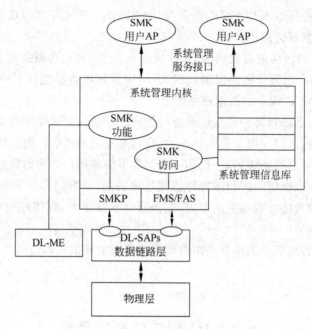

图 5.12 系统管理与其他部分的关系

用专门的系统组态设备,如手持编程器,通过标准的现场总线接口,把系统信息置入到系统管理信息库。组态可以离线进行,也可以在网络上在线进行。

SMK 采用了两种通信协议,即 FMS 与 SMKP(系统管理内核协议),FMS 用于访问 SMIB,SMKP 用于实现 SMK 的其他功能。为执行其功能,系统管理内核 SMK 必须与通信系统和设备中的应用相联系。

系统管理内核除了使用某些数据链路层服务之外,还运用 FMS 的功能来提供对系统管理信息库 SMIB 的访问。设备中的 SMK 采用与网络管理代理共享的 VFD 模式。采用应用层服务可以访问 SMIB 对象。

在地址分配过程中,系统管理必须与数据链路管理实体(data link management entity,DLME)相联系。系统管理 SM 和 DLME 的界面是由本地生成的。

系统管理内核与数据链路层有着密切联系,它直接访问数据链路层,以执行其功能。这些功能由专门的数据链路服务访问点 DLSAP(Data Link Layer Service Access Point)来提供。DLSAP 地址保留在数据链路层。

系统管理内核 SMK 采用系统管理内核协议(SMKP)与远程 SMK 通信。这种通信应用有两种标准数据链路地址,一个是单地址,该地址唯一地对应了一个特殊设备的 SMK;另一个是链路的本地组地址,它表明了在一次链接中要通信的所有设备的 SMK。SMKP 采用无连接方式的数据链接服务和数据链路单元数据,而 SMK 则采用数据链路时间(DL-time)服务来支持应用时钟同步和功能块调度。

从系统管理内核与用户应用的联系来看,系统管理支持节点地址分配、应用服务调度、应用时钟同步和应用进程位号的地址解析。系统管理内核通过上述服务使用户应用得到这些功能。图 5.13 表明了 SMK 所具备的用以支持这些联系的组成模块与结构关系。它可以作为服务器或响应者工作,也可以作为客户端工作,为设备应用提供服务界面。本地 SMK 和远程 SMK 相互作用时,本地 SMK 可以起到服务器的作用,满足各种服务请求。

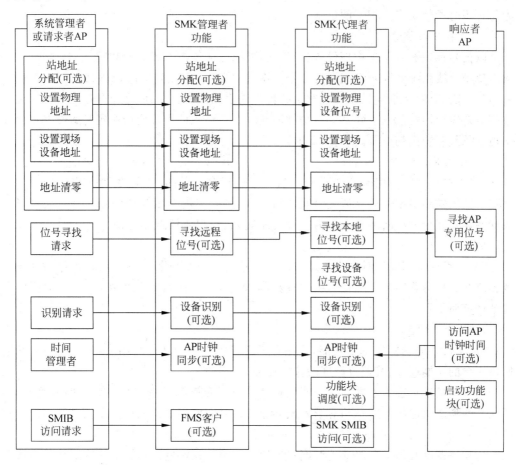

图 5.13 系统管理功能及其组织

从图中可以看到,系统管理内核 SMK 为设备的网络操作提供多种服务,访问系统管理信息库;分配设备位号与地址;进行设备辨认;定位远程设备与对象;进行时钟同步、功能块调度等。

### 5.5.2 系统管理的作用

系统管理可完成现场设备的地址分配、寻找应用位号、实现应用时钟的同步、功能块列表、设备识别以及对系统管理信息库 SMIB 的访问等功能。

1. 现场设备地址分配

现场设备地址分配应保证现场总线网络上的每个设备只对应唯一的一个节点地址。首先给未初始化设备离线地分配一个物理设备位号,然后使设备进入初始化状态。设备在初始化状态下并没有被分配节点地址,一旦它处于网络之中,组态设备就会发现该新设备并根据它的物理设备位号给它分配节点地址。

它包括一系列由定时器控制的步骤,以使系统管理代理定时地执行它们的动作和响应管理员请求。在错误情况下,代理必须有效地返回到操作开始时的状态。它也必须拒绝与它当时所处状态不相容的请求。

**2. 寻找应用位号**

以位号标识的对象是物理设备(PD)、虚拟现场设备(VFD)、功能块(FB)和功能块参数。现场总线系统管理允许查询由位号标识的对象,包含此对象的设备将返回一个响应值,其中包括有对象字典目录和此对象的虚拟通信联系表。此外,必要时还允许采用位号与其他特定应用对象发生联系。该功能还允许正在请求的用户应用决定是否复制已存在于现场总线系统中的位号。

**3. 应用时钟同步**

SMK 提供网络应用时钟的同步机制。由时间发布者的 SMK 负责应用时钟时间与存在于数据链路层中的链路调度时间之间的联系,以实现应用时钟同步。基金会现场总线支持存在冗余的时间发布者。为了解决冲突,它利用协议规则来决定哪个时间发布者起作用。

SMK 没有采用应用时钟来支持它的任何功能。每个设备都将应用时钟作为独立于现场总线数据链路时钟而运行的单个时钟,或者说,应用时钟时间可按需要,由数据链路时钟计算而得到。

**4. 功能块调度**

SMK 代理的功能块调度功能,运用存储于 SMIB 中的功能块调度,告知用户应用它们该执行的功能块,或其他可调度的应用任务。

这种调度按被称为宏周期的功能块重复执行。宏周期起点被指定为链路调度时间。所规定的功能块起始时间是相对于宏循环起点的时间偏移量。通过这条信息和当前的链路调度时间 LS-time,SMK 就能决定何时向用户应用发出执行功能块的命令。

功能块调度必须与链路活动调度器中使用的调度相协调。允许功能块的执行与输入输出数据的传送同步。

**5. 设备识别**

现场总线网络的设备识别通过物理设备位号和设备 ID 来进行。

系统管理还可以通过 FMS 服务访问 SMIB,实现设备的组态与故障诊断。

### 5.5.3 系统管理信息库 SMIB 及其访问

系统管理信息库 SMIB(System Management Information Base)把控制系统管理操作的信息组织成对象存储起来,形成系统管理信息库。SMIB 包含了现场总线系统的主要组态和操作参数,每个系统管理内核中只有一个系统管理信息库。如:

(1) 设备 ID。该数字唯一地标识了一台设备,它由制造商设置。

(2) 物理设备位号。该位号由用户分配,以标明系统中现场设备的作用。

(3) 虚拟现场设备表。该列表为每一个所支持的虚拟现场设备提供了参考和名称。

(4) 时间对象。该对象包含了现在的应用时钟时间和它的分配参数。

(5) 调度对象。该对象包含了设备中各任务(功能块)间协调合作的调度信息。
(6) 组态方式/状态。它包含了支配系统管理状态的状态和控制标志。
表 5.4 列出了系统管理信息库所包含的对象。

表 5.4 系统管理信息库内的对象

| SMIB 对象 | 说 明 | 数据类型/结构 | FMS 服务 |
| --- | --- | --- | --- |
| ManagementVFD | 管理 VFD | VFD | / |
| SMIB OD Description | SMIB 对象字典描述 | OD 对象说明 | / |
| VFD_REF_ENTRY | VFD 指针表条目 | 数据结构 | / |
| VFD_START_ENTRY | VFD 功能块启动调度条目 | 数据结构 | / |
| SMIB Directory Object | SMIB 索引对象 | 数组 | 读 |
| SM_SUPPORT | 设备 SMK 所支持的特性 | BitString | 读 |
| T1 | SM 单步计时器(以 1/32ms) | Unsigned32 | 读 |
| T2 | SM 设地址序列计时器 | Unsigned32 | 读 |
| T3 | 设地址等待计时器 | Unsigned32 | 读 |
| CURRENT_TIME | 当前应用时钟时间 | 时间值 | 读 |
| LOCAL_ATIME_DIFF | 计算本地时间与当前时钟差 | Integer32 | 读 |
| AP_Clk_Syn_Interval | 链上时间报文发布间隔(s) | Unsigned8 | 读/写 |
| TIME_LAST_RCVD | 含最近时钟报文的应用时钟 | 时间值 | 读/写 |
| Pri_Ap_Time_PUB | 本链路主时间发布者节点地址 | Unsigned8 | 读/写 |
| Time_Publisher_Addr | 发出最近时间报文的设备节点地址 | Unsigned32 | 读/写 |
| Macro_Cycle_Duration | 宏周期时间(以 1/32ms) | Unsigned32 | 读 |
| DEV_ID | 设备的唯一标识(按 Profile 格式) | VisibleString | 读 |
| PD_TAG | 物理设备位号 | VisibleString | 读/写 |
| Operational_Powerup | 该值控制 SMK 上电状态 | 布尔值 | 读 |
| Version_Of_Schedule | 调度表版本号 | Unsigned16 | 读 |

系统管理信息库 SMIB 的访问：

SMIB 包含系统管理对象。从网络角度看，SMIB 可看作虚拟现场设备管理(virtual field device,VFD)，FMS 提供对它的远程应用访问服务，以进行诊断和组态。运用 FMS 应用层服务如读、写等来访问 SMIB 对象。VFD 管理与设备的网络管理代理共享，它也提供对网络管理代理 NMA 对象的访问。SMIB 中包含有网络可视的 SMK 信息。

可采用 FMS 服务来访问 SMIB。无论在网络操作之前还是在操作过程中，都要允许设备的系统管理访问 SMIB，也要允许远程应用从设备中得到管理信息。在虚拟现场设备 VFD 的对象字典 OD 中定义了 SMIB。系统管理规范中指明了哪个信息是可写的，哪个信息是只读的。可利用系统管理内核协议 SMKP 访问这类信息。系统管理内核还可使本地应用进程通过本地接口得到系统管理信息库的信息。

### 5.5.4 SMK 状态

现场设备中的 SMK 在网络上可充分运行之前要经过三个主要状态。
1. 未初始化状态(UNINITIALIZED)
在这种状态下，设备既没有物理设备位号又没有组态主管分配的节点地址，只能通过系统管理来访问设备。在这种状态下只允许系统管理功能来识别设备以及用物理设备位号来组态设备。

2. 初始化状态(INITIALIZED)

该状态下设备有正确的物理设备位号,但未被分配节点地址。准备采用缺省的系统管理节点地址使设备挂接到网络上。在这种状态下,除了系统管理服务之外不提供任何别的服务,而所提供的系统管理服务也只有分配节点地址、消除物理设备位号和识别设备。

3. 系统管理工作状态(SM_OPERATIONAL)

该状态下设备既有物理设备位号又有已分配给它的节点地址。一旦进入这一状态,设备的网络管理代理便启动应用层协议,允许应用跨越网络进行通信。为了使设备完全可操作,可能需要更进一步的网络管理组态和应用组态。

如果 SMIB 中 Operational_Powerup 布尔值为真,则 SMK 上电/复位时处于系统管理工作状态,若假,则处于未初始化状态。

SMK 只在系统管理工作状态下才能执行应用时钟同步功能,也只有在这个状态下才允许 FMS 访问 SMIB。

### 5.5.5 系统管理服务和作用过程

图 5.14 表示了系统管理内核及其所提供的服务的作用过程。从图中可以看到,它所提供的主要服务有地址分配、设备识别、定位服务、应用时钟同步、功能块调度。

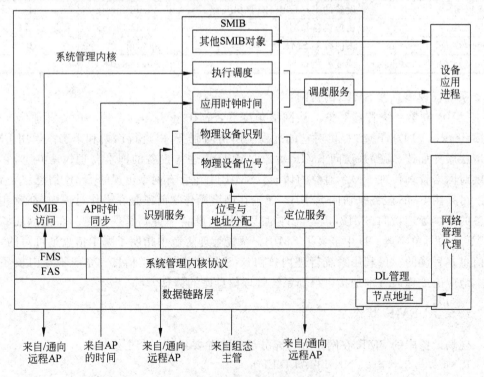

图 5.14 系统管理内核及其服务

## 5.5 H1 网段的系统管理

下面简要介绍这几种服务。

**1. 设备地址分配**

每个现场总线设备都必须有一个唯一的网络地址和物理设备位号,以便现场总线有可能对它们实行操作。

为了避免在仪表中要设置地址开关,这里通过系统管理自动实现网络地址分配。为一个新设备分配网络地址的步骤如下。

(1) 通过组态设备分配给这个新设备一个物理设备位号。这个工作可以"离线"实现,也可以通过特殊的缺省网络地址"在线"实现。

(2) 系统管理采用缺省网络地址询问该设备的物理设备位号,并采用该物理设备位号在组态表内寻找新的网络地址。然后,系统管理给该设备发送一个特殊的地址设置信息,迫使这个设备移至这个新的网络地址。

(3) 对进入网络的所有设备都按缺省地址重复上述步骤。

物理位号的设定和清除由组态设备使用 SET_PD_TAG 服务来完成,节点地址的设定采用 SET_ADDRESS 服务,地址清除采用 CLEAR_ADDRESS 服务。

**2. 设备识别**

SMK 的识别容许应用进程从远程 SMK 得到物理设备位号和设备标示 ID。设备 ID 是一个在系统中独立的识别标志,它由生产者提供。在地址分配中,组态主管也采用这个服务去辨认已经具有位号的设备,并为这个设备分配一个更改后的地址。

使用 SM_IDENTIFY 服务,由 SM_Identify.rep(NodeAddress)请求;SM_Identify, cuf(+)(PD_Tag,Dev_Id)或 SM_Identify.cnf(−)(Reason Code)响应。

**3. 应用时钟发布**

基金会现场总线支持应用时钟发布功能。通常把应用时钟设置为等于日常的本地时钟,或者设置为统一的协调时间。系统管理者有一个时间发布器,它向所有的现场总线设备周期性地发布应用时钟同步信号。数据链路调度时间与应用时钟一起被采样、传送,使得正在接收的设备有可能调整它们的本地时间。应用时钟同步允许设备通过现场总线校准带时间标志的数据。

在现场总线网络上,设备应用时钟的同步是通过在总线段上定期广播应用时钟和本地链路调度时间(LS-time)之间的差实现的。由时间发布者广播时钟报文 Clock_Message(AP_time,LS_time),预订接收者收到后,读出 LS-time 并计算出应用时钟时间。有关对象,如时钟发布间隔、土时间发布者、当前时间等保留在 SMIB 中。

时间发布者可以冗余,如果在现场总线上有一个后备的应用时钟发布器,当正在起作用的时间发布器出现故障时,后备时间发布器就会替代它而成为起作用的时间发布器。

**4. 寻找位号(定位)服务**

系统管理支持通过寻找位号服务搜索设备或变量,为主机系统和便携式维护设备提供方便。对所有的现场总线设备广播这一位号查询信息,一旦收到这个信息,每个设备都将搜索它的虚拟现场设备 VFD,看是否符合该位号。如果发现这个位号,就返回完整的路径信息,包括网络地址、虚拟现场设备 VFD 编号、虚拟通信关系 VCR 目录、对象字典目录。主机或维护设备一旦知道了这个路径,就能访问该位号的数据。

寻找位号服务查找的对象包括物理位号,功能块(参数)及 VFD,使用 FIND_TAG_QUERY 服务发出查找请求;使用 FIND_TAG_REPLY 服务回答。它们是确认性服务。

5. 功能块调度

功能块调度向用户应用指示,现在已经是执行它的功能块或其他可执行任务的时间了。SMK 使用它的 SMIB 中的调度对象和由数据链路层保留的链路调度时间来决定何时向它的用户应用发布命令。

功能块执行是可重复的,每一次重复称为一个宏周期(macrocycle),宏周期通过使用链路调度时间 0 作为它起始时间的基准,来实现链路时间同步。也就是说,如果一个特定的宏周期生命周期是 1000,那么它将以 0、1000、2000 等时间点作为起始点。

每个设备都按宏周期执行其功能块调度,数据传输和功能块执行时间都通过它们各自偏离宏周期起点的时间来进行。

当控制一个过程时,发生在固定时间间隔上的控制和输出改变是十分重要的。与该固定时间间隔的偏差称为抖动,其值必须很小,使功能块能精确地在固定时间间隔上执行。合适的功能块调度和它的宏周期必须下载到执行该功能块的设备的 SMIB 中。设备利用这些对象和当前本地链路调度时间来决定何时执行它的功能块。

可以采用调度组建工具来生成功能块和链路活动调度。假定调度组建工具已经为某个控制回路组建了表 5.5 所示调度表,该调度表包含有各项功能执行的开始时间,这个开始时间是指它偏离绝对链路调度开始时间起点的数值。总线上所有设备都知道绝对链路调度开始时间。

表 5.5  某控制回路调度表

| 受调度的功能块 | 与绝对链路调度开始时间的偏离值 |
|---|---|
| 受调度的 AI 功能块执行 | 0 |
| 受调度的 AI 通信 | 20 |
| 受调度的 PID 功能块执行 | 30 |
| 受调度的 AO 功能块执行 | 50 |

图 5.15 描述了绝对链路调度开始时间、链路活动调度周期、功能块调度与绝对开始时间偏离值之间的关系。

在偏离值为 0 的时刻,变送器中的系统管理将引发 AI 功能块的执行。在偏离值为 20 的时刻,链路活动调度器将向变送器内的 AI 功能块的缓冲器发出一个强制数据 CD,缓冲器中的数据将发布到总线上。

在偏离值为 30 的时刻,调节阀中的系统管理将引发 PID 功能块的执行,随之在偏离值为 50 的时刻,执行 AO 功能块。准确地重复这种模式。

请注意,在功能块执行的间隙,链路活动调度器 LAS 还向所有现场设备发送令牌消息,以便它们可以发送非周期报文,如报警通知、改变给定值等。在这个例子中,只有偏离值从 20 至 30,即当 AI 功能块数据正在总线上发布的时间段不能传送非周期信息。

在 SMIB 的 FB Start 条目(也称功能块启动表)中,规定设备在其宏周期中调度的功能块,由非确认性服务 FB_START.ind(VFD_ref,FB_Index)指示用户应用开始执行某功能块。

## 5.5 H1 网段的系统管理

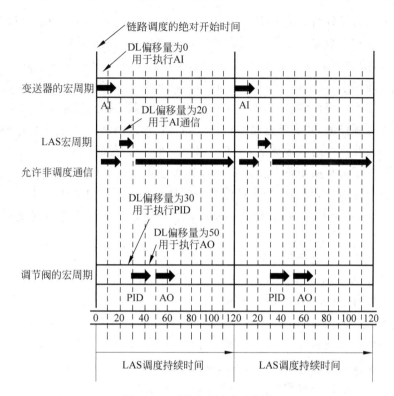

图 5.15 功能块调度与宏周期

### 5.5.6 地址与地址分配

系统管理用于使设备进入控制网络的可操作状态,它包括通信初始化、通信组态、应用组态和操作这一系列有序的步骤。这一系列过程都与设备的节点地址相关。

H1 的设备标识有三种,一是前面提到过的设备 ID,这是设备制造商为设备指定的序列号,如 003453ACME39483847;二是用户为标识设备在系统中的作用而设定的设备位号 TAG,如 TT-101;三是设备在网络上唯一的网络地址,如 35。

系统管理过程允许在物理设备位号和节点地址之间建立联系,例如物理设备位号"TIC-101"的节点地址是 23。系统管理提供机制保证每一条链路上的这种单一性。

虚拟现场设备位号。每个物理设备可以包含一个或多个虚拟现场设备。每个虚拟现场设备位号在一台物理设备中是独一无二的,它的有效范围就是这个物理设备。

功能块位号是用户分配给虚拟现场设备中一个对象或多个对象的集合的名称,它的值可能会与物理设备和虚拟现场设备的位号相同。整个控制网络中功能块位号必须是唯一的,但系统管理并不提供这种保障机制。

与地址分配有关的设备有三类,现场设备、临时设备和组态主设备。设备启动时经历的状态和执行的动作取决于它的类型,也取决于它在网络中历经的系统管理功能。

为了避免与运行设备的冲突,现场设备以被动方式加入到网络。选择一个数据链路层缺省地址,等待链路活动调度器将它送入网络。然后此设备等待一个组态主设备或用于离线组态的临时设备给它的 SMK 分配一个数据链路层节点地址。获得分配到的地址后,SMK 通过接口将此地址提供给数据链路层管理实体(data link management entity,DLME)。DLME 得到的这一地址,也就成为数据链路实体使用的节点地址。

临时设备能用于在已运行的网络上,也可离线地组态一个现场设备。它首先必须对网络进行监听以确定现行的状况,然后它将选择一个由数据链路层定义的访问地址,并且要么承担网络控制任务,要么等链路活动调度器将它送入网络。当与网络相连的时候,临时设备一直保留在这个访问地址上,并不转移到某个已分配地址。

组态主设备了解某段线路上所有设备的节点地址。当节点进入网络的时候,它使用自己的预组态节点地址,并响应为现场设备分配地址的请求。如果有一个以上的组态主设备存在,那么每一个都应该具有相同的网络组态信息。系统管理不对这一条件进行检查。

系统管理使用下列地址:

访问者地址(visitor address)

缺省地址(default address)

分配地址(assigned address)

系统管理实体单地址(individual SM entity address)

系统管理实体组地址(group SM entity address)

查询数据链路层说明可得知这些地址的范围和形式。

访问者地址是保留给网络上不经常持续存在的设备使用的节点地址。在 FF 网络中,它们由临时设备使用,例如手持终端、组态工具或诊断设备。

缺省地址是保留给正等待节点地址分配的数据链路实体使用的非访问节点地址。处于未初始化或初始化状态的现场设备和那些还没有被组态主设备分配地址的设备使用缺省地址,缺省地址的范围在数据链路层说明中定义和保存。

除了临时设备外,网络中每个设备在它的通信栈变为可操作之前必须分配给它一个节点地址,该节点地址就是数据链路层地址。在网络设备进行通信时,用它来唯一地标识这一设备。

SMK 单地址是分配给含有 SMK 设备的节点地址和 DLSAP 选择器的地址。在数据链路层规范中把 DLSAP 选择器规定为"节点的系统管理应用实体 SMAE(Systems-management-application-entity)的 DLSAP"。该 DLSAP 地址是 SMK 的唯一的数据链路层地址,在数据链路层规范中把 SMK 称为系统管理应用实体。

SMK 组地址用来给网络中的一组 SMK 多路发布消息。应用时钟同步协议要求给本地数据链路的所有系统管理实体分配地址。允许本地用户应用采用 SMK 组地址与远程 SMK 相联系,以设置和取消远程设备的物理设备位号。

H1 的设备地址范围是 0~255,其中 0~15 被保留为一组特殊地址;现场设备的可用地址是 16~247;地址 248~251 为永久缺省地址;地址 252~255 为临时设备地址。

系统管理对设备地址即永久地址的分配过程为:

(1) 对设备的位号赋值;

(2) 将设备连接到总线上并为其在 248~251 的范围内随机选择一地址；
(3) 组态工具发出 SET-ADDRESS；
(4) 设备得到永久地址；
(5) 电源断电后,设备需再次要求永久地址。

## 5.6 FF 的功能块

功能块位于 FF 通信模型的最高层——用户层,用户层是 FF 在 ISO/OSI 参考模型中七层结构的基础上添加的一层。功能块应用进程作为用户层的重要组成部分,用于完成 FF 网络中的自动化系统功能。而在完成功能块服务的过程中,要运用 FMS 子层。

### 5.6.1 功能块的内部结构与功能块连接

功能块应用进程提供一个通用结构,把实现控制系统所需的各种功能划分为功能模块,使其公共特征标准化,规定它们各自的输入、输出、算法、事件、参数与块控制图,把按时间反复执行的函数模块化为算法,把输入参数按功能块算法转换成为输出参数。反复执行意味着功能块或是按周期,或是按事件发生重复作用的。图 5.16 画出了一个功能块的内部结构。

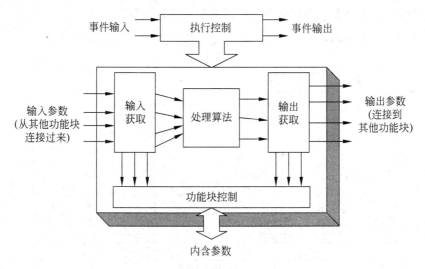

图 5.16 功能块的内部结构

从图中的结构可以看到,不管在一个功能块内部执行的是哪一种算法,实现的是哪一种功能,它们与功能块外部的联络结构是通用的。位于图中左、右两边的一组输入参数与输出参数,是本功能块与其他功能块之间要交换的数据和信息,其中输出参数是由输入参数、本功能块的内含参数、算法共同作用而产生的。图中上部的执行控制用于在某个外部事件的驱动下,触发本功能块的运行,并向外部传送本功能块执行的状态。

例如,生产过程控制中常用的 PID 算法就是一个标准的功能块。把被控参数测量 AI

模块的输出连接到 PID 功能块,就成为 PID 功能块的输入参数。当采用串级控制时,其他 PID 功能块的输出也可以作为输入参数,置入到 PID 功能块内作为给定值。比例带、积分时间、微分时间等所有不参与连接的参数则是本功能块的内含参数。处理算法就是开发者编写的 PID 算式的运行程序。由链路活动调度器根据时钟时间,触发 PID 功能块的运行,由运行结果产生输出参数,送往与它连接的 AO 模块,又成为 AO 模块的输入参数。然后它通过 AO 模块作用后送往指定的阀门执行器。

在功能块的通用结构中,其内部的处理算法与功能块的框架结构相对独立,使用者可以不必顾及功能与算法的具体实现过程。这样有助于实现不同功能块之间的连接,便于实现同种功能块算法版本的升级,也便于实现不同制造商产品的混合组态与调用。功能块的通用结构是实现开放系统构架的基础,也是实现各种网络功能与自动化功能的基础。

功能块被单个地设计和定义,并集成为功能块应用。一旦定义好某个功能块之后,可以把它用于其他功能块的应用之中。功能块由其输入参数,输出参数,内含参数及操作算法所定义,并使用一位号(Tag)和一个 OD 索引识别。

功能块连接是指把一个功能块的输入连接到另一个功能块的输出,以实现功能块之间的参数传递与功能集成。功能块之间的连接存在于功能块 AP 内部;也存在于功能块 AP 之间。同一设备内部留驻的功能块之间的连接称为本地连接,不同设备内功能块之间的连接则利用功能块服务程序,功能块服务程序提供对 FMS 应用层服务的访问。图 5.17 表明了功能块应用进程中的模块及其与对象的连接。

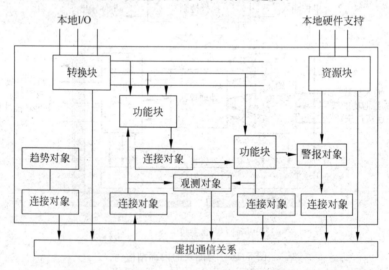

图 5.17 功能块应用进程中模块及其与对象的连接

在图 5.17 中采用了以下对象。

**连接对象** 连接对象规定了功能块之间的连接关系,它包括一个设备内部各块之间的连接关系,也包括跨越现场总线的不同设备间的输入与输出之间的连接关系。采用连接对象把不同功能块连接在一起。

运用连接对象来定义输入输出参数之间的连接关系,也运用连接对象来规定从外部

## 5.6 FF 的功能块

对观测、趋势和报警对象的访问。连接对象要识别被连接的参数或对象，识别用于传输数据的 FMS 服务，识别用于传输的虚拟通信关系 VCR。对跨越现场总线的不同设备间的输入输出参数连接，还要识别远程参数。

**趋势对象** 趋势对象允许将功能块参数局部趋势化，它可以为主机或其他设备所访问。趋势对象收集短期历史数据并存储在一个设备中，它提供了回顾其特征的历史信息。

**报警对象** 报警对象用于通知报警状态和控制网络中发生的事件，当判断出有报警或事件发生时，报警对象生成通知信息。通过设备的接口进行访问。

报警对象监测块状态，它在报警和事件发生时，发出事件通知，并在一个特定的接收响应时间内等待响应。如果在预定的时间之内没有收到响应，将重发事件通知，以确保报警信息不会丢失。

为功能块、事件报告规定了两类报警。当功能块偏离了一个特定的状态时，例如当一个参数越过了规定的门槛，采用事件表报导状态变化。不仅是在功能块发生了特殊状态时，对其特殊状态采用报警，而且当它返回到正常状态时也使用报警，以表明状态发生了变化。

**观测对象** 观测对象支持功能块的管理和控制，提供了对状态与操作的可视性，观测对象将操作数据转换成组并处理，使参数可被一个通信请求成组地访问。

通过预先定义观测对象，把人机接口采用的块参数组分成几类。功能块规范中为每种功能块规定了四个观测对象。表 5.6 表示了如何把一般功能块参数按观测对象分组的情况，它只给出了功能块参数的部分列表。

1♯观测对象——操作动态信息，工厂操作人员运行生产过程所需要的信息。
2♯观测对象——操作静态信息，可能需要读取一次，然后与动态数据一起显示的信息。
3♯观测对象——正在变化的动态信息，在细目显示中可能需要参照这些动态信息。
4♯观测对象——其他静态信息，如组态与维护信息。

表 5.6 功能块参数按观测对象分组

| 功能块参数 | 1♯观测对象 操作动态 | 2♯观测对象 操作静态 | 3♯观测对象 完全动态 | 4♯观测对象 其他静态 |
|---|---|---|---|---|
| 设定值 SP | * | | * | |
| 过程变量 PV | * | | * | |
| SP 高限 | | * | | |
| 串级输入 CAS IN | | | * | |
| 增益 GAIN | | | | * |

### 5.6.2 功能块中的用户应用块

FF 规定了基于"模块"的用户应用，不同的块表达了不同类型的应用功能。典型的用户应用模块为如图 5.18 所示的功能块、资源块、转换块。

**资源块** 资源块描述了现场设备的一般信息，如设备名、制造者、系列号。为了使资源块表达这些特性，规定了一组参数。资源块没有输入或输出参数。它将功能块与设备硬件特性隔离，可以通过资源块在

图 5.18 FF 的用户应用模块

网络上访问与资源块相关设备的硬件特性。

资源块也有其算法,用以监视和控制物理设备硬件的一般操作。其算法的执行取决于物理设备的特性,由制造商规定。因此,该算法可能引起事件的发生。一个设备中只有唯一的一个资源块。

**转换块**　转换块读取传感器硬件,并写入到相应的要接受这一数据的硬件中,允许转换块按所要求的频率从传感器中取得良好的数据,并确保合适地写入到要读取数据的硬件之中。它不含有运用该数据的功能块,这样便于把读取数据、写入的过程从制造商的专有物理 I/O 特性中分离出来,提供功能块的设备入口,并执行一些功能。

转换块包含有量程数据、传感器类型、线性化、I/O 数据表示等校准信息。它可以加入到本地读取传感器功能块或硬件输出的功能块中。通常每个输入或输出功能块内都会有一个转换块。

**功能块**　功能块是参数、算法和事件的完整组成。由外部事件驱动功能块的执行,通过算法把输入参数转换为输出参数,实现应用系统的控制功能。对输入和输出功能来说,把它们在本地连接到变换块,与设备的 I/O 硬件相互联系。

与资源块和转换块不同,功能块的执行是按周期性调度或按事件驱动的。功能块提供控制系统功能,功能块的输入输出参数可以跨越网段实现连接。每个功能块的执行受到准确地调度。单一的用户应用中可能有多个功能块。

FF 规定了表 5.7 所示的一组基本标准功能块。

表 5.7　FF 的基本标准功能块

| 功能块名称 | 功能块符号 | 功能块名称 | 功能块符号 |
| --- | --- | --- | --- |
| 模拟量输入 | AI | 离散输出 | DO |
| 模拟量输出 | AO | 手动装载 | ML |
| 偏置/增益 | BG | 比例微分 | PD |
| 控制选择 | CS | 比例积分微分 | PID |
| 离散输入 | DI | 比率系数 | RA |

此外,FF 还为先进控制规定了称之为 Part 3 的 19 个标准高级功能块,它们是导前滞后;死区;累积器;设备控制;特征信号发生器;分程输出;斜坡设定值发生器;输入选择器;算术计算器;定时器;模拟信号报警;计算;脉冲输入;复杂 AO;复杂 DO;步进输出 PID;数字信号报警;模拟信号人机界面;数字信号人机界面。

后来规定的称之为 Part 4 的功能块有多模拟信号输入;多模拟信号输出;多离散信号输入;多离散信号输出。柔性功能块构成功能块 Part 5。后来还添加了用于批量控制的功能块。

功能块可以按照对设备的功能需要设置在现场设备内,例如简单的温度变送器可能包含一个 AI 模拟量输入功能块,而调节阀则可能包含一个 PID 功能块和 AO 模拟量输出功能块。这样一个完整的控制回路就可以只由一个变送器和一个调节阀组成。有时,也把 PID 功能块装入温度、压力等变送器内。

### 5.6.3 功能块的块参数

功能块块参数的标准化分四个层次。它们是现场总线基金会定义的 6 个通用参数；各种功能块的功能参数；FF 行规组定义的设备参数（写入 DD 库）；制造商定义的特殊参数（用 DDL 描述）。

不同的功能块有不同的标准功能参数，但 6 个通用参数是必须含有的。它们位于参数表的开头 6 个子项，它们是：

静态版本（ST_REV, Unsigned16）。

位号说明（TAG_DESC, 字节串）。

策略（STRATEGY, Unsigned16）。

警键（ALERT_KEY, Unsigned8）。

模式（MODE_BLK），它含有 4 个子项：目标模式；实际模式；允许模式；正常模式。

功能块块出错（BLOCK_ERR），属于位串类型，如 1 表示块组错误；2 表示连接组态错误；8 表示输出错误；9 表示存储器错误；13 表示设备需要维修等。

上述通用参数都是内含参数。

1. 资源块参数

资源块的所有参数都是内含的，所以它没有连接。除目录号 1～6 的 6 个通用参数外，资源块的其他参数列于表 5.8。

表 5.8 资源块参数表

| 目录号 | 参数助记符 | 说明 | 目录号 | 参数助记符 | 说明 |
|---|---|---|---|---|---|
| 7 | RS_STATE | 资源的状态 | 24 | FREE_SPACE | 剩余空间 |
| 8 | TEST_RW | 读写测试参数 | 25 | FREE_TIME | 剩余时间 |
| 9 | DD_RESOURSE | 包含 DD 的资源的位号 | 26 | SHED_RCAS | 远程串级屏蔽 |
| 10 | MANUFAC_ID | 制造商识别符 | 27 | SHED_ROUT | 远程输出屏蔽 |
| 11 | DEV_TYPE | 设备类型 | 28 | FAIL_SAFE | 失效保护 |
| 12 | DEV_REV | 设备版本 | 29 | SET_FSAFEM | 设置失效保护 |
| 13 | DD_REV | DD 版本 | 30 | CLR_FSAFE | 清除失效保护 |
| 14 | GRANAT_DENY | 访问允许或禁止 | 31 | MAX_NOTIFY | 报警最大通知数 |
| 15 | HARD_TYPES | 硬件类型 | 32 | LIM_NOTIFY | 通知数极限 |
| 16 | RESTART | 允许重启状态 | 33 | CONFRIM_TIME | 确认时间 |
| 17 | FEATURES | 特性 | 34 | WRITE_LOCK | 写保护 |
| 18 | FEATURE_SEL | 特性选择 | 35 | UPDATE_EVT | 更新事件 |
| 19 | CYCLE_TYPE | 循环类型 | 36 | BLOCK_ALM | 块报警 |
| 20 | CYCEL_SEL | 循环选择 | 37 | ALARM_SUM | 报警总貌 |
| 21 | MIN_CYCLE_T | 最小循环时间 | 38 | ACK_OPTION | 确认选项 |
| 22 | MEMORY_SIZE | 存储器大小 | 39 | WRITE_PRI | 清除写保护报警的优先级 |
| 23 | NV_CYCLE_T | 参数写入 NV 的时间 | 40 | WRITE_ALM | 清除写保护报警 |

其中 RS_STATE 描述了资源状态总貌(1 为启动；2 为初始化；3 为在线连接；4 为在线；5 为备用；6 为失败)。参数 MANUFAC_ID,DEV_TYPE,DEV_REV,DD_RESOURSE,DD_REV 用以识别和寻找 DD,以便 DD 服务可正确地选择资源所用的设备描述 DD。RESTART 描述资源的启动状态(1,运行；2,重启资源；3,缺省重启；4,处理器重启)。HARD_TYPES 说明硬件 I/O 类型(位串类型,位 0-AI；位 1-AO；位 2-DI；位 3-DO)。CYCLE_TYPES 和 CYCLE_SEL 说明资源支持的性能(位 0,代码类型；位 1,报告；位 2,失效保护；位 3,软写保护；位 4,硬写保护；位 5,输出反馈；位 6,硬件直接接入输出)。

2. 转换块参数

FF 设备的功能块应用进程可分作两个部分：控制应用进程(CAP)和设备应用进程(DAP)。一个 CAP 通过 I/O,计算、控制模块的连接、组态而定义,它可在一个设备中或在几个设备间存在。设备应用进程 DAP 总是存在于一个设备中,它由资源块和转换块定义,没有通信链接。资源块描述 VFD 的资源对象,而转换块包含 VFD 中部分或全部描述物理 I/O 特性的对象。一个设备只有一个资源块,但可以有多个转换块,也可以没有。DAP 运用通道(Channels)与 CAP 部分进行通信,通道可以是双向的,可以有多个值。

转换块分作三个子类,输入转换块、输出转换块、显示转换块,所有转换块的参数表除 6 个通用参数外,还有 6 个转换块参数,按目录号依次为：

UPDATE_EVT(更新发生的事件)；
BLOCK_ALM(块报警)；
TRANSDUCER_DIRECTORY(转换块说明)；
TRANSDUCER_TYPE(转换块类型)；
XD_ERROR(转换块错误代码)；
COLLECTION_DIRECTORY(转换块的说明集)。

转换块参数都是内含的。

3. 功能块参数

不同作用的功能块设置有不同的参数。下面以 AI 和 PID 功能块为例介绍其功能块参数。

1) AI 功能块

AI 块的参数列于表 5.9,前面 6 个通用参数未列出。

AI 功能块的内部框图如图 5.19 所示,通道值来自输入转换块。它可以给出仿真值。仿真块是一个包括五个变量的数据结构(包括 Simulate Status,Simulate Value,Transducer Status,Transducer Value,Enable/Disable)。当仿真允许(Enable=2)时,它手动提供块输入值和状态；禁止(Enable=1)时,输入值为转换块值。该输入值在 AI 模块中还需要经过各种转换计算,如工程量转换计算,线性化处理等。

## 5.6 FF 的功能块

表 5.9 AI 功能块参数表

| 目录号 | 参数助记符 | 说明 | 目录号 | 参数助记符 | 说明 |
|---|---|---|---|---|---|
| 7 | PV | 过程变量 | 22 | ALARM_SUM | 报警总貌 |
| 8 | OUT | 功能执行结果值 | 23 | ACK_OPTION | 自动确认选项 |
| 9 | SIMULATE | 仿真参数 | 24 | ALARM_HYS | 报警期间的 PV 值 |
| 10 | XD_SCALE | 变换器量程 | 25 | HI_HI_PRI | 高_高报警优先级 |
| 11 | OUT_SCALE | 输出量程 | 26 | HI_HI_LIM | 高_高报警限 |
| 12 | GRANT_DENY | 允许/禁止 | 27 | HI_PRI | 高报警优先级 |
| 13 | IO_OPTS | 输入输出选项 | 28 | HT_LIM | 高报警限 |
| 14 | STATUS_OPTS | 块状态选项 | 29 | LO_PRI | 低报警优先级 |
| 15 | CHANNEL | 变换块通道值 | 30 | LO_LIM | 低报警限 |
| 16 | L_TYPE | 线性化类型 | 31 | LO_LO_PRI | 低_低报警优先级 |
| 17 | LOW_CUT | 小信号切除 | 32 | LO_LO_LIM | 低_低报警限 |
| 18 | PV_FTIME | PV 信号滤波时间常数 | 33 | HI_HI_ALM | 高_高报警 |
| 19 | FIELD_VAL | 现场值(未线性化,未滤波) | 34 | HT_ALM | 高报警 |
| 20 | UPDATE_EVT | 更新发生的事件 | 35 | LO_ALM | 低报警 |
| 21 | BLOCK_ALM | 块报警 | 36 | LO_LO_ALM | 低_低报警 |

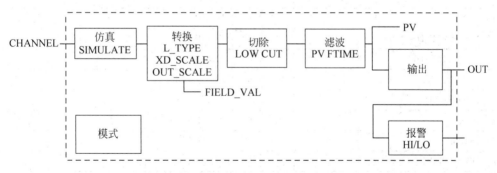

图 5.19 AI 功能块的内部框图

线性化类型 L_TYPE 为直接时, PV＝Channel_Val; 线性化类型 L_TYPE 为间接时, PV＝Channel_Val * [OUT_SCALE]。

此外,还需要进行小信号切除 LOW_CUT, 滤波处理等。

AI 块支持的工作模式有: Auto, Man 和 OOS(Out of Service)。即按 AI 功能块执行结果输出的自动模式; 由操作者的操作决定 AI 输出的手动模式以及非工作状态的 OOS 模式。

2) PID 功能块

表 5.10 列出了 PID 功能块的各种参数, PID 功能块的内部框图见图 5.20。

表 5.10 PID 功能块的参数

| Index | Parameter Mnemonic | VIEW_1 | VIEW_2 | VIEW_3 | VIEW_4 | Index | Parameter Mnemonic | VIEW_1 | VIEW_2 | VIEW_3 | VIEW_4 |
|---|---|---|---|---|---|---|---|---|---|---|---|
| 1 | ST_REV | 2 | 2 | 2 | 2 | 34 | SHED_OPT | | | | 1 |
| 2 | TAG_DESC | | | | | 35 | RCAS_OUT | | | 5 | |
| 3 | STRATEGY | | | 2 | | 36 | ROUT_OUT | | | 5 | |
| 4 | ALERT_KEY | | | | 1 | 37 | TRK_SCALE | | | | 11 |
| 5 | MODE_BLK | 4 | | 4 | | 38 | TRK_IN_D | 2 | | 2 | |
| 6 | BLOCK_ERR | 2 | | 2 | | 39 | TRK_VAL | 5 | | 5 | |
| 7 | PV | 5 | | 5 | | 40 | FF_VAL | | | 5 | |
| 8 | SP | 5 | | 5 | | 41 | FF_SCALE | | | | 11 |
| 9 | OUT | 5 | | 5 | | 42 | FF_GAIN | | | | 4 |
| 10 | PV_SCALE | | 11 | | | 43 | UPDATE_EVT | | | | |
| 11 | OUT_SCALE | | 11 | | | 44 | BLOCK_ALM | | | | |
| 12 | GRANT_DENY | | 2 | | | 45 | ALARM_SUM | 8 | | 8 | |
| 13 | CONTROL_OPTS | | | | 2 | 46 | ACK_OPTION | | | | 2 |
| 14 | STATUS_OPTS | | | | 2 | 47 | ALARM_HYS | | | | 4 |
| 15 | IN | | | 5 | | 48 | HI_HI_PRI | | | | 1 |
| 16 | PV_FTIME | | | | 4 | 49 | HI_HI_LIM | | | | 4 |
| 17 | BYPASS | | 1 | | | 50 | HI_PRI | | | | 1 |
| 18 | CAS_IN | 5 | | 5 | | 51 | HI_LIM | | | | 4 |
| 19 | SP_RATE_DN | | | | 4 | 52 | LO_PRI | | | | 1 |
| 20 | SP_RATE_UP | | | | 4 | 53 | LO_LIM | | | | 4 |
| 21 | SP_HI_LIM | | 4 | | | 54 | LO_LO_PRI | | | | 1 |
| 22 | SP_LO_LIM | | 4 | | | 55 | LO_LO_LIM | | | | 4 |
| 23 | GAIN | | | | 4 | 56 | DV_HI_PRI | | | | 1 |
| 24 | RESET | | | | 4 | 57 | DV_HI_LIM | | | | 4 |
| 25 | BAL_TIME | | | | 4 | 58 | DV_LO_PRI | | | | 1 |
| 26 | RATE | | | | 4 | 59 | DV_LO_LIM | | | | 4 |
| 27 | BKCAL_IN | | | 5 | | 60 | HI_HI_ALM | | | | |
| 28 | OUT_HI_LIM | | 4 | | | 61 | HI_ALM | | | | |
| 29 | OUT_LO_LIM | | 4 | | | 62 | LO_ALM | | | | |
| 30 | BKCAL_HYS | | | | 4 | 63 | LO_LO_ALM | | | | |
| 31 | BKCAL_OUT | | | 5 | | 64 | DV_HI_ALM | | | | |
| 32 | RCAS_IN | | | 5 | | 65 | DV_LO_ALM | | | | |
| 33 | ROUT_IN | | | 5 | | | | | | | |
| | Subtotals | 28 | 43 | 53 | 41 | | Subtotals | 15 | 0 | 30 | 63 |
| | | | | | | | Totals | 43 | 43 | 83 | 104 |

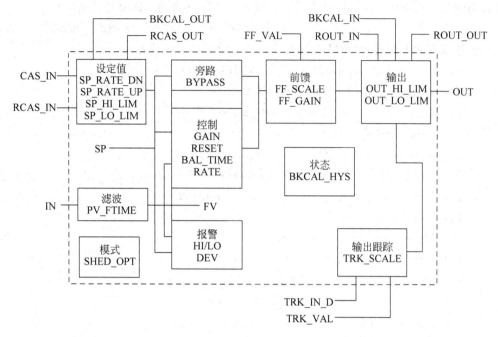

图 5.20　PID 功能块的内部框图

### 5.6.4　功能块服务

功能块服务描述了接口设备、临时性设备与含有功能块应用的现场设备之间，运用 FMS 所进行的相互作用。这些服务为 FB_Read,FB_Write,FB_Alert_Notify,FB_Alert_Ack,FB_Tag,FB_Action,它们支持的服务详情见表 5.11。

表 5.11　功能块服务表

| 功能块服务 | 服务说明 | 支持对象 |
| --- | --- | --- |
| FB_Read | I/T 设备读取现场设备 OD 中的块参数及其他对象的相关值 | 块、参数、链接、趋势、观测 |
| FB_Write | I/T 设备向现场设备 OD 中块参数及其对象写入值 | 块、参数、链接、趋势、观测 |
| FB_Alert_Notify | 现场设备向接口设备报告警报或事件 | 报警 |
| FB_Alert_Ack | 接口设备在处理报警后清除警报/事件的未确认属性 | 报警 |
| FB_Tag | I/T 设备更改块(FB,TB,RB)的位号(Tag) | 块 |
| FB_Action | 使一个块或对象的一个实例被创建或删除 | 块、链接、趋势 |

挂接在控制网络上的设备，除了包含功能块应用的现场设备外，还有接口设备,临时性设备,监视设备三种。接口设备是具有永久性地址的设备,如具有总线网络接口的 PC。手持组态器一般为临时性设备,只具有临时地址。而监视设备一般没有通信地址。接口

设备和临时性设备(I/T 设备)都支持对现场设备应用参数的组态及诊断能力。

这些服务都要求确认。确认结果为成功时返回结果为(+),失败时返回结果为(-)。这些服务都有两个状态,正常状态与等待状态。服务的具体描述如下:

1. FB_Read.req(VCR,Invoke Id,Index,Subindex);
   FB_Read.cnf(+)(VCR,Invoke ID,Data);
   FB_Read.cnf(-)(VCR,Invoke,ID,Reason Code).
2. FB_Write.req(VCR,Invoke Id,Index,Subindex,data);
   FB_Wrte.cnf(-)(VCR,Invoke ID);
   FB_Write.cnf(-)(VCR,ID,Reason Code).
3. FB_Alert_Notify.req(VCR,Index of FBAlarm/Event);
   FB_Alert_Notify.cnf(+)(VCR);
   FB_Alert_Notify.cnf(-)(VCR).
4. FB_Alert_Ack.req(Index,VCR,Invoke ID);
   FB_Alert_Ack.cnf(+)(VCR,Invoke ID);
   FB_Alert_Ack.cnf(-)(VCR,Invoke,ID,Reason Code).
5. FB_Tag.req(VCR,Invoke ID,FB Index,FB Tag);
   FB_Tag.cnf(+)(VCR,Invoke ID);
   FB_Tag.cnf(-)(VCR,Invoke ID,Reason Code).
6. FB_Action.req(VCR,Invoke ID,Index,Data(Action,Function,Occurrence));
   FB_Action.cnf(+)();
   FB_Action.cnf(-)(Reason Code).

这里,VCR 是用以向现场设备发出通信请求的虚拟通信关系的标识,Invoke ID 是分配给请求者的发起标识,Index 指对象在 OD 中的索引;Subindex 是对象属性的逻辑子地址,设为 0 时,表示整个对象;Data 即指参数,作用对象有三个参数:Action——表示作用类型,Function——块或对象的 DD Item ID,Occurrence 为对象在作用类型中出现的次序;Reason Code,服务失败的原因。

### 5.6.5 功能块对象字典

对象字典在功能块应用中作为信息指南。从网络上可以看到的所有参数在对象字典 OD 中都必须有一个登记项。用户要把一个块放置到现场设备中,就必须把这个块的所有参数登记在 OD 中。图 5.21 为功能块对象字典的结构。

对象字典的第一个条目即条目 0 是对对象字典本身概貌的说明。如每组条目的序号,组内的条目数等。接着是数据类型与数据结构的定义。

再接着就是目录对象。

目录对象分成以下四个部分。

(1) 对象指针:指明本地的地址参数,用来直接访问对象,进行读写操作。

(2) OD 的基本描述指针:几个对象公用的对象描述称为基本描述,基本描述指针指向该基本描述的本地地址,用来确定数据类型和对象长度。

（3）OD 的专有描述指针：每个对象专有的对象描述称为专有描述，它指向该专有描述的本地地址，用来确定参数的访问、使用和指定功能块参数的读写方法。

（4）扩展描述指针：扩展描述为设备描述 DD 的相关信息，扩展描述指针指向扩展信息的本地地址，用来确定参数名、DD 的 Item ID 和 DD 的成员（Member）ID。

后面就是对各个对象具体的对象描述了，又分为静态和动态对象描述两部分。在系统运行过程中数值会发生变化的对象，如视图对象，属于动态对象字典部分；而对功能块、资源块、链接对象等的对象描述则属于静态对象字典部分。

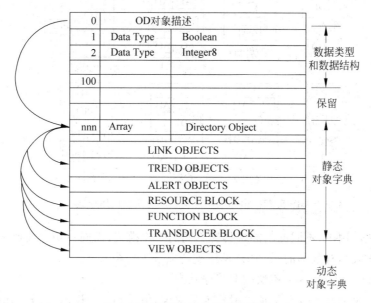

图 5.21 功能块对象字典的结构

图 5.22 表明了功能块对象字典的具体内容，包括功能块目录项、功能块特性、静态版本号、位号描述以及功能块的具体参数。

图 5.22 功能块对象字典的具体内容

## 5.6.6 功能块应用

现场设备的功能由它所具有的块以及块与块之间的相互连接关系所决定。表 5.7 中的 10 个基本功能块已可满足低速网段 80% 的应用需求。图 5.23 表示了由标准功能块组成的几种控制系统的典型应用形式：输入；输出；手动控制（ML+AO）；反馈控制（AI+PID+AO）；前馈控制；串级控制；比值控制等等。

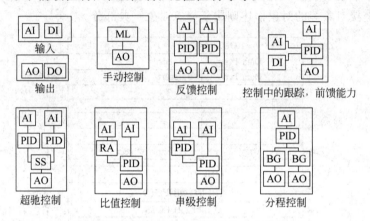

图 5.23 由标准功能块组成的典型应用形式

在功能块应用中，不同的功能块具有不同的工作模式，而同一功能块处于不同工作模式下的作用方式是有区别的，如 PID 模块支持以下工作模式。

Out of Service(OOS)：模块的非工作状态。

Manual：手动状态，OUT 值由操作人员决定，但受到 OUT_SCALE 的限制。

AUTO：自动状态，以测量值 PV 和设定值 SP 为输入，偏差经 PID 运算得到 OUT 值。

Cascade(AUTO+CAS)：串级控制状态，以 CAS_IN 为设定值，PV 为测量输入，偏差经 PID 运算得到 OUT 值。

Remote Cascade(AUTO+RCAS)：远程串级控制状态，以 RCAS_IN 为设定值，PV 为测量输入，偏差经 PID 运算得到 OUT 值。

Remote Output(AUTO+ROUT)：远程输出状态，OUT 值为 ROUT_IN 的值。

## 5.7 设备描述与设备描述语言

### 5.7.1 设备描述

设备描述 DD(Device Descriptions)是 FF 为实现设备间的可互操作而提供的关键技术和重要工具。要求现场设备具备互操作性，一方面必须使功能块参数与性能的规定标准化，另一方面也为用户和制造商加入新的块或参数提供条件。系统正是凭借设备描述 DD 来理解来自不同制造商的设备的数据意义，即设备描述为理解设备的数据意义提供必需的信息。因而也可以看作控制系统或主机对某个设备的驱动程序，可以说设备描述是设备驱动的基础。

DD 为虚拟现场设备中的每个对象提供了扩展描述。DD 内包括参数的位号、工程单位、要显示的十进制数、参数关系、量程与诊断菜单。在 FF 现场设备开发中的一项重要内容就是开发现场设备的设备描述 DD。

设备描述 DD 由设备描述语言 DDL 实现,这是一种独立于制造商的设备功能方法。这种为设备提供可互操作性的设备描述由两个部分组成,一部分是由基金会提供的,它包括由 DDL 描述的一组标准块及参数定义;一部分是制造商提供的,它包括由 DDL 描述的设备功能的特殊部分,这两部分结合在一起,完整地描述了设备的特性。

### 5.7.2 设备描述的参数分层

为了使设备构成与系统组态变得更容易,现场总线基金会已经规定了设备参数的分层。分层规定如图 5.24 所示。分层中的第一层是通用参数,通用参数指那些公共属性,如标签、版本、模式等,所有的块都必须包含通用参数。

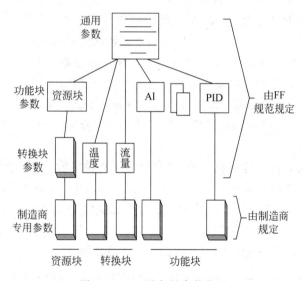

图 5.24 FF 设备的参数分层

分层中的第二层是功能块参数。该层为标准功能块规定了参数,也为标准资源块规定了参数。

第三层称为转换块参数。本层为标准转换块定义参数,在某些情况下,转换块规范也可能为标准资源块规定参数。现场总线基金会已经为头三层编写了设备描述,形成了标准的基金会现场总线设备描述。

第四层称之为制造商专用参数,在这个层次上,每个制造商都可以自由地为功能块和转换块增置他们自己的参数。这些新增置的参数应该包含在附加 DD 中。

### 5.7.3 设备描述语言

设备描述语言 DDL(Device Description Language)是一种用以进行设备描述的标准编程语言。通过它描述现场总线接口可访问的信息。DDL 是可读的结构文本语言,表示一个现场设备如何与主机应用及其他现场设备相互作用。采用设备描述编译器，把 DDL 编写的设备描述的源程序转化为机器可读的输出文件。控制系统正是凭借这些机器可读的输出文件来理解各制造商的设备的数据意义。现场总线基金会把基金会的标准 DD 和经基金会注册过的制造商附加 DD 写成 CD-ROM，提供给用户。

DDL 由一些基本结构件(Constructs)组成，每个结构件有一组相应的属性，属性可以是静态的，也可以是动态的，它随参数值的改变而改变。现场总线基金会规定的 DDL 共有 16 种基本结构。它们是

块(Blocks)，它描述一个块的外部特性。

变量(Variables)、记录(Records)、数组(Arrays)，分别描述设备包含的数据。

菜单(Menus)、编辑显示(Edit Displays)，提供人机界面支持方法，描述主机如何提供数据。

方法(Methods)，描述主机应用与现场设备间发生相互作用的复杂序列的处理过程。

单位关系(Unit Relations)、刷新关系(Refresh Relations)及整体写入关系(Write_As_One Relations)，描述变量、记录、数组间的相互关系。

变量表(Variable Lists)，按成组特性描述设备数据的逻辑分组。

项目数组(Item Arrays)、数集(Collections)，描述数据的逻辑分组。

程序(Programs)，说明主机如何激活设备的可执行代码。

域(Domains)，用于从现场设备上载或向现场设备下载大量的数据。

响应代码(Response Codes)，说明一个变量、记录、数组、变量表、程序或域的具体应用响应代码。

DD 源文件由设备的描述信息开始，然后说明块及块参数的属性，以及其他结构的属性，这些结构共同构成一个整体。如在 BLOCKAI 中，描述一个参数(如 PV)时给出了其项目名(如 PVI)，在 RECORD PV1 中对该参数作详细的定义，其工程单位则在 UNIT 中定义。

下面是一个具有 AI 功能块的设备的部分 DD 源文件：

```
MANUFACTURER integer(0～16777215)      /*制造商序号，由 FF 注册、分配*/
DEVICE—TYPE integer(0～65535)          /*设备类型识别号，由制造商定义*/
DEVICE_REVISION integer(0～255)        /*制造商定义的该现场设备的版本号*/
DD_REVISION integer(0～255)            /*制造商定义的该设备的 DD 版本号*/
BLOCK ail                              /*制造具有一个模拟输入功能块*/
{ CHARACTETISTICS fb_ai                /*描述块类型的一记录*/
  LABEL                                /*主机提供给用户时的块的说明串*/
  PARTAMETERS                          /*块包含的参数*/
  {…
  PV,PV1,Process Variable              /*过程变量*/
  OUT out1 Result Value                /*输出结果值*/
  ……
  }
  ……                                   /*其他可选属性,如变量表、帮助等*/
```

}
RECORD PV1                              /＊PV1 是一个记录＊/
{
MEMBERS                                 /＊成员＊/
{…
}
LABEL                                   /＊标签＊/
}

### 5.7.4 DD 的开发

DD 的开发可分为几个步骤。

1. 首先采用标准编程语言即设备描述语言 DDL 编写设备描述的源程序。开发者用 DDL 语言描述其设备，写成 DD 源文件。源文件描述标准的、用户组定义的以及设备专用的块及参数的定义。DD 源文件包含了设备中所有可访问信息的应用说明。

2. 采用 DD 源文件编译器 DD Tokenizer，对源文件进行编译，生成 DD 目标文件。编译器也可对源文件进行差错检查，编译生成的二进制格式的目标文件为机器可读格式，可在网络上传送。

一般可在 PC 内，也可在专用装置内，采用编译器作为工具，把 DD 的输入源文件转化为 DD 目标输出文件。图 5.25 简述了一个通过编译进行文件转化的例子。

```
DDL 源文件
VARIABLE ProcessVariable
{LABEL"MEASURED_VALUE";
 TYPE FLOAT
  {DISPLAY_FORMAT"3.1f ";
   MAX_VALUE 110.0;
   MIN_VALUE 0.0 }
  }
```

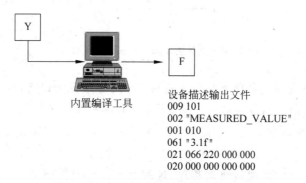

图 5.25　设备描述编译器的工作示例

现场总线基金会为所有标准的功能块和变换块提供设备描述 DD。设备生产商一般也要参照标准 DD，准备另一个附加 DD。供应商可以为自己的产品增加特殊作用与特性，如他们自己产品的量程、诊断程序等，并把对这些增加的特色所作的描述，写入到附加 DD 中。

3. 开发或配置 DD 库。开发好 DD 源文件、进行编译后，应提交基金会进行互可操作性实验。通过后，由基金会进行设备注册，颁发 FF 标志，并将该设备的 DD（目标文件）加入到 FF 的 DD 库中，分发给用户。这样，所有的现场总线系统用户就可直接使用该设备了。

现场总线基金会为标准 DD 制作了 CD-ROM 并向用户提供这些光盘。制造商可以为用户提供他们的附加 DD。如果制造商向现场总线基金会注册过他的附加 DD 的话，现场总线基金会也可以向用户提供那些附加 DD，并把它与标准 DD 一起写入到 CD-ROM 中。

4. 开发或配置设备描述服务。在主机一侧，采用称为设备描述服务 DDS（DD Services）的库函数来读取设备描述。注意，DDS 读取的是描述，而不是操作值。跨越现场总线从现场设备中读取操作值应采用 FMS 通信服务。

由主机系统把 FF 提供的 DDS 作为解释工具，对 DD 目标文件信息进行解释，实现设备的可互操作性。DD 目标文件一般存在于主机系统中，也可存在于现场设备中。设备描述服务 DDS 提供了一种技术，只需采用一个版本的人机接口程序，便可使来自不同供应商的设备能挂接在同一段总线上协同工作。设备描述库的组成及其工作过程如图 5.26 所示。

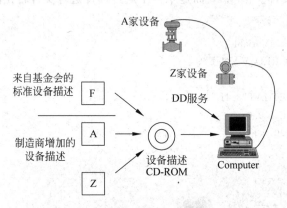

图 5.26 设备描述库的组成及其工作过程

如果一个设备支持上载服务且包含有对 DD 的虚拟现场设备，则可以跨越现场总线直接从设备中读取附加的设备描述。设备描述 DD 为控制系统、主机、包括人机接口理解存在于 VFD 内的数据意义提供所需要的信息，因此 DD 可以被看成设备的驱动程序。这有点类似于 PC 和与它连接的打印机之间的驱动关系那样，当 PC 装入不同厂家生产的打印机的驱动程序后，PC 机通过驱动程序，理解并与打印机沟通信息，就可以与不同厂家生产的打印机联机工作。同理，任何控制系统或主机装有某个设备的驱动程序 DD，就可以和该设备一起协同工作。

要把一个新设备加到现场总线上，只需简单地通过连线把设备接到总线上，并把标准

DD 和对这个新设备进行描述的附加 DD(如果有的话)装入控制系统或主机,新设备就可以与系统协同工作了。

### 5.7.5 CFF 文件

CFF 文件指采用公共文件格式(Common File Format)写成的设备能力文件(Capability File)。这是基金会为保证设备互操作性而采用的又一种方式。基金会要求,从 1999 年 9 月开始,制造商在设备注册时,一方面要提供设备描述,同时还要提供 CFF 文件,并由基金会负责对已注册设备的设备描述和 CFF 文件进行维护。

CFF 文件基于共同的文件格式规范,其主要作用是为主机等离线组态工具提供设备的细节信息。CFF 文件中包含有设备内的行规信息,设备内部功能块的实际数量,功能块定时,提供通信与功能块数据的确切含义,以及主机系统离线组态时需要的其他细节内容。因此它所提供的信息内容不同于设备描述 DD。设备描述所说明的是功能块参数、参数的关联关系,用于组态设备功能块的菜单与程序,位号和帮助信息等。

下面是 CFF 文件的一个示例。

```
//=================
// File Header
//=================
[File Header]
FileType=CapabilitiesFile
FileDate=1999,06,14         // 14 June,1999
Description="This is an example of a Capabilities File of the PT451 Pressure Transmitter"
//===================
// Device Header
//===================
[Device Header]
[Device VFD 1]
// Each VFD contains the three following attributes for FMS Identify.
VendorName="Fieldbus Foundation"ModelName="PT451"Revision="Rev 3.0-Management"
```

## 5.8 FF 通信控制器与网卡

### 5.8.1 FF 的通信控制器 FB3050

本节以 SMAR 公司生产的 FB3050 为例,介绍基金会现场总线通信控制器。FB3050 是 SMAR 公司推出的第三代基金会现场总线通信控制器芯片。芯片设计时考虑了和各种流行的微处理器接口。该芯片可用于现场总线上的主设备的通信接口,也可以用作从设备的通信接口。

1. FB3050 的功能框图

FB3050 的功能框图见图 5.27。从 FB3050 的功能框图中可以看出,图的左边部分是

CPU 地址、数据和控制总线，FB3050 通过三总线和 CPU 相连接。右边部分是 FB3050 输出的存储器总线。下面部分是 FB3050 通过介质存取单元和现场总线相连接。中间部分是 FB3050 的内部功能块。

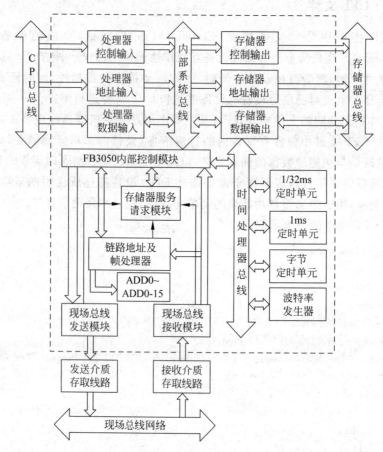

图 5.27　FB3050 的功能框图

FB3050 的数据总线宽度为八位，外接 CPU 的 16 位地址线，16 位地址线经过 FB3050 缓冲和变换后输出，输出的地址线称作存储器总线，CPU 和 FB3050 二者都能够通过存储器总线访问挂接在该总线上的存储器。因此挂接在该总线上的存储器是 CPU 和 FB3050 的公用存储器。

在 FB3050 通信控制器发送和接收模块中，分别包含有曼彻斯特数据编码和解码器，可以对发送和接收的数据进行曼彻斯特编码和解码。因此 FB3050 仅需要一个外部介质存取单元和相应的滤波线路就可以直接接到现场总线上，简化了用户电路的设计。

FB3050 内部包含有帧校验逻辑，在接收数据的过程中能自动地对接收数据进行帧校验，在发送数据过程中，是否对发送数据产生帧校验序列由用户通过软件编程来控制。帧的状态信息随时供软件读取和查询。

为了网络通信系统的可靠，FB3050 内部设置了禁止"闲谈"的功能，保证本节点不会无限制地占用网络；从而保证了网络的可靠性。所谓禁止"闲谈"功能，实际上是一个定

## 5.8 FF通信控制器与网卡

时器,因为根据基金会现场总线的规范,信息帧的长度是有限制的,当传输速率一定时,那么每发送一帧的时间就不会超过某个确定的时间间隔。只有当某个节点在非正常情况下,比如软件出现死锁,可能会长期占用网络的发送权,使得整个网络通信瘫痪,在通信控制器内设置一个定时器,从本节点占有发送权开始计时,当超过规定时间仍然不交出发送权的话,定时器将强制剥夺本节点的发送权。

FB3050通信控制器内部包含有两个DMA电路,DMA电路可以通过存储器总线访问存储器,从而可以直接将存储器中的数据块发送出去,或直接将数据帧接收到存储器中。DMA控制下的数据接收和数据发送是在不中断CPU的正常程序执行的情况下进行数据发送和接收的,因此就有可能出现CPU和DMA两者争用存储器总线的情况,FB3050采用两种不同的仲裁机制以分别适应MOTOROLA、INTEL两大系列的CPU总线。

通过内部的寄存器组,用户可以方便地写入控制字,对FB3050进行组态和操作。用户也可以容易地读到FB3050内部的状态。

为了适应不同的CPU总线接口,FB3050使用了两个时钟源,其中一个用于和系统同步,另一个用于控制通信数据的速率。

为了减轻CPU软件的负担,FB3050内部设计了数据链路层地址及帧的自动识别处理器,提供了一套自动识别帧控制字和帧目的地址的逻辑机制,有了这套机制,再加上DMA电路,FB3050可以几乎不用CPU干预的情况下就能从网上全部正确接收属于本节点的信息帧。

为了方便编程,FB3050内部还提供了三个定时器,供数据链路层编程使用,它们分别是字节传输时间定时器、1/32ms定时器和1ms定时器。

FB3050控制器内部有一套灵活的中断机制,通过一条中断申请信号线,向CPU申请中断,CPU通过读内部的中断状态寄存器就能确定中断源。总线上发生的许多变化条件都可以作为中断源。此外FB3050内部的定时器都可以产生中断申请。所有的中断源都是可屏蔽和可识别的。

FB3050可以和大多数微处理器相连接,FB3050有两个片选输入端,一个用于选择通过FB3050访问的64K字节存储器,一个用于选择FB3050内部寄存器。

FB3050内部有信号极性识别和矫正电路,因此允许总线网络的两根线无极性的任意连接。

2. FB3050的引脚信号介绍

FB3050采用了TQPF100的封装,共有100条引脚,表5.12给出了FB3050引脚信号一览表。

表5.12  FB3050引脚信号一览表

| TQFP | 名称 | 类型 | 描述 |
| --- | --- | --- | --- |
| 71 | PI_CLOCK | 输入 | 与CPU同步的系统时钟 |
| 49 | PI_NETCLOCK | 输入 | 现场总线网络时钟输入 |
| 46 | PO_CLK125 | 输出 | 通用的125kHz时钟信号 |

续表

| TQFP | 名　称 | 类型 | 描　述 |
|---|---|---|---|
| 55-93 | PI_ADDR[15:0] | 输入 | 16位CPU地址总线 |
| 56-70 | PB_CDATA[7:0] | 双向 | 8位CPU数据总线 |
| 37 | PI_CS64K_I | 输入 | 64K字节存储器的片选 |
| 36 | PI_CSF31_I | 输入 | 内部寄存器片选 |
| 54 | PI_RESET_I | 输入 | 系统复位 |
| 72 | PI_CRW | 输入 | 写选通信号 |
| 73 | PI_CET | 输入 | 读选通信号 |
| 74 | PI_CAS | 输入 | 地址锁存 |
| 44 | PI_MUXON | 输入 | 选用地址/数据复用总线信号 |
| 38 | PI_MODE | 输入 | 选用CPU系列的信号 |
| 52 | PO_READY | 输出 | 请求等待信号 |
| 53 | PO_INT_I | 输出 | 中断申请信号 |
| 43 | PI_INT_I | 输入 | 外部过路中断申请输入信号 |
| 94-16 | PO_MADDR[15:0] | 输出 | 16位存储器地址总线 |
| 28-17 | PB_MDATA[7:0] | 双向 | 8位存储器数据总线 |
| 39 | PO_MOD | 输出 | 存储器总线读选通信号 |
| 42 | PO_MWR | 输出 | 存储器总线写选通信号 |
| 84-77 | PO_XADDR[7:0] | 输出 | 存储器总线扩展地址线(段地址线) |
| 41 | PO_MRAM_I | 输出 | RAM片选 |
| 40 | PO_MROM_I | 输出 | ROM片选 |
| 32 | PO_MCSC | 输出 | (BCXXH)或(0CXXH)地址选择 |
| 33 | PO_MCSD_I | 输出 | (BDXXH)或(0DXXH)地址选择 |
| 34 | PO_MCSE_I | 输出 | (BEXXH)或(0EXXH)地址选择 |
| 35 | PO_MCSF_I | 输出 | (BFXXH)或(0FXXH)地址选择 |
| 29 | PI_PHPDU | 输入 | 接收现场总线信号输入 |
| 31 | PO_PHPDU | 输出 | 发送现场总线信号输出 |
| 30 | PO_TACT | 输出 | 数据发送允许信号 |
| 2 | PO_SOH | 输出 | 收到帧头的状态信号 |
| 11 | PO_EOH | 输出 | 收到帧尾的状态信号 |
| 23 | PO_TDRE | 输出 | 发送数据寄存器空的状态信号 |
| 24 | PO_RDRF | 输出 | 接收数据寄存器满的状态信号 |
| 14 | PO_SYN | 输出 | 接收器正在接收数据的状态信号 |
| 45 | PI_EDGE | 输入 | 同步系统时钟沿的选择信号 |
| 12,25,50,75,100 | VCC | | +3.3V或+5V电源 |
| 1,13,26,48 51,76 | GND | | 信号地 |
| 88 | | | |

下面分组介绍各引脚信号的功能。

(1) 时钟和定时功能信号

此类信号共有四个,三个输入分别用于FB3050的系统时钟,传输数据速率时钟以及规定FB3050的系统时钟同步沿。一个125kHz输出信号供用户线路中使用。

PI_CLOCK、PI_NETCLOCK 为两条时钟信号输入线,前者用于 FB3050 的存储器读写操作同步于系统,后者则用于确定现场总线上数据传输速率及相关定时器的定时间隔。FB3050 要求两个时钟信号同源,即 PI_NETCLOCK 是 PI_CLOCK 经分频而产生的。

PO_CLK125 输出,FB3050 产生并输出的 125kHz 的通用时钟信号。

PI_EDGE 输入,用于确定 FB3050 与 PI_CLOCK 的同步沿。本信号为高电平,同步于上升沿,否则同步于下降沿。这主要是考虑 FB3050 适应不同的 CPU 的总线。

(2) CPU 接口信号

这些信号用于 FB3050 和 CPU 的接口,包括 16 条地址线,8 条地址线,两条片选线,两条读写控制线和中断申请线等。

PI_ADDR[15:0]输入,接 CPU 的地址总线,当采用地址/数据分时复用总线时,PI_ADDR[7:0]应当接信号地。

PB_CDATA[7:0]双向,接 CPU 的数据总线或地址/数据分时复用总线。

PI_CS64K_I 输入,为低电平表示 CPU 通过 FB3050 寻址 64KB 存储器。

PI_CSF31_I 输入,为低电平表示 CPU 访问 FB3050 内部寄存器。

PI_RESET_I 输入,系统复位信号。低电平强迫 FB3050 到初始状态。

PI_CRW 输入,对 MOTOROLA 系列 CPU,表示读/写控制信号,对 INTEL 系列 CPU,表示写控制信号。

PI_CET 输入,读控制信号。

PI_MUXON 输入,为高电平表示使用的是地址/数据复合总线,否则接信号地。

PI_MODE 输入,为高电平表示使用 INTEL 系列 CPU,为低电平表示使用 MOTOROLA 系列 CPU。

PO_READY 输出,此信号有两个作用,一是当 FB3050 与高速 CPU 接口,CPU 访问 FB3050 的内部寄存器,FB3050 速度跟不上,用此引脚指示 CPU 插入等待状态。二是当 FB3050 的 DMA 操作和 CPU 争用存储器总线时,指示 CPU 插入等待状态,协调二者的操作。

PO_INT_I 输出,低电平表示 FB3050 产生了中断申请信号。

PI_INT_I 输入,低电平表示外部其他设备通过 FB3050 向 CPU 申请中断。

(3) 存储器总线信号

本组信号是通过 FB3050 对 CPU 的地址总线进行变换后所产生的一组存储器总线,这组存储器总线上可以挂接 RAM、ROM 等存储器,也可以挂接存储器映射的 I/O 设备。变换后的存储器总线,增加了 8 条扩展存储器地址线,配合使用 FB3050 内部增加的段地址寄存器,使得存储器总线的寻址范围大大超出了原 CPU 输入的 64KB 容量,另外还输出了 6 条可编程的片选信号。

CPU 可以通过 PI_CS64K_I 片选信号和这组存储器总线,访问挂接在总线上的存储器,FB3050 也可以通过 DMA 线路访问总线上的存储器。因此这组存储器总线和所挂接的存储器是 CPU 和 FB3050 共享的。

SMAR 公司采用这种设计方式主要原因是,SMAR 公司的通信栈软件是在 MOTOROLA 的单片机 68HC11 上开发的,而 68HC11 单片机的寻址能力比较小,只有

64KB；因此采用了在通信控制器上增加段寄存器，扩展 CPU 的寻址能力。通过存储器总线扩展的存储空间，是 CPU 和 FB3050 都能够访问的，因此使用一般的存储器芯片即可构成一个共享存储空间，避免使用价格较高的双口 RAM 芯片；同时 FB3050 将片选译码采用编程的方式解决，避免了片外再加译码逻辑电路。这种设计虽然是针对 68HC11 的，但由于采用了可编程的灵活方式，因此对其他系列的单片机和微处理器也是可用的。

PI_MADDR[15：0]输出，16 位存储器地址线。

PB_MDATA[7：0]双向，存储器数据总线。

PO_MOD 输出，低电平有效，存储器总线的读控制线。

PO_MWR 输出，存储器总线上的写控制信号。

PO_XADDR[7：0]输出，存储器总线上的扩展地址线。

PO_MRAM_I 输出，低电平有效，存储器总线上的 RAM 片选线，其地址范围由内部寄存器编程决定，详见寄存器编程部分。

PO_MROM_I 输出，低电平有效，存储器总线上的 ROM 片选线，其地址范围由内部寄存器编程决定，详见寄存器编程部分。

PO_MCSC 输出，高电平有效，存储器总线上的存储器映射的 I/O 片选线，其地址范围由内部寄存器编程决定，详见寄存器编程部分。

PO_MCSD_I 输出，低电平有效，存储器总线上的存储器映射的 I/O 片选线，其地址范围由内部寄存器编程决定，详见寄存器编程部分。

PO_MCSE_I 输出，低电平有效，存储器总线上的存储器映射的 I/O 片选线，其地址范围由内部寄存器编程决定，详见寄存器编程部分。

PO_MCSF_I 输出，低电平有效，存储器总线上的存储器映射的 I/O 片选线，其地址范围由内部寄存器编程决定，详见寄存器编程部分。

（4）现场总线接口引脚

FB3050 共有 8 条现场总线接口线，一条接收数据的信号线；一条发送数据的信号线，一条控制总线发送器工作状态的控制线，5 条状态信号线。

PI_PHPDU 输入，接收来自介质存取单元的总线信号，接收的数据信号的格式符合总线曼彻斯特编码规则。

PO_PHPDU 输出，发送数据到介质存取单元，发送的数据的格式符合总线曼彻斯特编码规则。

PO_TACT 输出，高电平表示 FB3050 发送器开始发送数据；用此信号控制介质存取单元开始发送。

PO_SOH 输出，高电平表示 FB3050 接收到了一个有效的帧前定界码；此信号的状态可以从 FB3050 内部中断状态寄存器读到。

PO_EOH 输出，高电平表示 FB3050 收到了一个有效的帧结束码。

PO_TDRE 输出，高电平表示 FB3050 发送数据寄存器空，CPU 可以向发送寄存器写入下一个发送数据。此信号的状态可以从 FB3050 内部中断状态寄存器读到。

PO_RDRF 输出，高电平表示 FB3050 接收数据寄存器满，CPU 可以从接收寄存器读出有效接收数据。此信号的状态可以从 FB3050 内部中断状态寄存器读到。

## 5.8 FF通信控制器与网卡

PO_SYN 输出,高电平表示 FB3050 接收器开始工作,而且正在接收现场总线信号;此信号的状态可以从 FB3050 内部中断状态寄存器读到。

3. FB3050 的内部寄存器

FB3050 内部共有几十个可寻址的寄存器,寄存器是通过片选信号 PI_CSF31 和 CPU 地址总线的低 6 位来寻址的。表 5.13 是 FB3050 内部寄存器一览表。

表 5.13  FB3050 内部寄存器一览表

| 地址 | 寄存器名称 | 读 写 |
|---|---|---|
| XX00 | 接收寄存器 | 读 |
| XX00 | 发送寄存器 | 写 |
| XX01 | 控制寄存器 0 | 读/写 |
| XX02 | 控制寄存器 1 | 读/写 |
| XX03 | 中断状态主寄存器 | 读 |
| XX03 | 控制寄存器 2 | 写 |
| XX04 | 中断状态寄存器 0 | 读/写_清零 |
| XX05 | 中断状态寄存器 1 | 读/写_清零 |
| XX06 | 中断状态寄存器 2 | 读/写_清零 |
| XX07 | 中断状态寄存器 3 | 读/写_清零 |
| XX08 | 中断屏蔽寄存器 0 | 读/写 |
| XX09 | 中断屏蔽寄存器 1 | 读/写 |
| XX0A | 中断屏蔽寄存器 2 | 读/写 |
| XX0B | 中断屏蔽寄存器 3 | 读/写 |
| XX0C | 发送字节计数器高字节 | 读/写 |
| XX0D | 发送字节计数器低字节 | 读/写 |
| XX0E | 发送数据缓冲区地址指针高字节 | 读/写 |
| XX0F | 发送数据缓冲区地址指针低字节 | 读/写 |
| XX10 | 发送数据缓冲区地址段 | 读/写 |
| XX11 | HC11 数据段 B | 读/写 |
| XX12 | 接收数据缓冲区地址指针高字节 | 读/写 |
| XX13 | 接收数据缓冲区地址指针低字节 | 读/写 |
| XX14 | 接收数据缓冲区地址段 | 读/写 |
| XX15 | HC11 代码段 | 读/写 |
| XX16 | 地址匹配矢量高字节 | 读 |
| XX16 | 16 地址表地址指针高字节 | 写 |
| XX17 | 地址匹配矢量低字节 | 读 |
| XX17 | 16 地址表地址指针低字节 | 写 |
| XX18 | 帧码 | 读 |
| XX18 | 32 位地址表地址指针高字节 | 写 |
| XX19 | 帧控制码 | 读 |
| XX19 | 32 位地址表地址指针高字节 | 写 |
| XX1A | 地址表的地址段 | 读/写 |
| XX1B | 节点标识 | 读/写 |
| XX1C | 状态 0 | 读 |

续表

| 地　址 | 寄存器名称 | 读　写 |
|---|---|---|
| XX1D | 状态 1 | 读 |
| XX1E | 状态 2 | 读 |
| XX1F | HC11 数据段 A | 读/写 |
| XX20 | 1/32 毫秒计数器计数值高字节 | 读 |
| XX20 | 1/32 毫秒计数器计数值比较值高字节 | 写 |
| XX21 | 1/32 毫秒计数器计数值低字节 | 读 |
| XX21 | 1/32 毫秒计数器计数值比较值低字节 | 写 |
| XX22 | 1 毫秒计数器计数值高字节 | 读 |
| XX22 | 1 毫秒计数器计数值比较值高字节 | 写 |
| XX23 | 1 毫秒计数器计数值低字节 | 读 |
| XX23 | 1 毫秒计数器计数值比较值低字节 | 写 |
| XX24 | 字节时间计数器计数值高字节 | 读 |
| XX24 | 字节时间计数器计数值比较值高字节 | 写 |
| XX25 | 字节时间计数器计数值低字节 | 读 |
| XX25 | 字节时间计数器计数值比较值低字节 | 写 |

**4. FB3050 几种工作方式**

FB3050 现场总线通信控制器允许用户以程序查询、中断、DMA、帧和帧目的地址自动识别等四种不同的方式工作,下面结合各个寄存器的编程、使用及其注意事项分别对几种工作方式进行详细介绍。

1) 寄存器运行方式

所谓寄存器运行方式就是指 CPU 通过查询状态寄存器的内容,或结合部分必要的中断条件,来完成现场总线的通信工作。这是最基本的一种使用方式。这种方式的特点是要接收和发送的每一个字节都必须由 CPU 进行读取和写入,对每一种逻辑条件都要由 CPU 来判断,因而 CPU 的时间开销比较大。这种方式用到了通信控制器的大部分寄存器。

(1) 发送、接收数据寄存器

发送数据寄存器存放要发送的数据字节,该寄存器由 CPU 或 FB3050 内部的发送 DMA 写入数据,FB3050 的发送逻辑将此数据装入发送移位寄存器,逐位通过 PO_PHPDU 的引脚发送出去。每当发送寄存器空时,对应的中断状态寄存器 0 的 D0 状态位 TDRE 和引脚 PO_TDRE 变为 1,向 CPU 或 DMA 申请下一个要发送的数据。用户可以采用程序查询、中断或 DMA 中任一种方式来填入发送数据。有两种情况需要注意,其一是当移位寄存器的数据发送完后,下一个发送数据仍然没有写入发送数据寄存器,则通信控制器认为本帧结束,接着就发送帧校验码和帧后定界码,结束本帧的发送。其二是当发送数据寄存器未空时,写入新的数据将覆盖旧数据,产生发送过载。

接收数据寄存器是存放 FB3050 从总线上接收到并装配好的数据字节,每当该寄存器接收到一个完整的字节,对应的中断状态寄存器 0 的 D7 状态位 RDRF 和 FB3050 的引脚 PI_RDRF 变为 1,通知 CPU 或接收 DMA 来读数。用户可以采用程序查询、中断或 DMA 任一种方式读取该寄存器的数据。如果接收的数据不及时读取,会被下一个接收

## 5.8 FF通信控制器与网卡

的数据覆盖,造成接收过载。

发送、接收数据寄存器共用一个地址 00H,写该地址是对发送寄存器操作,而读该地址则是对接收寄存器操作。

(2) 控制寄存器 0

控制寄存器 0 是一个命令寄存器,口地址为 01H;可读可写。其数据格式如下。

| D7 | D6 | D5 | D4 | D3 | D2 | D1 | D0 |
|---|---|---|---|---|---|---|---|
| 片选基地址选择 | 0 | 允许接收 | 全/半双工 | 允许发送 | 允许发送帧校验 | PREA_1 | PREA_0 |

D7:片选基地址选择位,本位确定 FB3050 各个片选信号的基地址,当本位为 1 时,片选信号的基地址为 B000H,否则为 0000H。

D6:未用。

D5:为 1 时,允许接收器工作;否则禁止接收器工作。

D4:为 1 时,允许全双工工作,否则为半双工工作。

D3:为 1 时,允许发送器工作,否则禁止发送器工作。

D2:为 1 时,允许发送器进行帧校验,否则禁止发送器进行帧校验。

D1,D0:确定发送帧前导码的长度。

00:帧前导码为一个字节

01:帧前导码为两个字节

10:帧前导码为三个字节

11:帧前导码为四个字节

(3) 控制寄存器 1

控制寄存器 1 是一个命令寄存器,口地址为 02H;可读可写。其读写数据格式如下。

| D7 | D6 | D5 | D4 | D3 | D2 | D1 | D0 |
|---|---|---|---|---|---|---|---|
| 0 | 0 | 0 | Wait_1 | Wait_0 | EN_TDMA | EN_RDMA | EN_TBDMA |

D7~D5:未用。

D4~D3:确定在 DMA 或 INTEL 类型的 CPU 通过 FB3050 访问存储器时应插入的等待周期数。

D2:为 1 时,允许 DMA 方式发送。

D1:为 1 时,允许 DMA 方式接收。

D0:为 1 时,允许 DMA 分频。

(4) 控制寄存器 2

控制寄存器 2 是一个命令寄存器,口地址为 03H;其数据格式如下。

| D7 | D6 | D5 | D4 | D3 | D2 | D1 | D0 |
|---|---|---|---|---|---|---|---|
| CLKSEL | MD1 | MD0 | BR_4 | BR_3 | BR_2 | BR_1 | BR_0 |

D7：确定 FB3050 的传输数据的时钟源,为 1 时,使用 PI_NETCLOCK,为 0 时,使用 PI_CLOCK。

D6,D5：确定总线上数据的传输速率。

00：禁止时钟源工作

01：H1 模式 31.25kHz

10：H2 模式 1.0MHz

11：H2 模式 2.5MHz

D4～D0：表示分频数。BR_4-BR_0 表示的数加 1 作为分频因子,对由本控制寄存器的 D7 位所决定的时钟源信号进行分频,产生 16 倍于传输位速率的时钟信号。表 5.14 是几个分频计数的例子。

表 5.14  几个分频计数的实例

| 时钟信号 | BR_4-BR_0 | 分频因子 | 位速率 X16 | 位速率 |
|---|---|---|---|---|
| 16MHz | 00000 | 1 | 16MHz | 1MHz |
| 16MHz | 11111 | 32 | 0.5MHz | 31.25kHz |
| 8MHz | 01111 | 16 | 0.5MHz | 31.25kHz |

由控制寄存器 2 所决定的时钟频率与传输速率如图 5.28 所示。

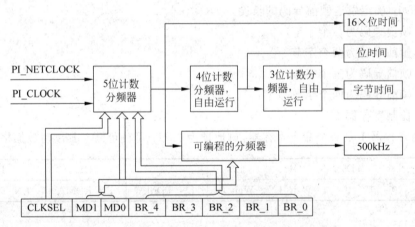

图 5.28  由控制寄存器 2 决定时钟频率和传输速率

(5) 中断状态主寄存器

中断状态主寄存器是一个只读状态寄存器,口地址为 03H,CPU 能够从寄存器中读出目前产生中断的中断源的类别,在每个类别里还有若干个中断源,进一步的信息还需要阅读对应的中断状态寄存器。读出的内容格式如下。

| D7 | D6 | D5 | D4 | D3 | D2 | D1 | D0 |
|---|---|---|---|---|---|---|---|
| EXT | 0 | 0 | 0 | 0 | 定时单元 | 地址单元 | 通信单元 |

## 5.8 FF 通信控制器与网卡

D7：为 1 时，表示从 PI_INT_I 引脚上发出中断申请。

D6～D3：未用。

D2：为 1 时，表示定时单元产生中断申请。

D1：为 1 时，表示地址查找部分产生中断申请。

D0：为 1 表示通信接口部分产生中断申请。

(6) 中断状态寄存器 0

中断状态寄存器 0 是一个读写寄存器，口地址为 04H，读写的格式如下。

| D7 | D6 | D5 | D4 | D3 | D2 | D1 | D0 |
| --- | --- | --- | --- | --- | --- | --- | --- |
| RDRF | 接收激活 | 收到帧头 | 接收出错 | 收到帧尾 | 接收空闲 | 发送空闲 | TDRE |

读出内容的说明

D7：RDRF，为 1 时，表示接收寄存器满。

D6：接收激活，为 1 时，表示接收器正在接收数据。

D5：收到帧头，为 1 时，表示接收器收到一个帧头定界码。

D4：接收出错，为 1 时，表示接收器过载。

D3：收到帧尾，为 1 时，表示接收器收到一个帧尾定界码。

D2：接收空闲，为 1 时，表示接收器刚刚收完一帧信息。

D1：发送空闲，为 1 时，表示发送器刚刚发送完一帧信息。

D0：TDRE，为 1 时，表示发送寄存器空。

本中断状态寄存器包含了通信接口的 8 个中断状态，如果其中某个中断没有被屏蔽，而其代表的条件满足后，便向 CPU 发出中断申请，本寄存器的对应位被置 1，通过读本寄存器，CPU 便可以查到通信接口的中断源。

写本寄存器的目的是为了清除中断及中断状态，而并不是真正要把数据写入寄存器。对某一位写 1，将使该中断清除，并使本寄存器对应位清零。写 0 则对该中断无影响。

(7) 中断状态寄存器 1

中断状态寄存器 1 是一个读写寄存器，口地址为 05H，读写的格式如下。

| D7 | D6 | D5 | D4 | D3 | D2 | D1 | D0 |
| --- | --- | --- | --- | --- | --- | --- | --- |
| 0 | 0 | 0 | 0 | 收到帧码 | 地址表尾 | 地址符合 | 收到广播 |

读出内容的说明

D7～D4：未用。

D3：收到帧码，为 1 时，表示接收器收到一个帧的控制码。

D2：地址表尾，为 1 时，表示查到地址表的结束符。

D1：地址符合，为 1 时，表示正在接收的帧的目的地址与地址表中的某一地址相符合。

D0：收到广播，为 1 时，表示接收器收到一广播帧。

本中断状态寄存器包含了帧自动识别模式下的 4 个中断状态,在用户编程允许接收器进行帧自动识别的情况下(控制寄存器 1 的 D0 位置 1),如果其中某个中断没有被屏蔽,而其代表的条件满足后,便向 CPU 发出中断申请,本寄存器的对应位被置 1,通过读本寄存器,CPU 便可以查到帧地址自动识别的中断源。

写本寄存器的目的是为了清除中断及中断状态,而并不是真正要把数据写入寄存器。对某一位写 1,将使该中断清除,并使本寄存器对应位清零。写 0 则对该中断无影响。

(8) 中断状态寄存器 2

中断状态寄存器 2 是一个读写寄存器,口地址为 06H,读写的格式如下。

| D7 | D6 | D5 | D4 | D3 | D2 | D1 | D0 |
| --- | --- | --- | --- | --- | --- | --- | --- |
| 0 | 0 | OCTET CMP | OCTET OVF | 1ms CMP | 1ms OVF | 1/32ms CMP | 1/32ms OVF |

读出内容的说明

D7,D6:未用。

D5:OCTET CMP,为 1 时,表示以字节时间为单位的计数器达到比较监视值。

D4:OCTET OVF,为 1 时,表示以字节时间为单位的计数器回 0。

D3:1ms CMP,为 1 时,表示以毫秒为单位的计数器达到比较监视值。

D2:1ms OVF,为 1 时,表示以毫秒为单位的计数器回 0。

D1:1/32ms CMP,为 1 时,表示以 1/32ms 为单位的计数器达到比较监视值。

D0:1/32ms OVF,为 1 时,表示以 1/32ms 为单位的计数器回 0。

本中断状态寄存器包含了与定时器有关的 6 个中断状态,FB3050 为数据链路层提供了三个 16 位的定时器,分别以 1ms、1/32ms、字节传输时间为单位进行计数,对每一个计数器又设置了一个相应的计数值比较器,用于存放比较值,芯片设计每个定时器可以在两种情况下产生中断申请,一是其计数值达到对应的比较值时,二是其计数值回 0 时。如果其中某个中断没有被屏蔽,而其代表的条件满足后,便向 CPU 发出中断申请,本寄存器的对应位被置 1,通过读本寄存器,CPU 便可以查到中断源。

写本寄存器的目的是为了清除中断及中断状态,而并不是真正要把数据写入寄存器。对某一位写 1,将使该中断清除,并使本寄存器对应位清零。写 0 则对该中断无影响。

(9) 中断状态寄存器 3

中断状态寄存器 3 的口地址为 07H,目前保留未用。

(10) 中断屏蔽寄存器 0、1、2、3

FB3050 中对应四个中断状态寄存器,相应地设置了四个中断屏蔽寄存器,它们的口地址是 08H、09H、0AH、0BH。中断屏蔽寄存器的位定义与对应的中断状态寄存器完全相同,中断屏蔽寄存器是可读可写的。某一位写入 1,则对应的中断源被允许中断,写入 0 则该中断源被屏蔽。允许中断的中断源在中断条件满足后,通过 FB3050 的 PO_INT_I 引脚向 CPU 发出中断申请,CPU 接到申请,转入中断服务子程序,在中断服务子程序中通过查询中断状态寄存器,才能真正找到中断源进而为其服务。

2) DMA 运行方式

在前面一种方式下,通信控制器每接收到一个数据,或发送完一个数据都需要 CPU 进行读数或取数,否则就会造成接收或发送过载,从而使本次通信失败。这在 CPU 有其他工作要做的多任务情况下,软件设计比较困难。DMA 运行方式是把正常的读数和取数工作由 DMA 来承担,从而减轻了 CPU 的负担,使编程变得更容易。FB3050 中有两个 DMA 控制器,一个用于数据发送,而另一个用于数据接收。用户可以不用 DMA 方式,可以只用其中的一个,也可以两个都用,完全由用户决定。

采用 DMA 发送一帧数据的大概过程如下,首先用户需要将要发送的数据放到一个 DMA 能读取的存储器缓冲区,把缓冲区的起始地址和数据长度告诉 DMA,再将控制寄存器 1 的允许 DMA 发送位置 1,并将发送过程中用户希望的中断开放,在收到 LAS 允许本节点发送的令牌后,将控制寄存器 0 的允许发送控制位置 1,然后由 CPU 写入发送数据寄存器第一个要发送的字节,通信控制器开始一帧的发送,每发完一个字节,发送数据寄存器变空,相应的 TDRE 位置 1,向 DMA 申请数据,DMA 接到申请,从数据缓冲区取出下一个数据,送往发送数据寄存器,并把发送字节计数器减 1,如此反复循环,一直到发送字节计数器等于 0,DMA 不再送数,通信控制器在得不到新的数据的情况下,就发送帧校验序列和帧尾定界码,结束一帧的发送工作。发送完毕可以产生发送器空闲的中断通知 CPU。

与 DMA 发送方式有关的寄存器有:

(1) 发送字节计数器:16 位,高字节口地址为 0CH,低字节口地址为 0DH。可读可写。计数器放置发送帧长度。基金会现场总线允许的最大值为 511。

(2) 发送数据缓冲区的地址指针寄存器:16 位,高字节口地址为 0EH,低字节口地址为 0FH,可读可写。

(3) 发送缓冲区段地址寄存器:8 位,口地址为 10H,可读可写。

采用 DMA 方式接收数据首先要为通信控制器指出接收的数据应放置在什么地方,所以要将接收数据缓冲区的地址写入接收数据缓冲区的地址寄存器中,然后置控制寄存器 1 的允许接收 DMA 方式,置控制寄存器 0 的允许接收,通信控制器将在网上自动搜寻帧头,从帧头开始到帧结束为止,DMA 将一帧数据完全接收到指定的存储器缓冲区。帧结束后可以用中断的方式通知 CPU,CPU 可以根据接收缓冲区的地址指针变化来计算出所接收帧的长度。

与 DMA 接收方式有关的寄存器有:

(1) 接收数据缓冲区的地址指针寄存器:16 位,高字节口地址为 12H,低字节口地址为 13H,可读可写。

(2) 发送缓冲区段地址寄存器:8 位,口地址为 14H,可读可写。

3) 带帧及地址自动识别的 DMA 接收方式

采用 DMA 方式进行帧接收,虽然避免了 CPU 对每个字节数据的读取,减轻了 CPU 的负担,但是在 DMA 帧接收中,所接收到的帧不一定是发给本节点的,也许与本节点毫无关系,通信控制器在接收的时候并不识别帧的地址。接到的帧是否发给本节点,还需要

CPU 进一步去辨认。

　　FB3050 还提供了另一种带数据链路层帧及地址识别的 DMA 接收方式,这种方式下,接收器每遇到一个帧头,都要对帧的控制字节进行自动译码,以便确定此帧有无目的地址域,然后再对目的地址进行识别,以确定本帧是否应该由本节点接收。从本章前面对数据链路层的控制字的介绍中我们知道,基金会现场总线的信息帧有无目的地址域、8 位目的地址域、16 位目的地址域和 32 位目的地址域 4 种,属于本节点的地址标识事先由 CPU 存入相应的寄存器和存储器缓冲区,接收器通过分别比较来确定正在接收的帧是否属于本站。只有确定本帧是属于本节点接收的,才将其接收下来;否则不予接收。具体接收过程和前面的一般 DMA 接收方式完全相同。除此之外,带地址自动识别的接收方式还可以产生收到控制码、收到广播帧、收到 PSA 帧、地址匹配、地址表结束等中断,对这些中断要分别进行相应的编程,以决定是允许还是禁止其中断,在中断发生后,从相应的状态寄存器或矢量地址寄存器中读出信息,进行处理。要使用带地址自动识别的 DMA 接收方式,首先填写有关寄存器和相应的存储器缓冲区,然后再置 1 控制寄存器 1 的 D0 位;允许地址自动识别模式。

　　与地址自动识别的 DMA 接收方式有关的寄存器有:

　　(1) 接收数据缓冲区的地址指针寄存器:16 位,高字节口地址为 12H,低字节口地址为 13H,可读可写。

　　(2) 发送缓冲区段地址寄存器:8 位,口地址为 14H,可读可写。

　　(3) 节点选择器(Node Selector)地址表起始地址指针寄存器:高字节口地址为 16H,低字节口地址为 17H,只写。

　　从节点选择器地址表起始地址指针寄存器指出的存储器缓冲区顺序放置属于本站的节点选择地址,连续 3 个字节的 0 代表节点选择地址表结束。

　　(4) 网段节点选择器(Link Node Selector)地址表起始地址指针寄存器:高字节口地址为 18H,低字节口地址为 19H,只写。

　　从网段节点选择器地址表起始地址指针寄存器指出的存储器缓冲区顺序放置本站的网段节点选择器地址,连续 6 个字节的 0 代表 32 位地址表结束。

　　(5) 地址表段地址寄存器:口地址为 1AH,可读可写。

　　(6) 节点标识(8 位地址)寄存器:口地址为 1BH,可读可写。匹配地址寄存器为 16 位,高字节口地址为 16H,低字节口地址为 17H,只读。由匹配地址寄存器指出接收的地址和地址表中第几个地址相匹配,具体是和节点选择器,还是和链接节点选择器匹配,可从状态寄存器 1 中读出。

　　(7) 帧码寄存器:存放接收到的帧控制字的顺序号。口地址 18H,只读。

　　(8) 帧控制码寄存器:放置接收到的本帧的控制码。口地址为 19H,只读。

　　为了配合地址自动识别模式的工作,FB3050 还提供了三个状态寄存器供用户查询网络的静态信息。

　　(9) 状态寄存器 0

　　状态寄存器 0 是一个只读寄存器,口地址为 1CH,读出的格式如下。

## 5.8 FF通信控制器与网卡

| D7 | D6 | D5 | D4 | D3 | D2 | D1 | D0 |
|---|---|---|---|---|---|---|---|
| RDRF | 接收激活 | 收到帧头 | 接收出错 | 收到帧尾 | 接收校验 | 发送空闲 | TDRE |

读出内容的说明

D7：RDRF，为1时，表示接收寄存器满。

D6：接收激活，为1时，表示接收器正在接收数据。

D5：收到帧头，为1时，表示接收器收到一个帧头定界码。

D4：接收出错，为1时，表示接收器过载。

D3：收到帧尾，为1时，表示接收器收到一个帧尾定界码。

D2：接收校验，为1时，表示接收器正在进行帧校验。

D1：发送空闲，为1时，表示发送器刚刚发送完一帧信息。

D0：TDRE，为1时，表示发送寄存器空。

(10) 状态寄存器1

状态寄存器1是一个只读寄存器，口地址为1DH，读出的格式如下。

| D7 | D6 | D5 | D4 | D3 | D2 | D1 | D0 |
|---|---|---|---|---|---|---|---|
| 32位地址 | 16位地址 | 8位标识 | PSA | 收到帧码 | 表结束 | 地址匹配 | 收到广播 |

读出内容的说明

D7：为1时，表示要求32位地址。

D6：为1时，表示要求16位地址。

D5：为1时，表示收到8位地址帧。

D4：为1时，表示监测到PSA帧。

D3：为1时，表示收到帧码。

D2：为1时，表示监测到地址表的结束标志。

D1：为1时，表示地址匹配。

D0：为1时，表示收到广播帧。

(11) 状态寄存器2

状态寄存器2是一个只读寄存器，口地址为1EH，读出的格式如下。

| D7 | D6 | D5 | D4 | D3 | D2 | D1 | D0 |
|---|---|---|---|---|---|---|---|
| POL | 查地址表 | 0 | 0 | 0 | 0 | 0 | 0 |

读出内容的说明

D7：为1时，表示现场总线极性接反。

D6：为1时，表示正在进行查表。

D5～D0：未用。

5. 定时器的使用及编程

FB3050 提供给数据链路层三个定时器,计时间隔分别为 1/32ms、1ms 和一个字节传输时间,这些定时器都是 16 位的,计时的时钟信号由芯片的时钟发生器提供,三个计数器采用自由运行方式计数,也就是说,它们的计数值只能读,而不能写入。对每个计数器都设置了一个相应的计数值比较器,比较器也是 16 位的,每当计数器的值和对应比较器的值相等时,便可产生中断申请,在计数器计满溢出回零时,也可产生中断申请。采用定时器定时的方法是,先将计数器的内容读出,加上要定时的间隔,再写入相应的比较器,等计数器和比较器内容相等时产生中断请求,便实现了需要的定时间隔。三个定时器计数器的高位口地址分别为:20H、22H 和 24H;三个定时器计数器的低位口地址分别为:21H、23H 和 25H。三个定时器比较器的高位口地址分别也为:20H、22H 和 24H;三个定时器比较器的低位口地址分别也为:21H、23H 和 25H。当对以上口地址进行读操作时,读出的是计数器的值,而当对它们实行写操作时,写入的是比较器的内容。

### 5.8.2 基于 FB3050 的网卡设计

FB3050 由于其功能齐全,可以用作现场设备的通信控制器,也可以用作主设备的通信网卡。本节讲述如何采用 FB3050 设计符合 PCI 总线标准的基金会现场总线网卡。作为主站的网卡应该包括硬件和软件两部分内容。软件方面的内容应该是实现基金会现场总线通信栈的全部功能,这里仅就在硬件设计中如何满足基金会现场总线数据链路层和物理层的相关要求进行讨论,通过本节理解 FB3050 的实际应用。

1. 网卡设计

本节设计一块 FF 网络接口卡网卡。网卡的主要功能是管理 FF 现场总线网络的通信事务,使网卡能够自主地与总线上的设备通信。网卡所在的 PC 只提供人机界面。网卡上应包括网卡 CPU 与 PC 主机 CPU 的通信接口,CPU 与 FB3050 的硬件接口,FB3050 与局部存储器的接口,FB3050 与总线介质存取访问的接口等四个部分。

(1) 网卡 CPU 的选用

网卡 CPU 是网卡的核心部件,CPU 选择合适与否决定了网卡的成败。嵌入式 CPU 与一般单片机不一样,它除了一般单片机所具有的并口、异步串口、定时器及计数器、中断口、地址线、数据线外,还要有便于产品调试用的同步串口及总线仲裁功能。其寻址空间一般大于 64KB,数据总线的宽度为十六位或三十二位等等。也就是说,嵌入式 CPU 不仅要有单片机的各种外部接口功能,还要有处理器的大规模的信息处理功能。符合上述要求的 CPU 芯片很多,这里选用 Motorola 公司的 MC68HC16Z1 芯片。

MC68HC16Z1 芯片有 2M 的寻址空间(1M 的程序空间,1M 的数据空间),16 位的数据总线宽度,4~25MHz 的时钟频率,7 个中断源,12 条可编程片选线等。

(2) 网卡 CPU 与 PC 的接口

网卡 CPU 在正常的情况下,主要是管理现场总线网络繁忙的通信事务,当 PC 需要查询现场总线网络系统中某些节点的一些参数时,或需要修改现场总线网络系统中某些节点的一些参数时,PC 需要与网卡 CPU 通信。通信的方法有许多种,如串行口、并行口、USB 总线、ISA 总线、PCI 总线等。PC ISA 总线的速度太慢,现已被 PCI 总线替代。

## 5.8 FF 通信控制器与网卡

本设计选用 PCI 总线来实现网卡 CPU 与 PC 的通信。

与 ISA 总线相比,PCI 总线较为复杂,但现在已有不少专用 PCI 接口芯片,这里选用 PCI 9054 芯片作为 PCI 接口芯片,它符合 PCI 规范 2.2 版本。PCI 9054 的本地总线(Local BUS)可以共享网卡 CPU 总线,两总线各自都有自己的总线仲裁器,用来仲裁总线的使用权。为了使网卡 CPU 更好地管理现场总线网络系统的通信,在 PCI 9054 的局部总线与网卡 CPU 总线之间加一块双口 RAM IDT 7025 隔离起来,使 PCI 9054 不会独占网卡 CPU 的总线。双口 RAM IDT 7025 是 8K 乘 16 位的容量。有双口 RAM IDT 7025 的隔离,网卡 CPU 也更自由,其多任务功能照常发挥。为了使双口 RMA 的通信方式能通信正常,在 PCI 9054 的本地总线与网卡 CPU 之间必须有一对握手信号。

(3) 网卡 CPU 和 FB3050 的接口

当今的 FB3050 芯片比早期的 FB3050 芯片简单一些,它只能挂 32K 乘 8 位的 RAM,而扩展地址、I/O 地址、ROM 都不用,这样,FB3050 与网卡 CPU MC68HC16Z1 之间的接口比较简单。由于 MC68HC16Z1 同时具备 8 位数据总线与 16 位数据总线工作的功能,因此,CPU MC68HC16Z1 的数据线 D7~D0 与 FB3050 的数据线 D7~D0 相接,MC68HC16Z1 的地址线 A14~A0 与 FB3050 的地址线 A14~A0 相接,CPU MC68HC16Z1 用两条片选线来分别选通 FB3050 的 32K 存储器和片内寄存器,CPU MC68HC16Z1 的 E 时钟 ECLK 同时联接到 FB3050 的 71 脚 PI-CLOCK 及 73 脚 PI-CET。

FB3050 既能工作在 INTEL 的模式下,也能工作在 MOTOROLA 的模式下。当 FB3050 工作在 INTEL 的模式下时,73 脚 PI-CET 作为读选通信号输入,而工作在 MOTOROLA 的模式下时,73 脚 PI-CET 不能作为读选通信号输入,要与 71 脚 PI-CLOCK 一同作为时钟信号输入。

FB3050 的 $\overline{WR}$、PI_RESET_I、PO_INT_I、PO_READY、PI_INT_I 等信号直接与 CPU 的相应的信号相连。

(4) 网卡与总线的接口

总线接口单元与通信控制器 FB3050 的接收输入(PI_PHPDU)、发送输出(PO_PHPDU)和发送控制(PO_TACT)三条信号线相连接。总线接口单元包含的电路有接收信号的整形滤波部分,发送信号的驱动部分以及隔离变压器部分。如图 5.29 所示。

2. 线路说明

图 5.30 给出了网卡的总体框图,下面结合框图,对设计线路作进一步说明。

(1) 关于 MC68HC16Z1 CPU 总线

MC68HC16Z1 CPU 有 1M 程序可寻址空间及 1M 的数据可寻址空间,具有 16 位数据总线,也可工作在 8 位数据总线上。它有大量的可编程序的片选线,不需要外部译码器,从而使系统的连接比较简单。

MC68HC16Z1 CPU 总线上挂有 512K 的 Flash ROM。两组 256K 的 SRAM(其中一组 SRAM 作为备用),如果有特殊情况需要使用大于 256K SRAM 时,可以安装备用组。总线上还挂有 16K 的双口 RAM 及通信控制器 FB3050。通信控制器 FB3050 自身需要挂一块 32K 的 SRAM。

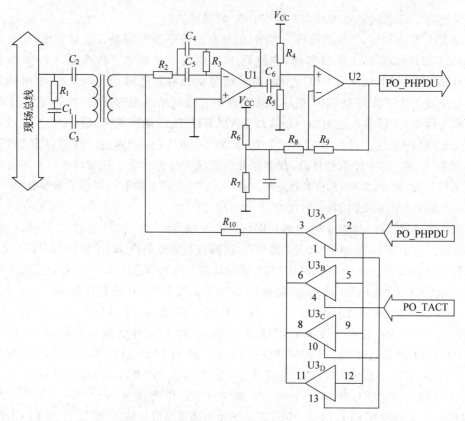

图 5.29　总线接口电路

MC68HC16Z1 CPU 总线上只有通信控制器 FB3050 采用 8 位数据线，其他存储器都采用 16 位数据线。

(2) 关于双口 RAM IDT7025

双口 RAM IDT7025 的 R 口接至 MC68HC16Z1 CPU 总线，L 口接至 PCI9054 的局部总线，双口 RAM IDT7025 的作用是使 MC68HC16Z1 CPU 总线及 PCI 9054 的局部总线隔离，让 MC68HC16Z1 CPU 独占自己的总线，集中精力管理好现场总线通信事务，保证通信畅通。

虽然双口 RAM IDT7025 将 MC68HC16Z1 CPU 总线与 PCI 9054 的局部总线隔离，但这两套总线还得有一对握手信号，以便当一边向双口 RAM 写入信息后，由握手信号通知另一边在有空时来取走信息。

(3) 关于 PCI 总线

随着科学技术不断发展，近些年来，ISA 总线遇到许多问题。虽然 ISA 总线能支持突发传送，但 ISA 总线只能有限地支持突发传送，大大限制了所能达到的流通量。

PCI 总线能够配合彼此间快速访问的适配器工作，也能让处理器以接近自身总线的全速去访问适配器。假设在每个数据段中起动方(主设备)和目标设备都没有插入等待状态，数据项(双字或四字)可以在每个 PCI 时钟周期的上升沿传送。对于 33MHz 的 PCI 总线时钟频率，可以达到 132Mb/s 的传送速率。一个 66MHz 的 PCI 总线方案使用 32 位

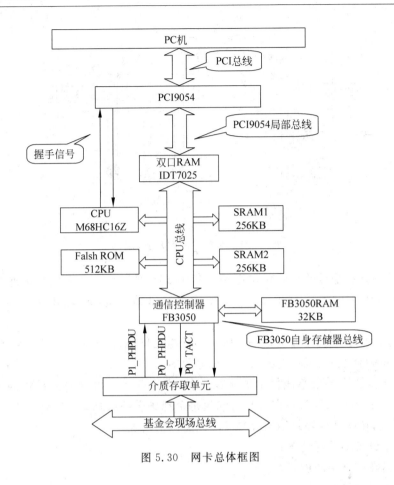

图 5.30 网卡总体框图

或 64 位传送时,可以达到 264Mb/s 或 528Mb/s 的传送速率。这种工作速率非常适合于网卡。

PLX 的 PCI 9054 接口芯片符合 PCI 技术规范 2.2 版本的要求。

## 5.9 H1 的网段配置

### 5.9.1 H1 网段的构成

图 5.31 为一个典型的 H1 网段。在这个网段中,有作为链路主管的主设备;网段上挂接的一般现场设备;总线供电电源;电源调理器;连接在网段两端的终端器;布线连接用的电缆、连接器或连接端子。

网段上连接的现场设备有两种,一种是总线供电式现场设备,它需要从总线上获取工作电源。总线供电电源就是为这种设备准备的。按照规范要求,现场设备从总线上得到工作电压不能低于直流 9V,以保证现场设备的正常工作。另一种是单独供电的现场设备,它不需要从总线上获取工作电源。

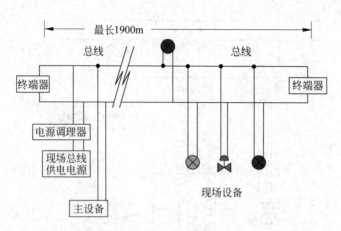

图 5.31 基本 H1 网段的构成

FF 规定了几种型号的总线供电电源。其中 131 型为给安全栅供电的非本安电源；133 型为推荐使用的本安型电源；132 型为普通非本安电源，输出电压最大值为直流 32V。

H1 网段的供电电源需要通过一个阻抗匹配电路即电源调理器连接到网络上。电源调理器可以单独存在，也可将它嵌入到总线电源中。

在网络上如果有要求总线供电的现场设备，应该确保它可以得到足够的工作电压。每个设备至少需要 9V，通过电路分析可知道每个现场设备从总线上得到的工作电压。为了确保这一点，在配置现场总线网段时需要知道以下情况。

(1) 每个设备的功耗情况；

(2) 设备在网络中的位置；

(3) 电源在网络的位置；

(4) 每段电缆的阻抗；

(5) 电源电压。

终端器连接在总线两端的末端或末端附近，其作用是防止发生信号波的反射。终端器电阻的阻值应该等于该导线的特征阻抗。特征阻抗随着这根导线的直径、与电缆中其他导线的相对间距、导线的绝缘类型而变化，而与导线的长度无关。由电缆制造厂商提供导线的特征阻抗值，如 AWG#24 双绞线电缆的特征阻抗为 $100\Omega$ 到 $150\Omega$。终端器的阻值等于导线的特征阻抗时，因反射引起的信号失真最小。大于或小于特征阻抗值的终端器都会因反射而加大信号畸变。H1 网段采用的终端器为一个 $1\mu F$ 的电容与一个 $100\Omega$ 的电阻串联构成。

每个总线段的两端各需要一个终端器，而且每一端只能有一个终端器。有封装好的终端器商品供选购、安装。有时，也将终端器电路内置在电源、安全栅、PC 接口卡、端子排内。在安装前要了解清楚是否某个设备已有终端器，避免重复使用，影响网段上的数据传输。

在有本质安全防爆要求的危险场所，现场总线网段还应该配有本质安全防爆栅。图 5.32 为 H1 的本安网段示例。这种安全栅将向危险区送入的电压限制在一定的范围内,例如±11V,网段的连接应保证每个现场设备从总线上得到大于 9V 的工作电压。另外还有一种单独供电式隔离型安全栅。

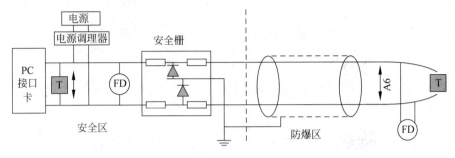

图 5.32  H1 的本安网段

### 5.9.2 网段长度

H1 网段的连线长度由主干及其分支长度所决定。主干是指总线段上挂接设备的最长电缆路径,其他与之相连的线缆通道都叫做分支。网络分支是在主干的任何一点分接或者延伸,并添加网络设备而实现的。

网段的延长与分支数应该受到限制,如网段上的主干长度和分支长度的总和是受到限制的。不同类型的电缆对应不同的最大长度,网段长度应包括主干线缆和分支的总和,其最大长度的米数参见表 5.15。

表 5.15  每个分支上最大长度的建议值

| 设备总数 | 1 个设备/分支 | 2 个设备/分支 | 3 个设备/分支 | 4 个设备/分支 |
|---|---|---|---|---|
| 25~32 | 1 | 1 | 1 | 1 |
| 19~24 | 30 | 1 | 1 | 1 |
| 15~18 | 60 | 30 | 1 | 1 |
| 13~14 | 90 | 60 | 30 | 1 |
| 1~12 | 120 | 90 | 60 | 30 |

**1. 网络分支线长度的取值**

分支线应该越短越好。分支线的总长度受到分支的数目和每个分支上设备个数的限制。

表中指出的最大长度是推荐值,它包括一些安全因素,以确保在这个长度之内不会引起通信问题。分支长度根据电缆类型、规格,网络的拓扑结构、现场设备的种类和个数而异。例如,一个分支可被延长至 120m,这是在分支数较少时。如果有 32 个分支线,那么每个分支线应短于 1m。分支线表并不是绝对的。如有 25 个分支,每支上有一个设备,长度严格按照表中规定,会选择 1m 的长度。如果能去掉一个设备,表中显示每段可有 30m 长。对于 24 个设备而言,可以使其中某一个的分支少于 30m。

一种简单地估计网段主干与分支允许长度的办法见图 5.33。图中表明,在总线型、树型连接以及混合拓扑连接中,以主干和各分支总长度之和不超过 1900m 为判别标准。

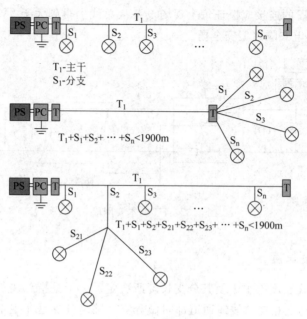

图 5.33　网段的连线长度

**2. 网络扩充中使用中继器**

如果现场设备间距离较长,超出规范要求的 1900m 时,可采用中继器延长网段长度。中继器取代了一个现场总线设备的位置,这也意味着开始了一个新的起点,新增加了一条 1900m 的电缆,创建了一条新的主干线。

最多可连续使用 4 个中继器,使网段的连接长度达到 9500m。中继器可以是总线供电,也可以是非总线供电的设备。图 5.34 为采用中继器延长网段长度的示意图,图中还表示了使用中继器时如何应用终端器。

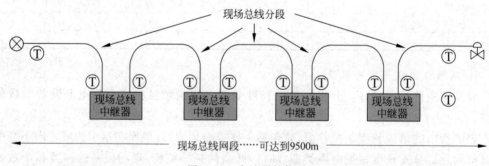

图 5.34　中继器的使用

除了增加网络的长度以外,中继器还可用于增加网段上的连接设备数。按规范要求,一个网段上的设备最多为 32 个。第一条主干有 i 个设备,其中之一为中继器;第二条主干有 j 个设备,其中之一为中继器。因此使用 4 个中继器时网段中各种设备的个数可以达到 156 个。

### 3. 网络扩充中使用混合电缆

有时需要几种电缆的混合使用,由以下公式可以决定两种电缆的最大混合使用长度

$$L_x/X_{max}+L_y/Y_{max}<1$$

其中,$L_X$=电缆 X 的长度;

$L_y$=电缆 Y 的长度;

$X_{max}$=电缆 X 单独使用时最大长度;

$Y_{max}$=电缆 Y 单独使用时最大长度。

例如,假设想混合使用 1200m 的 A 型和 170m 的 D 型电缆,则有

$L_x$=1200m;$L_y$=170m;$X_{max}$=1900m;$Y_{max}$=200m;

1200/1900+170/200=1.48

计算结果>1 表明超出了最大混合使用长度,不能这么做。如果 170m 的 D 型和 285m 的 A 型电缆混合使用,其计算结果恰好为 1。推而广之到四种类型电缆的混合,其计算公式为

$$L_v/V_{max}+L_w/W_{max}+L_x/X_{max}+L_y/Y_{max}<1$$

另外,网络中不同类型电缆的具体位置并不重要。

#### 5.9.3 H1 网段的接地、屏蔽与极性

1. 接地

在 H1 网段中,信号传输导体在任何一点都不能接地。网段上的通信信号在整个网络中都要受到特殊保护。信号传输导体接地会引起总线上的现场设备失去通信能力,任何一根导线接地或两根导线连接在一起,都会导致通信中断。

2. 屏蔽

根据规范中对最小屏蔽覆盖系数 90% 的要求,H1 现场总线最好还是采用具有屏蔽层的"现场总线电缆"。有条件的场合,连接器也应具有相应的屏蔽。

某些未加屏蔽的双绞线或多股双绞线,如果把它们铺设在带有金属表面的管道内,也可得到充分屏蔽,因而也可以作为 H1 网段的电缆。

现场总电缆的屏蔽层在沿着电缆的整个长度上只能一点接地。当使用屏蔽电缆时,要把所有分支的屏蔽线与主干的屏蔽线连接起来,最后在同一点接地。对于大多数网络来说,接地点的位置是任意的。接地点可选在现场仪器的接地点处。对于要达到本质安全性要求的安装,接地点还需要按特殊规定选择。

按照某些工厂的标准,电缆铺设路径中屏蔽线可以多点接地,这种操作方法在 4~20mA 直流控制回路中可以接受,但在现场总线系统中不允许。屏蔽线也不能被用做电源的导线。

3. 极性

现场总线所使用的 Manchester 信号属于极性交变的电压信号。在非总线供电的网络中,仅有这种交变信号存在。而在总线供电网络中,交变信号被加载到为设备供电的直流电压上。无论哪种情况,通信接收电路都只关注交变电压信号。现场设备必须接线正确,才能按正确的极性得到正确的信号。如果现场设备被反向接线,那么会得到"反置"的

信号，就不能正确理解通信信号的意义了。

但有一种称为无极性的现场设备，可在网络上的两根连线上任意连接。无极性设备往往是网络供电的，它们对网络的直流电压很敏感，因此知道哪端是正端，设备可以自动检测和修正极性，因此它可以正确的接收任何极性的信息。

如果建立了 H1 网络，它要接纳所有可能种类的设备，就必须考虑信号的极性。有极性的设备应标识出极性或者带有专用连接器，无极性的设备不必标识极性。在网络中建立极性会更安全些。把所有的"＋"端相互连接，所有的"－"端也相互连接。

# 第 6 章 PROFIBUS

## 6.1 PROFIBUS 概述

### 6.1.1 PROFIBUS 简介

PROFIBUS 是 Process Fieldbus 的缩写，是面向工厂自动化和流程自动化的一种国际性的现场总线标准。它已被广泛应用于制造业自动化（汽车制造、装瓶系统、仓储系统）、过程自动化（石油化工、造纸和纺织品工业企业）、楼宇自动化（供热空调系统）、交通管理自动化、电子工业和电力输送等行业。在可编程控制器、传感器、执行器、低压电器开关等设备之间传递数据信息，承担控制网络的各项任务。到 2005 年 12 月，在全世界安装的 PROFIBUS 节点已达 1540 万个。仅在 2005 年一年中，PROFIBUS 的节点数就增加了 280 万个之多。

PROFIBUS 中主要包含有 PROFIBUS-DP、PROFIBUS-FMS、PROFIBUS-PA 三个子集，以满足工厂网络中的多种应用需求。这三个子集在企业网络中的应用层次见图 6.1。

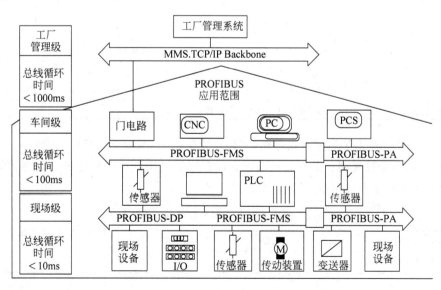

图 6.1 PROFIBUS 在工厂网络中的应用层次应用范围

PROFIBUS 这三个子集的特点如下。

PROFIBUS-DP 是专为自动控制系统与设备级分散 I/O 之间的通信而设计的，用于分布式控制系统设备间的高速数据传输。

PROFIBUS-FMS 适用于承担车间级通用性数据通信，可提供通信量大的相关服务，完成中等传输速度的周期性和非周期性通信任务。

PROFIBUS-PA 是专为过程自动化而设计的，采用 IEC 1158-2 中规定的通信规程，适用于安全性要求较高的本质安全应用，及需要总线供电的场合。

从图 6.2 可以看到，PROFIBUS 的 DP 与 FMS 均采用 RS-485 作为物理层的连接接口。网络的物理连接采用屏蔽单对双绞铜线的 A 型电缆。RS-485 连接简单，总线上允许增加或减少节点，分步投入也不会影响到其他节点的操作。RS-485 传输技术的基本特性如表 6.1 所示。

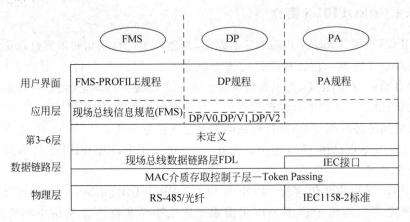

图 6.2　PROFIBUS 的通信参考模型及其子集间的关系

表 6.1　RS-485 传输技术的基本特性

| 网络拓扑 | 线性总线，两端连接有有源的总线终端电阻 |
|---|---|
| 介质 | 屏蔽双绞电缆，也可取消屏蔽，取决于环境条件（EMC） |
| 节点数 | 每段不带中继器时为 32 个节点，带中继器时最多可到 127 个站 |
| 插头连接器 | 最好为 9 针 D 副插头连接器 |

PROFIBUS 适用于高速数据传输，其传输速度在 9.6Kb/s～12Mb/s 之间可选，一旦设备投入运行，挂接在同一条网段上的所有设备均需选用同一传输速度。信号传输距离的最大长度取决于传输速度，其关系如表 6.2 所示。

表 6.2　传输速度与 A 型电缆传输距离的关系

| 波特率(Kb/s) | 9.6 | 19.2 | 93.75 | 187.5 | 500 | 1500 | 12000 |
|---|---|---|---|---|---|---|---|
| 距离/段(m) | 1200 | 1200 | 1200 | 1000 | 400 | 200 | 100 |

在电磁干扰很大的环境下应用 PROFIBUS 系统时，可采用光纤作为信号传输的载体，以抵御电磁干扰的影响，增长高速传输的最大距离。可采用专用的总线插头将 RS-485 信号转换成光纤信号，或将光纤信号转换成 RS-485 信号。可方便地在同一系统上使用 RS-485 和光纤传输。

### 6.1.2 PROFIBUS 的组成

PROFIBUS-DP,PROFIBUS-FMS,PROFIBUS-PA 这三个子集,构成了传统意义上的 PROFIBUS 系统。

PROFIBUS-FMS 侧重于车间级较大范围的报文交换,它主要定义了主站和主站之间的通信功能。在信息交换应用层次上定义多主站系统间的统一的通信报文规范,可满足针对车间级或一条流水线层面上的实时控制任务,重点在于为车间级控制提供大范围的、中速的、周期性和非周期性的通信服务。

PROFIBUS-DP 主要是面向工厂现场层应用的。DP 主要用于完成包括诸如可编程控制器、自动控制设备、传感器、执行器间的快速可靠的通信任务。其网络的传输速度最快可达 12Mb/s。可以建成单主站或多主站系统。截止到目前,DP 的应用占整个 PROFIBUS 应用的 80%,代表了 PROFIBUS 的技术精华和特点,因而有时也会把 PROFIBUS-DP 泛指为 PROFIBUS。PROFIBUS-DP 本身包含有随历史发展而形成的三个版本 DP V0、DP V1、DP V2。

DP V0:规定了周期性数据交换所需要的基本通信功能,提供了对 PROFIBUS 的数据链路层 DDL 的基本技术描述以及站点诊断、模块诊断和特定通道的诊断功能。

DP V1:包括有依据过程自动化的需求而增加的功能,特别是用于参数赋值、操作、智能现场设备的可视化和报警处理等(类似于循环的用户数据通信)的非周期的数据通信以及更复杂类型的数据传输。DP V1 有三种附加的报警类型,状态报警,刷新报警和制造商专用的报警。

DP V2:包括有根据驱动技术的需求而增加的其他功能,如同步从站模式(isochronous slave mode),实现运动控制中时钟同步的数据传输、从站对从站通信、驱动器设定值的标准化配置等等。

为了解决过程自动化控制中大量的要求本质安全通信传输的问题,PROFIBUS 国际组织在 DP 之后有针对性地推出了 PROFIBUS-PA。其物理层采用了完全不同于 PROFIBUS-FMS 和 PROFIBUS-DP 的标准 IEC1158-2,能支持总线供电,具有本质安全特点,通信速度固定为 31.25Kb/s。主要用于防爆安全要求高、通信速度低的过程控制场合,如石化企业的过程控制等。

这里要特别指出的是,作为最早出现的 PROFIBUS-FMS 规约并没有被纳入到国际标准 IEC 61158 中,它仍保留在 EN 50170 中。FMS 目前的市场份额非常小,已经被基于工业以太网的产品所替代而逐渐退出了竞争。只有 PROFIBUS-DP 和 PROFIBUS-PA 被选列入 IEC 61158。

近年来,PROFIBUS 家族又新添了如下几种重要的新行规。

PROFIdrive:主要应用于运动控制方面,用于对诸如各种变频器和精密动态伺服控制器的数据传输通信。

PROFIsafe:针对控制可靠性要求特别高的场合,如核电站、快速制造设备的关键控制。PROFIsafe 提供了严格的通信保证机制。但是,目前市场上还没有出现与其相关的产品。

PROFINET：随着以太网技术由企业网络的上层向下层渗透，为方便地实现信息集成，PROFIBUS 国际组织又发展了建立在交换式以太网和 TCP/IP 协议基础上的 PROFINET。严格地说，PROFINET 的通信协议实际上与 PROFIBUS 固有的令牌通信机制有本质的不同，不能冠以 PROFI 的代称。但它是 PROFIBUS 向工业以太网方面发展的重要一步，它使用了大量 PROFIBUS 固有的用户界面规范，且充分考虑了与原有的 PROFIBUS 产品的兼容和互联，因此将其也称作为 PROFIBUS 家族中的一个子集。

除此之外，为满足各个特殊行业用户的需求，PROFIBUS 国际组织正在制定和完善如表 6.3 所示的几种特殊用户界面规范。

表 6.3 PROFIBUS 拟定中的新行规

| PA devices | 本行规为在过程自动化中 PROFIBUS 上工作的过程工程设备规定设备特性 |
| --- | --- |
| Robots/NC | 本行规描述怎样通过 PROFIBUS 来控制加工和装配的自动机械设备 |
| Panel devices | 本行规描述人机界面（HMI）设备与高层自动化部件的接口 |
| Encoders | 本行规描述具有单圈或多圈分辨率的旋转编码器、角编码器和线性编码器的接口 |
| Fluid power | 本行规描述在 PROFIBUS 上工作的液压驱动器的控制 |
| SEMI | 本行规描述在半导体制造中使用的 PROFIBUS 设备的特性（SEMI 标准） |
| Low-voltage switchgear | 本行规定义在 PROFIBUS-DP 上工作的低压开关设备（切断开关，马达起动器等）的数据交换 |
| Dosage/weighing | 本行规描述在 PROFIBUS-DP 上的称重和计量系统的实现 |
| Ident systems | 本行规描述用于标识用途的设备（如条形码，发送-应答器）之间的通信 |
| Liquid pumps | 本行规定义在 PROFIBUS-DP 上的液压泵的实现，符合 VDMA |
| Remote I/O for PA devices | 适用于远程 I/O 在总线操作中的不同设备模型和数据类型 |

## 6.1.3 PROFIBUS 的通信参考模型

PROFIBUS 以 OSI 开放系统互连模型为参考。PROFIBUS 的 FMS、DP、PA 这三个部分的通信参考模型及其相互关系如图 6.2 所示。可以看到，PROFIBUS-DP 采用了通信参考模型的第一层，第二层和用户接口，略去了第三层到第七层。这种精简结构的好处是数据传输的快速和高效率。第一层即物理层提供了用于传输的 RS-485 传输技术或光纤。第二层即现场总线数据链路层 FDL 采用基于 Token-Passing 的主从分时轮询协议，完成总线访问控制和可靠的数据传输。用户层规定了用户、系统以及不同设备可以调用的应用功能，使第三方的应用程序可以被直接调用，并详细说明了各种不同的 PROFIBUS-DP 设备的设备行为。

PROFIBUS-FMS 的通信参考模型定义了第 1、2 和 7 层。PROFIBUS-FMS 和 PROFIBUS-DP 的第 1、2 层完全相同。它使用和 PROFIBUS-DP 相同的传输技术和统一的总线访问协议，这两套系统可同时运行在同一根电缆上。物理层使用 RS-485 或光纤连接。

PROFIBUS-FMS 的第七层即应用层为现场总线报文规范(Fieldbus Message Specification，FMS)。FMS 包括了应用协议，并向用户提供了可广泛选用的强有力的通信服务。

## 6.1 PROFIBUS 概述

PROFIBUS-PA 在数据链路层采用扩展的基于 Token-Passing 的主从分时轮询协议，与 DP 所用基本等同。不同于 FMS 和 DP 的是，PROFIBUS-PA 的物理层采用与 FF 总线相同的 IEC 1158-2 标准。通信信号采用曼彻斯特编码，其传输速率为 31.25Kb/s。支持总线供电，能通过通信电缆向设备供电。具有本质安全的特点。由于物理层的不同，PROFIBUS-PA 和 PROFIBUS-DP 网段间必须通过耦合器才能相联。正如图 6.3 所表示的那样，通过耦合器，PROFIBUS-PA 设备能方便地集成到 PROFIBUS-DP 网络。

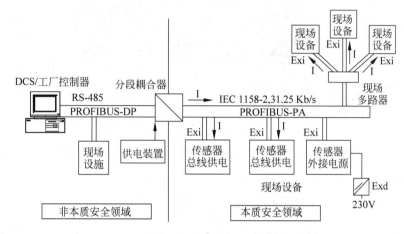

图 6.3 由耦合器连接的 PA 与 DP 网段

### 6.1.4 PROFIBUS 的主站与从站

图 6.4 绘制了一个简单的 PROFIBUS 系统。该系统由 3 类不同站点组成。

**1 类主站** 1 类主站指有能力控制若干从站、完成总线通信控制与管理的设备。如 PLC、PC 等均可作为一类主站。

**2 类主站** 2 类主站指有能力管理 1 类主站的组态数据和诊断数据的设备，它还可以具有 1 类主站所具有的通信能力，用于完成各站点的数据读

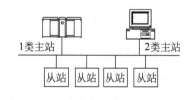

图 6.4 一个简单的 PROFIBUS 系统

写、系统组态、监视、故障诊断等。如编程器、操作员工作站、操作员接口等都是 2 类主站的例子。

**从站** 提供 I/O 数据并可分配给 1 类主站的现场设备，它也可以提供报警等非周期性数据。从站在主站的控制下完成组态、参数修改、数据交换等。从站由主站统一编址，接收主站指令，按主站的指令驱动 I/O，并将 I/O 输入及故障诊断等信息返回给主站。驱动器、传感器、执行机构等带有 PROFIBUS 接口的 I/O 现场设备，均为从站的示例。

### 6.1.5 PROFIBUS 总线访问控制的特点

PROFIBUS 的 DP、FMS 和 PA 均使用单一的总线访问控制方式。PROFIBUS 的总线访问控制包括如图 6.5 所示的主站之间的令牌传递方式、主站与从站之间的主从方式。

在任何时刻必须确保只能有一个站点发送数据。在复杂自动化系统的主站间通信中,必须保证在确切限定的时间间隔中,任何一个站点要有足够的时间来完成通信任务。对从站来说,应尽可能快速而又简单地完成数据的实时传输。

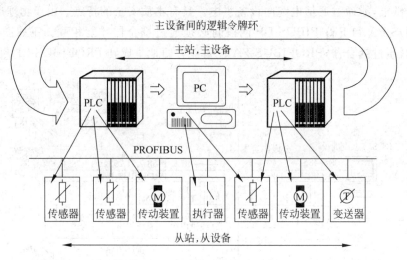

图 6.5 令牌传递与主从通信

在 PROFIBUS 中采用实令牌,即令牌是一条特殊的报文。令牌只在各主站之间通信时使用,它在所有主站中循环一周的最长时间是事先规定的。控制主站之间通信的令牌传递程序应保证每个主站在一个确切规定的时间间隔内得到令牌,取得总线访问权。令牌环是所有主站的组织链,按照主站的地址构成逻辑环,在这个环中,令牌在规定的时间内按照地址的升序在各主站中依次传递。

主站与从站之间采用主从通信方式。主站在得到令牌时可与从站通信,每个主站均可向从站发送或索取信息。

通过主站间的令牌逻辑环和主从通信方式,可能将系统组态为纯主系统、主-从系统以及这两者的混合系统。

图 6.5 中的三个主站构成令牌逻辑环,当某主站得到令牌后,该主站可在一定的时间内执行主站的任务。在这段时间内,它可依照主-从关系表与所有从站通信,也可依照主-主关系表与所有主站通信。

在 PROFIBUS 系统初始化时,要制定总线上的站点分配并建立逻辑环。令牌的循环时间和各主站令牌的持有时间长短取决于系统配置的参数。在总线运行期间,应保证令牌按地址升序依次在各主站间传送,必须能将断电或损坏的主站从逻辑环中移除,而新上电的主站必须能加入逻辑环。此外,还应监测传输介质及收发器是否损坏,检查站点地址是否出错(如地址重复),以及是否出现令牌错误(如多个令牌或令牌丢失)。

PROFIBUS 通信中的另一个重要任务是保证数据传输的正确性与完整性。按照国际标准 IEC 870-5-1 规定的要求,PROFIBUS 使用特殊的起始和结束定界符,对每个字节作奇偶校验,以及采用间距 HD 等于 4 的海明码纠错等措施,来保证数据的可靠传输。

## 6.2 PROFIBUS 的通信协议

### 6.2.1 PROFIBUS 的物理层及其网络连接

1. RS-485 的物理连接

RS-485 是 PROFIBUS 系统中最常见的物理连接方式。在 PROFIBUS-DP 与 PROFIBUS-FMS 的物理层中均采用 RS-485。由 EIA 定义的 RS-485 采用平衡差分传输方式。在一个有屏蔽层的双绞电缆上传输大小相同而方向相反的通信信号,以削弱工业现场的噪声影响。系统采用总线型拓扑结构,其数据传输的速率从 9.6Kb/s 到 12Mb/s 可选。每一个网段可以接入的最大设备数为 32,每个网段的最大长度为 1200m。当设备数多于 32 时,或扩大网络范围时,可使用中继器连接不同的网段。

(1) 连接电缆的技术参数

PROFIBUS-DP 采用 A、B 两种不同的电缆,其技术特征如表 6.4。其中类型 B 是早期使用的产品,现在已基本不用。在近年来新安装的系统中均使用性能更好的 A 型电缆,其外表层的颜色通常为紫色。

表 6.4 PROFIBUS 的电缆特性

|  | Type A | Type B |
| --- | --- | --- |
| 特征阻抗 | 135~165Ω | 100~130Ω |
| 单位长度电容 | <30PF/m | <60PF/m |
| 回路电阻 | 110Ω/km |  |
| 缆芯直径 | 0.64mm | 0.32mm |
| 缆芯截面积 | >0.34mm² | >0.22mm² |

(2) 线缆连接器

PROFIBUS 组织推荐了 3 种符合保护标准 IP65/67 的连接器。但在 RS-485 总线电缆上主要使用 9 针的 D 型接头,它符合 IP20 保护级别要求。D 型连接器分插头、插座两种形式。插座在总线站一侧,插头与 RS-485 电缆相连。

9 针 D 型接头中各脚的定义如表 6.5 所示,外观如图 6.6 所示。

表 6.5 D 型接头的管脚定义

| 编号 | 脚名 | 功能 |
| --- | --- | --- |
| 1 | Shield | 屏蔽层保护地 |
| 2 | M24 | 24V 输出电压− |
| 3 | RxD/TxD-P | 数据接收/发送线+B 线 |
| 4 | CNTR-P | 中继器控制+ |
| 5 | DGND | 数字地即 0 电位 |
| 6 | VP | 终端器电阻供电端(+5V) |
| 7 | P24 | 24V 输出电压+ |
| 8 | RxD/TxD-N | 数据接收/发送线−A 线 |
| 9 | CNTR-N | 中继器控制− |

图 6.6 9 针 D 型接头示意图

PROFIBUS 的 RS-485 总线电缆由一对双绞线组成。这 2 根数据线常视之为 A 线和 B 线。B 线对应于数据发送/接收的正端即 RxD/TxD-P(＋)脚，A 线则对应于数据发送/接收的负端即 RxD/TxD-N(－)脚。在每一个典型的 PROFIBUS 的 D 型接头内部都有 1 个备用的终端电阻和 2 个偏置电阻，其电路连接如图 6.7 所示。由 D 型接头外部的一个微型拨码开关来控制是否接入。此开关断开时，不接入终端电阻。

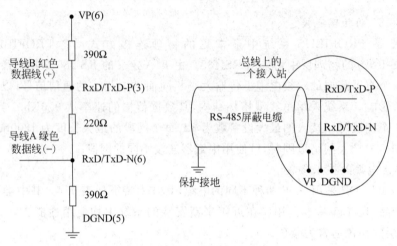

图 6.7　D 型接头的内部电阻及其与总线电缆的连接

由于总线上接入的所有设备在非通信的静止状况下均处于高阻状态(三态门)，此高阻态可能导致总线处于不确定的电平状态而容易损坏电流驱动部件。为避免此情况出现，一般应在电路中对称使用两个 390Ω 的总线偏置电阻，分别把 A、B 数据线通过这两个总线偏置电阻连接到 VP(第 6 脚 5V)和 DGND(第 5 脚)上，使总线的稳态(静止)电平保持在一个稳定数值。

(3) DP 信号的编码波形

RS-485 电缆上的通信信号以字符为单位传输，每个字符有 11bit 长，包括一个起始符 0，8 个数据位，加 1 个偶校验位和 1 个停止位 1。

| START(0) | 8bit 数据位 | 偶校验 | STOP(1) |
| --- | --- | --- | --- |

信号传输的调制形式为 NRZ(不归零)编码，其在线路上的编码波形如图 6.8 所示。

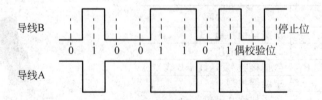

图 6.8　PROFIBUS-DP 上的 NRZ 编码信号

信号在电缆上高速传输的一个常见问题是信号的畸变。计算表明，电信号在导线上的传播速度大约可达光速的 2/3(传播 1m 约需 5ns，1200m 距离则需 6μs)。如此高速的传播信号不可能在到达电缆两端后简单地消失,而是会被"反射"回来,叠加到原始信号波形上,从而引起信号畸变。为了消除此反射信号的影响,通常的方法是在电缆的两端接入终端电阻,以吸收传到两端的能量,避免反射引起的信号畸变。

2. PA 总线的物理连接

PROFIBUS-PA 的物理连接采用 IEC 61158-2 标准,也被称作本质安全的连接方式。其通信信号采用曼彻斯特编码方式,其编码中含有时间同步信息。它采用单一固定的传输速率 31.25Kb/s。支持总线向现场设备供电,即 2 芯电缆除了传输数字信号外,还用于对总线上接入的各现场设备提供工作电源。可广泛应用在化工、石油工业等对用电设备有防爆要求的现场环境中。

(1) PA 电缆的技术数据

PROFIBUS-PA 的传输介质采用带屏蔽层的双绞电缆,其外层颜色呈深蓝色以区别于 PROFIBUS-DP 的专用 RS-485 电缆(紫色)。2 种电缆的技术特征值不同,其具体技术指标如表 6.6 所示。

表 6.6 PROFIBUS-PA 的电缆特性

| 电缆结构 | 屏蔽双绞线 |
| --- | --- |
| 电缆芯截面积(标称值) | $0.8mm^2$ (AWG18) |
| 回路电阻 | $44\Omega/km$ |
| 31.25kHz 时的波阻抗 | $100\Omega \pm 20\%$ |
| 39kHz 时的波衰减 | 3dB/km |
| 非对称电容 | 2nF/km |
| 屏蔽覆盖程度 | 90% |
| 最大传输延迟(7.9~39kHz 时) | $1.7\mu s/km$ |
| 推荐网络长度(包括支线) | 1900m |

(2) PA 总线的信号编码

PROFIBUS-PA 使用了完全不同于 DP 的曼彻斯特编码方式,其信号波形如图 6.9 所示。在每一个比特时间中间都有一次信号电平的变化,因此它本身携带有同步信息,这样就无需另外传送同步信号。该编码中的正、负电平各占一半,因而信号本身不存在直流分量,符合 FISCO 模型对本安保护的要求。

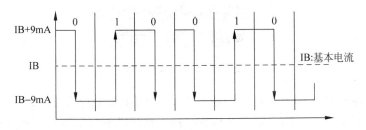

图 6.9 PROFIBUS-PA 的信号编码波形图

3. 光缆连接

光纤电缆适用于有强电磁干扰的环境,可满足高速率下长距离的信号传输要求。近年来,由于光纤连接技术的发展,特别是塑料光纤单工连接器性能价格比的提高,使得光纤传输技术被普遍应用于工业现场设备的数据通信中。

1) 光缆的特性

光缆的特性随所用材料类型而变化。目前玻璃光纤能处理的连接距离达到15km,而一般的塑料光纤也可达到80m,其具体参数见表6.7。

表6.7 光纤的传输范围

| 光纤类型 | 特 性 | 光纤类型 | 特 性 |
|---|---|---|---|
| 多模玻璃光纤 | 中等规模,2～3km | 塑料光纤 | 小规模范围,小于80m |
| 单模玻璃光纤 | 大规模范围,大于15km | PCS/HCS光纤 | 中小规模范围,约500m |

2) 光缆的网络连接

PROFIBUS的光缆网络连接采用环型或星型拓扑结构。光缆的使用中还有一个重要问题是如何使光缆与普通电缆互连,下面给出几种常见的互连方法的说明。

(1) 光纤连接模块 OLM(Optical Link Module)。OLM模块在网络中的位置有点类似于RS-485的中继器。它一般有一个或两个光通道,以及带RS-485接口的电气通道。OLM通过一根RS-485线缆与总线上的各个现场设备或总线段相连,详见图6.10。

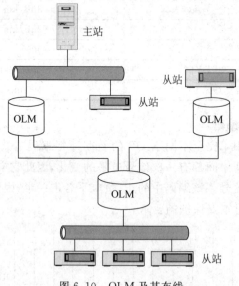

图6.10 OLM及其布线

(2) 光纤连接插头 OLP(Optical Link Plug)。OLP插头可将总线上的从站设备简单地连接到单光纤电缆上。OLP插头可以直接插入总线设备的9针D型连接器。

(3) 集成的光纤电缆连接器。使用集成在现场设备中的光纤接口,可以非常简单地直接将PROFIBUS设备与光纤线缆连接起来。

### 6.2.2 PROFIBUS 的数据链路层

网络互连系统通信参考模型的第二层为数据链路层。数据链路层的任务在于建立、维持和拆除链路的连接,实现无差错传输的功能。数据链路层的性能在很大程度上决定了一个网络通信系统的性能。

1. 数据传输功能

在主站(控制器)和从站(前端站点)之间,PROFIBUS 能够周期性或非周期性地传递各种检测、控制参数,实现设备间的数据交换。表 6.8 所示的基本功能集,是构成各种通信功能的基础。

表 6.8 PROFIBUS 数据链路层的基本功能集

| 基本功能 | 服务内容 | DP V0 | DP V1 | DP V2 | FMS | PA |
|---|---|---|---|---|---|---|
| SDN | Send Data with No acknowledge<br>发送不需确认的数据 | ● | ● | ● | | ● |
| SDA | Send Data with Acknowledge<br>发送需确认的数据 | | | | ● | |
| SRD | Send and Request Data<br>发送和请求数据 | ● | ● | ● | ● | ● |
| CSRD | Cyclic Send and Request Data<br>周期性地发送和请求数据 | | | | ● | |
| MSRD | Send and Request Data with Multicast Reply | | | ● | | |
| CS | Clock Synchronization<br>时钟同步 | | ● | ● | | |

**SDN** 发送不需确认的数据。SDN 服务用于由一个主站向多个站点广播发送(Broadcast)及群发(Multicast)数据,它不需要回复响应,主要用于数据的同步发送,状态宣告等。

**SDA** 发送需确认的数据。SDA 是一种基本服务,由一个主动发起者向另外的站点发送数据且接收其确认响应。SDA 只发生在主站间的通信中。

**SRD** 发送数据且要求回复数据。SRD 不同于 SDA 之点在于,通信的发起者发送数据到另一端时,还要求响应者立即回复数据。对只有输出功能的从站,则回复一个确认短帧"0xE5"。它常用在主站对从站的轮询中。发起者通过发送"空"报文到对方,并要求响应方回传数据。

**CSRD** 周期性发送且要求回复数据(周期性数据交换)。CSRD 即是由主站周期性地轮询从站,以采集前端的数据。此服务只是在 FMS 规约中有定义,在后来 DP 的各个版本中已不再使用。其中一个原因是因为它会产生较大的总线数据通信量。

**MSRD** 发送数据且要求以群发(Multicast)数据帧答复。MSRD 与 SRD 的不同点就在于,它要求响应者以群发数据帧答复。

**CS** 时钟同步信号。CS 用于在一个系统内同步各站点的时钟,它包括了 2 个广播发送出的不需响应答复的数据帧。

从表 6.8 还可以看到，PROFIBUS 的哪个子集中可以应用哪种基本服务功能。如 PROFIBUS-DP V0 中仅使用了 SDN 和 SRD 服务功能。

## 2. 报文帧的格式和定义

从 PROFIBUS 传输的报文帧结构仅有以下四种类型。这些帧通过携带不同的参数或参数组合，来完成表 6.8 所列的不同服务功能。

SD1　无数据域，只用作查询总线上的激活站点。

| SD1 | DA | SA | FC | FCS | ED |
|---|---|---|---|---|---|
| 0X10 | XX | XX | X | X | 0X16 |

SD3　带有固定 8 字节长的数据域。

| SD3 | DA | SA | FC | PDU | FCS | ED |
|---|---|---|---|---|---|---|
| 0XA2 | XX | XX | X | X | X | 0X16 |

SD2　数据域长度可变。参数域的配置多且功能强大，是 PROFIBUS 中应用最多的一种帧结构，常用于 SRD 服务。

| SD2 | LE | LEr | SD | DA | SA | FC | DU | FCS | ED |
|---|---|---|---|---|---|---|---|---|---|
| 0X68 | X | X | 0X68 | XX | XX | X | X | X | 0X16 |

SD4　Token 令牌帧，固定结构。

| SD4 | DA | SA |
|---|---|---|
| 0XDC | XX | XX |

SC　仅用于对请求服务的简短回复，如当从站在数据尚未准备好时，告知请求方自己尚无数据。

| SC |
|---|
| 0xE5 |

在以上帧结构中，表明各域符号的意义如下。

SD　Start Delimiter 起始符。
LE　长度域。包括 DA，SA，FC，DSAP，SCAP 在内的所有用户数据的长度。
LEr　长度域 LE 的重复。因长度域的海明码距不保证为 4，为保险起见设 LEr。
DA　该报文帧的目的地址。
SA　该报文帧发起者的源地址。
FC　功能码域。用于标识本帧的类型。
DU　用户数据域，用于放置要"携带"的用户数据，长度可达 246 个字节。
FCS　帧检查序列。对帧中各个域数据进行求和校验，由 ASIC 芯片自动计算给出。

## 6.2 PROFIBUS 的通信协议

ED  End Delimiter,结束符。标志着该报文帧的结束。固定为 0x16。
下面分别对各数据域的具体定义逐一介绍。

(1) LE(LEr)长度域

LE 仅出现在 SD2 帧中,标示 DA,SA,FC 及 DU 这 4 个数据域的长度,代表着一个变长帧中所呈载的数据信息的长度。因为 PROFIBUS 中规定了最长的帧是 255。SD2 帧减去帧头中的 6 个控制域长度后为 249,故 LE 的最大值为 249。而扣除 DA,SA,FC 各占的一个字节后,其 DU 中所含数据长度最大为 246,最小为 1。因此加上 DA,SA,FC 这 3 个字节后,4≤LE≤249。

(2) DA/SA 地址域

SD1,SD2,SD3 类帧中包含了地址域,其 DA 域中的低 7 位表示实际的地址(b0~b6),在 0~127 间。其中的 127 作为广播地址保留(向一个段中所有站点广播发送或群送),而地址 126 则是作为初始化时的默认现场设备地址。在一个 PROFIBUS 系统进入运行状态之前必须预先赋给各个站点一个明确的地址。这样在实际运行状态下,在一个网段中最多只能有 126 个站点(0~125)。

DA,SA 的 B7 位表示扩展地址的信息。当其为 1 时,表明 DU 用户数据域的前两个字节表示 SAP(Service Access Point)服务访问节点,而不再是普通的用户数据,位置顺序如下。

| SD2 | LE | LEr | SD2 | DA | SA | FC | DSAP | SSAP | DU | FCS | ED |

SAP 的作用是在数据链路层给各种不同的数据传输任务一个标识,其作用类似于 TCP/IP 协议中的 IP 端口号。即每一个 SAP 点对应了一种类型的传输数据,当携带有 SAP 的数据进入到数据链路层接口时,会有相应的软件进程加以处理。SAP 分 SSAP 和 DSAP 两种。

SSAP  源数据出处,即由哪个数据链路层进程处理得来的。
DSAP  指示被传输过来的数据将由哪个进程来处理。

当在 RS-485 网段上有 FMS 和 DP 两种 PROFIBUS 的子系统时,依据 SAP 还可以区分开两者的数据。

(3) FC(Function Code)

功能码域是一个重要的域。它首先标识了报文帧的类型,如 Request 或 Send/Request, Acknowledgement 或 Response 帧。因此它在 SD1,SD2,SD3 类帧中都存在。其次,FC 域还包含了传输过程和相应的控制过程中的信息,如数据是否丢失或是否需要重传、站点的种类以及 FDL 的状态。

(4) FCS(Frame Checking Sequence)

帧检查序列 FCS 位于 ED 码前,是为帧校验而设立的。它等于帧中除了起始符 SD 和结束符 ED 域之外所有各域的二进制代数和。

(5) DU(Data Unit)

用户数据域。DU 又可看作协议数据单元 PDU(Protocol Data Unit),它由 2 部分组成,扩展地址部分和真正要传输的用户数据。由前述对 LE 部分的解释可知,DU 的最大长度为

246，去除 DSAP 和 SSAP 两个扩展地址（服务节点 SAP）后，用户数据的最大长度为 244。

### 6.2.3 PROFIBUS 的 MAC 协议

如前叙述，PROFIBUS 的 MAC 层采用的是基于传递令牌的主从分时轮询协议。PROFIBUS 中令牌类总线的最大特点是总线上有主、从两种站点之分，主站统一管理各从站分时接入总线的时刻，而从站不能自由地接入到作为公共传输介质的总线上，从而避免了总线上的传输冲突。

1. PROFIBUS 的传递令牌

PROFIBUS 的令牌环如图 6.11 所示。与 IEEE 802.4 的令牌总线一样，该令牌环网络上的各点都连在总线上，其物理地位等同，被赋予统一的逻辑地址。

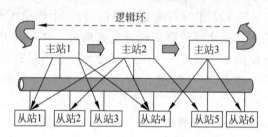

图 6.11 PROFIBUS 的令牌逻辑环

把总线上的这些主站形成的集合称作逻辑环。令牌作为一个特别的数据帧，沿着逻辑环在总线上按站点地址的"升"序在各主站点间轮转。一个 PROFIBUS 系统中可以有多个网段，但整个系统中只有一个令牌。拿到令牌的主站就具有了控制总线的权利，可以向"从属"于它的从站发起通信，交换数据。而从站在平时只能扮作一个"哑"终端，被动地等待主站前来联系。这种主-从通信是按照事先定义在主站中的"轮询"表逐一按序进行的，当该主站持有令牌的时间到达上限，或"轮询"表中的任务全部处理完，则将令牌交到下一个主站。

令牌环协议的缺点是逻辑环的管理工作比较复杂，如对令牌丢失、某一个主站的加入或离开等都要进行处理，需要消耗资源。每个主站点均需具备这种处理能力，而且令牌本身的传输也要占用一部分带宽。在 PROFIBUS 中一般需要使用专用通信芯片来管理通信。

2. 逻辑环的管理

一个总线拓扑结构的网络系统必须能够保证和允许站点的自由加入和离开，且同时保持系统的正常运行，这就要求传递令牌协议中的管理者——主站具有对系统变化的感知和管理能力，即在维持逻辑环和从站周期性数据交换的同时还须不时地探测总线上的站点变化。这种管理包括了对主站和从站两类站点不同方面的管理。

在总线起动的初始化阶段，2 类主站首先广播发出探询指令，判定总线上所有的主节点地址和从站节点地址，并将它们分别记入活动列表 Live-List。对于令牌的管理而言，有如下 3 个地址的概念特别重要：

(1) PS　Previous Station　　前一站地址（相对 TS 而言，令牌由此站传来）

(2) TS　This Station　　　　本站地址

(3) NS　Next Station　　下一站地址(令牌传递给此站)

要注意的是,当系统中只有一个主站时,PS=TS=NS;有多个主站时,PS,TS,NS各不相同,且逻辑环上各主站按地址升序排列前后。

通过活动列表,每一个主站能得知在总线上与它相邻的前后两个主站的地址。例如有一系统如图 6.12 所示。

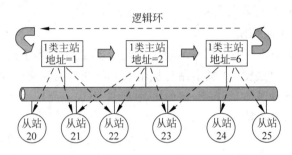

图 6.12　具有 3 个主站 6 个从站的一个系统

注意:这里地址为 2 的主站,其 TS=2,PS=1,NS=6。

为了对逻辑环的动态变化及时监控,每一个主站负责对 TS 和 NS 间的区间周期性地检测,有否新的主站加入。TS 和 NS 的地址区间用 GAP 表示,对图 6.12 来说,主站 2 的 GAP=(2,6)。GAP_List 表示了 2 到 6 间的各个地址。要注意 GAP_List 不包括 HAS=127 和系统中的最高地址间的区域。

当一个主站得到令牌,在执行完高、低级别的传输任务后,且仍有令牌持有时间,即 $T_{TH}=T_{TR}-T_{RR}>0$ 时,即执行一个 Request_FDL_Status 指令,探测 GAP 中间的一个地址。若发现了在此地址段中有新的主站响应,则更新自身的 LAS 表,且将此地址赋给 NS,在下一个令牌的循环中将令牌交给此新 NS 站。若此 Request_FDL_Status 指令无响应答复,则认为无新主站加入,就将令牌交给原来的 NS 站。至下一次重新获得令牌后,再探测 GAP 中的下一个地址。如果经过一段时间(多次令牌的循环)的"搜查",GAP_List 中的每一个地址均无响应,即表明没有新的主站加入此 GAP 段。

通过这种探查方式,每一个主站能够动态探知在本站与下站相邻的一般区间中有否新主站的加入。同时,本主站还能及时知道与自己相邻的下一个主站是否离线或发生故障,而更新 NS,从而动态地维持逻辑环,使系统通信在发生意外情况时,仍能持续进行。

## 6.3　PROFIBUS-DP

本节将介绍 PROFIBUS 家族中最为主要的一个子集,PROFIBUS-DP。分别讨论 DP V0,DP V1,DP V2 三个版本中的数据传输,从站的参数配置,组态过程,出错诊断,GSD 文件以及最新的功能等。

### 6.3.1 PROFIBUS-DP V0

在本节中将围绕 PROFIBUS 的周期性数据交换的 MS0 模式展开叙述，这是 PROFIBUS-DP V0 的主要内容，也是后来的新版本 DP V1，DP V2 的基础。DP (Decentralized Periphery)指分布式外设之间通过主机实现的数据交换，由主机通过总线与远端 I/O 通信并控制其数据交换。

**1. 周期性数据通信 MS0**

如前所述，PROFIBUS 中有三种不同的站点，1 类主站、2 类主站和从站，它们以不同的模式交换参数和用户数据。1 类主站与从站的 I/O 端口间为交换数据而开展的周期性通信，是 PROFIBUS 最基本的任务，常称之为 MS0 模式。周期性地重复通信是 MS0 区别于 MS1 和 MS2 的显著特征。

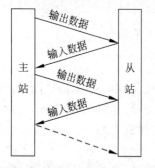

图 6.13 DP 主站和从站间的数据关系

主站与从站之间的 MS0 通信模式可用图 6.13 表示。

PROFIBUS 有多主站系统和单主站系统两种类型。多主站系统中由多个主站构成令牌环，令牌在多个主站上循环，用于从站与主站间 MS0 周期通信的间隔时间相对较长。单主站系统中仅有一个主站，往往是 Class 1 和 Class 2 主站在一台机器上实现，令牌就在本地循环。用于从站与主站间 MS0 周期性通信的间隔时间相对可以非常短。如对 12Mb/s 的单主站系统，多个从站可在 10ms 内与主站通信一次，可以满足大部分时间要求苛刻的被控对象的要求。

**2. 从站的状态机**

PROFIBUS-DP 的主从通信中，从站一般只能是被动地等待主站的请求，然后才能执行数据交换，而在进入此状态之前，必须由主站对从站配置参数，并进行初始化。PROFIBUS 的从站有如图 6.14 所示的几种状态。

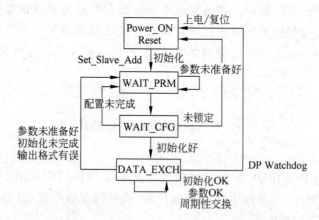

图 6.14 PROFIBUS-DP 从站的状态机

## 6.3 PROFIBUS-DP

从站在上电或复位后,进入 Wait_PRM 等待参数状态,即等待由 2 类主站(Class2)从总线上发来的"Set_Slave_Address"指令,以改变从站的默认地址。通常从站上有非易挥发性存储器,如 EPROM 等,可以保存该地址。如果不需要改变地址时,从站将直接接受 Prm_Telegram 参数赋值指令。它携带了两部分参数,一部分是 PROFIBUS 标准规定的参数,如 ID 号、Sync/Freeze、所属主站的地址等等;另一部分是由用户应用程序特别指定的从站参数。除了以上这两种与地址参数相关的赋值指令外,此时的从站不接受其他的任何指令。

然后,从站进入 Wait_CFG 等待组态状态,即跟在参数赋值指令后面的是组态指令。它定义了系统要输入/输出的数据结构的详细情况,即主站通知从站要输入/输出数据的字节数量、由哪一个模块输入或输出等,以准备开始周期性的 MS0 数据交换。

当从站接受了参数赋值及组态后,就转入 DATA-EXCH 的数据交换状态,便可与主站进行周期性数据交换。

3. 从站的参数赋值

从站初始化过程中的一个主要环节是运行参数的赋值,即由主站(一般由 2 类主站)将建立与从站通信时所需的参数赋给从站,并指定从站工作状态。同时从站也能从此过程中得知应与其通信的主站的地址,即其"所属"主站是谁。这一点对多主站 PROFIBUS 系统中的从站来说,是不可缺少的一个环节。

运行参数中包括的两种类型数据,其参数含义和作用如下。

(1) 确定从站的工作状态

是否使用 Watchdog 看门狗功能

是否激活 Freeze_Mode

是否激活 Sync_Mode

Lock_Information

(2) 确定计算 Watchdog 值的系数

(3) 确定从站的最快反应时间 min TSDR

(4) 确定 ID 标识号 Ident_Number,以备全局控制之用

(5) 确定所属主站的地址

(6) 确定该从站可否由别的主站调用

(7) 确定由用户指定的参数,如规定当主站处于 Clear 状态时的行为

4. 组态(Configuration)

主站在完成对从站的参数赋值后,即开始对各个从站发送组态报文帧,定义要交换的输入/输出数据的结构,通知从站在周期性数据交换中有多少个字节的数据。

组态实际上就是对现场设备数据的组合描述,以方便主站的调用和应用层用户的应用。组态参数中包括了如主站输出、从站输入的数据长度、从站的模块结构等参数信息。其目的在于使 1 类主站能有效地与从站通信。

在组态时,主站必须正确地获知从站上要交换数据的输入/输出模块的区域范围和结构,根据从站各槽(Slots)的情况,约定要交换数据的字节或字结构。从站一般以多槽(Slots)为基本逻辑单元而构成其数据结构。一个 Slot 可以看作一个模块(Module)。

Module 则对应了物理输入输出的具体功能点,如数字量 I/O 模块、模拟量 I/O 模块等。空 Slot 则以空模块表示。

DP 从站一般有两种不同结构的模块。

(1) 固定结构模块——由一个或多个固定不变的模块组成。

(2) 可变结构模块——从站中包括了一组模块,在组态时可从中选出一个或多个模块组成实际的从站结构。只有在某些扩展服务功能中,才能显现出隐蔽模块和已初始化模块之间的区别。

组态完成后,主站还会校验组态内容与自身储存的参数是否一致。

5. 诊断

"诊断"指系统对通信过程、硬件外设等发生错误的探测和记录,并以诊断信息的形式传输给主站。PROFIBUS 标准中定义了丰富、灵活的各种诊断信息类型,以应对工业控制系统中出现的各种异常情况。

从系统的角度来看,诊断信息反映了从站的工作是否正常。主站在得到令牌,即得到了总线控制权后,按高优先级的任务对这些信息反映的情况进行处理,因此主站上的应用程序应该考虑到如何理解和有效利用这些诊断信息,并进行相关处理。

在 PROFIBUS 中设置了系统状态信息和系统诊断信息两个级别。状态信息用于反映系统的普通状态,而诊断信息则表示系统出错时的情况。当 Ext_Diag 被置位时,主站自动对从站的状态进行一次探测,一旦发现问题,主站则调用一个出错处理程序加以处理。错误消除时,从站则置 Ext_Diag 为"0",即把对错误的诊断信息级别"降低"为状态信息级别。

在 PROFIBUS 系统初始化期间,参数赋值和组态对系统的正常构建和稳定运行非常重要。因此,伴随从站初始化的每一步,主站都会默认地自动发出诊断请求(Diagnose_request),从站会立即以高优先级方式予以响应,给出 6 个字节的"诊断"信息,报告自身的状况。同时还可以给出与设备或用户相关的一些特殊诊断内容(需事先在该设备的 GSD 文件中定义)。

除了在对系统和从站的初始化阶段中,从站能给出诊断信息外,在从站的任何状态,如进入正常的数据周期交换阶段后,若从站或外设出现错误时,从站也可以主动向主站发出"示意",表示目前有一个诊断信息数据已等在发送队列中,主站则在下一个周期的操作中发出诊断请求,以"取走"此诊断信息数据。

一般来说,从站的诊断信息数据收集和向主站的传输,是在智能型从站 MPU 的支持下进行的。对简单型从站(不带 MPU 处理器)来说,只有适当地配置硬件后,才能实现各种诊断功能。

### 6.3.2 PROFIBUS-DP 的 GSD 文件

1. GSD 文件的引入

GSD 文件被称为电子设备数据文件,是由生产从站(主站)的厂商按照统一格式建立的一个电子文件。其以文本文件形式记录了从站的各种属性,并随从站设备一同提供给用户。格式如"keyword=value"。Value 包括了数字和字符串。

从某种意义上讲,GSD 对从站设备是一个电子版的使用手册。主站厂家均提供一个初始化和组态工具软件。在建立系统时,它首先从此手册中读取各从站 GSD 文件,从中取出各站点设备的数据参数,形成主站上的参数数据库。

PI 组织为 GSD 文件定义了大量标准字,以无歧义地描述从站设备的各种技术属性,涉及了其工作方式的解释和说明。简单设备使用的标准字少,复杂设备使用的则相应多一些。通过这种标准化描述,使得(不同厂商的)各种主站也能够从 GSD 文件中读出从站的信息。

GSD 文件中的标准字可由组态工具软件自动反编译处理。即 PROFIBUS 的主站由从站的 GSD 文件中读出数据,从而得知从站支持的数据和服务类型,欲交换的数据格式,以及 I/O 点数、诊断信息、波特率、Watchdog 时间等通信参数。GSD 文件中还包括总线参数,主站参数,1 类主站的组态参数等。这些参数对完成正常数据交换的周期性通信是不可缺少的。

2. GSD 文件的生成

GSD 文件一般可分为三个部分。

(1) 总规范。包括了生产厂商和设备名称、硬件和软件版本、波特率、监视时间间隔、总线插头的指定信号等。

(2) 与 DP 主站有关的规范。包括主站的各项参数,如允许的从站个数、上载下载能力。

(3) 与 DP 从站有关的规范。包括与从站有关的一切规范,如输入输出通道数、类型、诊断数据等。

PROFIBUS 用户组织提供了一个 GSD 文件编辑器,以菜单提示方式帮助用户非常方便地生成一个设备的 GSD 文件中各项具体内容。该编辑器可从 www.profibus.com 下载,而且提供了详细介绍,解释了 GSD 中的各标准字的含义,说明了如何使用此编辑工具,且给出了大量的例子。

按照历史发展的先后,GSD 文件的格式定义也有不同版本之分。不同的 GSD 版本间的主要区别是增加了关键标准字,以描述新增加的功能。

版本 1 定义了通用关键字,用于主站、简单设备和周期性数据交换。

版本 2 定义了一些句法上的新变化,以及新增加的数据传输率,主要用于 PA 设备。

版本 3 增加了对 DP V1 非周期数据交换进行描述的关键字,并且适应 PA 设备新的物理结构。

版本 4 针对 DP V2 的新功能增加了相应的定义。

### 6.3.3 PROFIBUS-DP V1

随着 PROFIBUS 的进一步推广,尤其是在流程控制行业的应用使得从站的规模增大,结构更为复杂。如从站更多地采用了模块化结构,需要主站控制器能对从站中的某一个模块单独进行数据的写入读出操作,而不是像在 DP V0 中那样一次执行对一个从站整体(所有模块)的写入读出数据。因此,在进行初始化组态时,从站需要配置更多的参数。

同时,流程行业中的应用常常要求在运行过程中对单个模块的参数进行修改,如对某个模拟输入量的测量范围在线修改以更精确地反映外部测量值。同时,流程行业也要求更可靠更迅速的报警功能,能突破令牌循环大周期的限制,更快地将从站收集到的报警信号上传到控制主站。无须等待令牌在多个主站间转回后才能占有总线而传递报警信息。

显然,理想的情况是从站之间能直接传递某些数据,作为 PROFIBUS-DP 基础标准的 DP V0 已经不能满足这种需求。DP V1 是在 V0 基础上发展的新标准,其最大的变化是新定义了非周期性数据交换。主要特点是引入了更为复杂的数据结构、新的初始化参数、定义了扩展的报警通信模型,允许在主从站之间进行周期性数据交换之外,也能进行非周期性的、偶发数据交换。同时符合 DP V1 标准的 ASIC 芯片还向下兼容原有的 V0 标准的通信芯片,即可参与原来的主站、从站通信。

非周期性数据交换服务分成两大类型,从站与 1 类主站间的非周期数据通信称作 MS1,从站与 2 类主站间的则称作 MS2。MS1、MS2 与 MS0 类的通信在总线上是分时进行的。

**1. MS1 与 1 类主站的非周期性数据通信**

首先,需要由主站在参数初始化过程中指定从站是否能够与主站以 MS1(非周期交换数据)方式通信。即在 DDLM_Set_Prm 参数传送帧中,在 DU 域第 8 字节中置 B7=14,则当此从站进入正常的 Data_EXCH 状态后,便能够进行 MS1 类的数据通信,包括读写数据和扩展的报警处理。

从站的 MS1 类的组态/初始化过程及其状态机变化过程与 MS0 相似。

在 MS1 类通信中的主站侧增加了如下的 SAP 点。

| SAP | 名称 | 功能 |
| --- | --- | --- |
| 51(0x33) | MS1 | 非周期通信中的 1 类主站所用 SSAP |

MS1 类通信中的从站侧增加了以下 SAP(DSAP)。

| SAP | 名称 | 由主站到从站 | 由从站到主站 |
| --- | --- | --- | --- |
| 50(0x32) | 报警类 | | |
| 51(0x33) | 服务类 | DS_Read_REQ<br>DS_Write_REQ | DS_Read_RES<br>DS_Write_RES |

与上一节对 MS0 周期性通信过程所述相似,MS1 数据通信建立之前也需要对参数赋值。此时的参数赋值也是使用 Set_Prm 指令。在 DP V1 参数赋值的 Set_Prm 指令的 DU 域中,前 7 个字节包含了从站的 7 个 MS0 通信所必需的基本参数。而其后面的字节 8、9、10 则是专门留给 DP V1 的扩展参数的。

MS1 非周期数据交换中包括了如下服务。

(1) 扩展参数(扩展参数集在 MS0 的参数赋值指令中占据了扩展的 3 个字节)

(2) 非周期数据的读(DS_Read)

(3) 非周期数据的写(DS_Write)

(4) 报警响应(Alarm_Ack)

2. MS2  非周期性数据交换的通信

在 PROFIBUS 中，Class2 类主站称为工程师站(Engineering Station)。它完成了 GSD 文件的读取、接收外界参数的输入、控制负责周期数据交换的 1 类主站的运行状态等等。从某种意义上讲，Class2 主站是 Class1 主站的控制站。

DP V1 中还定义了从站与 Class2 主站间的直接进行的非周期性数据交换。这种数据通信称作 MS2 通信。通过 MS2 通信服务，可以使部分人机界面更加简单直接，部分过程控制数据能通过 MS2 直接取自从站，而不需"绕"经 Class1 主站。其次，MS2 通信可使 PROFIBUS-PA 的参数赋值直接经由 Class2 主站到从站，也即经过所谓的 MS2 通道。在开始 MS2 通信前，Class2 主站也需要与从站间有一个初始化的过程，然后才能开始 MS2 非周期数据交换。

MS2 的通信可同时与不同的从站并行地建立多个通信的"通道"。其中，"Initiate"服务用于建立通道，"Abort"用于通道的中止。另一方面，一个从站也可以与不同的 2 类主站间拥有多个"通道"。对从站一侧来说，"通道"的多少只限于自身的存储空间。

MS2 中目前定义的服务有如下 5 种。

(1) Initiate 建立链接(通道)
(2) DS_Read 读非周期性数据
(3) DS_Write 写非周期性数据
(4) Data_Transport 数据传输
(5) Abort 链接通道的中止

其中的 DS_Read,DS_Write 与 MS1 通信中相同，下面不再叙述。上面的(1),(4),(5)项是以前未介绍过的新服务功能。

### 6.3.4　PROFIBUS-DP V2

为了更好地满足对工业现场中运动控制的时间要求，PI 组织在制定 IEC 61158 标准时扩展了对 PROFIBUS DP V1 原有的功能定义，增加了许多与时间同步和数据直接交换相关的定义，主要包括如下 5 个方面。

(1) 等时同步模式 Isochrone Mode(IsoM)
(2) 数据交换广播发送 Data Exchange Broadcast(DxB)
(3) 上载与下载数据 Upload and Download
(4) 时间同步 Time synchronization(Time-Stamp)
(5) 冗余 Redundancy concept(Redundancy)

将以上经过扩充后的功能集(包括原有的 DP V0 标准功能)合称为"DP V2"。但要特别指出的是，此处的 V2 仅是在习惯上对基本 PROFIBUS 扩充后的功能集的一个方便代称，在 PI 组织的官方正式定义中并无此称谓。

下面分别对此 5 种新增加的功能加以叙述。

1. 等时同步模式 IsoM

等时同步模式 IsoM 定义了定长循环(Isochronous)的方法，使 PROFIBUS 系统中的各个子环节能同步处理数据通信、控制等动作,使总线节拍时序全局同步,实现主站与从站中的时钟同步控制。即此时的 PROFIBUS 总线可以在不考虑总线通信负载的情况下对运动对象进行闭环控制,使整个系统的控制响应时间最短能达到 3~5ms。

IsoM 本是 PI 组织中的一个小组为了优化面向高速运动的控制而独立研究的一项技术。随着 PROFIBUS 的扩展,人们将其一并归到 DP V2 中。IsoM 的核心内容是 Just-In-Time,即数据的"适时到达"。它通过全局控制 GC(Global Control)广播报文使所有参加设备循环与总线的主循环同步,实现同步协调各个环节的等时同步。能确保上一个环节产生的数据,在下一个传输环节中被及时处理,也即各个环节依序动作。

IsoM 等时同步模式有如下 3 个特点。

(1) 用户应用程序与 I/O 设备的处理同步,即 I/O 输入输出数据与系统循环同步,本周期中输入的数据能保证在下一个同步系统周期中被处理,且在第 3 个周期中能输出到终端。

(2) I/O 数据以相同的间隔输入输出 I/O 数据。

(3) 相继传输的数据彼此间有逻辑和时间上的内在关系。

2. 数据在从站间的直接交换 DxB

在 PROFIBUS DP V0 中只是定义了标准的数据交换:主站(class 1)拿到令牌后,向所属各个从站发出请求(轮询),从站则将数据返回主站。从站在平时只能"扮"作哑终端,不能主动发起数据通信,从站之间的数据交换须经过主站中转且一般要等到一个系统周期之后才能执行。在某些实时要求苛刻的情况下,如对高速的运动控制,这种交换方式显然是不能满足时间要求的。

在 DP V2 中,扩展了从站间的直接数据交换功能,使两个或多个从站之间可以不经主站的中转而直接传输数据。因此,控制功能和算法可以在从站上实现本地化,这大大提高了子系统的智能控制能力。其原理和工作过程如下。

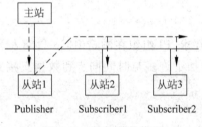

图 6.15 发布-接收模型

DP V2 的 DxB 中定义了 2 种类型的从站,Publisher(信息发布者)和 Subscriber(信息收订者)。发布者指测量数据信息等的送出方,一般由传感器从站承担;接收者则一般由执行器从站承担,接收并根据前者的数据,执行控制功能。参看图 6.15。

在一个 PROFIBUS 系统中可以有多个 Publisher(后文简写为 Pub)和 Subscriber(后文简写为 Sub)存在。一个 Pub 也可以同时具有 Sub 的作用,即两者可以在一个从站上实现。实际上一个从站做 Pub 或 Sub 是由其上的应用程序决定的。对整个控制系统来说,承担数据的输入功能就是 Pub,承担系统的数据输出端就是 Sub。

3. 上载和下载

上载(Upload)和下载(Download)功能允许用少量命令在现场设备中装载任意大小的数据区,即利用简单的指令控制大量数据在主站(1 类和 2 类)和从站间的传递。注意,此时的这些数据以块划分,且使用 Slot_Index 作为寻址机制。

## 6.3 PROFIBUS-DP

下面将对上载下载功能做一简述。上下载功能的一般条件如下。

如果一个系统支持上下载功能,则须先满足下列条件。

(1) 读写一个块中的多个常数集(组)。

(2) 程序可以更新。

(3) Slot_Index 寻址机制。

(4) 支持大于 64Kbyte 的数据区。

(5) MS1 和 MS2 类通信的结合。

(6) 不同的上下载序列不能混在一起,且其他的 DP V1 服务能够不受影响地继续进行。

(7) 数据的下载序列必须完整连续地"装入"目的站设备,一旦中断暂停则不能继续执行。

(8) 传输完下载序列 Download-Sequence 后,相关的对象均处于激活状态,不需要另外的激活操作。

一个上下载服务过程分为 3 个步骤,详细过程分析如下。

(1) 初始化此服务操作。

(2) 传输数据过程。

(3) 结束此次操作。

其服务的过程如图 6.16 所示。

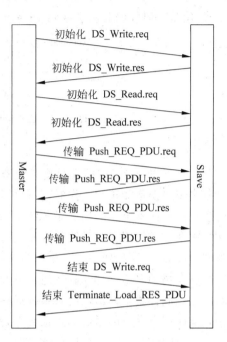

图 6.16 一次完整的上下载服务过程

4. 时间标签(Time-Stamp)

在自动控制系统中,尤其是现场的 FCS 系统中,往往出现如下情况,要求:

(1) 确定消息和文件的发生时间顺序

(2) 确定操作的运行顺序

(3) 对有时间要求的消息及其相应的操作程序的启动

(4) 为了使被分时异步传输的过程数据可视化显示

(5) 驱动控制中精密时间基准的统一

以上情况要求在 FCS 系统中能有一个精确的时间标签 time stamp,以记录并标识网络中发生事件的准确时间,从而更好地控制全系统中各设备的时间同步,特别是在记录系统诊断和判断故障的位置时。此功能在 DP V2 中也被称作时钟同步控制,它对多主站的 PROFIBUS 系统控制性能的提高尤其重要。

此功能的实现是由(实时)主站通过新定义的 MS3 类服务(无连接型)向所有从站广播发送一个 Time-Stamp 时间标签,使一个系统中的所有的站点与系统保持时间同步。Time-Stamp 可以使得两个主站设备间的时钟误差小于 1ms,以便精确地跟踪事件。对分据在两个总线段中的站点,即 2 个站点设备中间有 Repeater、Coupler 或 Linker 互连设备时,其时间误差小于 10ms。

时间标签一般是伴随着 Alarm 报警信号的产生和事件的发生而附在其用户数据字节中传输的。

时间标签与等时同步信息一样都需要一定的定义格式。此格式基于 RFC2030 参考标准。在这种格式下,时间以秒为单位,从 1900.1.1 起计至 2036.2.7,才会产生溢出。因为 PROFIBUS 中的时间绝对值仅仅从 20 世纪 80 年代开始使用,故 PI 组织规定了新格式,使基本时间的起始平移到 1984.1.1,如图 6.17。

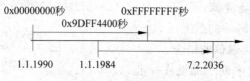

图 6.17 修正后的 Time Stamp 取值变化范围

5. 冗余

冗余(redundancy)概念是指系统资源备份,俗称双机工作模式。以使得当某一部分设备出现错误不能正常工作时,备份的设备能够快速切换至主工作方式,以维持整个系统的顺利运行而不至于因局部设备的出错而影响到整个系统的运行。

冗余主要使用在对系统的可靠运行有严格要求的场合,如重要通信网络的数据库服务器设备备份、通信线路的备份(即双线路)等。对 PROFIBUS 构成的 FCS 系统来说,其本身已在物理电缆、数据编码、通信链接的可靠建立以及出错后的重发等通信的各个层面对工业控制环境中易出现的对系统通信影响的各种因素做了充分考虑,可以保证绝大部分工业应用场合下的通信的正常。但是,对诸如核电厂控制等要求可靠性甚高的场合,要求 PROFIBUS 系统还应具有冗余功能。

在 2001 前后,PROFIBUS 系统冗余的规范标准被单独提出并被研究。人们习惯上将其视为标准 PROFIBUS 的新扩充,一同都归在了 DP V2 名义下。

在 PROFIBUS 的冗余概念中有 3 种不同方面上的冗余技术,主站冗余、总线(电缆的)冗余和从站冗余,详见图 6.18 所示。

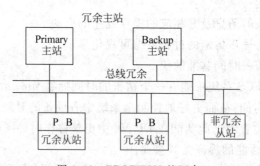

图 6.18 PROFIBUS 的冗余

主站冗余指在系统中设两个同样配置的主站,在相应的切换模块设备支持下,坏的主站能被快速切换下来。总线(电缆的)冗余指传输导线级别的双总线结构。避免因为总线电缆的故障而导致整个系统通信的中断,对上层的应用来说,此通信导线的冗余是完全透明的。从站冗余则意味着每一从站有 Primary Slave(PS,主从站,当前完成数据交换)和 Backup Slave(BS,备份从站,在 Standy 状态下工作,不参与数据交换)两个模块部分。PS

和 BS 接在同一个总线电缆上时,需要赋给不同的地址,若接入不同的电缆则可以有相同的地址(如图 6.18 所示)。PS 和 BS 是在一个从站设备上实现的,一般它有两种实现途径。

(1) 两个通信界面部分,即 PS 和 BS 使用 2 个独立的通信芯片电路模块。

(2) 一个通信界面电路,即在现场设备上加装一个模块,可对连接的总线电缆进行切换。

应用数据的备份处理由用户程序负责,与 PS、BS 的模块设置结构无关。

在 PROFIBUS-DP 中的 3 个方面上的冗余实现中,只有从站冗余是由 PI 以正式标准方式颁布的。其规约名称为"Specification Slave Redundancy",详细内容可参见 www.profibus.com。而主站冗余、总线冗余的技术规范则是由各个生产厂商自己定义的,多是以各种切换模块配合软件控制而实现的。

## 6.4 PROFIBUS 站点的开发与实现

在本节将从介绍目前流行的各种 PROFIBUS 的通信控制芯片 ASIC、接口模板开始,从硬件角度介绍如何构成一个 PROFIBUS 系统的主/从站站点的通信界面、站点的具体实现方案以及实现一个 PROFIBUS 工程项目应注意的实际问题等。

### 6.4.1 PROFIBUS 的站点实现

所谓 PROFIBUS 的站点实现方案即是将工业现场的各种设备加以 PROFIBUS 的通信界面,或给以专用的接口电路(如从站点),或配以接口卡(如对以 PC 作主站的情形),从而使从站和主站都能连接到 RS-485 总线电缆上,形成 PROFIBUS 的现场总线通信系统,使各站点通过此通信系统在控制软件配合下,构成一个 FCS 现场总线控制系统。

由 PROFIBUS 构成的 FCS 现场总线控制系统可用图 6.19 来说明。

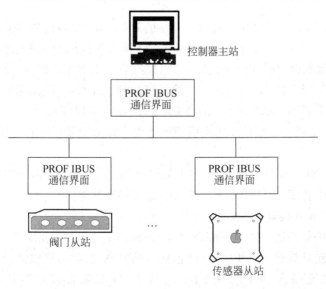

图 6.19 基于 PROFIBUS 的 FCS 控制系统举例

实现一个工控设备的 PROFIBUS 的通信一般有 3 种方案。

方案 1. 采用单片机

PROFIBUS 是一个完全开放的国际标准,任何厂商和个人都可以根据此标准设计各自的软硬件实现方案。原则上讲,只要一个微处理器配有内部或外部串行通信接口(UART),PROFIBUS 的通信协议就可以在其上实现。即利用 PROFIBUS 模型中的服务访问点,通过完全的单片机软件编程和相应的外围硬件接口来实现对 PROFIBUS-DP 的状态机的控制。

在早期的 PROFIBUS 系统中,不少产品是基于 Intel-8031 平台的。目前在国内也有不少文献对如何利用单片机实现简单的 PROFIBUS 从站设计作了研究介绍。但是用单片机实现的 PROFIBUS-DP 从站的传输速率受单片机资源,如计算能力、内存大小和时钟晶振的限制,无法使一个站点能够达到 PROFIBUS-DP 所要求的最大通信传输速率。尤其是目前的 PROFIBUS 系统通信速率起码要求在 1.5Mb/s 以上,一般都在最高 12Mb/s,而软实现的速率太慢,达不到高速对象的要求,只适合于系统通信速率小于 500Kb/s 的场合。

方案 2. 采用专用的通信电路 ASIC 芯片

随着 PROFIBUS 成为 IEC 61158 国际标准和越来越多的 PROFIBUS 的开发厂商、普通用户使用的增加,从系统互连和节约开发时间和成本考虑,人们开发了许多支持 PROFIBUS 数据通信协议的 ASIC。

ASIC 芯片集成了 PROFIBUS 的 Token_Passing 协议,负责处理与通信有关的状态机控制、将数据打包成规定格式帧、从总线上截取帧以及令牌环的管理等,使所有的与总线通信有关的任务在 ASIC 上得以完成。使用 ASIC 后,用户开发工作的中心可集中在对外设的应用层的控制上,而对通信协议的底层控制完全由 ASIC 芯片负责。这种方式加速了通信协议的处理速度并减小了宿主处理器的软件负担,因此能大量地节约开发时间和成本。

近些年来,市场上已经出现了集成了完整的 PROFIBUS 通信协议的许多 ASIC,这些芯片可以把数据从总线上直接传送到从站的 I/O 端口并且把响应发送回总线,或者通过连接一个 MPU 微控制器将 PROFIBUS 接口模拟成一个 RAM 模块,使主站可以透明地直接对外设"写"和"读"数据,以实现实际的远程控制。并且,当使用某些智能型 ASIC 构成简单从站连接方式时,从站甚至不需要 MPU,所以也不用编写软件。对一个现场设备的制造商来说,只需把将 ASIC 连接集成于硬件之中即可构成一个符合 PROFIBUS 协议的站点设备。

目前,PROFIBUS 接口非常便宜,一个接口 ASIC 的价格大约为 10 美元。使用专用的 ASIC 通信芯片进行 PROFIBUS 开发已成为目前的主流。

方案 3. 采用接口模板

为了方便某些最终用户快速开发的要求,Siemens 等一些公司还开发出了具备丰富输入输出接口功能且具有 PROFIBUS 通信接口的完整的模板,可以使最终用户直接将现场的外设和系统连接到 PROFIBUS-DP 总线上,这是最直接和简洁的开发途径,如 IM180-184 模板等。

## 6.4 PROFIBUS 站点的开发与实现

接口模板在类型上分为 2 种,主接口模板和从接口模板。主接口模板能将第三方设备作为主站设备连接到 PROFIBUS-DP 系统中,从接口模板能将第三方设备作为从站设备连接到 PROFIBUS 系统中。

IM183-1 接口模板能将第三方设备作为从站设备连接到 PROFIBUS-DP,它主要由 SPC3、80C32 微处理器、EPROM 和 RAM 存储器,以及与 PROFIBUS-DP 总线连接用的 RS-485 接口组成,最大传输速率 12Mb/s。它一般用于智能从站设备的设计。

IM183-1 接口模板还带有 80C32 微处理器,可用于利用 IM183-1 接口模板提供的接口开发各种专用程序。EPROM 用来固化用户开发的各种软件。RAM 提供发送缓冲区,接收缓冲区及软件工作区。

### 1. 实现 PROFIBUS 站点的 ASIC 芯片

适合用于 PROFIBUS 通信的 ASIC,见表 6.9。

表 6.9 适于 PROFIBUS 的 ASIC 一览表

| 制造商 | 芯片型号 | 类型 | 适用规约 | 最大传输速率 | 特征 |
| --- | --- | --- | --- | --- | --- |
| AGE | AGE LATF | Master, Slave | DP | 12Mb/s | 基于 FPGA 的通用协议芯片 |
| IAM | PBM | Master | FMS,DP | 3Mb/s | 要求有外加的 MPU 和控制 |
| M2C | IX1 | M./S. | FMS,DP | 3Mb/s | 单一芯片 |
| Siemens | ASPC2 | M. | FMS, DP V0,1,2 | 12Mb/s | 智能芯片,要求有外部 MPU (80C165)+固件 |
| Siemens | DPC31 | S. | DP V1,V2,PA | 12Mb/s | 集成协议 |
| Siemens | FOCSI | FOC 光纤 | 独立 | 12Mb/s | 集成协议 |
| Siemens | LSPM2 | S. | DP V0 | 12Mb/s | 32 I/O 的简单型芯片,可直接接入总线 |
| Siemens | SIM11 | MAU | PA | 31.25kb/s | 应用 MBP 的接口 |
| Siemens | SPM2 | S. | DP V0 | 12Mb/s | 64 I/O 的简单型芯片,可直接接入总线 |
| Siemens | SPC3 | S. | DPV0,V1 | 12Mb/s | 智能从站芯片,外部 MPU 和协议,无报警 |
| Siemens | SPC4-2 | S. | FMS,DP,PA | 12Mb/s | 智能从站芯片,外部 MPU 和协议 |
| Profichip | VPCLS | S. | DP V0 | 12Mb/s | 32 I/O 的单一芯片,可直接连接 |
| Profichip | VPC3+B | S. | DP V0 | 12Mb/s | 要求外部 MPU 和协议支持 |

注解:FOC=Fiber-Optic-Cable 光纤电缆;S.=Slave,M.=Master.

一般的,按照 ASIC 适用于主站或从站侧来分类,可以分成适用于主站和从站 2 大类型。

适于主站一侧使用的主要有 ASPC2。ASPC2(Advanced Siemens RPOFIBUS Controller)可用于完全控制 PROFIBUS 标准 IEC 61158 协议的第 1 层和第 2 层。它可用于 PROFIBUS DP 和 FMS 的主站建设。当 ASPC2 被用于 DP 主站时,须加外部 MPU 控制和专门的一个 Flash EPROM 以存储固件软件(Firmware),其协议栈的大小为 64KB。

在从站一侧的 ASIC 又分为适合智能型从站的芯片,如 SPC3、SPC4-2、SIM11、DPC31 等和适合简单型从站的芯片 2 种,如 LSPM2、SPM2。下面分别简述。

对一些诸如开关量、接近开关等简单现场设备不需要 MPU 微处理器的控制和监视的站点,Siemens 提供了两种低端的 ASIC,SPM2（Siemens PROFIUS Multiplexer, Version 2)和 LSPM2(Lean Siemens PROFIUS Multiplexer, Version 2)用于这些设备的 PROFIBUS 接口设计。这些设备作为 DP 从站可直接连接在总线上,主站通过 MAC 层对其进行直接读写操作。使用这些 ASIC 芯片的设备在收到无差错的初始化报文帧后,无需宿主 MPU 的支持,能够独立地生成相应的请求和响应帧,同主站进行数据交换通信。

对智能型从站点和兼有模拟量的 I/O 端口的模块化站点等,则需要在通信 ASIC 上再扩充一宿主 MPU 微处理器。SPC3、SPC4-2、SIM 11、DPC31 等芯片可以用于此类现场设备。如 SPC3(Siemens PROFIBUS Controller)内部集成了全部的 PROFIBUS-DP 协议,它能在相当大程度上缓解 PROFIBUS 智能从站的处理器负担,且能够直接连接到 RS-485 总线上。目前市场上有现成的 DPS2/DPSE 客户端软件为实现 SPC3 的快速应用提供了用户层软件环境支持(支持 DP V0 和 DP V1)。SPC4-2 是为 DP/FMS 和 PA 应用设计的,它的功能基本上与 SPC3 相同。

各种通信芯片数据特性的对比见表 6.10。

表 6.10　常见的 PROFIBUS 通信 ASIC 芯片性能对比

| ASIC | LSPM2 | SPM2 | SPC3 | SPC4-2 | DPC31 | ASPC2 | SIM 11 | FOCSI |
|---|---|---|---|---|---|---|---|---|
| 应用对象 | 简单从站 | | 智能从站 | | | 主站 | 介质转换和接入 | |
| 物理层 | RS-485 | | RS-485 | | RS-485 IEC1158-2 | RS-485 | IEC1158-2 | 光纤 |
| 传输速率 | 12M | | 12M | | 12M+31.25K | 12M | 31.25K | 12M |
| 自动检测速率 | 能 | | 能 | | 能 — | | | |
| 适用协议 | DP | | DP V0,V1 | | DP V0,V1,V2 | | PA | DP |
| 直接接入总线 | | | 直接 | | | | — | |
| 外部 MPU | — | | 需要 | | 需要 | — | 需要 | |
| 固件大小 | — | | 4～24K | 8～40K | 4～24K | 80K | | |
| 缓冲 | | | 1.5K | 3K | 6K | 1MB(外部) | — | |
| 供电 DC | 5V | | 5V | | 5V～3.3V | 5V | 3.3V | |
| 功耗 W | 0.35 | 0.5 | 0.65 | 0.4/0.01 | 0.2 | 0.9 | 0.009 | 0.75 |
| 工作温度 | −40～+50℃ | | −40～+85℃ | | | | | |
| 包装 | MQFP | PQFP | PQFP | TQFP | PQFP | TQFP | TQFP | |
| 外形 | 80Pin | 120Pin | 44Pin | 44Pin | 100Pin | 100Pin | 44Pin | — |

## 2. PROFIBUS 站点的接口模板

虽然目前市场上已有众多的公司提供了 PROFIBUS 的通信 ASIC，方便了用户开发 PROFIBUS-enable 的设备，但对需要临时或快速接入 PROFIBUS 系统，或对某些不具备外围电路设计能力的设备厂商来讲，将此 ASIC 集成入自己的设备中也是一件费时和困难的任务。为此，Siemens 等一些公司开发了已具备各种输入输出接口且具有 PROFIBUS 通信界面的接口模板。在接口模板上已经集成了 PROFIBUS 的通信 ASIC、各种可连接用户设备的数据接口和相应的控制程序，具备了 PROFIBUS 站点的全部功能，包括参数、地址定义等，可完成主/从站与 PROFIBUS 网络的所有通信，使第 3 方用户可以简单地将自己的设备通过接口模板联入 PROFIBUS 系统，这提供了另一种简洁的 PROFIBUS 系统的开发方式。

接口模块与主设备之间的数据交换取决于接口模块种类和技术特性，比如双口 RAM、地址/数据总线、串口等。不同的接口模块可用于各种需求及应用场合。

从连接的对象不同上分，接口模板从类型上分为 2 种，主接口模板和从接口模板。

1) 主站接口模块

(1) IM180 是一单独模块，可通过它将第三方产品作为主站连接到 PROFIBUS-DP 中。

(2) IM181-1 是一块留有插口的 PC 插卡。IM181-1 是一个 ISA 短插槽卡，可在普通的 PC-AT 或其他可编程设备上对其编程。

一般来说，IM180 安放在 IM181-1 载板上后可插入 PC，两者需共同使用。

(3) CP5613 是一块 PCI 接口的插卡。

2) 从站接口模块

(1) IM182 是一种简单的用于从站的具有 ISA 总线的 PC 卡。

(2) IM183-1 接口模块可将第三方设备作为从站连接到 PROFIBUS-DP 上。

(3) IM184 接口模块可将一个简单从站连接到 PROFIBUS-DP 上。

图 6.20 和图 6.21 分别是 IM183-1 和 IM184 的外观图。

图 6.20　IM183-1 外观图　　　　　　　图 6.21　IM184 外观图

为了使读者有一个总体上的了解,对各种接口模板的技术指标汇总如表6.11。

表6.11 各种接口模板的技术指标

| 接口模块 | IM 184 | IM 183-1 | IM 182-1 | IM 180 | IM 181 |
|---|---|---|---|---|---|
| 应用类型 | 简单从站 | 从站 | 从站 | 主站 | IM180的母板 |
| 最大传输速率 | 12Mb/s | 12Mb/s | 12Mb/s | 12Mb/s | — |
| 支持协议 | | PROFIBUS-DP | | | — |
| 专用芯片 | SPM2 | SPC 3 | SPC 3 | ASPC 2 | |
| 微处理器 | 不需要 | 80C32(20MHz) | PC处理器/可编程设备 | 80C165(40MHz) | |
| Firmware | 不需要 | 4…24 KB(包括测试程序) | | 80KB | |
| 存储器容量 | — | 32KB SRAM 64KB EPROM | | 2×128KB | |
| 主设备接口 | | | | 双口 RAM | |
| 允许环境温度 | 0~70℃ | 0~70℃ | 0~60℃ | 0~70℃ | |
| 供电电源 | 5VDC | 5VDC | 5VDC | 5VDC | |
| 功耗 | 150mA | 250mA | 250mA | 250mA | |
| 模板尺寸 | 85×64mm | 86×76mm | 168×105mm | 100×100mm | 168×105mm |

3. 实现 PROFIBUS 站点的开发包

为了帮助用户快速学习和开发 PROFIBUS 设备,Siemens 除了提供前文所述的几种接口板之外,还提供用户以不同的开发程序包 Ekit。该开发程序包包括了接口板和全套的学习和示范软件,是现场设备的开发者迅速学习 PROFIBUS 的数据通信,开发并测试自己的整个应用程序的一个完整工具。下面简单介绍。

1) Dev. Kit 4

Dev. Kit4 开发包中有可组成一个 PROFIBUS 系统的各种硬件和软件,其硬件有:

主站模板 IM 180/181 各一块,主站接口模板 CP 5613 一块,从站接口模板 IM 183-1 一块,从站接口模板 IM 184 一块。

其软件有:

COM PROFIBUS 用于初始化总线系统和 IM180 接口卡,用于 IM183-1(含 SPC3)的一个开发 License 的固件 Firmware,用于对各开发部件进行测试和仿真的软件。

此开发包用于开发使用 SPC3 和 LSPM2 的从站和基于 IM183-1,IM184 的从站端。将包中包含的各个接口模板连在一起可以组成如图 6.22 所示的一个小规模的 PROFIBUS 系统。其中的 IM180 可以插入 IM181 插口板,再插入具有 ISA 插槽的 PC 中以构成一个主站,而从站侧由 IM183-1 和 IM184 接口模板组成。

示范软件安装在用作主站的 PC 上,通过 IM180 上的 Dual-Port-RAM 双口 RAM 可以对 PROFIBUS 系统初始化、配置主/从站及通信参数,使用熟悉 PROFIBUS-DP 的基本功能,并读出错误和诊断信息,对从站的数据输出等。

注意当主站侧不使用 IM180 接口模板,而是直接使用 ASPC2 芯片时,则还需要额外的 Firmware(基于 Intel 的 MPU 80C165)。

## 6.4 PROFIBUS 站点的开发与实现

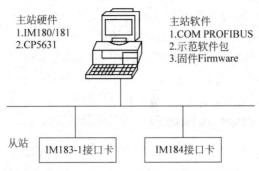

图 6.22 Dev.Kit4 开发包的使用示意图

本开发包中还有一组应用实例,均以源码提供。各应用实例都有详细的说明文档。基于这些例子,用户可以开发出自己合乎 PROFIBUS 系统要求的软硬件。

2) Dev.kit-DP/PA

Dev.Kit-DP/PA 开发包用于开发基于 DPC31 的几种从站侧的 DP 应用,加上 SIM11 和 FOCSI 后也可适用于 PA 和光纤的应用开发。

该开发包包括了如下硬件:
- DPC31 开发板,用于开发和测试用户的实际应用。
- CP5613,具有 PCI 插槽的主站界面板。
- 光纤总线端子,转接铜缆和光纤。
- 已装配好的 PROFIBUS-DP 总线电缆(紫色)。
- 已装配好的 PROFIBUS-PA 总线电缆(蓝色)。
- 已装配好的 PROFIBUS-DP 光纤电缆。

程序示例均以源码提供,方便用户在此基础上修改;硬件均配有电路图。CP5631 的驱动程序需运行在 WinNT 上。

软件部分包括:
- PC 上的测试和仿真软件,配合 CP5631 主站插卡
- 适用于 DPC31 芯片的示例,易于使用的界面
- 适用于 DPC31 的 DP V1 固件,包括开发版的 Licence(许可)
- 针对 CP5613 的参数赋值和初始化软件 COM PROFIBUS
- PDM 工具软件(一个跨生产厂商的软件工具,用于参数初始化,但仅有 2 个月的软件使用许可)

对简单的 DP 从站的开发,可以使用随机带的电缆将 DPC31 板联入 PC 即可构成一个从站。而对有光纤的网段,则需要将光缆接入 DPC31 板的光纤端口。如果是开发 PA 的从站,则要将 PA 电缆经过一个 DP/PA 耦合器后才能接入 DPC31 板的 PA 端口。此耦合器是不含在此开发包中的,需要另外单独购买。

3) Dev.Kit PROFIsafe

该开发包用于开发和测试对安全性有较高要求的从站,基于 DP 的 PROFIsafe,其安全性能可达 IEC 61508 的 SIL 3 级水平。其应用框图见图 6.23。

这是一个由 PROFIBUS 的 Dev.Kit 5 升级而来的软件包,包括了如下的部件。

① 用于开发 PROFIsafe 的源码和文档
② CRC-Calc 是用于计算产生 GSD CRC 的计算工具
③ PROFIsafe-Monitor 用于测试 PROFIsafe 主站的驱动程序

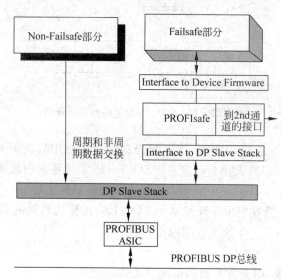

图 6.23 PROFIsafe 的应用框图

为了使读者有一个总体上的了解,对各种开发包对应的硬软件汇总如表 6.12。

表 6.12 开发包与硬软件

| 开发包 | Dev. Kit 4 | Dev. Kit DP/PA | Dev. Kit PROFIsafe |
|---|---|---|---|
| 应用 | DP 的主站和从站 | 从站 | DP 的安全从站 |
| 硬件 | IM 180,181<br>CP 5613<br>IM 183-1<br>IM 184 | DPC 31 开发板<br>CP 5613<br>光纤端子(口) | |
| 软件 | COM PROFIBUS<br>IM183-1 的 Firmware<br>仿真示范软件 | COM PROFIBUS<br>DPC31 的固件和测试,<br>仿真程序<br>仿真示范软件 | PROFIsafe 的从站驱动程序<br>CRC-Calc 工具<br>PROFIsafe-Monitor |
| 文档 | 随机 CD-ROM | | |

## 6.4.2 PROFIBUS 的从站实现方案

一个 PROFIBUS 系统中的从站可大致分为如下 3 种类型。

**1. 由 PLC 或其他智能控制器做 PROFIBUS 系统中的一个从站**

PLC 自身有完整的一套控制系统,包括程序存储器、I/O 端口等。PLC 执行程序并按程序指令驱动 I/O。当 PLC 上带有 PROFIBUS 的接口时,可直接将 PLC 用作 PROFIBUS 的从站。此时在 PLC 存储器中有一段特定区域作为 PROFIBUS 网络通信的共享数据区,主站可通过此数据区间接控制从站 PLC 的 I/O。

2. 分散式的远程(端)I/O

一般的分散型 I/O 是由主站统一编址,主站编程时使用分散式 I/O 与使用主站的 I/O 没有什么区别。分散式远程 I/O 不具有程序存储和程序执行能力,必须依靠一个附加的专用通信适配器接收 PROFIBUS 系统的数据,按主站指令驱动 I/O,并将 I/O 输入及故障诊断等信息返回给主站。

对此类设备可直接使用 PROFIBUS 的专用接口模板连接到 PROFIBUS 系统总线上,或用 ASIC 从电路板级开始设计一个附加的 PROFIBUS 通信接口。

3. 智能现场设备

本身已经带有 PROFIBUS 接口的现场设备,可直接联入 PROFIBUS 系统,由组态软件在线完成系统配置、初始化参数赋值,进行数据交换等功能。

当不是购买现成的具有 PROFIBUS 接口的站点设备时,从站的开发任务将是整个现场总线系统实现中的一个最主要的内容。合理的从站设计则是通过以后的 PROFIBUS 产品认证,进入市场的重要保证。

下面从工程实践的角度给出在从站设计中应该注意的一些问题。

(1) 芯片的选择问题

若是从芯片开始设计一个从站设备的 PROFIBUS 接口,DPC31 是首选的 ASIC 芯片。该芯片支持从 DP V0 到 DP V2 甚至 PA 的所有功能,对各种主站产品和通信总线特性的支持也最全,并且内置微处理器。缺点是该芯片有 100Pin,面积较大且价格较高。

目前芯片及外围电路的成本在整个系统开发中的比例很低,应尽量使用智能程度较高的芯片,以减少自己开发设计的工作量且加强以后的系列产品中使用前期设计的程度。

当然对一般的从站或仅是设计单一的一个产品,不考虑以后的设计继承问题时,也可以使用价格更低的 SPC3,LSPM2 等。

(2) 地址设置问题

考虑到将来对产品的知识产权保护和生产成本时,还应该考虑采用什么方法设置站点的 PROFIBUS 地址,一般可通过 DIP 开关,BCD 编码开关或仅通过组态软件进行软设置。

(3) LED 显示

设计 LED 显示器来表示总线处于正常/不正常的工作状态。

(4) 总线接口

用何种接头连接 PROFIBUS(考虑 D 型连接器或自制的短接线)。

(5) 站点的网关功能

PROFIBUS 的站点是否还必须担当网关功能,或它是否必须直接集成在硬件中?

(6) 重复设计

在小规模应用时,市场已有的一种解决方法是否可以参考使用。

(7) 设计的兼容性

进行新开发时要考虑必须和哪些(可能更老的)系统相兼容,这个问题牵涉到用户数据长度、用户诊断、用户参数和传输速率的设计。

特别重要的是，在和其他站点相连接时，必须检查 PROFIBUS 上的传输速率问题是否一致。一般目前的设计都将速率设定在 12Mb/s。

（8）互换性

设计时还要考虑到互换性（如重新参数化、地址设置等）。

（9）GSD 文件的编写

对开发一个全新的站点，要考虑的一个问题是编写其 GSD 文件。在设计时应将欲实现的不同功能作为不同的模块放在 GSD 文件中，这样可以提高以后的重用性，且只需对该产品进行一次 PROFIBUS 的授权认证工作。

### 6.4.3 PROFIBUS 的主站实现方案

PROFIBUS 系统中的主站一般总是采用现有产品，只有在特殊的情况下才自己开发。下面参考 Siemens 的产品列出几种常见的主站形式。

1. PLC 做 PROFIBUS 一类主站

控制器　如 Siemens 的 S7-300(-2DP、CP342-5)；S7-400(-2DP、CP442-5)；

组态配置/控制软件　STEP 7；

PLC 做 PROFIBUS 一类主站构成应用广泛的单机控制系统。最简单的单机控制系统如：PLC+PROFIBUS I/O。

2. PC+网卡做 PROFIBUS 一类主站

网卡　如 CP5611,CP5613 等；

组态配置/控制软件　COM PROFIBUS、SIMATIC NET；

控制软件　WinAC、WinCC。

3. 自主开发 PROFIBUS 的主站

开发主站时，首选的 ASIC 模块是 ASPC2。在其最新的版本 E2 中，该芯片支持从 DP V0 到 DP V2 的所有功能。为了减少硬件的花费，可从一开始就指定主站在 DP V2 的同步模式下工作，详见 ASPC2 的使用手册。

4. PLC 中插入（第三方的）PROFIBUS 通信模块

使用多家第三方的产品互连时，应注意各产品的技术指标，最大多少从站、每个从站最大 I/O、最大波特率等是否兼容。同时注意配置软件功能，如有些配置软件不支持复杂的 GSD 文件结构、少数配置软件不支持用户参数化功能等。

应该指出的是，PROFIBUS 源于德国的国家标准，Siemens 是目前对 PROFIBUS 技术投入最多的公司，拥有大量的 PROFIBUS 产品，且占据了该市场的最大的份额，一般建议直接使用其主站设备或其主站网卡配合经测试认证的第三方从站产品组成 PROFIBUS 系统。

### 6.4.4 PROFIBUS 系统的初始化过程

一个标准的 PROFIBUS 系统中有 2 种类型的主站，Class1 和 Class2 主站。Class2 类主站负责由各设备的 GSD 文件中读出各种通信和特性参数，包括对主站的初始化信息和各从站的数据交换格式等，然后对 Class1 主站和从站初始化，由 Class1 主站建立与各主站的通信循环，然后系统进入正常的 Class1 主站和从站间 MS0,MS1 交换数据状态。

## 6.4 PROFIBUS 站点的开发与实现

该系统初始化过程中的一个重要环节是 Class2 主站的工程初始化软件必须由生产主站的厂家提供,这些初始化工具包括如 Siemens 的 SIMATIC 中 STEP7 编程和组态工具、Softing 公司的 DP-Konfigurator 和 Ifak 研究所的 ProTest 软件包等。

一般在组态软件中可以方便地使用 Drag and Drop 方式将各个设备及其参数"集成"在一起,形成一个新的工程项目。当然,有的软件也使用参数编辑输入的方式。本书仅对需要组态的参数简单总结如下。

1. 系统总线的通信参数

(1) 指定站的类型

(2) 总线上的站点最高地址(HSA:Highest Station Address)

(3) 主站的地址

(4) 总线速率(Transmission rate)

(5) 确定规约(Profile)

(6) 总线时序参数 Tslot, max. TSDR, min. TSDR, TTR, GAP Factor, Retry limit

(7) 各种可选项,如 Constant Bus Cycle Time

图 6.24 和图 6.25 给出了 2 个图例,表示了 ProTest 软件中不同参数的初始化界面。

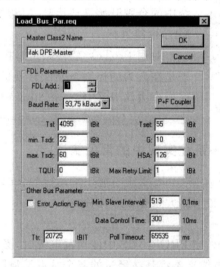

图 6.24 ProTest 的总线通信参数和主站特性参数初始化界面

以上的各参数针对某一个应用构成一个参数集,在组态软件中称之为一个 Project 工程项目。如果要集成一个新的从站到已有的 Project 中,则可先调出该项目的参数集,加入新的从站参数,再将其安装入 Class1 主站中,重新对系统初始化后,才可以运行。

2. 主站特性参数

1 类主站有 2 种运行状态:Offline 和 Online。在 Offline 状态下,装入初始化一个"Project"所需的参数集,进行初始化。此过程结束后,控制 Class1 主站由 Offline 进入 Online 状态。此时又可以细分为如下 3 个环节,参见图 6.26。

Stop 状态　可以进行非周期的 MS1 类服务。

Clear 状态　对各从站进行初始化,可以由主站 Input 数据,但不能 Output 数据。

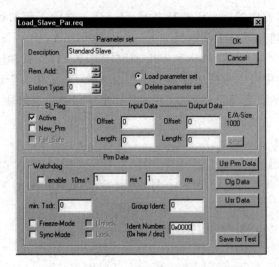

图 6.25　ProTest 的从站参数初始化界面

图 6.26　主站的状态转变

Operate　最终进入此正常运行状态，PROFIBUS 系统中的令牌开始循环运动，MS0 数据开始正常循环进行且 MS1 也能进行。

对用 ProTest 软件做组态控制的系统来说，此 4 种状态是在人为的控制下顺次转换的。在开始启动系统时，即由操作人员从 Offline→Stop→Clear→Operate 转换。反之，也是从 Operate→Clear→Stop→Offline。

### 6.4.5　PROFIBUS 系统实现中的常见错误

工程实践表明，一个 PROFIBUS 系统不能正常运行的大部分原因是由于系统安装过程中的问题引起的。其出错情况大致有如下几种。

1. 电缆的接地问题

此问题如图 6.27 所示，当 PROFIBUS 中使用铜电缆时，必须注意使其屏蔽层面积覆盖尽量多的电缆，并使用电缆夹条将其在经过的各个站点上将屏蔽层牢固地接入地。

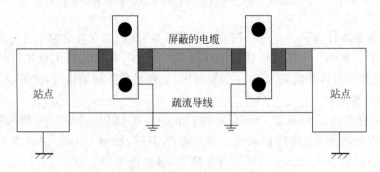

图 6.27　屏蔽电缆的接地示意

图中的疏流导线是为防止形成共模干扰而引入的,在一般情况下无需连接,只是在某些情况下,还需在电缆外另加一额外的疏流导线,以消除各点间的共模电压和屏蔽层上的环流电流。此导线的截面积一般应有 $16mm^2$。

2. A、B 线径的混淆

在连接每一个站点时,要注意不要混淆 DP 和 PA 电缆的两根线径,其 A、B 线径应该准确地接入 D 型接头的相应端上。如果在某一个站点上 A、B 的接入被颠倒了,则此站点不能被正确接入总线,系统认不出此站点。

一般此类错误仅影响本站点的接入,不影响电缆后面的各站点的接入。但实践中发现,这种错误偶尔有时也会影响后面的所有站点,使其都不能被系统找到。

关于连接安装中其他常见问题还有:

① 导线与接头端子未接触好。
② 电缆屏蔽层没有与地连接好。
③ 在接头内部连线时,发生短路。
④ 接入的抗反射干扰的端子电阻太多了,一般只需在电缆的两端各接入一个。

在某些工程实际情况下(尤其是在室内短距离的范围内试验时)或者可以根本不用终端电阻。

⑤ 电缆间的最短距离没有被保证。

图 6.28 表示了一个多网段的 PROFIBUS 系统中端子电阻接入示意图,其中有箭头处表示应该加入的端子电阻。

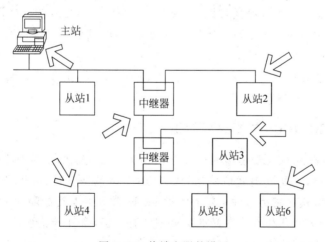

图 6.28 终端电阻的设置

另一个注意的问题是关于总线上两点间最短距离,此问题截至目前并没有一个严格的答案。一般对经过 PROFIBUS 授权验证过的设备站点接入系统时,只要连接导线正确,并没有一个最小距离的限制。

3. 运行期间的常见错误

除了在安装过程中的各种常见问题致使系统不能正常运行外,在运行期间的错误也应该引起注意。此类错误有如下常见的几种。

① 地址设置出错；
② 错误的初始化参数和组态参数配置；
③ Indent 标识号错；
④ Watchdog 的时间值对从站来说太小。

对多网段的 PROFIBUS 系统,当要扩展新的线段时,还可使用总线连接器。它类似一个 T 型电缆接头,有一个输入端两个输出端,其内部已具有一个可以 On/Off 设置的端子电阻。使用此连接器可以人为地接或断开其内部的端电阻,以使后继的站点设备失效,从而可以逐个站点地排查一个大的系统中的错误站点。

在新建一个系统时,建议不要安装结束后立即将从站设备全部接入系统且运行,而应该在主站已能正常工作,能形成一个最小的系统后,将从站逐个接入系统总线,且不断调整和测试主站上的组态软件,使每一个新接入的从站能与主站正常的通信。

对那些从物理上(如用 DIP 开关)不能设置地址的从站设备,其接入系统时的默认地址均为 126。该地址可在该设备联入系统后由主站的组态软件用"Set_Slave_Address"指令修改。在此类设备上必须设计有"非挥发性存储器",如 Flash Rom 等,确保在掉电后能保留此地址设置。同时,设备上还应有恢复出厂设置状态的能力,以在某些情况下,恢复原始地址等参数。

当同时有多个这样的不能外置地址的设备要接入系统时,注意必须逐个地将这些默认地址为 126 的设备连接到系统总线上,且马上赋以新的地址。以免同时接入这类设备时造成地址的冲突。

同时还要注意的一个问题是,对那些能由用户自己设置地址的从站设备来说,不要再同时使用主站上的组态工具去改变从站设备的地址,而应该使用其原有地址。同时在对它的初始化阶段中要将 Watchdog 功能临时关闭。

为了防止安装过程中的错误,还可使用各种检查设备,如手持的网络查错设备、Bus Monitor 网络总线监听器等。

### 6.4.6 PROFIBUS 的网络监听器

在 PROFIBUS 系统的安装调试和查错中一个不可或缺的工具是 Bus Monitor 总线监听器。Bus Monitor 实际上就是一个 PROFIBUS 的网络(协议分析)监听器,类似现有的许多网络监听工具。它是一种重要的维护、试车、发现并修理故障的工具。通常的故障例如地址冲突、线缆断开和参数配置错误等极易被识别,意外的错误诸如过载、通信错误等都可以被捕获并记录下来。

在硬件上,它一般有两个端口,一端是一个 PROFIBUS 的标准 D 型接头或额外的与 PROFIBUS 电缆的连接接口,可以方便的联入 PROFIBUS 的总线,另一端是与 PC 相连的接口,有 PCMCIA 卡、PCI 和 ISA 几种不同的接口。对 PC 来说,此总线监听器可被看成是一个 I/O 外设。在相应的监听软件支持下,它仅侦听捕捉 PROFIBUS 总线上发生的所有事件和记录所传输的所有数据帧,但不参与总线上的活动,其本身也无分配的 PROFIBUS 地址。

图 6.29 所表示是 Softing 公司的 PROFIBUS Analyzer。它的 PC 端采用 ISA 接口,

在另一端外加了一个"加密狗"。

图 6.29　PROFIBUS Analyzer 外观图

ProfiTrace 是另一款基于 USB 口工作的功能强大的 PROFIBUS 高速网络分析仪，如图 6.30 所示。它是 PROFIBUS 总线监控技术系列产品中最新的一代。这种分析仪能通过协议和电子测量仪器间实现智能连接，大大地方便了系统维护和查错。

图 6.30　ProfiTrace 示意图

## 6.5　PROFIBUS-PA

PA 是以 PROFIBUS-DP 协议为基础，面向分散式现场自动控制系统和现场设备间的仪表型现场通信系统，主要用于过程控制。PA 是在面向制造行业现场工控设备的、传统的 PROFIBUS-DP 出现之后，为了解决一般的过程控制问题而专门定义的一种 PROFIBUS-Profile。日前它已经发展成为 PROFIBUS 家族中重要的一个分支，占到整个 PROFIBUS 家族应用实例的 5% 左右，是丰富的 PROFIBUS 子集规约中应用量仅次于 PROFIBUS-DP 的一个规约。

PROFIBUS-PA 可用于烟草、制药、电力、冶金、造纸、水处理等一般工业领域中具有低速流程控制特点的对象。另一个重要的特点是其自身具有总线供电能力，还适用于带本安防爆要求的石油化工处理等危险区域。近年来，PI 组织在 PROFIBUS-DP 在制造业自动控制领域中取得重要进展后，把推广 PROFIBUS 技术的注意力转到了 PA 上，以和 FF 基金会总线在低速的流程控制领域中抗衡竞争。

### 6.5.1 PROFIBUS-PA 的基本特点

PA 与 DP 同属 PROFIBUS 的子集,但采用了不同的规约。两者的不同仅体现在物理层上,其主要技术特点总结如下。

(1) 符合 IEC 61058—2 的本安型要求,可在两根总线上同时传输数据以及对总线上的设备进行本安型供电。

(2) PROFIBUS-PA 通过网关转换器件可方便地连接到传统的 RS-485 电缆或使用光纤的-DP 系统中,可以实现过程自动化领域 DP 和 PA 的统一应用。

(3) 在一般场合也可使用非本安型的总线技术。

这里需特别指出的是,PROFIBUS-PA 和 FF-H1 总线标准的物理层的调制方法和编码定义完全一样,不同的是 FF-H1 定义了更多的电缆形式。PROFIBUS-PA 和 FF-H1 可以使用同样的 ASIC 通信控制芯片实现总线与用户现场设备的接口,两者的传输速率均固定为 31.25Kb/s,两者的应用对象和场合也基本相同。从 FDL 层(现场总线数据链路层)往上,PA 和 DP 除了用户应用层定义的不同外,其余基本一致。

PA 的 FDL 层的报文帧结构与 DP 也有不同,因为 PA 的帧传输采用的是有同步信号的 MBP-IS 编码,而 DP 采用的是异步的 NRZ 编码。故此,PA 的帧中有一个 16bit 的前导码 P 用于时间同步,后面另加一个 16bit 的 CRC 校验码。SOF 和 EOF 是帧结构的开始和结束码。另一个与 DP 传输的区别是,PA 的 MBP-IS 编码中的每个字符只有 8 位,而 DP 的 NRZ 编码中的每个字符有 11 位。

PA 中的 $T_{bit}$ = 1/31.25K = 32ms,故此,可以计算出 PA 中每一字符的传输需要 256ms。

下面给出 2 种不同编码中的字符帧结构的简单对比。

DP-RS-485 方式下的帧结构

PA-MBP-IS 方式下的帧结构

### 6.5.2 PROFIBUS 的 DP/PA 连接接口

如前所述,PA 与 DP 的不同在于物理层使用了不同的数据传输速率和编码方式,而其 FDL 层的协议是一致的,均是 Token-Passing。一个 PROFIBUS 的主站可同时与 DP 网段和 PA 网段上的从站交换数据。或者说,对 PROFIBUS 主站来说,PA 网段中的从站可被透明地看成是一个普通的 PROFIBUS 设备,可以执行周期性数据交换和非周期性的数据交换。

要实现这种物理层不同而数据链路层协议相同的网段间的无隙集成,平滑互通数据,需要在 DP 和 PA 网段间加装网络连接设备。DP/PA 网络连接设备的作用是转换 RS-485 中的 NRZ 信号为 PA 网段中的 MBP-IS 信号。DP/PA 网络连接设备有两种实现方案。

## 6.5 PROFIBUS-PA

(1) 段耦合器(Coupler)  能够双向转换 RS-485 和 MBP-IS 信号电平。从上层网络协议的角度来看,段耦合器是"透明"的。

(2) 链接器(Linker)  有其内在的适应二端网段接口和智能控制器,内建有缓冲器和编码、解码器,能把 MBP 网段的各个 PA 设备"映像"为 RS-485 网段中的各个 DP 从站。链接器一般是"非透明"的。

### 1. 耦合器 Coupler

对 DP 主站来说,PA 网段上的设备连在耦合器后面,和 DP 网段上的设备并无二致,DP 主站将分配给这些设备以统一的地址,分布在 0～105 间,如图 6.31 所示,且按前述方法统一对这些设备赋初值、组态等。

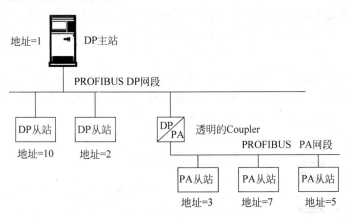

图 6.31  透明耦合器下的地址分配

传统的 DP/PA 耦合器 Coupler 一般是"透明"的,适用于简单网络与运算时间要求不高的场合。耦合器 Coupler 一般只能连接 MBP 网段到低速的 RS-485 网段,如要求 DP 网段一侧的速率为 45.45Kb/s 或 93.75Kb/s。目前的一些新型号的耦合器中已加有智能控制界面接口,能允许 DP 侧的波特率达到 10Mb/s。

图 6.32 描述了一个混合系统上 DP/PA 网段的不同速率。

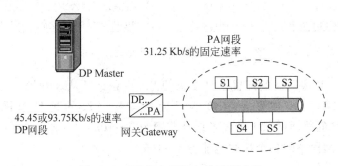

图 6.32  DP/PA 网段上的不同速率

### 2. 链接器 Linker

链接器工作时一般是"非透明"的,即它占了一个 DP 网段的地址,如同一个正常的 DP 从站一样与主站通信。对主站来说,链接器后面的 PA 设备不能被主站探知。此时的网关链接器如同一个多模块化结构的从站,每个 PA 设备犹如此从站上的一个 I/O 模块。主站对各 PA 设备的管理如同管理此链接器 Linker 上的多个可插入 Plug-In 的 I/O 模块。

链接器的数据转发过程如下,将 PA 网段上的所有 PA 从站设备输入的数据缓存区内容"整体"送往 PROFIBUS 网络的主站(DP 主站),对输出数据也是先将其一并放入链接器的缓冲区,再分别送往多个 PA 从站设备。

"非透明"的链接器 Linker 均是智能的,能够"缓存"两侧转发的数据,支持两侧不同的速率匹配,即 DP 侧的波特率可以任意设置。链接器 Linker 占用单独一个 DP 地址,对 DP 网段来说即是一个从站设备,而在 PA 网段一侧则如同一个 PA 的主站。换句话说,链接器可被看成是 PROFIBUS-DP 网络的扩展器。每一个链接器占用了一个 DP 地址,同时扩展了 31 个 PA 从站设备(对非危险区域应用,在危险区域应用时最多可带 10 个设备)。

链接器在 DP 网段被视为一个从站,而在其所在的 PA 网段上则被视为此 PA 网段的主站。在各个链接器下面的 PA 网段上各现场设备地址可以单独安排,设备在多个 PA 网段中可以有重复的地址号,如图 6.33 所示。

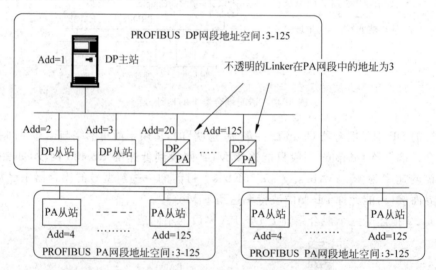

图 6.33　不透明的网关下的地址分配

要说明的是,某些厂商的配置工具要求的 PA 设备地址从 3 开始,因此,为减少不必要的地址修改麻烦,一般赋给链接器后面的 PA 网段的地址范围定为 3～105 (PROFIBUS-DP 的普通网段上的设备地址范围为 0～105),Linker 本身在 PA 网段一侧的地址为 3,PA 网段中的各个从站地址为 4～105。

### 6.5.3　PROFIBUS-PA 总线的安装

**1. PA 的拓扑结构**

PROFIBUS-PA 的总线支持树形结构、总线结构和两者的复合结构。

树形结构是最典型的现场安装技术。通过一个现场分配器连接现场设备与主干线。

## 6.5 PROFIBUS-PA

采用树形结构时,所有连接在 PA 系统上的设备通过此现场连线分配器连接并进行并行切换,如图 6.34(a)所示。

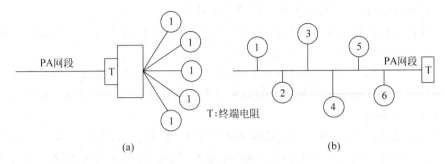

图 6.34 树形结构和总线形结构

总线形结构实际上是提供了一个各现场设备与系统间的连接线,如图 6.34(b)所示,且由主干线外引的分支线也可以连接一个或一组现场设备。此时要注意的问题是每单位长度上允许连接的设备数量以及从总干线到分支的长度在 IEC 1058-2 中有明确规定。

组合使用树形和总线形结构将会优化现场的布线。但要避免的是,不要使总线电缆上站点过于集中而导致信号失真。

2. EN 61058-2 中规定的电缆

PROFIBUS-PA 中使用的电缆一般是深蓝色外表的 2 芯电缆(即 A 型)。但在 DIN EN 61058-2 中还规定了另外的几种可用于 PA 的电缆规格,列于表 6.13。

表 6.13 DIN EN 61058-2 规定 PA 的电缆规格

| | A 型 | B 型 | C 型 | D 型 |
| --- | --- | --- | --- | --- |
| 电缆结构 | 屏蔽双绞线 | 屏蔽多路双绞线 | 非屏蔽多路双绞线 | 非屏蔽非多路双绞线 |
| 电缆芯截面积(标称值) | 0.8mm² (AWG18) | 0.32mm² (AWG22) | 0.13mm² (AWG26) | 1.25mm² (AWG16) |
| 回路电阻 | 44Ω/km | 102Ω/km | 264Ω/km | 40Ω/km |
| 31.25kHz 时的波阻抗 | 100Ω±20% | 100Ω±30% | ** | ** |
| 39kHz 时的波衰减 | 3dB/km | 5dB/km | 8dB/km | 8dB/km |
| 非对称电容 | 2nF/km | 2nf/km | ** | ** |
| 屏蔽覆盖程度 | 90% | ** | ** | ** |
| 最大传输延迟(7.9~39kHz) | 1.7μs/km | ** | ** | ** |
| 推荐网络长度(包括短接线) | 1900m | 1000m | 400m | 200m |

注解:AWG 美国线规(American wire gauge)

安装新系统时,目前一般推荐采用 A 型电缆。当采用多股的 B 型电缆时,几个现场总线(31.25Kb/s)可以在一根电缆上同时运行。C 型和 D 型电缆仅用于网络的升级改进工作。此时,对干扰的抑制常常达不到标准中所要求的水平。

3. 屏蔽和接地

一般来说,在设计现场总线的屏蔽和接地时,必须考虑到 EMC 电磁兼容性、防爆、保

护人身安全等几个方面。具体来说

(1) 在地线(参考电势)和电缆信号线之间进行电隔离。

(2) 在网络中的任一点,两根信号线都不能接地。

(3) 现场设备必须在两个终端电阻之一的中性点接地,或在一个感性器件直接接地的情况下仍然能继续工作。

为实现良好的电磁相容性,对系统部件特别是连接部件的线路进行屏蔽是非常重要的。这种屏蔽在最大程度上提供了电气保护外壳。当在系统中需要处理高频率信号时这种重要性就更为显著。

对于现场总线来说,理想的情况是将电缆屏蔽层与总线上的每一个现场设备的金属外壳相连。由于这些外壳通常是与"地"或"保护地"相连接的,故这种总线屏蔽的效果实际上相当于多次多点接地。这种方法提供了最佳的电磁兼容性,同时保证了人身安全,如图 6.35 所示。

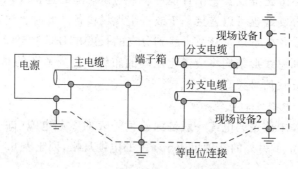

图 6.35　屏蔽和接地的理想连接

当系统不能等电势接地时,有可能导致屏蔽层电流的产生,两接地点之间的工频补偿电流就可能使电缆损坏。此时,为了避免其产生的低频补偿电流,也可以使电缆的一端接地,而其他的接地点则通过电容接地,如图 6.36 所示。需要指出的是,这样的连接不能像图 6.35 所示的连接法那样提供最大程度的电气保护。

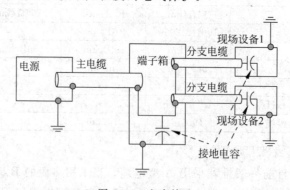

图 6.36　电容接地

# 第7章 工业以太网

## 7.1 工业以太网简介

### 7.1.1 工业以太网与以太网

什么是工业以太网？是指工业环境中应用的以太网,指控制网络中应用的以太网,还是指一个新类别的现场总线？

应该说,工业以太网是以太网、甚至是互联网系列技术延伸到工业应用环境的产物。工业以太网涉及企业网络的各个层次,无论是应用于工业环境的企业信息网络,还是基于普通以太网技术的控制网络,以及新兴的实时以太网,均属于工业以太网的技术范畴。因此,工业以太网既属于信息网络技术,也属于控制网络技术。它是一揽子解决方案的集合,是一系列技术的总称。

工业以太网源于以太网而又不同于普通以太。互联网及普通计算机网络采用的以太网技术原本并不适应控制网络和工业环境的应用需要,通过对普通以太网技术进行通信实时性改进,工业应用环境适应性的改造,并添加了一些控制应用功能后,形成工业以太网的技术主体。即工业以太网要在继承或部分继承以太网原有核心技术的基础上,应对适应工业环境性、通信实时性、时间发布、各节点间的时间同步、网络的功能安全与信息安全等问题,提出相应的解决方案,并添加控制应用功能,还要针对某些特殊的工业应用场合提出的网络供电、本安防爆等要求给出解决方案。因此,以太网或互联网原有的核心技术是工业以太网的重要基础,而对以太网实行环境适应性、通信实时性等相关改造、扩展的部分,成为工业以太网的特色技术。

以太网在 Internet 中的广泛应用,使得它具有技术成熟、软硬件资源丰富、性能价格比高等许多明显的优势,得到了广大开发商与用户的认同。今天,以太网已属于成熟技术。而工业以太网,其技术本身尚在发展之中,还没有走向成熟,还存在许多有待解决的问题。

从实际应用状况分析,工业以太网的应用场合各不相同。它们有的作为工业应用环境下的信息网络,有的作为现场总线的高速(或上层)网段,有的是基于普通以太网技术的控制网络,而有的则是基于实时以太网技术的控制网络。不同网络层次、不同应用场合需要解决的问题,需要的特色技术内容各不相同。

在工业环境下,需要采用工业级产品打造适用于工业生产环境的信息网络。随着企业管控一体化的发展,控制网络与信息网络、与 Internet 的联系更为密切。现有的许多现场总线控制网络都提出了与以太网结合,用以太网作为现场总线网络的高速网段,使控制网络与 Internet 融为一体的解决方案。如 FF 中 H1 的高速网段 HSE、PROFIBUS 的上层网段 PROFINET、Modbus/TCP、EtherNet/IP 等，都是人们心目中工业以太网的代表。

在工业数据通信与控制网络中，直接采用以太网作为控制网络的通信技术，也是工业以太网发展的一个方向。在控制网络中采用以太网技术无疑有助于控制网络与互联网的融合，即实现 EtherNet 的 E 网到底，使控制网络无需经过网关转换可直接连至互联网，使测控节点有条件成为互联网上的一员。在控制器、PLC、测量变送器、执行器、I/O 卡等设备中嵌入以太网通信接口，嵌入 TCP/IP 协议，嵌入 Web Server 便可形成支持以太网、TCP/IP 协议和 Web 服务器的 Internet 现场节点。在应用层协议尚未统一的环境下，借助 IE 等通用的网络浏览器实现对生产现场的监视与控制，进而实现远程监控，也是人们提出且正在实现的一个有效解决方案。控制网络需要提高现场设备通信性能，还需要满足现场控制的实时性要求，这些都是工业以太网技术发展的重要原因。

以太网 EtherNet 最早由 Xerox 开发，后经数字仪器公司、Intel 公司联合扩展，形成了包括物理层与数据链路层的规范。以这个技术规范为基础，电子电气工程师协会制定了局域网标准 IEEE 802.3。它是今天互联网技术的基础。而随着 Internet 技术的发展与普及，以太网逐渐成为互联网系列技术的代名词。其技术范围不仅包括以太网原有的物理层与数据链路层，还把网络层与传输层的 TCP/IP 协议组，甚至把应用层的简单邮件传送协议 SMTP、简单网络管理协议 SNMP，域名服务 DNS、文件传输协议 FTP、超文本链接 HTTP、动态网页发布等互联网上的应用协议，都作为以太网的技术内容，与以太网这个名词捆绑在一起。

| 应用层 | 应用协议 |
| --- | --- |
| 表示层 | |
| 会话层 | |
| 传输层 | TCP/UDP |
| 网络层 | IP |
| 数据链路层 | 以太网 MAC |
| 物理层 | 以太网物理层 |

图 7.1 以太网与 OSI 的分层模型

以太网与 OSI 参考模型的对照关系如图 7.1 所示。从图 7.1 可以看到，以太网的物理层与数据链路层采用 IEEE 802.3 的规范，网络层与传输层采用 TCP/IP 协议组，应用层的一部分可以沿用上面提到的那些互联网应用协议。这些正是以太网已有的核心技术和生命力所在。

但普通以太网原本不是为工业环境、工业控制设计的，为办公环境设计的 RJ-45 连接器、接插件、集线器、交换机等不适应工业现场的恶劣环境。将以太网技术用于工业应用场合，其 CSMA/CD 的媒体访问控制方式，TCP(UDP)/IP 通信传输协议，不能满足控制系统对实时性的要求。工业以太网需要具备应对这些问题的解决方案。

工业以太网是一系列技术的总称，其技术内容丰富，涉及企业网络的各个层次，但它并非是一个不可分割的技术整体。在工业以太网技术的应用选择中，并不要求有一应俱全的一揽子解决方案。例如工业环境的信息网络，其通信并不需要实时以太网的支持；在要求抗振动的场合不一定要求耐高、低温。总之，具体到某一应用环境，并不一定需要涉及方方面面、一应俱全的解决方案。应根据使用场合的技术特点与需求、工作环境、产品的性能价格比等因素，分别选取。

## 7.1.2 工业以太网的特色技术

在以太网原有技术基础上,对其环境适应性、通信实时性等实行相关改进、扩展而形成的技术,属于工业以太网的特色技术。比如实时以太网,由工业级产品构成的运行在工业环境下的信息网络等。

1. 应对环境适应性的特色技术

以太网是按办公环境设计的。在工业环境下工作的网络要面临比办公室恶劣得多的条件,工业生产中不可避免地存在强电磁辐射、各种机械震动、粉尘、潮湿,野外露天的严寒酷暑、风霜雨雪等。将现有的商业级以太网产品用于工业环境,它们对温度、湿度等环境变化的适应能力,抗振动、抗机械拉伸、抗电磁干扰的能力等是许多从事工厂自动化的专业人士所特别关心的。

工业以太网应对环境适应性的改造措施,很重要的一方面是打造工业级产品。像办公室使用的 RJ-45 一类连接器,应用在工业环境中易于损坏,而且连接不可靠。在工业以太网环境下,建议采用带锁紧机构的连接件,采用防雨、防尘、防电磁干扰的封装外壳,采用 DIN 导轨式安装结构的工业级产品。

针对工业应用环境需要、具有相应防护等级的产品称之为工业级的产品,防护级工业产品是工业以太网特色技术之一,这些工业级产品在设计之初要注重材质、元器件工作温度范围的选择。专门针对工作温度、湿度、振动、电磁辐射等工业现场环境的不同需要,分别采取相应的措施。使产品在温湿度、强度、干扰、辐射等环境参数方面满足工业现场的要求。

如工业以太网设备的元器件,其工作温度的适应范围一般要求较宽,其元器件的工作温度,一般会选择在-20~70℃,或-40~85℃乃至更宽。工业环境下,往往要求采用 DIN 导轨式安装,接插件应具有带锁紧机构等抗震动措施。设备壳体与电路板应具有抗电磁干扰、防水防雨、抗雷击等方面防护措施。设备的材质、强度、抗振动、抗疲劳能力等,都是需要考虑的问题。

工业用户因使用办公室用商业级交换机而使网络处于故障多发状态,导致生产效率降低时,认识到了在工业环境中应该采用工业级产品。许多公司开发了针对工业应用环境需要、具有相应防护等级的产品。目前市场上典型的工业级的产品有安装在 DIN 导轨上的导轨式收发器、集线器、交换机,冗余电源,特殊封装的工业级以太网接插件等。工业以太网交换机目前的防护等级为 IP20 到 IP40。当工业网络更深入地扩展到流程工业等制造业时,其防护等级需要增长至 IP67 到 IP68。

2. 应对通信非确定性的缓解措施

以太网采用 IEEE 802.3 的标准,采用载波监听多路访问/冲突检测(CSMA/CD)的媒体访问控制方式。一条网段上挂接的多个节点不分主次,采用平等竞争的方式争用总线。各节点没有预定的通信时间,可随机、自主向网络发起通信。节点要求发送数据时,先监听线路是否空闲,如果空闲就发送数据,如果线路忙就只能以某种方式继续监听,等线路空闲后再发送数据。即便监听到线路空闲,也还会出现几个节点同时发送而发生冲突的可能性,因而以太网本质上属于非确定性网络。由于计算机网络传输的文件、数据在时间上没有严格的要求,在计算机网络中不会因采用这种非确定性网络而造成不良后果,一次连接失败之后还可继续要求连接。

这种平等竞争的非确定性网络,不能满足控制系统对通信实时性、确定性的要求,被认为不适合用于底层工业控制,这是以太网进入控制网络领域在技术上的最大障碍。

在现场控制层,网络是测量控制系统的信息传输通道。而测量控制系统的信息传输是有实时性要求的,什么时刻必须完成哪些数据的传输,一些数据要以固定的时间间隔定时刷新,一些数据的收发应有严格的先后时序要求。还有一些动作要有严格互锁,如 A 阀打开后才能启动 B 风机,前一动作的完成是后一动作的先决条件。要确保这些动作的正确完成就要求网络通信满足实时性、确定性、时序性要求,达不到实时性要求或因时间同步等问题影响了网络节点间的动作时序,有可能造成灾难性的后果。

充分发挥以太网原本具有的传输速率高、全双工交换等技术优势,缓解介质访问控制方式的非确定性对控制实时性的影响,下一节将较详细地讨论这一问题。

3. 实时以太网

实时以太网是应对工业控制中通信实时性、确定性从而提出的根本解决方案,自然属于工业以太网的特色与核心技术。站在控制网络的角度来看,工作在现场控制层的实时以太网,实际上属于现场总线的一个新类型。

当前实时以太网旗下的技术种类繁多,仅在 IEC 61784-2 中就已囊括了 11 个实时以太网的 PAS 文件。它们是:EtherNet/IP、PROFINET、P-NET、Interbus、VNET/IP、TCnet、EtherCAT、EtherNet Powerlink、EPA、Modbus-RTPS、SERCOS-III。它们相互之间在实时机制、实时性能、通信一致性上都还存在很大差异,但它们都是企图从根本上解决通信的非确定性问题。

当前,实时以太网的研究取得了重要进展,其实时性能已经可以与其他类别的现场总线相媲美。其节点之间的实时同步精度已经可以达到毫秒、甚至微秒级水平,但它仍然属于开发之中的未成熟技术。

4. 网络供电

网络传输介质在用于传输数字信号的同时,还为网络节点设备传递工作电源者,被称之为网络供电。在办公室环境下的信息网络中,网络节点设备的供电问题易于解决,网络传输介质只是用于传输信息的数字信号,没有网络供电的需求。而在工业应用场合,许多现场控制设备的位置分散,现场不具备供电条件,或供电受到某些易燃易爆场合的条件限制,因而提出了网络供电的要求。因此网络供电也是适应工业应用环境需要的特色技术之一。有些现场总线,如基金会总线 FF 等就具备总线供电的能力。

IEEE 为以太网制定有 48V 直流供电的解决方案。一般工业应用环境下,要求采用柜内低压供电,如直流 10~36V,交流 8~24V。工业以太网目前提出的网络供电方案中,一种是沿用 IEEE 802.3af 规定的网络供电方式,利用 5 类双绞线中现有的信号接收与发送这两对线缆,将符合以太网规范的曼彻斯特编码信号调制到直流或低频交流电源上,通过供电交换机向网络节点设备供电。另一种方案是利用现有的 5 类双绞线中的空闲线对向网络节点设备供电。

5. 本质安全

在一些易燃易爆的危险工业场所应用工业以太网,还必须考虑本质安全防爆问题。

## 7.1 工业以太网简介

这是在总线供电解决之后需要进一步考虑的问题。本质安全是指将送往易燃易爆危险场合的能量,控制在引起火花所需能量的限度之内,从根本上防止在危险场合产生电火花而使系统安全得到保障。这对网络节点设备的功耗,设备所使用的电容、电感等储能元件的参数,以及网络连接部件,提出了许多新的要求。

目前以太网收发器的功耗较高,设计低功耗以太网设备还存在一些难点,真正符合本质安全要求的工业以太网还有待进一步努力。对应用于危险场合的工业以太网交换机等,目前一般采用隔爆型作为防爆措施。应该说,总线供电、本质安全等问题是以太网进入现场控制层后出现的新技术,属于工业以太网适应工业环境的特色技术范畴,目前还处于开发之中尚未成熟的部分。

工业以太网的特色技术还有许多,如应用层的控制应用协议,控制功能块,控制网络的时间发布与管理,都是以太网、互联网中原先不曾涉及的技术。

### 7.1.3 通信非确定性的缓解措施

控制网络不同于普通计算机网络的最大特点在于,控制网络的数据通信必须满足控制作用对通信确定性、实时性的要求。控制网络中通常要求对测量控制数据准确地进行定时刷新。要求某些开关量在执行控制指令时要实行互锁,执行一个开关指令要以另一个开关位置是否到位为前提条件,或几个开关的动作应满足规定的先后次序。因此,以太网原本具有的通信非确定性是它进入控制网络的最大障碍。

由于以太网采用带冲突检测的载波监听多路访问的媒体访问控制方式,一条总线上挂接的多个节点采用平等竞争的方式争用总线。节点要求发送数据时,先监听总线是否空闲,如果空闲就发送数据,如果总线忙就只能以某种方式继续监听,等总线空闲后再发送数据。即便如此,还会出现几个节点同时监听到总线空闲,开始发送而引发冲突并撞成碎片,需再次从监听开始的可能性。因而以太网的通信属于非确定性的(nondeterministic)。不能满足控制系统要准确定时通信的要求。

工业以太网可利用以太网原本具有的技术优势,扬长避短,缓解其通信非确定性弊端对控制实时性的影响。这些措施主要涉及以下方面。

1. 利用以太网的高通信速率

相同通信量的条件下,提高通信速率可以减少通信信号占用传输介质的时间,从一个角度为减少信号的碰撞冲突、解决以太网通信的非确定性提供了途径。以太网的通信速率从10Mb/s、100Mb/s提高到1Gb/s,以至更高,相对于一般控制网络通信速率只有几十、几百Kb/s、1Mb/s、5Mb/s而言,通信速率的提高是明显的,因而对减少碰撞冲突也是有效的。

2. 控制网络负荷

从另一个角度来看,减轻网络负荷也可以减少信号的碰撞冲突,提高网络通信的确定性。本来,控制网络的通信量不大,随机性、突发性通信的机会也不多,其网络通信大都可以事先预计并作出相应的通信调度安排。如果在网络设计时能考虑到控制各网段的负荷量,合理分布各现场设备的节点位置,就更可减少以致避免冲突的产生。研究结果表明,在网络负荷低于满负荷的30%时,以太网基本可以满足对一般控制系统通信确定性的要求。

3. 采用全双工以太网技术

采用全双工以太网,使网络处于全双工的通信环境下,也可以明显提高网络通信的确定性。半双工通信时，一对双绞线只能或是发送，或是接收报文，无法同时进行发送和接收；而全双工设备可以同时发送和接收数据。在一个用五类双绞线连接的全双工交换式以太网中，若一对线用来发送数据，另外一对线用来接收数据，因此一个 100Mb/s 的网络提供给每个设备的带宽有 200Mb/s。这样更具备通信确定性的条件。

4. 采用交换式以太网技术

在传统的以太网中，多个节点共享同一个传输介质，共享网络的固定带宽。连接有 $n$ 个节点的网段，每个节点只能分享到固定带宽的 $1/n$。交换机可以看作是具有多个端口的网桥。它接收并存储通信帧，根据目的地址和端口地址表，把通信帧转发到相应的输出端口。采用交换机将网络切分为多个网段，为连接在其端口上的每个网络节点提供独立的带宽，连接在同一个交换机上面的不同设备不存在资源争夺，这就相当于每个设备独占一个网段，使不同设备之间产生冲突的可能性大大降低。在网段分配合理的情况下，由于网段上多数的数据不需要经过主干网传输，因此交换机能够过滤掉一些数据，使数据只在本地网络传输而不占用其他网段的带宽。交换机之间则通过主干线进行连接，从而有效降低了各网段和主干网络的负荷。提高了网络通信的确定性。

应该指出的是，采取上述措施可以使以太网通信的非确定性问题得到相当程度的缓解，但仍然没有从根本上完全解决通信的确定性与实时性问题。要使工业以太网完全适应控制实时性的要求，应采用实时以太网。

## 7.2 以太网的物理连接与帧结构

### 7.2.1 以太网的物理连接

以太网物理连接按 IEEE 802.3 的规定分成两个类别，基带与宽带。基带采用曼彻斯特编码，宽带采用 PSK 相移键控编码。工业以太网中运用的是基带类技术。在 IEEE 802.3 中，又把基带类按传输速率 10Mb/s、100Mb/s、1000Mb/s 分成不同标准。10Mb/s 以太网又有 10Base5、10Base2、10BaseT、10BaseF 四种，它们的 MAC 子层和物理层中的编码/译码基本相同，不同的是物理连接中的收发器及媒体连接方式。

其中 10Base5 是最早也是最经典的以太网标准，它的物理层结构特点是外置收发器，安装需要直径为 10mm、特征阻抗为 50Ω 的同轴电缆，称为"粗缆以太网"。它价格较贵，物理介质最长可达 500m。

10Base2 是 20 世纪 80 年代中期出现的，它在网卡上内置收发器，采用直径 5mm、特征阻抗为 50Ω 的同轴电缆，称为"细缆以太网"。其物理介质最长可达 200m，价格低廉，便于安装是它的主要优势。但 10Base2 在经历了一段时间的使用后，逐渐暴露了可靠性差的弱点。

10BaseT 可以称之为以太网技术发展的里程碑。它在网卡上内置收发器，采用 3、4、5 类非屏蔽双绞线作为传输介质，采用 RJ-45 连接器。采用星形拓扑，要求每个站点有一条专用电缆连接到集线器，其物理介质最长为 100m，最多可使用 4 个集线器，因而两个站点之间的距离不会超过 500m。它价格低廉，便于安装，具有一定的抗电磁干扰的能力，是目前计算机网络组网时广泛采用的方式。

## 7.2 以太网的物理连接与帧结构

RJ-45 连接器上最多可以连接 4 对双绞线,1 与 2,3 与 6,4 与 5,7 与 8 分别各为一对双绞线对。10BaseT 上只连接两对双绞线,在与计算机连接的网卡上一般 1、2 为发送,3、6 为接收。由于在 10BaseT 标准中推荐在集线器内部实行信号线交叉,因而在集线器上,1、2 为接收,3、6 为发送。这一点在组网接线时应予以注意。图 7.2 为运用 RJ-45 连接器在网卡与集线器、集线器与集线器之间的连线示意图。图中集线器与集线器之间的交叉连线方式可以在 RJ-45 接头与双绞线压接时完成,也可以采用开关切换的方式完成。

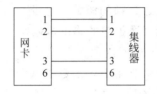
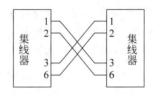

图 7.2 运用 RJ-45 的双绞线连接示意图

10BaseFL 则是以光纤为传输介质的组网方式。它采用 62.5/125 的多模光纤,传输距离可达 2km,采用星形拓扑和集线器组网。具有传输距离远、抗电磁干扰能力强的特点。随着光纤价格的下降,光纤的应用正逐渐广泛。

快速以太网技术是近年来在 10BaseT 和 10BaseFL 的基础上发展起来的,分为 100BaseT4、100BaseT2、100BaseTX、100BaseFX 以及 1000BaseX、1000BaseT 等,其中 100BaseT4 采用 4 对 3 类双绞线,100BaseT2 采用 2 对 3 类双绞线,100BaseTX 采用 2 对 5 类双绞线,100BaseFX 采用光纤。以 5 类双绞线和光纤使用最为广泛。千兆以太网物理层支持的介质种类也很多,使用 4 对 5 类线的 1000BaseT,长波长光纤的 1000BaseCX,短波长光纤的 1000BaseSX,以及使用高质量屏蔽双绞线的 1000BaseLX 等。

### 7.2.2 以太网的帧结构

以太网帧由七个域组成:前导码,帧前定界码,目的地址,源地址,协议数据单元的长度/类型,数据域,以及循环冗余校验 CRC 域。对于 IEEE 802.3 以太网与普通以太网,它们的帧结构略有区别。与 Internet 标准(草案)RFC(Request For Comments)1024 中对应的是 IEEE 802.3 以太网,与 RFC894 对应的是普通以太网。图 7.3 分别表示了它们的帧结构形式,它们之间的区别主要在对类型/长度域的规定上。

| 前导码<br>7字节 | 帧前定界码<br>1字节 | 目的地址<br>6字节 | 源地址<br>6字节 | 类型<br>2字节 | 数据域<br>46~1500字节 | CRC<br>4字节 |
|---|---|---|---|---|---|---|

以太网(RFC894)帧结构

| 前导码<br>7字节 | 帧前定界码<br>1字节 | 目的地址<br>6字节 | 源地址<br>6字节 | 长度<br>2字节 | 数据域<br>46~1500字节 | CRC<br>4字节 |
|---|---|---|---|---|---|---|

IEEE 802.3 以太网(RFC1024)帧结构

图 7.3 以太网的帧结构

前导码为 802.3 以太网帧结构的第一个域,用来表示数据流的开始。它包含了 7 个字节(56 位),在这个域中全是二进制"1"与"0"的交替代码,即 7 个字节均为 10101010,通知接收端有数据帧到来,使接收端能够利用曼彻斯特编码的信号跳变来同步时钟。

帧前定界码是帧中的第二个域,它只有一个字节,"10101011",表示这一帧的实际内容即将开始,通知接收方后面紧接着的是协议数据单元的内容。

目标地址 DA 域为 6 个字节,标记了目的节点的地址。如果它的最高位为 0,表示目的节点为单一地址;如果最高位为 1,表示目的节点为多地址,即有一组目的节点;如果目标地址 DA 域为全 1,则表示该帧为广播帧,可为所有节点同时接收。

源地址 SA 域同样也是 6 个字节,表示发送该帧的源节点地址。这个源节点可以是发送数据包的节点,也可以是最近的接收并转发数据包的路由器地址。

长度/类型域为 2 个字节。在 RFC 894 中规定这两个字节用于表示上层协议的类型,而 IEEE 802.3 以太网中原先规定这两个字节用于表示数据域的字节长度。其值就是数据域中包含的字节数。1997 年后又修订为当这两个字节的值小于 1536(0600)时表示数据域的字节长度,而当它的值大于 1536 时,其值表示所传输的是哪种协议的数据,即高层所使用的协议类型。比如说 IP 协议的代码是 0x0800,IPX 协议的代码是 0x8137,ARP 协议的代码是 0x0806。

数据域的长度可以从 46 个字节到 1500 个字节不等。46 个字节是数据域的最小长度,这样规定是为了让局域网上所有站点都能检测到该帧。如果数据段小于 46 个字节,则由高层的有关软件把数据域填充到 46 个字节。因此,一个完整的以太网帧的最小长度应该是 46+18+8 个字节。

循环冗余校验码 CRC 即帧校验序列,是以太网帧的最后一个域,共 4 个字节。循环冗余检验的范围从目的地址域开始一直到数据域结束。发送节点在发送时就边发送边进行 CRC 校验,形成这个 32 位的循环冗余校验码。接收节点也从目的地址域开始,边接收边进行 CRC 校验,得到的结果如果与收到的 CRC 域的数据相同,则说明该帧传输无误,否则表明出错。CRC 校验中采用的生成多项式 $G(x)$ 为 CRC32,

$$G(x)=x^{32}+x^{26}+x^{23}+x^{22}+x^{16}+x^{12}+x^{11}+x^{10}+x^{8}+x^{7}+x^{5}+x^{4}+x^{2}+x+1$$

以太网对接收的数据帧不提供任何确认响应机制,如需确认则必须在高层完成。

有关以太网 CSMA/CD 的介质访问控制方式在前面的章节已经讨论过,此处不再赘述。

### 7.2.3 以太网的通信帧结构与工业数据封装

图 7.4 表示以太网的帧结构与封装过程。从图中可以看到,在应用程序中产生的需要在网络中传输的用户数据,将分层逐一添加上各层的首部信息。即用户数据在应用层加上应用首部成为应用数据送往传输层;在传输层加上 TCP 或 UDP 首部成为 TCP 或 UDP 数据报送往网络层;在网络层加上 IP 首部成为 IP 数据报;最后再加上以太网的帧头帧尾,封装成以太网的数据帧。

以 TCP/UDP/IP 协议为基础,把 I/O 等工业数据封装在 TCP 和 UDP 数据包中,这种技术被称作 Tunneling 技术。为了使工业数据能够以 TCP/IP 数据包在以太网上传送数据,首先应将一个工业数据包按 TCP/IP 的格式封装;然后将这个 TCP 数据包发送到以太网上,通过以太网传送到与控制网络相连的网络连接设备(如网关)上。该网络连接

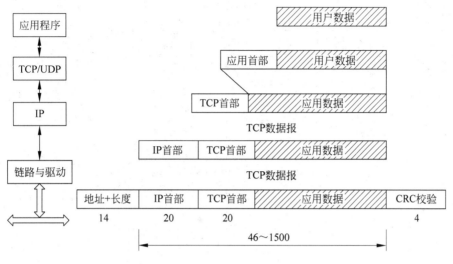

图 7.4　以太网的帧结构与封装过程

设备收到数据包以后,打开 TCP/IP 封装,把数据发送到控制网段上。图 7.5 为按 TCP/IP 封装的工业数据包的结构。

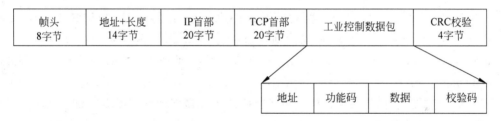

图 7.5　TCP/IP 封装的工业控制数据包

工业以太网中通常利用 TCP/IP 协议来发送非实时数据,而用 UDP/IP 来发送实时数据。非实时数据的特点是数据包的大小经常变化,且发送时间不定。实时数据的特点是数据包短,需要定时或周期性通信。TCP/IP 一般用来传输组态和诊断信息,UDP/IP 用来传输实时 I/O 数据。

在现场总线控制网络与以太网结合,用以太网作为现场总线上层(高速)网段的场合,通常会采用 TCP/IP 和 UDP/IP 协议来包装现场总线数据,让现场总线网段的数据借助以太网通道传送到管理层,以至通过 Internet 借船出海,远程传送到异地的另一现场总线网段上。

## 7.3　TCP/IP 协议组

### 7.3.1　TCP/IP 协议组的构成

TCP/IP(Transmission Control Protocol/Internet Protocol 传输控制协议/网际协议)组指包括 IP、TCP 在内的一组协议。图 7.6 表示 TCP/IP 协议组的分层。

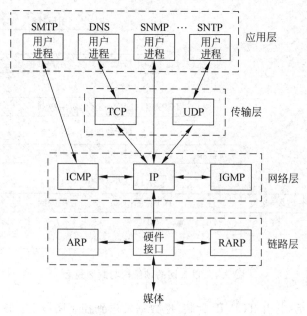

图 7.6 TCP/IP 协议组

在 TCP/IP 协议组中，属于网络层的协议有网际互连协议 IP，地址解析协议 ARP (Address Resolution Protocol) 和反向地址解析协议 RARP，网际控制报文协议 ICMP (Internet Control Message Protocol) 与网际组管理协议 IGMP (Internet Group Management Protocol)。

ARP 的功能是将 IP 地址转换成网络连接设备的物理地址。而 RARP 则相反，它将网络连接设备的物理地址转换为 IP 地址。ICMP 负责因路由问题引起的差错报告和控制。IGMP 则是多目标传送设备之间的信息交换协议。

传输层包括传输控制协议 TCP 和用户数据报协议 UDP(User Datagram Protocol)。

应用层的协议内容十分丰富，包括域名服务 DNS，文件传输协议 FTP，简单网络管理协议 SNMP(Simple Network Management Protocol)，简单邮件传输协议 SMTP，简单网络定时协议 SNTP，超文本传输协议 HTTP 等等。它们称为 TCP/IP 协议组的高层协议。

### 7.3.2 IP 协议

IP 协议以包的形式传输数据，这种包被称为数据报(将在下面描述)。每个包都将独立传输。数据报可能通过不同的路径传输，因此有可能在到达目的地的时候次序发生颠倒，或者出现重复。IP 并不追踪传输路径，也没有任何机制来对报文重新排序。由于 IP 是一个无连接的服务，因此它并不为传输创建虚电路，也并不存在一个呼叫建立过程来通知接收者将有包要到来。

IP 协议是网络层的主要协议，它的主要功能是提供无连接的数据报传送和数据报的路由选择。这种无连接的服务不提供确认响应信息，不知道传送结果正确与否，因而它通常都与 TCP 协议一起使用。

1. IP 数据报格式

IP 层中的包被称为数据报,图 7.7 显示了 IP 数据报的格式。数据报是一个可变长度的包(可以长达 65536 个字节),包含有两个部分:报文头和数据。报文头可以从 20 个字节到 60 个字节,包括那些对路由和传输来说相当重要的信息。

| 报文头 20~60 字节 | 数据 | | |
|---|---|---|---|
| 版本 4 位 | 报文长度 4 位 | 服务类型 8 位 | 总长度 16 位 |
| 标识 16 位 | | 标志 3 位 | 段偏移 13 位 |
| 生存周期 8 位 | 协议 8 位 | 报文头校验和 16 位 | |
| 源 IP 地址 | | | |
| 目标 IP 地址 | | | |
| 选项 | | | |

图 7.7 IP 数据报的格式

有关每个域的作用简述如下:

**版本** 第一个域定义 IP 的版本号。目前的版本是 IPv4,它的二进制表示为 0100。

**报文长度** 报文长度域定义报文头的长度,这四位可以表示从 0~15 的数字。它以 4 字节为一个单位。将报文长度域的数乘以 4,就得到报文头的长度值。报文头长度最大为 60 字节。

**服务类型** 服务类型域定义数据报应该如何被处理。它包括数据报的优先级,也包括发送者所希望的服务类型。这里的服务类型包括吞吐量的层次、可靠性以及延时。

**总长度** 总长度域定义 IP 数据报的总长度。这是一个两字节的域(16 位),能定义的长度最长可达 65536 个字节。

**标识** 标识域用于识别分段。一个数据报在通过不同网络的时候,可能需要分段以适应网络帧的大小。这时,将在标识域中使用一个序列号来识别每个段。

**标志** 标志域在处理分段中用于表示数据可以或不可以被分段,是属于第一个段、中间段还是最后一个段等。

**段偏移** 段偏移是一个指针,表示被分段的数据在原始数据报中的偏移量。

2. IP 地址

IP 地址有别于计算机网卡、路由器的 MAC 地址,是用于在互联网上表示源地址和目标地址的一种逻辑编号。由于源和目的计算机位于不同网络,故源和目标地址要由网络号和主机号组成。如果局域网不与 Internet 相连,可以自定义 IP 地址。如果局域网要连接到 Internet,必须向有关部门申请,网络中的主机和路由器则必须采用全球唯一的 IP 地址。

IP 地址为一个 32 位的二进制数串,以每 8 位为一个字节,每个字节分别用十进制表示,取值范围为 0~255,用点分隔。例如,设有以下 32 位二进制的 IP 地址,用带点的十进制标记法就可记为 166.111.170.10。

| 10100110 | 01101111 | 10101010 | 00001010 |

这个表示 IP 地址的 32 位数串被分成 3 个域,类型、网络标识、主机标识。Internet 指导委员会将 IP 地址划分为 5 类,适用于不同规模的网络。IP 地址的格式如图 7.8 所示。

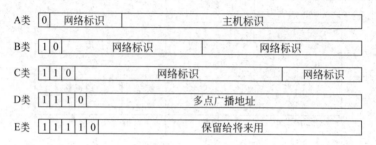

图 7.8  IP 地址的格式

从图中可以看到,每个 IP 地址都由网络标识号和主机标识号组成。不同类型 IP 地址中网络标识号和主机标识号的长度各不相同,它们可能容纳的网络数目及每个网络可能容纳的主机数目区别很大。A 类地址首位为 0,网络标识号占 7 位,主机标识号占 24 位,即最多允许 $2^7$ 个网络,每个网络中可接入多达 $2^{24}$ 个主机,所以 A 类地址范围为 0.0.0.0~127.255.255.255;B 类地址首 2 位规定为 10,网络标识号占 14 位,主机标识号占 16 位,即最多允许 $2^{14}$ 个网络,每个网络中可接入多达 $2^{16}$ 个主机,所以 B 类地址范围为 128.0.0.0~191.255.255.255;C 类地址规定前 3 位为 110,网络标识号占用 21 位,主机标号占 8 位,即最多允许 $2^{21}$ 个网络,每个网络中可接入 $2^8$ 个主机。所以 C 类地址的范围为 192.0.0.0~223.255.255.255。

实际上,每类地址并非准确地拥有它所在范围内的所有 IP 地址,其中有些地址要留作特殊用途。比如网络标识号首字节规定不能是 127、255 或 0,主机标识号的各位不能同时为 0 或 1。这样的话,A 类地址实际上最多就只有 126 个网络标识号,每个 A 类网络最多可接入 $2^{24}-2$ 个主机。

**3. 子网与子网掩码**

使用 A 类地址或 B 类地址的单位可以把他们的网络划分成几个部分,称为子网。每个子网对应一个部门或一个地理范围。这样会给管理和维护带来许多方便。子网的划分方法很多,常见的方法是用主机号的高位来标识子网号,其余位表示主机号。以 166.166.0.0 为例,它是一个 B 类网络。比如选取第三字节的最高两位用于标识子网号,则可在 166.166.0.0 底下产生 166.166.0.0;166.166.64.0;166.166.128.0;166.166.192.0 四个子网。假如把第三字节全部用于标识子网号,这样就会在 166.166.0.0 底下产生 166.166.0.0~166.166.255.0 这么多子网。

一个网络被划分为若干个子网之后,就存在一个识别子网的问题。一种方法是由原来的 IP 地址=网络号+主机号改为 IP 地址=网络号+子网号+主机号。然而,由于子网划定是各单位的内部作法，无统一的规定，如何来判别描述一个 IP 地址属于哪个子网？子网掩码就是为解决这一问题而采取的措施。

子网掩码也是一个 32 位的数字。把 IP 地址中的网络地址域和子网域都写成 1，把 IP 地址中的主机地址域都写成 0，便形成该子网的子网掩码。将子网掩码和 IP 地址进行相"与"运算，得到的结果表明该 IP 地址所属的子网号，若结果与该子网号不一致，则可判断出是远程 IP 地址。以 166.166 这个网络为例，若选用第三字节的最高两位标识子网号，这样该网络的子网掩码即是由 18 个 1 和 14 个 0 组成，即：255.255.192.0。设有一个 IP 地址为 166.166.89.4，它与上述掩码相"与"之后的结果为 166.166.64.0，即 166.166.89.4 属于 166.166.64.0 这一子网。当然子网地址占据了 IP 地址中主机地址的位置，会减少主机地址的数量。

如果一个网络不设置子网，将网络号各位全写为 1，主机号的各位全写为 0，这样得到的掩码称为默认子网掩码。A 类网络的默认子网掩码为：255.0.0.0；B 类网络的默认子网掩码为：255.255.0.0；C 类网络的默认子网掩码为：255.255.255.0。

4. 路由选择

IP 协议是一个网络层协议，它所面对的是由多个路由器和物理网络所组成的网络。每个路由器可能连接许多网络，每个物理网络中可能连接若干台主机，IP 协议的任务则是提供一个虚构网络，找到下一个路由器和物理网络，但 IP 数据报从源主机无连接地、逐步地转送到目标主机，这就是 IP 协议的路由选择。路由选择是 IP 协议的主要功能之一。

在进行路由选择时要用到路由表，它有两个字段，目标网络号和路由器 IP 地址，指明到达目的主机的路由信息。每个路由器都有一个路由表，路由器通过查找路由表为数据报选择一条到达目的主机的路由。这个路由并非一定是一个完整的端到端的链路，通常只要知道下一步传给哪个路由器（站点）接收就可以了。网络中两个节点之间的路径是动态变化的，它与网络配置的改变和网络内的数据流量等情况等有关。路由表的内容可以手工改变也可以由动态路由协议自动改变。

5. IPv6

IPv6 是一种新版本的 IP 协议，是在当前流行的 IP 协议 IPv4 的基础上发展起来的。随着网络及其应用的不断扩展，采用 32 位地址的 IPv4 已经显现出不适应发展需求。

首先，IPv6 将地址空间扩展到 128 位，它提供了一个更加有效而宽阔的 IP 地址空间。对于原有 IPv4 的 32 位地址，可以在前面加上 96 位前缀而变为 128 位的 IPv6 地址。

IPv6 还将 IP 数据报报头作了简化，由原来的 13 个字段减为 7 个字段，这一变化使得路由器处理分组的速度更快，吞吐率提高。报头改变后，许多原 IPv4 报头的一些字段被作为选项处理。同时它也考虑了安全性和服务质量问题，以适应如多媒体数据流等新业务的需要。可以说 IPv6 和 IPv4 是有很大不同的，要由已被 IPv4 统治的世界无缝地切换到 IPv6 不是一件容易的事情，有许多的技术问题、经济问题需要处理解决。

但是，IPv6 的产生给控制网络的发展带来了希望。在 IPv4 的范围内，只为每台计算机各提供一个 IP 地址已经感到能力不足，谈不上再为量大面广的控制设备提供 IP 地址。而 IPv6 为此创造了条件。IPv6 将 IP 地址从 32 位扩充为 128 位之后，据称能为地球上每个沙粒配备一个唯一的 IP 地址。不管这一说法是否夸张，但它的确为控制网络中的设备各自提供一个全球唯一的 IP 地址提供了可能。这为控制网络的技术发展增添了新的活力。

### 7.3.3 用户数据报协议

用户数据报协议 UDP 是一个无连接的端到端的传输层协议,仅仅为来自上层的数据增加端口地址、校验和以及长度信息。UDP 所产生的包称为用户数据报。用户数据报的格式见图 7.9。各个域的简要用途描述如下。

源端口地址　源端口地址是创建报文应用程序的地址。
目的端口地址　目的端口地址是接收报文应用程序的地址。
总长度　总长度定义用户数据报的总长度,以字节为单位。
校验和　校验和是用于差错控制的 16 位域。

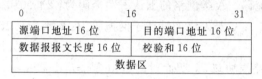

图 7.9　UDP 的报文格式

UDP 仅仅提供一些在端到端传输中所必需的基本功能,并不提供任何顺序或重新排序的功能。因此,当它报告一个错误的时候,它不能指出损坏的包,它必须和 ICMP 配合使用。UDP 发现有一个错误发生了,ICMP 接着可以通知发送者有一个用户数据报被损坏或丢弃了。它们都没有能力指出是哪一个包丢失了。UDP 仅仅包含一个校验和,并不包含 ID 或顺序编号。

### 7.3.4 传输控制协议 TCP

传输控制协议为应用程序提供完整的传输层服务。TCP 是一个可靠的面向连接的端到端协议。通信两端在传输数据之前必须先建立连接。TCP 通过创建连接,在发送者和接收者之间建立起一条虚电路,这条虚电路在整个传输过程中都是有效的。TCP 通知接收者即将有数据到达来开始一次传输,同时通过连接中断来结束连接。通过这种方法,使接收者知道这是一次完整的传输过程,而不仅仅是一个包。

IP 和 UDP 把属于一次传输的多个数据报看作是完全独立的单元,相互之间没有一点联系。因此,在目标地,每个数据报的到来是一个独立的事件,是接收者所无法预期的。TCP 则不同,它负责可靠地传输比特流,这些比特流被包含在由应用程序所生成的数据单元中。可靠性是通过提供差错检测和重传被破坏的帧来实现的。在传输被确认之后,虚电路才能被放弃。

在每个传输的发送端,TCP 将长传输划分为更小的数据单元,同时将每个数据单元包装入被称为段的帧中。每个段都包括一个用来在接收后重新排序的顺序号,确认 ID 编号,用于滑动窗口的窗口大小域。段将包含在 IP 数据报中,通过网络链路传输。在接收端,TCP 收集每个到来的数据报,然后基于顺序编号对传输重新排序。

## 7.3 TCP/IP 协议组

TCP 的段。TCP 所提供的服务范围要求 TCP 的段包含很多内容，TCP 的报文格式见图 7.10。

| 源端口地址 16 位 | | | 目的端口地址 16 位 | |
|---|---|---|---|---|
| 顺序编号 32 位 | | | | |
| 确认编号 32 位 | | | | |
| 报头长度 4 位 | 保留 6 位 | 标志 6 位 | 窗口大小 16 位 | |
| 校验和 16 位 | | | 紧急指针 16 位 | |
| 选项和填充 | | | | |
| 数据区…… | | | | |

图 7.10  TCP 的报文格式

和 UDP 用户数据报相比，TCP 建立连接、确认的过程都需要花费时间，它通过牺牲时间来换取通信的可靠性。UDP 则由于无连接过程，帧短，比 TCP 更快，但 UDP 的可靠性差。

对 TCP 报文中每个域的简要描述如下：

**源端口地址**  源端口地址定义源计算机上的应用程序地址。

**目标端口地址**  目标端口地址定义目标计算机上的应用程序地址。

**顺序编号**  顺序编号域显示数据在原始数据流中的位置。从应用程序来的数据流可以被划分为两个或更多的 TCP 段。

**确认编号**  32 位的确认编号是用来确认接收到其他通信设备的数据。这个编号只有在控制域中的 ACK 位设置之后才有效。这时，它指出下一个期望到来的段的顺序编号。

**报文头长度**  4 位的报文头长度域指出 TCP 报文头的长度，这里以 32 位（4 个字节）为一个单位。4 比特可以定义的值最多为 15，这个数字乘以 4 后就得到报文头中总共的字节数目。因此，报文头中最多可以是 60 字节。由于报文头最少需要 20 个字节来表达，那么还有 40 字节可以保留给选项域使用。

**保留**  6 位的保留域保留给将来使用。

**控制标志**  6 位的控制标志域中每个位都有独立的功能。图 7.11 为控制标志域的具体内容。这些位标志或者定义为某个段的用途，或者作为其他域的有效标记。

| URG | ACK | PSH | RST | SYN | FIN |
|---|---|---|---|---|---|

图 7.11  6 位的控制标志域

当 URG 位被置位时，它确认紧急指针域的有效性，这个位和指针一起指明了段中的数据是紧急的。当 ACK 位被设置的时候，它确认了顺序编号域的有效性。这两者结合在一起，根据段类型的不同将具有不同的功能。PSH 位用来通知发送者需要一个更高的发送速率，如果可能的话，数据应该用更高的发送速率发送入通道之中。重置位 RST 用在顺序编号发生混淆的时候，进行连接重置。SYN 位在以下三种类型的段中用来进行顺序编号同步、连接请求、连接确认（ACK 位被置位）、确认响应（ACK 位被置位）。FIN 位用于三种类型段的连接终止,终止请求、终止确认(ACK 位被置位),以及对终止确认的响应(ACK 位被置位)。

**窗口大小**　16 位的窗口大小域规定了滑动窗口的大小。

**校验和**　校验和用于差错检测,是一个 16 位的域。

**紧急指针**　这是报文头中所必需的最后一个域,它的值只有在控制标志域的 URG 位被设置后才有效。在这种情况下,发送者通知接收者段中的数据是紧急数据。指针指出紧急数据的结束和普通数据的开始。

**选项和填充**　TCP 报文头中剩余部分定义了可选域,可以利用它们来为接收者传送额外信息,或者用于定位。

### 7.3.5　简单网络管理协议 SNMP

简单网络管理协议 SNMP(Simple Network Management Protocol)属于应用层协议。SNMP 最开始只是作为短期的过渡性解决方案出现,但是它的简单和低资源消耗两大优点使它保存下来,现在仍旧是为局域网设备提供状态信息的主要通信协议。

SNMP 为设备之间定义了一个清晰的客户端/服务器关系。管理者(Manager)通过与作为主代理 MA(Master Agent)、子代理 SA 的设备进行通信来获取数据,或者向被管理的设备写入新数据。Agent 的所有数据信息都存放在管理信息库 MIB(Management Information Base)中。

SNMP 是建立在 UDP 基础之上的简单请求/响应协议。它在管理器和 Agent 之间只定义了 5 种报文,GetRequest、GetNextRequest、SetRequest、GetReponse 和 Trap。

GetRequest、GetNextRequest 和 SetRequest 都是管理器发出的报文,Agent 通过 GetReponse 做出响应。丢包的问题由管理器应用程序通过超时和重试的方式来进行处理。Agent 通过发送一个 Trap(跟中断非常类似)向管理器报告重要事件,管理器接到 Trap 后会马上做出响应。尤其对于大规模的复杂安装的情况下,网络延时和带宽占用都很严重,这个机制能够提供比轮询优先级更高的快速响应。轮询和 Trap 两种机制混合使用可以获得更好的效果。在基于竞争的协议中,比如 HTTP,通信通常由客户端发起,可以通过 SMTP 发送通知来提供同样的功能。

Agent 的所有信息都以树形结构存放于 MIB 之中。所有管理者应用程序能够访问和改写的数据,都必须存放在 MIB 中。MIB 的每一个元素都被指定了一个唯一的对象 OID(Object Identifier,OID)。另外,每一个 OID 也必须有一个文本名称。SNMP MIB 的一个主要特性就是它是在一个全世界唯一的命名空间里进行定义的。MIB 中包含了数以千计的标准 OID 供大家使用。

SNMP 方法从网络管理协议入手,采用统一的数据表达方式将来自不同代理设备的信息放置到 MIB 当中,形成 MIB,网络管理者可以直接从 MIB 中访问到一个或者多个代理设备的数据。Agent 周期性或通过事件的方法从工业现场获取数据来更新 MIB。

在多种不同协议控制网络并存的形式下,可以借助应用层的 SNMP,实现不同控制网络设备之间的数据交互和信息集成。

## 7.4 实时以太网

### 7.4.1 几种实时以太网的通信参考模型

实时以太网是工业以太网针对通信实时性、确定性问题的解决方案，属于工业以太网的特色与核心技术。从控制网络的角度来看，工作在现场控制层的实时以太网，实际上属于一个新的类别的现场总线。

以太网的 IEEE 802.3 标准中采用载波监听多路访问/冲突检测(CSMA/CD)的媒体访问控制方式。一条网段上挂接有多个节点，各节点没有预定的通信时间，可随机、自主向网络发起通信，按平等竞争的方式争用总线。因而它在本质上属于非确定性网络。这种平等竞争的非确定性网络，不能满足控制系统对通信实时性、确定性的要求。因而需要在普通以太网通信技术的基础上解决通信实时性、确定性的问题，实现能满足控制网络需求的实时以太网。

当前实时以太网还处于技术开发阶段，出现的技术种类繁多，仅在 IEC 61784-2 中就已囊括了 11 个实时以太网的 PAS 文件。它们是 EtherNet/IP、PROFINET、P-NET、Interbus、VNET/IP、TCnet、EtherCAT、EtherNet Powerlink、EPA、Modbus-RTPS、SERCOS-III。目前它们在实时机制、实时性能、通信一致性上都还存在很大差异。

图 7.12 表示 PROFINET、Powerlink 等几种实时以太网的通信参考模型。通过图 7.12 可以对这几种通信参考模型进行比较。图中没有填充色的矩形框表示采用与普通以太网相同的规范，而具有填充色的矩形框表示有别于普通以太网的实时以太网特色部分。如果一种实时以太网的通信参考模型在物理层和数据链路层上有别于普通以太网，就意味着这种在实时以太网上不能采用普通以太网通信控制器的 ASIC 芯片，需要有特殊的实时以太网通信控制器 ASIC 支持。

从图 7.12 可以看到，Modbus/TCP 与 EtherNet/IP 在应用层以下的部分均沿用了普通以太网技术，因而它们可以在普通以太网通信控制器 ASIC 芯片的基础上，借助上层的通信调度软件，实现其实时功能。而 EtherCAT、Powerlink 以及具有软实时 SRT(Soft Real Time)和等时同步 IRT(Isochronous Real Time)实时功能的 PROFINET 都需要特别的通信控制器 ASIC 支持，它们的通信参考模型在底层如数据链路层就已经有别于普通以太网。即它们的实时功能不能在普通以太网通信控制器的基础上实现。不同实时以太网，其实时机制与时间性能等级是有差异的。

从图 7.12 中还可以看到，工业以太网的数据通信有标准通道和实时通道之分。其中标准通道按普通以太网平等竞争的方式传输数据帧，主要用于传输没有实时性要求的非实时数据。有实时性要求的数据则通过实时通道，按软实时(SRT)或等时同步(IRT)的实时通信方式传输数据帧。通过软件调度实现的软实时通信，其实时性能可以达到几个毫秒；而等时同步通信的实时性能则可以达到 1ms，其时间抖动可控制在微秒级。

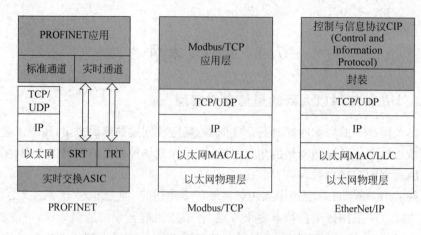
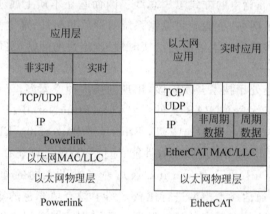

图 7.12 几种实时以太网的通信参考模型比较

## 7.4.2 实时以太网的媒体访问控制

实时以太网一方面要满足控制对通信实时性的要求，另外还需要在一定程度上兼容普通以太网的媒体访问控制方式，以便有实时通信要求的节点与没有实时通信要求的节点可以方便地共存于同一个网络。

已经为实时以太网媒体访问控制提出了多种方案，在对标准 CSMA/CD 协议进行改进后形成的 RT-CSMA/CD 就是其中的一种。在采用 RT-CSMA/CD 的实时以太网上，网络节点被划分为实时节点与非实时节点两类。系统中的非实时节点遵循标准的 CSMA/CD 协议，而实时节点遵循 RT-CSMA/CD 协议。

以网络上相距最远的两个节点之间信号传输迟延时间的 2 倍作为最小竞争时隙。当某个节点有数据要发送时，首先侦听信道，如果在一个最小竞争时隙内没有检测到冲突，则该节点获得介质的访问控制权，开始数据包的传输。

非实时节点在数据传输中如果检测到冲突，就停止发送，退出竞争。实时节点在数据传输中如果检测到冲突，则发送长度不小于最小竞争时隙的竞争信号。实时节点在竞争过程中按照优先级的大小决定是坚持继续发送竞争信号，还是退出竞争而将信道让给更高优先级的节点。

某个节点发送完一个最小竞争时隙的竞争信号后,如果检测到信道上的冲突已消失,说明其他的节点都已经退出竞争,该节点取得了信道的访问控制权。于是停止发送竞争信号,重传被破坏的数据帧。

RT-CSMA/CD 中可以保证优先权高的实时节点的实时性要求,提高了一部分节点的通信实时性。

在以太网中采用像其他现场总线那样的确定性分时调度,是为实现实时以太网提出的又一种方案。这种确定性分时调度是在标准以太网 MAC 层上增加实时调度层(Real-time Scheduler Layer)而实现的。实时调度层应一方面保证实时数据的按时发送和接收,另一方面要安排时间处理非实时数据的通信。

确定性分时调度方案将通信过程划分为若干个循环,每个循环又分为 4 个时段,起始(Start)时段;周期(Cycle)性通信的实时时段;非周期性通信的异步(Asynchronism)时段和保留(Reserve)时段。各时段执行不同的任务,以保证实时和非实时应用数据分别在不同的时段传输。

起始时段主要用于进行必要的准备和时钟同步。周期性通信时段主要用于保证周期性实时数据的传输,在整个周期性通信时段内为各节点传输周期性实时数据安排好各自的微时隙。有周期性实时数据通信需求的节点都有自己的微时隙,各节点只有在分配给自己的微时隙内才能进行数据通信。这种确定性的分时调度方法从根本上防止了冲突的发生,为满足通信实时性创造了条件。异步时段主要用于传输非实时数据,为普通 TCP/IP 数据包提供通过竞争传输非实时数据的机会。保留时段则用于发布时钟,控制时钟同步,或实行网络维护等。通信传输的整个过程由实时调度层统一处理。

可以看到,一旦采用这种确定性分时调度方案,其通信机制就完全不同于自主随机访问的普通 CSMA/CD 方式。实时调度的确定性分时方案为各节点的实时通信任务预定了固定的通信时间,保证了它们的通信实时性。而传输非实时 TCP/IP 数据包的任务,只能在异步时段通过竞争完成。

### 7.4.3 IEEE 1588 精确时间同步协议

在网络环境下,要满足控制任务的通信实时性要求,除了要求各节点的通信调度与媒体访问控制方式具有一定程度的确定性、实时性之外,还需要各节点的时钟能准确同步,以便分布在网络各节点上的控制功能可以按一定的时序协调动作。即网络上各节点之间要有统一的时间基准,才能实现动作的协调一致。

IEEE 1588 定义了一种精确时间同步协议 PTP(Precision Time Protocol),它的基本功能是使分布式网络内各节点的时钟与该网络中的基准时钟保持同步。它不仅可用于标准以太网,也适用于采用组播技术的其他分布式总线系统。它已经受到工业以太网相关组织的广泛关注与采纳。

在由多个节点连接构成的网络系统中,每个节点一般都会有自己的时钟。IEEE 1588 精确时间同步是基于 IP 组播通信实现的。根据时间同步过程中角色的不同,该系统将网络上的节点划分为两类,主(Master)时钟节点和从(Slave)时钟节点。

时间同步中,提供同步时钟源的时钟叫主时钟,它是该网段的时间基准。而与之同步、不断遵照主时钟进行调整的时钟称为从时钟。一个简单系统包括一个主时钟和多个从属时钟,所有的从时钟会不断地与主时钟比较时钟属性。其时钟的同步精度可达到亚微秒级。

从一般意义上来说,任何一个网络节点都既可充当主时钟节点,也可充当从时钟节点,但实际中一般都由振荡频率稳定、精度较高的节点担任主时钟。如果网络中同时存在多个潜在的主时钟,那么将根据优化算法来决定哪一个可以成为活动主时钟。如果有新的主时钟加入系统或现有的活动主时钟与网络断开,则重新采用优算法决定活动主时钟。但任何时刻系统中都只能有一个活动主时钟。PTP 系统支持主时钟冗余,同时支持容错功能。

由于时钟同步过程是借助装载有时间戳的通信帧的传输过程完成的,每一个从时钟节点通过与主时钟交换同步报文实现与主时钟的时间同步。而网络的通信传输存在延迟,因此需要测量并校正因传输延迟对偏差值造成的影响。同步过程分为两步,分别用于测量主从时钟之间的时差和传输延迟,并根据测量结果对从时钟进行校正。图 7.13 表示时间同步过程中时钟偏移量的测量和传输延迟的测量过程。

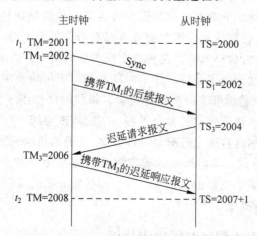

图 7.13 时钟偏移量与传输延迟的测量过程

从时钟通过与主时钟交换同步报文实现与主时钟的时间同步,第一步是测量主时钟和从时钟之间的时差,即测量时钟偏移值。主时钟以固定的时间间隔周期性地(例如每 2 秒 1 次)发出一个包含了一个时间戳的同步(Sync)报文到相应的从时钟节点,在发送同步报文的同时,主时钟还测量出准确的发送时间($TM_1$),并把发送时间 $TM_1$ 通过后续(Follow up)报文,发送给从时钟节点。从时钟在接收到同步报文时测量出准确的接收时间($TS_1$)。从时钟记下接收到同步报文和相应的后续报文的时间,由从时钟计算出它相对于主时钟的偏差,其偏差值为 $TS_1 - TM_1$。如果不考虑在传输路径上产生的延迟,从时钟按该偏差值调整自己的时钟值,主从两个时钟就可以同步了。但这样得到的偏差值 $TS_1 - TM_1$ 中,除包含有主从时钟之间的偏移量之外,还包含有同步报文从主时钟传送到从时钟所用的时间。

## 7.4 实时以太网

为了进一步消除主从时钟之间因报文传输延迟对偏差值造成的影响,时钟同步过程的第二步是测量传输延迟。为了实现这个目的,从时钟向主时钟发送一个称之为"延迟请求"(Delay_Req)的报文,并测出该报文的准确发送时间 $TS_3$。主时钟在收到该报文时,测得接收时间 $TM_3$ 并将该时间封装在"延迟响应"(Delay_Resp)报文中返回给从时钟。

由从时钟根据发送时间 $TS_3$ 和主时钟返回的接收时间 $TM_3$ 计算出主时钟和从时钟之间的传输延迟。这里假定主时钟和从时钟之间的传输延迟是对称的,即发送和接收的传输延迟相同。为了避免增加网络负荷,对网络传输延迟的测量是非周期性的,而且选取的时间间隔一般会比较大(例如可以设置为 4~60s),以避免网络过载。

从图 7.13 对时钟偏移量与传输延迟的测量过程分析可以得到

$$TS_1 - TM_1 = t_{Delay} + t_{Offset}$$
$$TM_3 - TS_3 = t_{Delay} - t_{Offset}$$

因而根据上述两步得到的测量值,可以计算出从时钟与主时钟之间的偏差值为

$$t_{Offset} = (TS_1 - TM_1 - TM_3 + TS_3)/2$$

根据该偏差值调整从时钟,使主、从时钟同步。在图 7.13 的示例中,$t_1$ 时刻主从时钟之间存在偏差,通过对时钟偏移量与传输延迟的测量,得到该从时钟与主时钟之间的偏差 $t_{Offset}$ 为 1,到 $t_2$ 时刻便可将从时钟的值调整到与主时钟一致。

通过上述同步过程,可以消除在各分布式时钟之间存在的时间差,使从时钟准确同步于主时钟。该同步过程只需占用较少的网络带宽,也只占用较小的节点资源,无需对内存和 CPU 性能提出特别要求。

图 7.14 表示在主、从时钟之间连接有交换机的应用场合。这是在以太网连接中常见的拓扑结构。IEEE 1588 将整个网络内的时钟分为普通时钟(Ordinary Clock)和边界时钟(Boundary Clock)两种。只有一个通信端口的时钟是普通时钟,有一个以上通信端口的时钟是边界时钟。在连接有交换机的 PTP 系统中,交换机就成为边界时钟。交换机的出现使主、从时钟之间传递同步报文出现了一点对多点的方式。

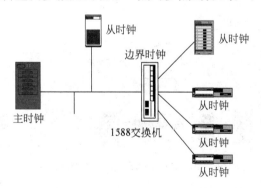

图 7.14 普通时钟与边界时钟

而在存在有交换机等网络连接设备的场合,由于交换机采用基于队列和存储/转发的工作机制,队列中一个长数据包可能给后续报文带来 $120\mu s$ 的迟延。在排队现象严重时会导致更大的迟延,使时钟同步报文的传输迟延补充出现了新的问题。在不同网络负荷

下,时间同步报文在网络连接设备处因排队与转发而产生不同的传输迟延,导致时间同步过程中同步报文等的传输迟延不稳定,从而造成时间抖动,影响时钟的同步精度。特别是在主、从时钟之间有多个交换机连接的应用场合,对时钟同步精度的影响会更大。

解决该问题的关键是要找到补偿网桥中时间迟延的方法。如果网桥在端口收到一个同步报文时,记下接收时间,并取得向下游端口传递该报文的时间,就可以得到在网桥处因迟延产生的时钟校正值。将本网桥内的时间迟延和本段传输时延的信息加入到将要转发的报文中,这样在目的节点的从时钟就可以得到报文的精确迟延,以便从时钟对自己的时钟值进行偏差调整,同步于主时钟。

## 7.5 PROFINET

PROFINET 成功地实现了工业以太网和实时以太网技术的统一,并在应用层使用大量的软件新技术,如 Microsoft 的 COM 技术、OPC、XML、TCP/IP and ActiveX 等。由于 PROFINET 能够完全透明地兼容各种传统的现场工业控制网络和办公室以太网,因此,通过使用 PROFINET 可以在整个工厂内实现统一的网络架构,实现"一网到底"。

### 7.5.1 PROFINET 的网络连接

PROFINET 的网络拓扑形式可为星型、树型、总线型、环型(冗余)以及混合型等各种形式,但以 Switch 支持下的星型分段以太网为主,如图 7.15 所示。

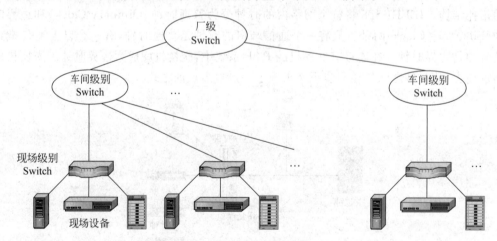

图 7.15 PROFINET 的基本网络结构

PROFINET 的现场层布线要求类似于 PROFIBUS 对电缆的布线要求,通常使用线型结构。当要求更高的可靠性时,可使用带冗余功能的环型结构。由于传输电缆要兼顾传输数据和提供 24V 电源,一般使用混合布线结构。

1. PROFINET 的电缆

PROFINET 标准中规定的混合电缆包含了用于传输信号和对设备供电的导线,一般使用 Cu/Cu 型铜芯电缆或 Cu/FO 铜缆/光缆两种。Cu/Cu 型铜芯电缆 4 芯用于数据传输，4 芯用于供电。在实践中大多采用铜芯电缆，它等同于 100Mb/s 快速以太网中所用的屏蔽双绞线。其横截面符合 AWG22 要求。采用 RJ45 或 M12 插头连接器。设备连接采用插座的形式，在连接电缆（设备连接电缆、终端电缆）的两端装上连接器。每段电缆的最大长度不超过 100m。

PROFINET 中可使用多模或单模光纤，依照 100Base-FX 协议，光纤接口遵从 ISO/IEC9314-3（多模）规范和 ISO/IEC9314-4（单模）规范。

光纤导体对工业现场的电磁干扰不敏感，因此它可以允许构造比铜缆更大范围的网络。对于多模光纤，每个网段的长度最多可达 2km，而对于单模光纤则可达 14km。一般使用 Cu/FO 类混合光缆，其中的 2 光纤芯用于数据传输，另外的 4 铜芯用于供电。

电缆的插头连接器一般为 RJ45，按照工业防护性能等级又分为 IP20 和 IP67 两种，其外观尺寸如图 7.16 示。

IP20 RJ45          IP67 RJ45          混合连接器

图 7.16　具有工业防护性能的 RJ45 连接器和混合连接器

具有 IP20 防护等级的 RJ45 一般用在办公室网络，而在 PROFINET 中大多安装在开关柜内。IP65/IP67 防护等级的 RJ45 用于条件恶劣的场所，它带有推挽式锁定。特殊条件下可要求达到 IP68 的防护等级。

2. PROFINET 的 Switch

Switch 属于 PROFINET 的网络连接设备，通常称为交换机，在 PROFINET 网络中扮演着重要的角色。Switch 将快速以太网分成不会发生传输冲突的单个网段，并实现全双工传输，即在一个端口可以同时接收和发送数据。因此避免了大量传输冲突。

在只传输非实时数据包的 PROFINET 中，其 Switch 与一般以太网中的普通交换机相同，可直接使用。但是，在需要传输实时数据的场合，如具有 IRT 实时控制要求的运动控制系统，必须使用装备了专用 ASIC 的交换机设备。这种通信芯片能够对 IRT 应用提供"预定义时间槽"（pre-defined time slots），用于传输实时数据。

为了确保与原有系统或个别的原有终端或集线器兼容，Switch 的部分接口也支持运行 10Base-TX。

### 7.5.2　IO 设备模型及其数据交换

针对工业现场中具有不同功能的现场设备，PROFINET 定义了 2 种数据交换方式，分散式 IO 设备（PROFINET IO）和分散式自动化（PROFINET CBA）方式。前者适合用于具有简单 I/O 接口的现场设备的数据通信，后者适用于具有可编程功能的智能现场设备和自动化设备，以便对 PROFINET 网络中各种设备的交换数据进行组态、定义、集成和控制。

PROFINET IO 中的数据交换方式与 PROFIBUS DP 中的远程 I/O 方式相似,现场设备的 IO 数据将以过程映像的方式周期性地传输给控制主站。PROFINET IO 的设备模型由槽和通道组成。现场设备的特性通过基于 XML 的 GSD（General Station Description）文件来描述。

1. PROFINET IO 的设备模型和描述

如图 7.17 所示,PROFINET IO 使用槽(Slot),通道(Channel)和模块(Module)的概念来构成数据模型,其中 Module 可以插入 Slot 中,而 Slot 是由多个 Channel 组成的。

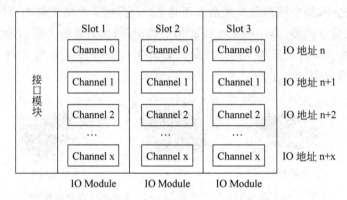

图 7.17　PROFINET IO 设备的数据模型

与 PROFIBUS DP 中 GSD 设备描述文件一样,PROFINET IO 现场设备的特性也是在相应的 GSD 中描述的,它包含下列信息：

- IO 设备的特性(例如：通信参数)；
- 插入模块的数量及类型；
- 各个模块的组态数据；
- 模块参数值(例如：4mA)；
- 用于诊断的出错信息文本(例如：电缆断开,短路)。

GSD 文件是 XML 格式的文本。事实上,XML 是一种开放的、被普遍应用和接受的描述数据的标准格式,具有如下特点：

- 通过标准工具实现其创建和确认；
- 能集成多种语言；
- 采用分层结构。

GSD 的结构符合 ISO 15745,它由与设备中各模块相关的组态数据以及和设备相关的参数组成,另外还包含有传输速度和连接系统的通信参数等。

每个 IO 设备都被指定一个 PROFINET IO 框架内的唯一的设备 ID,该 32 位设备标识号(Device-Ident-Number)又分成 16 位制造商标识符(Manufacturer ID)和 16 位设备标识符(Device ID)两部分,制造商标识符由 PI 分配,而设备标识符可由制造商根据自己的产品指定。

## 7.5 PROFINET

### 2. PROFINET IO 设备的分类

PROFINET 中的设备分成如下 3 类。

(1) IO Controller 控制器

一般如一台 PLC 等的具有智能的设备，可以执行一个事先编制好的程序。从功能的角度看，它与 PROFIBUS 的 1 类主站相似。

(2) IO Supervisor 监视器

具有 HMI 功能的编程设备，可以是一个 PC，能运行诊断和检测程序。从功能的角度看，它与 PROFIBUS 的 2 类主站相似。

(3) IO 设备

IO 设备指系统连接的传感器、执行器等设备。从功能的角度看，它与 PROFIBUS 中的从站相似。

在 PROFINET IO 的一个子系统中可以包含至少一个 IO 控制器和若干个 IO 设备。一个 IO 设备能够与多个 IO 控制器交换数据。IO 监视器通常仅参与系统组态定义和查询故障、执行报警等任务。图 7.18 表示了这种关系。图中的实线表示实时协议，虚线表示标准 TCP/IP 协议。

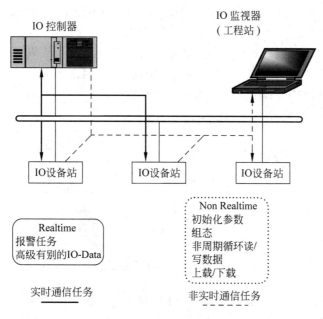

图 7.18 PROFINET 的各种站点

IO 控制器收集来自 IO 设备的数据（输入）并为控制过程提供数据（输出），控制程序也在 IO 控制器上运行。从用户的角度，PROFINET IO 控制器与 PROFIBUS 中的 1 类主站控制器没有区别，因为所有的交换数据都被保存在过程映像（Process Image）中。

IO 控制器的任务包括：

- 报警任务的处理；
- 用户数据的周期性交换（从 IO 设备到主机的 I/O 区域）；

- 非周期性服务,如系统初始化参数的分配,配方(recipes)传送,所属 IO 设备的用户参数分配、对所属 IO 设备的诊断等;
- 与 IO 设备建立上载下载任务关系;
- 负责网络地址分配。

所有需要交换的数据包,其地址中都要包含用于寻址的 Module、Slot 和 Channel 号。参考 GSD 文件中的定义,由设备制造商负责在 GSD 文件中说明设备特性,将设备功能映射到 PROFINET IO 设备模型中。

3. 设备的组态和数据交换

每个 PROFINET IO 现场设备通过一个基于 XML 描述标准 GSDML 的设备数据库文件 GSD 来描述,该 GSD 由制造商随着设备提供给用户。每个设备在组态工具中表现为一个图标,用户可使用"拖/放"操作来构建 PROFINET 的总线拓扑结构。

此过程在 SIMATIC 中执行起来完全类似于 PROFIBUS 系统的组态过程,所不同的是,设备的地址分配需由 IO 控制站使用 DCP 或 DHCP 协议进行分配。

在组态期间,组态工程师在 IO 监视站上对每个设备进行组态。在系统组态完成后,将组态数据下载到 IO 控制器(类似 DP 中的主站)。PROFINET 的(主)控制器自动地对 IO 设备(类似 DP 中的从站)进行参数化和组态,然后进入数据交换状态。

图 7.19 中带圈的 3 个数字表示如下 3 个过程:

(1) 通过 GSD 文件,将各设备的参数输入到工程组态设计工具中。
(2) 进行网络和设备组态,并下载到网络中的 IO 控制器。
(3) IO 控制器与 IO 设备之间的数据交换开始。

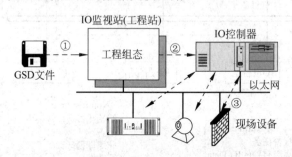

图 7.19 组态和数据交换

当出现差错时,有故障的 IO 设备在 IO 控制器内生成一个诊断报警。诊断信息中包含发生故障设备的槽号(Slot)、通道号(Channel)、通道类型(输入/输出)、故障的原因编码(例如电缆断开,短路)和附加的制造商特定信息。

4. IO 设备的数据通信过程

PROFINET 中的 IO 设备对过程数据(输入)进行采样,提供给 IO 控制器,并将作为控制量的数据输出到设备。在 PROFINET 中为了在站之间交换数据,应先定义且建立应用关系 AR(Application Relation),并在 AR 内建立通信关系 CR(Communication Relation)。

PROFINET 可在通信设备间建立多个应用关系。一个 IO 设备应能支持建立 3 个应

## 7.5 PROFINET

用关系,分别用于与 IO Controller 控制器、IO Supervisor 监视器以及冗余控制器的通信,但一般情况下仅需建立如图 7.20 所示的两个 AR。

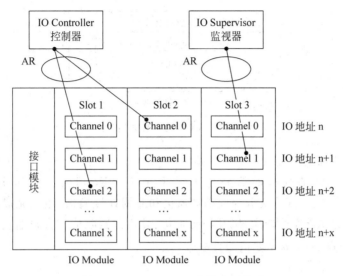

图 7.20 PROFINET 中的应用关系

IO 设备是被动的,它等待控制器或监视器与之建立通信。IO 控制器或 IO 监视器可使用应用关系 AR 与 IO 设备进行联系,建立和执行各种不同的数据通信关系 CR。

(1) 建立应用关系 AR

在系统初始化和组态期间,IO 控制器或 IO 监视器使用一个连接帧来建立 AR。它将下列数据以数据块的方式传送给 IO 设备。

① AR 的通用通信参数;
② 要建立的 I/O 通信关系(CR)及其参数;
③ 设备模型;
④ 要建立的报警通信关系及其参数。

数据交换以设备对"Connect-Call"的正确确认开始。此时,因为尚缺少 IO 设备的初始化参数分配,因此数据仍然可被视为无效。在"Connect-Call"之后,IO 控制器通过记录数据 CR 将初始化参数分配数据传送给 IO 设备。IO 控制器传送一个"Write-Call"给每个已组态子模块的 IO 设备。IO 控制器用"End Of Parameterization(DControl)"发出初始化参数分配的结束信号。

IO 设备用"Application Ready"发出初始化参数分配被正确接收的信号。此后,AR 就建立了。

(2) 通信关系 CR 的建立

在一个应用关系(AR)内可建立多个通信关系(CR)。这些 CR 通过 Frame ID 和 Ether Type 被引用。图 7.21 表示在一个 AR 内可存在的 3 种类型的通信关系 CR。它们分别是

① I/O CR 执行周期性的 IO 数据读/写,用于 I/O 数据的周期性发送。

② Acyclic CR　执行非周期地读/写数据,用于初始化参数的传输、诊断等。

③ Alarm CR　接收报警(事件),用于报警的非周期发送。

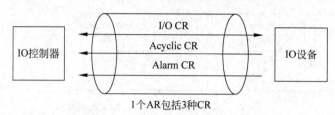

图 7.21　AR 中的 3 种通信关系

5. IO 数据通信的种类

PROFINET IO 的数据通信分为实时部分 RT(RealTime)和非实时部分 NRT(NonRealTime)。实时部分又分为周期性通信和非周期性通信,用以完成高级别实时数据的传输、事件的非周期性传递,以及如初始化、设备参数赋值和人机通信等没有严格时间要求的数据传输。IO 数据通信的种类有:

(1) 非实时(NRT)通信

一般有如下数据通过 NRT 方式通信。

- 通信关系中上下关系的管理/建立,如在初始化期间建立一个通信关系 CR、初始化期间的参数分配等。
- 非实时信息的自发交换,如读诊断信息、交换设备信息、读/修改设备参数、下载/读与过程有关的信息、读并修改一般通信参数等。

(2) 实时(RT)通信

指定下列数据通过实时通道。

- 发送 I/O 数据值。
- 通信关系 CR 的监视。当重要的通信关系发生问题时,必须迅速将进程切换至安全状态。

(3) 非周期服务

非周期数据也使用实时通道来发送。这些数据包括

- 报警(重要诊断事件)。
- 通用管理功能,如名称分配、标识和 IP 参数的设置等。
- 时间同步。
- 邻居识别,即各站给其毗邻的邻居发送一个帧,将自己的 MAC 地址、设备名称和发送此帧的端口号告诉其邻居。
- 网络组件内介质冗余的管理信息。

(4) 其他

通常包含在 IP 栈中的以下用户协议数据:

- DHCP(Dynamic Host Configuration Protocol),当相应的下部结构可以使用时,用于分配 IP 地址和有关参数。
- DNS(Domain Name Service),域名服务,用于管理逻辑名称。

## 7.5 PROFINET

- SNMP(Simple Network Management Protocol),简单网络管理,用于读出状态、统计信息和检测通信差错。
- ARP(Address Resolution Protocol),地址解析,用于将 IP 地址转换成以太网地址。
- ICMP(Internet Control Message Protocol),用于传递差错信息。

除了实时协议外,其他协议属于标准协议。

### 7.5.3 组件模型及其数据交换

随着现场设备智能程度的不断提高,自动化控制系统分散程度也越来越高。工业控制系统正由分散式自动化向分布式自动化演进,网络中的各种复杂的智能设备愈来愈多。因此基于组件自动化(Component Based Automation,CBA)的数据交换成为新兴趋势,这种方式也被称为组件模型(Component Model)。

从整个生产车间的角度看,一个生产线可以看成是由多个具备可编程功能的智能现场设备和自动化设备组成的。基于这样的观点,PROFINET 提供了 CBA 数据交换和控制方式。它将工厂中相关机械部件、电气/电子部件和应用软件等具有独立工作能力的技术功能模块抽象成为一个封装好的组件,各组件间使用 PROFINET 连接。可通过 SIMATIC iMap 等软件,采用图形化组态方式实现各组件间通信配置,不需另外编程,因而简化了系统组态及调试过程。同时这种基于技术功能模块而开发的分布式自动化系统,实现了装备和机器的模块化设计,使原有设计可大量重用,从而减少了工程设计成本。

1. 技术功能模块

在 PROFINET 设计中,设定制造过程自动化装备的功能是通过所定义的机械、电气/电子设备和控制逻辑/软件的互操作来实现的。因此,PROFINET 定义了与生产过程有关、包括以下几个方面内容的模块:

① 机械特性;
② 电气/电子特性;
③ 控制逻辑或软件特性。

由这些技术要素构成的一个紧密单元,被称为"工艺技术模块"或"技术功能模块"(Technology Module)。

(1) 技术功能模块的构成

技术功能模块代表一个系统中的某个特定部分。在定义技术功能模块时,必须周密地考虑它们在不同装备中的可再用性,有关成本以及实用性。应依据模块化原理定义各个组件,以便尽可能容易地将它们组合成整个系统。功能分得过细、过多将使得系统难于管理。因为这样将导致需定义过多的输入输出参数,会相应加大工程设计成本。另一方面,功能划分得过于粗略又将降低复用程度,也会加大实现成本。

(2) 技术功能模块与组件

从用户的角度出发,组件(Component)可表示出技术功能模块上的输入输出数据,且可以通过软件接口对组件从外部进行操作。一个组件可由一个或多个物理设备上的技术功能模块组成。

每个 PROFINET 组件都有一个接口，它包含有能够与其他组件交换或用其他组件激活的变量。PROFINET 组件接口遵照 IEC 61499 的规定。PROFINET CBA 定义了对组件接口的访问机制，但它并不关心应用程序如何处理该组件中的输入数据以及使用哪个逻辑操作来激活该组件的输出。

PROFINET 组件接口采用标准的 COM/DCOM，它允许对预组装组件的应用开发。可以由用户灵活地将这些组件组合为所需要的块，并可以在不同装备内部独立地实现或重复使用。

2. 组件的描述

如前所述，PROFINET CBA 的核心思想是将一个生产线上的各个设备的逻辑功能按照机械、电气和控制功能的不同分割成技术功能模块，每个模块由机械、电气/电子和相应的应用软件组成，然后封装成组件，再进行组态。

在 PROFINET CBA 中，每一个设备站点被定义为一个"工程模块"，可为它定义一系列（包括机械、电子和软件 3 个方面）属性。对外可把这些属性按照功能分块封装为多个 PROFINET 组件，每个 PROFINET 组件都有一个接口，所包含的工艺技术变量可通过接口与其他组件交换数据。可以通过一个连接编辑器（Connection Editor）工具定义网络上各个组件间的通信关系，并通过 TCP/IP 数据包下载到各个站点。

PROFINET CBA 组件的描述采用 PROFINET 设备描述（PCD），PCD 通常在创建用户软件（项目）后由系统设计工程师用开发工具来创建，PROFINET 组件描述（PCD）采用 XML 文件，运用 XML 可以使描述数据与制造商和平台格式无关。关于 PROFINET XML 文件的详细描述，请参阅 PROFINET 体系结构描述和规范（PROFINET Architecture Description and Specification）。所有 PROFINET 工程工具都理解此 XML 格式。

PCD 的 XML 文件可以采用制造商专用工具来创建，该工具（例如，西门子公司的 STEP 7 Simatic Manager）应该有一个"Create Component"的组件生成器。PCD 文件也可使用独立于制造商的 PROFINET 组件编辑器来创建，此编辑器可以通过网站（www.profinet.com）下载。PCD 文件中包含有 PROFINET 组件的功能和对象信息，这些信息包括：

（1）作为库元素的组件描述　组件标识符，组件名称；

（2）硬件描述　IP 地址，对诊断数据的访问，互连（信息）的下载；

（3）软件功能描述　软件对于硬件的分配，组件接口，变量的特性，例如它们的技术功能模块名称、数据类型和方向（输入或输出）；

（4）组件项目的缓存器。

PROFINET 的组件实际上可被看成是一个被封装的可再使用的软件单元，如同一个面向对象的软件技术中采用的"类"的概念。各个组件可以通过它们的接口进行组合并可以与具体应用互连，建立与其他组件的关系。因为 PROFINET 中定义了统一的访问组件接口的机制，因此组件可以像搭积木那样灵活地组合，而且易于重复使用，用户无需考虑它们内部的具体实现。

组件由机器或设备的生产制造商创建。成功的组件设计可降低工程设计和硬件的成本，并对自动化系统中与时间有关的特性有着重要影响。组件库形成后可重复使用。在组件定义期间,应考虑到组件使用的灵活性,使得能方便地采用模块化原理将组件组合成完整的系统。组件的大小可从单台设备伸展到具有多台设备的成套装置。

3. 组件互连和组态

使用 PROFINET 组件编辑器时,只需简单地在"系统视图"下建立组件,将已经创建的 PROFINET 组件从库内取出,并将它们在"网络视图"下互连,便可构成一个应用系统。

这种使用简单图形组态的互连方法代替了以前的编程式组态。原有的编程式组态需要用户具备对设备内部通信功能集成与顺序的详细知识,要求熟悉设备是否能够彼此通信,何时发生通信,以及通信在哪个总线系统上发生等情况。而利用 PROFINET 组件编辑器在组态期间就不必深入了解每一组件的具体通信功能。

组件编辑器将贯穿整个系统的各个分布式应用,它可组态任何厂商的 PROFINET 组件。互连这些组件后,点击鼠标就可将连接信息、代码以及这些组件的组态数据下载到 PROFINET 设备。每台设备根据组态数据了解有关的通信对象、通信关系和可交换的信息,从而执行该分布式应用任务。

### 7.5.4 PROFINET 通信的实时性

PROFINET 通信标准的关键特性包括以下方面:

(1) 在一个网段上同时存在实时通信和基于 TCP/IP 的标准以太网通信。

(2) 实时协议适用于所有应用,包括分布式系统中组件之间的通信以及控制器与分散式现场设备之间的通信。

(3) 从一般性能到高性能时间同步的实时通信。

针对现场控制应用对象的不同,PROFINET 中设计有 3 种不同时间性能等级的通信,这 3 种性能等级的 PROFINET 通信可以覆盖自动化应用的全部范围。

(1) 采用 TCP/UDP/IP 标准通信传输没有严格时间要求的数据,如对参数赋值和组态。

(2) 采用软实时(SRT)方式传输有实时要求的过程数据,用于一般工厂自动化领域。

(3) 采用等时同步实时(IRT)方式传输对时间要求特别严格的数据,如用于运动控制等。

这种可根据应用需求而变化的通信是 PROFINET 的重要优势之一,它确保了自动化过程的快速响应时间,也可适应企业管理层的网络管理。图 7.22 给出了 3 种通信方式实时性变化的大概情况。

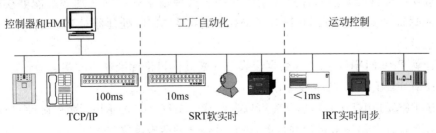

图 7.22 3 种不同通信方式的实时性

在 PROFINET 中使用以太网和 TCP/UDP/IP 协议作为通信的构造基础，对来自应用层的不同数据定义了标准通道和实时通道，图 7.23 表示了 PROFINET 中的通信通道。

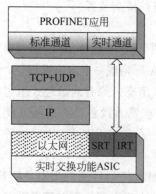

图 7.23　PROFINET 中的通信通道

标准通道使用的是标准的 IT 应用层协议，如 HTTP、SMTP、DHCP 等应用层协议，就像一个普通以太网的应用，它可以传输设备的初始化参数、出错诊断数据、组件互连关系的定义、用户数据链路建立时的交互信息等。这些应用对传输的实时性没有特别的要求。

实时通道中分 2 个部分。其中的 SRT（Soft Real Time）软实时通道是一个基于以太网第 2 层的实时通道，它能减少通信协议栈处理实时数据所占用的运行时间，提高过程数据刷新的实时性能。

对于时间要求更为苛刻的运动控制来说，PROFINET 采用等时同步实时通信 IRT（Isochronous Real Time）。等时同步 IRT 通道使用了一种独特数据传输方式，它为关键数据定义专用时间槽，在此时间间隔内可以传输有严格实时要求的关键数据。图 7.24 给出 PROFINET 中的时间槽分配。

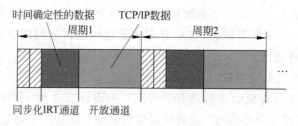

图 7.24　PROFINET 中的时间槽分配

PROFINET 中的通信传输周期被分成两个部分，即时间确定性部分和开放性部分。有实时性要求的报文帧在时间确定性通道—实时通道中传输，而一般应用则采用 TCP/IP 报文在开放的标准通道中传输。

将实时通道细分成为 SRT 和 IRT 方式，较好地解决了一般实时通道 RT 不能满足某些运动控制的高精度时间要求的问题。IRT 等时同步数据传输的实现是在专用的通信 ASIC 基础上实现的。被称作 ERTEC ASIC 的芯片装在 PROFINET 交换机的端口，负责处理实时数据的同步和保留专用时间槽。这种基于硬件的实现方法能够获得 IRT 所要求的时间同步精度，同时也减轻了交换机的宿主 MPU 处理器对 PROFINET 通信任务的管理负担。

下面就 PROFINET 的 2 种数据交换方式来具体讨论标准通道和实时通道。

1. PROFINET IO 的通信实时性

对于 PROFINET IO，在建立时可以调用基于 UDP/IP 的 RPC（远程协助）功能来完成分散式现场设备的参数赋值和诊断，进行设备之间的数据交换等。

在典型的 PROFINET IO 的组态中，IO 控制器通过预先定义的通信关系与若干台分散式现场设备(IO设备)交换周期性数据。在每个周期中,将输入数据从指定的现场设备发送给IO控制器,而输出数据则被回送给相应的现场设备。

此时的IO控制器如同PROFIBUS中的主站,它通过监视所接收的循环报文来监控每一个IO设备(从站)。如果输入帧不能在3个周期内到达,那么IO控制器就判断出相应的IO设备已发生故障。

2. PROFINET CBA组件之间的通信

在PROFINET CBA组件之间的数据交换方式中,DCOM(分布式COM)被规定作为PROFINET组件之间基于TCP/IP的公共应用协议。基于标准化RPC协议的DCOM是COM(组件对象模型)的扩展,用于网络中的对象分发和它们之间的互操作。PROFINET中采用DCOM来进行设备参数赋值、读取诊断数据、建立组态和交换用户数据等。注意此时它使用标准通道。

TCP/IP和DCOM已经形成了标准的公共"语言",这种语言在任何情况下都可用来启动建立设备之间的通信。但是,TCP/IP和UDP并不能满足某些机器模块之间的实时通信要求。因此,此时的数据通信不一定必须采用DCOM在PROFINET组件之间进行数据交换,还可以采用实时通道进行交换。用户数据是通过DCOM交换还是通过实时通道交换是由用户在工程设计中组态时决定的。当启动通信时,通信设备的双方必须确认是否有必要使用一种有实时能力的协议。

PROFINET实时通道用于传输对时间有严格要求的实时数据。在组态工具中,用户可选择是否按变化设置通信(即这些值是在整个运行期间都在组件之间传输,还是只在这些值发生变化时才传输)。在数据变化率高的情况下,选择周期性传输更佳。

### 7.5.5 PROFINET与其他现场总线系统的集成

PROFINET提供了与PROFIBUS以及其他现场总线系统集成的方法,以便PROFINET能与其他现场总线系统方便地集成为混合网络,实现现场总线系统向PROFINET的技术转移。

PROFINET为连接现场总线提供了以下两种方法,即基于代理设备的集成和基于组件的集成。

1. 基于代理设备的集成

代理设备Proxy负责将PROFIBUS网段、以太网设备以及其他现场总线、DCS等集成到PROFINET系统之中,由代理设备完成COM对象之间的交互。代理设备将所挂接的设备抽象成为COM服务器,设备之间的数据交互变成COM服务器之间的相互调用。这种方法的最大优点就是可扩展性好,只要设备能够提供符合PROFINET标准的COM服务器,该设备就可以在PROFINET系统中正常运行。这种方法可通过网络实现设备之间的透明通信(无需开辟协议通道),确保对原有现场总线中设备数据的透明访问。图7.25表示PROFINET通过代理设备Proxy与其他现场总线的网络集成。

在PROFINET网络中,代理设备是一个与PROFINET连接的以太网站点设备,对PROFIBUS DP等现场总线网段来说,代理设备可以是PLC、基于PC的控制器或是一个简单的网关。

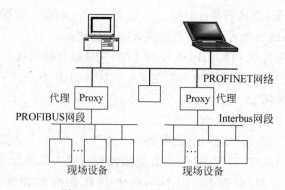

图 7.25 基于 Proxy 的网络集成

2. 基于组件的集成

在这种集成方式下，原有的整个现场总线网段可以作为一个"大组件"集成到 PROFINET 中，在组件内部采用原有的现场总线通信机制（例如 PROFIBUS DP），而在该组件的外部则采用 PROFINET 机制。为了使现有的设备能够与 PROFINET 通信，组件内部的现场总线主站必须具备 PROFINET 功能。

可以采用上述方案集成多种现场总线系统，如 PROFIBUS、FF、DeviceNet、Interbus、CC-Link 等。其做法是，定义一个总线专用的组件接口（用于该总线的数据传输）映像，并将它保存在代理设备中。这种方法方便了原有各种现场总线与 PROFINET 的连接，能够较好地保护用户对现有现场总线系统的投资。

### 7.5.6 PROFINET 的 IP 地址管理与数据集成

许多与 Internet 相关的技术可以容易地实现。本节将简述 PROFINET 中的 IP 地址管理以及借助 Web 或 OPC 的数据集成方式。

1. IP 地址的管理

PROFINET 中对网络用户（PROFINET 设备）分配 IP 地址的方法如下：

(1) 使用制造商专用的组态工具分配 IP 地址

当在网络上不能使用网络管理系统来分配地址的情况下可以用此方案。PROFINET 定义了专门的 DCP（发现和基本配置）协议，该协议允许使用制造商专用的组态/编程工具给 IP 参数赋值，或者使用工程设计工具（例如 PROFINET 连接编辑器）给 IP 参数赋值。

(2) 使用 DHCP 自动分配地址

目前动态主机配置协议（DHCP）已经成为事实上的局域网中地址分配的标准协议，普遍用在办公环境中的网络管理系统对网络内站点分配和管理 IP 地址。PROFINET 也可采用该协议进行地址分配。为此，PROFINET 中还定义描述了如何能在 PROFINET 环境下优化使用 DHCP。

在 PROFINET 设备中实现 DHCP 是一种可选方案。

2. Web 服务

如在本章的前言中所述，PROFINET 的一个优点是可以充分利用基于互联网的各种

## 7.5 PROFINET

标准技术,例如 HTTP、XML、HTML,或使用 URL 编址的 Web 客户机访问 PROFINET 组件等。此时,数据以标准化的形式(HTML,XML)传输,可以在支持多媒体的各种 MIS 系统中进行 PROFINET 组件的数据集成。可以使用浏览器作为统一的用户接口,从 Internet 上直接访问各客户机——现场设备上的信息。

在基于组件的 Web 实现中可以使用统一的接口和访问机制无缝地集成 PROFINET 专用的信息,组件的创建者能通过该 Web 快速获得工艺技术数据。

PROFINET 自动化系统的系统体系结构都支持 Web 集成,特别是通过代理服务器可将各种类型的现场总线连接起来。PROFINET 规范包括了相应的对象模型,这些模型描述了 PROFINET 组件、现有 Web 组件以及 PROFINET Web 集成的元素之间的相互关系。

Web 集成功能对于 PROFINET 是可选的。

3. OPC 和 PROFINET

OPC 是指 OLE for Process Control,译为用于过程控制的对象链接嵌入(Object Linking and Embedding,OLE)技术。它是自动化控制业界与 Microsoft 合作开发的一套数据交换接口的工业标准。OPC 以 OLE/COM+技术为基础,统一了从不同地点、厂商、类型的数据源获得数据的方式。

OPC 是自动化技术中应用程序之间进行数据交换的一种应用广泛的数据交换接口技术。OPC 支持多制造商设备间的灵活性选择,并支持设备之间无需编程的数据交换。OPC-DX 不同于 PROFINET,PROFINET 是面向对象的,而 OPC-DX 是面向标签的,也就是说,此时的自动化对象不是 COM 对象而是标签。它使得 PROFINET 系统的不同部分之间的数据通信成为可能。图 7.26 表示 OPC-DA 和 OPC-DX 的数据交换。

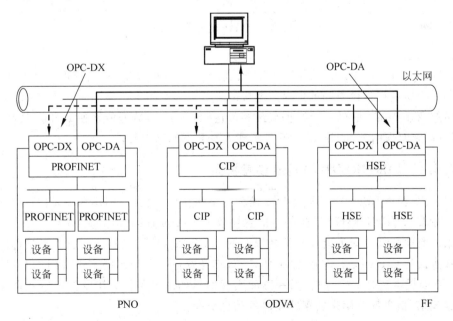

图 7.26 OPC DA 和 OPC DX 跨网络的数据交换

下面详细解释 PROFINET 中的两种 OPC 的实现方式。

(1) OPC-DA

OPC-DA(数据访问)是一种工业标准,它定义了一套应用接口,使得测量和控制设备数据的访问、查找 OPC 服务器和浏览 OPC 服务器成为一个标准过程。

(2) OPC-DX

OPC-DX 是 OPC-DA 规范的扩展,它定义了一组标准化的接口,用于数据交换和以太网上服务器与服务器之间的通信。OPC-DX(数据交换)定义了不同厂商的设备和不同类型控制系统之间没有严格时间要求的用户数据的高层交换,例如 PROFINET 和 EtherNet/IP 之间的数据交换。但是,OPC-DX 不允许直接访问不同系统的现场层。

OPC-DX 特别适合用于以下场合。

(1) 在需要集成不同制造商的设备、控制系统和软件的场合,通过 OPC-DX,对多制造商设备组成的系统,使用相同的数据访问方式。

(2) 用于制造商根据开放的工业标准制造具备互操作性和数据交换能力的产品。

开发 OPC-DX 的目的是使各种现场总线系统与以太网的通信具有最低限度的互操作性,它在技术上表现为如下 2 个方面。

(1) 每个 PROFINET 节点可编址为一个 OPC 服务器,基本性能以 PROFINET 运行期间实现的形式而存在。

(2) 每个 OPC 服务器可通过一个标准的适配器作为 PROFINET 节点运行。这是通过 OPC Objective (组件软件)实现的,该软件以 PC 中的一个 OPC 服务器为基础实现 PROFINET 设备。此组件只需实现一次,此后可用于所有的 OPC 服务器。

## 7.6 EtherNet/IP

EtherNet/IP 网络是采用商业以太网通信芯片和物理介质,采用星形拓扑结构,利用以太网交换机实现各设备间的点对点连接的工业以太网技术。能同时支持 10M 和 100M 以太网的商业产品。它的一个数据包最多可达 1500 字节,数据传输速率可达 10Mb/s 或 100Mb/s,因而采用 EtherNet/IP 便于实现大量数据的高速传输。

### 7.6.1 EtherNet/IP 的通信参考模型

图 7.27 表示 EtherNet/IP 与 OSI 模型的参照比较。它由 IEEE 802.3 物理层和数据链路层标准、TCP/IP 协议组、控制与信息协议 CIP(control information protocol)3 个部分组成。前面两部分即为上面介绍的以太网、TCP/IP 技术,其特色部分就是被称为控制和信息协议的 CIP 部分。它在 1999 年发布,其开发目的是为了提高设备间的互操作性。CIP 一方面提供实时 I/O 通信,另一方面实现信息的对等传输;其控制部分用来实现实时 I/O 通信,信息部分用来实现非实时的信息交换。

## 7.6 EtherNet/IP

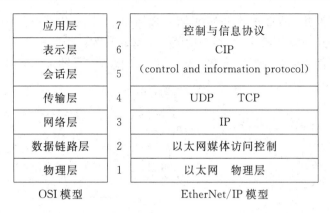

图 7.27 EtherNet/IP 的分层模型

CIP 除了作为 EtherNet/IP 的应用层协议外,还可以作为第 10 章将要讨论的 ControlNet、DeviceNet 的应用层协议。图 7.28 表示 CIP 在互联参考模型分层中的位置与细节。

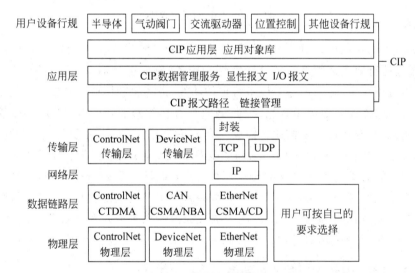

图 7.28 控制网络中的 CIP

### 7.6.2 CIP 的对象与标识

控制与信息协议 CIP 均属于应用层协议,已用于 EtherNet/IP、ControlNet、DeviceNet 等网络系统中。

CIP 采用面向对象的设计方法,为操作控制设备和访问控制设备中的数据提供服务集。它运用对象来描述控制设备中的通信信息、服务、节点的外部特征和行为等。

可以把对象看作是对设备中一个特定组件的抽象来描述。每个对象都有自己的属性(attribute),并提供一系列的服务(service)来完成各种任务,在响应外部事件时具备一定的行为(behavior)特征。作为控制网络节点的自控设备可以被描述成各种对象的集合。CIP 把一系列标准的、自定义的对象集合在一起,形成对象库。

具有相同属性集(属性值不一定相同)、服务和行为的对象被归纳成一类对象,类(class)实际上是指对象的集合,而类中的某一个对象称为该类的一个实例(instance)。对象模型是设备通信功能的完整定义集。CIP 的对象模型参见图 7.29。

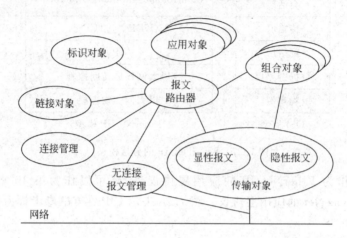

图 7.29  CIP 的对象模型

图 7.29 中的对象可以分成两种,预定义对象和自定义对象。预定义对象由规范规定,主要描述所有节点必须具备的共同特性和服务,例如链接对象、报文路由对象等;自定义对象指应用对象,它描述每个设备特定的功能,由各生产厂商来规定其中的细节。

在传统的软件设计中运用数据结构、函数与过程等概念,而 CIP 应用层软件设计采用对象的属性、服务和行为来描述。构成一个设备需要不同的功能子集,也需要不同类型的对象。每个对象类都有唯一的一个对象类标识 Class ID,它的取值范围是 0~65535;每个对象类中的对象实例也都被赋予一个唯一的实例标识 Instance ID,它的取值范围也是 0~65535;属性标识 Attribute ID 用于唯一标识每个类或对象中的具体属性,取值范围为 0~255;服务代码 Service Code 用于唯一标识每个类或对象所提供的具体服务,取值范围为 0~255。正是通过这些标识代码来识别对象、理解通信数据包的意义。

### 7.6.3  EtherNet/IP 的报文种类

在 EtherNet/IP 控制网络中,设备之间在 TCP/UDP/IP 基础上通过 CIP 协议来实现通信。CIP 采用控制协议来实现实时 I/O 报文传输或者内部报文传输,采用信息协议来实现信息报文交换或者外部报文传输。CIP 把报文分为 I/O 数据报文、信息报文与网络维护报文 3 种。

1. I/O 数据报文

I/O 数据报文是指实时性要求较高的测量控制数据,它通常是小数据包。I/O 数据交换通常属于一个数据源和多个目标设备之间的长期的内部连接。I/O 数据报文利用 UDP 的高速吞吐能力,采用 UDP/IP 协议传输。

I/O 数据报文又称为隐性报文,隐性报文中包含应用对象的 I/O 数据,没有协议信息,数据接收者知道数据的含义。这种隐性报文仅能以面向连接的方式传送,面向连接意味着数据传送前需要建立和维护通信连接。

2. 信息报文

信息报文通常指实时性要求较低的组态、诊断、趋势数据等,一般为比 I/O 数据报文大得多的数据包。信息报文交换是一个数据源和一个目标设备之间短时间内的链接;信息报文包采用 TCP/IP 协议,并利用 TCP 的数据处理特性。

信息报文属于显性报文,需要根据协议及代码的相关规定来理解报文的意义,或者说,显性报文传递的是协议信息。可以采用面向连接的通信方式,也可以采用非连接的通信方式来传送显性报文。非连接的通信方式不需要建立或维护链路连接。

3. 网络维护报文

网络维护报文指在一个生产者与任意多个消费者之间起网络维护作用的报文。在系统专门指定的维护时间内,由地址最低的节点在此时间段内发送时钟同步和一些重要的网络参数,以使网络中各节点同步时钟,调整与网络运行相关的参数。网络维护报文一般采用广播方式发送。

### 7.6.4 EtherNet/IP 的技术特点

由于 EtherNet/IP 建立在以太网与 TCP/IP 协议的基础上,因而继承了它们的优点,具有高速率传输大量数据的能力。每个数据包最多可容纳 1500 字节,传输速率为 10Mb/s 或 100Mb/s。

EtherNet/IP 网络上典型的设备有主机、PLC 控制器、机器人、HMI、I/O 设备等,典型的 EtherNet/IP 网络使用星形拓扑结构,多组设备连接到一个交换机上实现点对点通信。星形拓扑结构的好处是同时支持 10Mb/s 和 100Mb/s 产品并可混合使用,因为多数以太网交换机都具有 10Mb/s 或 100Mb/s 的自适应能力。星形拓扑易于连线、检错和维护。

EtherNet/IP 现场设备的另一突出特点在于它具有内置的 Web Server 功能,不仅能提供 WWW 服务,还能提供诸如电子邮件等众多的网络服务,其模块、网络和系统的数据信息可以通过网络浏览器获得。EtherNet/IP 的现有产品已经能够通过 HTTP 提供诸如读写数据,读诊断,发送电子邮件,编辑组态数据等能力。

## 7.7 高速以太网 HSE

### 7.7.1 HSE 的系统结构

HSE(high speed EtherNet)是现场总线基金会对 H1 的高速网段提出的解决方案。HSE 的规范于 2000 年 3 月 29 日发布,并于同年 12 月 14 日发布了 alpha 版本的 HSE 测试工具包(HTK)。HTK 的发布表明了 HSE 技术已经进入了实用阶段。

HSE 是现场总线基金会在摒弃了原有高速总线 H2 之后的新作。在 H1 公布时对 H2 的构想是传输速率为 1Mb/s 和 2.5Mb/s,传输距离为 500m 和 750m。后来由于技术的快速发展,互联网技术在控制网络的渗透,H2 还未正式出台就已经显得不适应应用需求而遭淘汰。

现场总线基金会将 HSE 定位于将控制网络集成到世界通信系统 Internet 的技术中。HSE 采用链接设备将远程 H1 网段的信息传送到以太网主干上。这些信息可以通过以太网输送到主控制室,并进一步输送到企业的 ERP 和管理系统。操作员在主控室可以直接使用网络浏览器等工具查看现场的操作情况,也可以通过同样的网络途径将操作控制信息输送到现场。

图 7.30 表示 HSE 通信模型的分层结构,图 7.31 表示各层的模块结构。像 EtherNet/IP 那样,它的物理层与数据链路层采用以太网规范,不过这里指的是 100Mb/s 以太网;网络层采用 IP 协议;传输层采用 TCP/UDP 协议;而应用层是具有 HSE 特色的现场设备访问 FDA(field device access)。它也像 H1 那样在标准的 7 层模型之上增加了用户层,并按 H1 的惯例,HSE 把从数据链路层到应用层的相关软件功能集成为通信栈,称为 HSE Stack。用户层包括功能块、设备描述、网络与系统管理等功能。

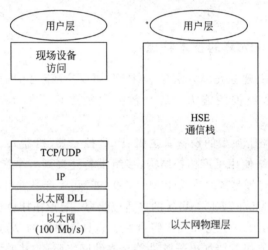

图 7.30　HSE 通信模型的分层结构

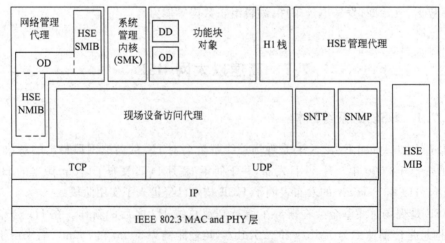

图 7.31　HSE 通信系统的模块结构

简而言之,可以把 HSE 看作是工业以太网与 H1 技术的结合体。

### 7.7.2　HSE 与现场设备间的通信

在 HSE 中,封装工作是由链接设备(linking device)完成的。一方面,它负责从所挂接的 H1 网段收集现场总线信息,然后把 H1 地址转换成 IPv4 或者 IPv6 的地址,这样 H1 网段的数据就可以在 TCP/UDP/IP 网络上进行传送。另一方面,接收到 TCP/UDP/IP 信息的链接设备可以将 IPv4/IPv6 地址转换为 H1 地址,将发往 H1 网段的信息放到现场的目的网段中进行传送。这样,通过链接设备就可以实现跨 H1 网段的组态,甚至可以把 H1 与 PLC 等其他控制系统集成起来。跨网段组态在 H1 技术下是无法实现的,HSE 还能使远距离被控对象的闭环实时控制成为可能。

图 7.32 表示 HSE 的网络系统与设备类型。链接设备是网络连接的核心,链接设备的一端是用交换机连接起来的高速以太网;另一端是 H1 控制网络。某些具有以太网通信接口功能的控制设备、PLC 等也可直接挂接在 HSE 网段的交换机上。

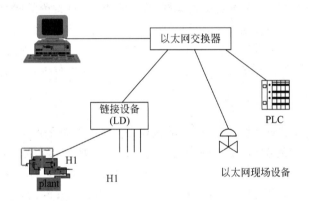

图 7.32　HSE 的网络系统与设备类型

企业管理网络中的计算机同样可以挂接在这个以太网上,可以与现场仪表通过 TCP/IP 等标准网络协议进行通信。同时,最新的以太网现场设备可以以网页的形式发布现场信息,Internet 上任何一个拥有访问权限的用户都可以远程查看设备的当前信息,甚至可以远程修改设备的工作状态,而不再需要通过监控工作站进行现场信息的中转,大大加强了现场控制层与企业管理层和 Internet 之间的信息集成。这种远程监视和控制的方法非常灵活,不需要用户自己编写软件实现,很大程度上扩展了设备的功能,使现场设备直接成为 Internet 上的一个节点,能够被本地和远程用户通过多种手段进行访问,为控制网络信息与 Internet 的沟通,为现场设备的跨网络应用提供了良好的条件。

### 7.7.3　HSE 的柔性功能块

FF 技术的最大特点就是功能块。将传统上运行于控制器中的功能块下放到设备当中,使设备真正成为智能仪表而不是简单的传感器和执行器,一旦组态信息下装后就可以脱离工作站独立运行。当然,网络中应该有链路主设备存在。

同样,HSE 也使用标准的 FF 功能块,例如 AI,AO 和 PID,这样就保证了控制网络所有层次上数据表达的统一。在这个基础上,HSE 又增加了柔性功能块,并允许 H1 设备与 HSE 设备之间的混合组态运行。

柔性功能块(FFB)是 HSE 技术的另外一个独有的特点。柔性功能块包括为高级过程控制,离散控制,间歇过程控制,连续、离散、间歇的混合系统控制等而开发的功能模块。柔性功能块能把远程 I/O 和子系统集成起来。尽管它是作为 HSE 的一个部分开发的,它也能够在 H1 系统中使用。

柔性功能块包括多输入、输出(MIO)的柔性功能块,还包括为实现特定控制策略而包装定制的柔性功能块。柔性功能块的开发提高了现场控制功能,在增强过程控制功能的同时,又弥补了 H1 系统用于离散或间歇控制应用领域时的不足。

将控制功能放置在 HSE 链接设备中,利用 HSE 链接设备和现场设备可以组成由控制网络传递数据信息的控制系统,用于现场的过程控制、批量控制和逻辑控制。链接设备可以被置于距离生产现场很近的通信交汇点,可距阀门或者其他测量执行单元很近,以构成彻底分散在现场的控制系统。这样,当监控系统出现故障时,对生产现场控制作用的影响可减到最小。

HSE 支持对交换机、链接设备的冗余配置与接线,也能支持危险环境下的本质安全(IS)。HSE 理想的传输介质是光纤,可以用一根光纤将距离危险区很近的 HSE 链接设备链接到以太网上。由于链接设备可以处理现场的单元和批量控制,用户可以减少安装在架上的 I/O 设备和控制器的数量,进一步简化现场设备和布线。

### 7.7.4　HSE 的链接设备

HSE 技术的核心部分就是链接设备,链接设备是 HSE 体系结构中将 H1(31.25kb/s)设备连接到 100Mb/s 的 HSE 主干网的关键组成部分。基于以太网的主机系统能够对链接设备上面挂接的子系统和基于 HSE 的设备进行组态和监视。HSE 链接设备同时具有网桥和网关的功能,它的网桥功能能够用来连接多个 H1 总线网段,并且能够使不同 H1 网段上面的 H1 设备之间进行对等通信而无需主机系统的干预。同时 HSE 主机可以与所有的链接设备和链接设备上挂接的设备进行通信,把现场数据传送到远端实现监控和报表功能。网络中的时间发布和链路活动调度器 LAS 都可以由链接设备承担,一旦组态信息下装到设备当中,即使主机断开,链接设备也可以让整个 HSE 系统正常工作。

链接设备的网关功能允许将 HSE 网络连接到其他的工厂控制网络和信息网络中,HSE 链接设备不需要为 H1 子系统做报文解释工作,它将来自 H1 网段的报文集合起来,并且将 H1 地址转化成为 IPv4 或者 IPv6 地址;把其他网络参数、监视和控制参数直接映射到标准的基金会功能块或者"柔性功能块"中。

## 7.8　嵌入式以太网节点与基于 Web 的远程监控

### 7.8.1　嵌入式以太网节点

诚然,控制网络中需要实时通信技术的支持,但也并非是所有测量控制系统都有严格的实时性要求。由于普通以太网原本就具有的交换技术与高传输速率,加上在控制网络

## 7.8 嵌入式以太网节点与基于 Web 的远程监控

设计之初就注意有效配置网络负荷,使得基于普通以太网通信技术的控制网络,也可以满足一些对实时性要求不那么高的测量控制系统的需要。

这就是说,如在楼宇自动化等对实时性要求不高的某些应用场合,可沿用普通以太网技术,采用普通以太网通信控制芯片,沿用载波监听多路访问/冲突检测(CSMA/CD)的媒体访问控制方式,构建出适用于该应用环境的控制网络。

这里的嵌入式以太网节点,是指采用带普通以太网通信接口的 ASIC 芯片构成的测量控制节点。随着 ASIC 芯片集成度的提高与功能的增强,单个芯片内就可包括 CPU、存储器、多种通信接口、I/O 接口等。采用带以太网接口的多功能芯片,添加驱动、隔离电路等,便可形成嵌入式以太网控制节点。这些基于普通以太网技术的嵌入式节点可方便地实现 TCP/IP 协议栈,集成 Web 服务器等。有些集成度高的 ASIC 芯片同时还兼有 CAN 2.0B,Bluetooth 等通信接口,可利用这些多功能芯片开发出网关。

UBICOM 公司推出的 IP2022,RABBIT 公司推出的 RABBIT 2000 等,都属于可用于作嵌入式以太网节点的芯片。IP2022 是 UBICOM 公司专门为网络应用而设计的单片机,它在具有强大网络通信功能的同时,还具有一定的 I/O 处理能力,适合作为智能节点的核心芯片。

IP2022 包括主运算单元(CPU)、程序和数据存储器、通用定时器、多种网络通信接口、模/数转换器和通用 I/O 接口等,只需要增加少量外围电路就能实现不同的应用系统。它的优点是能支持多种通信接口,如 10Base-T EtherNet、USB、SPI、UART、Bluetooth 等。图 7.33 为 IP2022 的结构框图。

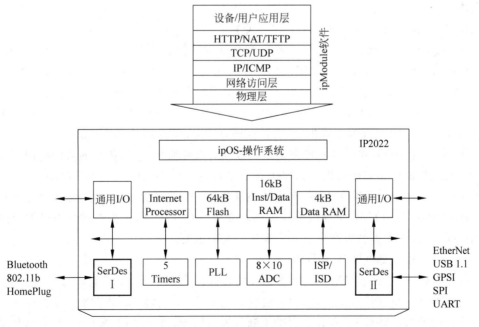

图 7.33 IP2022 的结构框图

从图 7.33 可见,IP2022 包括组成一个单片机应用系统所需要的绝大部分资源——主运算单元(CPU)、程序和数据存储器、通用定时器、多种网络通信接口、模/数转换器和通用 I/O 接口等，只需要增加少量外围电路，如电平转换、功率转换器件等，便可实现不同应用的智能节点。

基于 IP2022 智能节点可支持高效而实用的操作系统——IpOS。IP2022 的应用程序可建立在该操作系统之上。通过它可以利用函数调用来管理各种 I/O 功能。UBICOM 公司为 IP2022 提供了许多功能软件模块——类似于函数库，例如，IpOSTM 是基本的操作系统，IpIOTM 提供与 I/O 控制有关的函数调用，IpStackTM 提供 TCP/IP 协议栈和 NE2000 以太网驱动等功能。在实际应用中，只要把所用的模块加入到程序中，就可以从它们所包括的函数中得到想要的应用，这使编程变得简单、可靠。UBICOM 公司还推出了一套集成化开发环境——UBICOM Unity IDE，该环境支持 C 语言编译器，用户可以用 C 语言来编写、完成自己的应用程序。

这种基于普通以太网通信接口的嵌入式节点，所采用的软硬件资源丰富，技术成熟，便于与普通计算机网络的连接与通信，已经得到广泛应用。需要注意的是，其应用范围受到实时性要求的限制。

### 7.8.2 基于 Web 技术的远程监控

随着互联网技术的发展和以太网进入控制领域，基于服务器-浏览器工作模式的 Web 技术已成为工业数据通信与控制网络中的新宠。在一些新近开发出的 PLC、变频器等控制设备中，除增添以太网通信接口之外，还嵌入了 Web 服务器，使服务器-浏览器成为工业数据交换的方式之一。基于 Web 技术的远程监控系统是工业以太网技术的又一重要应用领域。

1. Web 技术简介

Web 是互联网的核心技术之一，是一个全球性的信息交互系统。它通过 Internet 使计算机能够相互传送超文本的数据信息。存放超文本文档的计算机是 Web 服务器（Web Server）；而 Web 浏览器（Web Browser）是用于访问 Web 的专用软件，运行在客户机上。今天，全世界的 Web Server 已逾百万，而运行 Web Browser，以访问 Web 的计算机更是无处不在。Web 已经成为计算机、个人数据助理 PDA 等应用的通用扩展平台。

用 Web 浏览的方式可以实现测量控制数据的远程监控，它比传统的采用应用程序的方式实现远程监控有明显的优势。Web 服务已成为当前 Internet 上最热门的一种服务，得到了广泛的应用。随着 WWW 方式的飞速发展，Web 已经从静态页面过渡到动态页面，从仅提供静态 HTML 页面的站点逐渐转变成信息交互、商业合作和娱乐等的全球性虚拟空间，以致使人类的生产生活方式发生很大的改变。

(1) 基于静态文档的 Web 技术

静态文档 Web 技术只用于提供静态文档查询。受 HTML 和浏览器的制约，Web 页面最初只能包含单纯的文本内容，浏览器也只能显示文字信息，因此文本浏览方式远不能满足用户的要求。随着 HTML 语言的不断发展，HTML 标记的不断扩充，逐渐出现了表格、框架等标识符，同时 Internet Explorer 与 Navigator 等浏览器也不断得到改进，Web 页面逐渐可以支持表格以及各种媒体文件。

在这个阶段的 Web 服务器基本上是一个 HTTP 服务器，系统结构如图 7.34 所示。

客户端与服务器的交互过程如下：客户端浏览器向 Web 服务器发出访问请求后，Web 服务器接受请求，建立连接，处理用户请求，根据请求查找所需的静态 Web 页面，并将它返回到客户端进行显示。

（2）基于动态交互页面的 Web 技术

动态交互页面的出现改变了以往 Web 服务器只能被动地提供静态页面的情况，从而能够满足人类生产生活的进一步要求。其系统功能结构如图 7.35 所示。

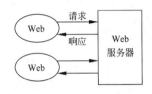

图 7.34　静态阶段 Web 系统结构

图 7.35　动态交互页面

在这个阶段的初期，Web 服务器只能处理与用户的简单信息交互，按照用户要求对页面进行控制的能力也比较有限。随着动态信息的急速增加和数据库信息资源的发布需要，逐渐实现了 Web 与数据库的连接使用，客户端可以请求查询数据库的信息。

Web 服务器与数据库的互联是这一阶段的核心技术。利用数据库系统，能够方便地实现对大量复杂数据的有效管理和快速检索，并按照客户端的访问请求将相关的数据以带查询结构的动态页面形式传送给客户浏览器显示。这种应用模式充分利用了数据库技术对大量数据的管理功能，Web 的信息发布优势已经使信息发布成为当今 Web 服务的主要方式。

Web 服务器端主要通过公共网关接口（common gateway interface）、应用编程接口（application program interface，API）等来支持交互功能。

（3）基于 Web 对象的 Web 技术

Web 对象技术是新出现的技术，其关键技术仍在研究发展中，是新一代 Web 技术的发展方向。Web 对象技术与传统的 Web 服务不同，它不必使用 Web 服务器作为中介来协调通信，而是通过分布式对象技术允许客户机直接与相关服务器联系，避免了 Web 服务器形成的瓶颈。基于 Web 对象的 Web 技术主要包括 Java/CORBA 与 ActiveX/DCOM。

公共对象请求代理结构（common object request broker architecture，CORBA）是一种具有开放性的软件分布式结构。在这个结构中，来自不同厂商，运行在不同操作系统上的对象都能通过 IIOP（internet inter object protocol）协议进行互操作。Java 是编写 CORBA 对象的最佳语言，它的平台无关性、多线程机制、自动空间回收和出错管理系统，不仅可以简化大型 CORBA 系统的代码分布处理，而且可以使 CORBA 对象运行在绝大部分平台上。

分布式部件对象模型（distributed component object model，DCOM）是微软公司利用自己的分布式对象技术制定的 Web 对象结构，是从 COM 中的 ActiveX 技术基础上演变而来。DCOM 在原来 COM 技术的基础上，增加了远程调用 COM 部件的功能，使原有的大量 ActiveX 部件成为可被 DCOM 远程调用的部件。但它只能在 Windows 平台上使用。

**2. 基于 Web 的远程监控系统**

远程监控系统是信息网络与控制网络结合的产物。它通过现场控制网络、企业内部网和 Internet，把分布于各地的测量控制设备或控制系统互联起来，实现控制设备间的远程信息交互，完成远程监视与控制任务。借助远程监控系统，不仅可以实现对某些特殊或危险的无人值守场合的监控，而且便于企业内部的信息集成，为经营管理和决策工作提供及时、全面、准确的信息资源。借助远程监控系统，企业管理人员在任何地方都能够掌握企业的实时生产情况，下达生产指令。甚至对生产线上的某些参数进行调控。技术人员还能借助远程监控系统在远程故障诊断、技术支持等应用中发挥作用。

远程监控系统是工业数据通信与控制网络技术、互联网技术、数据库技术、OPC 等多种技术共同发展的结果。其应用领域十分广泛，涉及工业生产控制、航空航天、能源探测、智能小区、网络化家电等各行各业，具有良好的发展前景。该项技术的发展与成熟将会给人们的生产生活带来深远的影响。

远程监控系统应能保证现场测量控制系统的稳定运行；能通过 Internet 远程监视生产现场的运行信息，包括设备信息、历史曲线等内容；并能远程操作生产现场的设备，例如修改运行参数，改变开关位置等；同时还要保证整个系统的运行安全。

基于 Web 方式实现远程监控是一个趋势。在基于 Web 的远程监控系统中，客户端使用通用 Web 浏览器，通过 Internet 完成对生产现场的远程监控任务。这种方式使纷繁多样的客户软件得到了统一，用户不再需要为不同的控制系统安装不同的应用软件，也不再需要针对不同的客户软件进行不同的培训，任何授权系统及个人都可使用普通互联网浏览器来对生产现场进行实时监控。同时企业的控制网络与数据网络的信息也得以集成，更有利于企业的信息管理。

利用 Web 技术实现远程监控系统，根据系统中 Web 服务器的实现方式和所处位置的不同，主要可以分为 Web 嵌入式和 Web 服务器独立式远程监控系统。

**3. Web 嵌入式工控节点及其远程监控**

这里的 Web 嵌入式工控节点是指将以太网接口、TCP/IP 通信协议组以及 Web 服务器等互联网协议嵌入到 PLC、变频器、执行器、控制器等设备中而形成的控制网络节点。这些嵌入式工控节点向下可直接连到传感器、开关、指示灯等输入输出器件；向上则可直接连入 Internet，成为 Internet 上的合法节点，并可借助 Web 服务器与外界交换信息。

图 7.36 为 Web 嵌入式工控节点与远程监控示意图。图中的 PLC、执行器中嵌入了以太网接口、TCP/IP 通信协议组以及 Web 服务器，它们具有自己的 IP 地址，可以成为 Internet 上的合法成员，远程的应用终端可以借助 IE 等通用浏览器，跨越互联网，远程监视控制设备的参数与状态。

嵌入式工控节点中可内置 Web 服务器，由网络服务器提供交互式 Internet 服务，例如提供符合 HTTP 协议的用户远程监控界面和信息交互。在 Web 嵌入式远程监控系统中，将被监控的各底层状态定义成 HTML 语言许可的网络变量，然后利用这些变量生成网页，由网络服务器提供给远程用户，远程用户使用网络浏览器，下载服务器上的页面，以观察设备的实时运行情况，远程修改这些变量，完成对现场设备的监控任务。

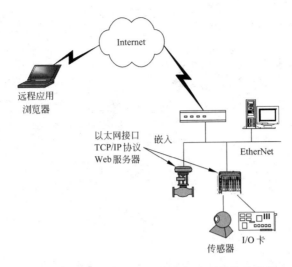

图 7.36 Web 嵌入式工控节点与远程监控示意图

远程应用终端可以是 PC，也可以是非计算机类的客户端。前者可用当前流行的 Internet Explorer 或 Netscape Navigator 等通用网络浏览器；后者则需要使用某种特殊的浏览器，比如在客户端硬件配置较低时使用的简单浏览器 Spyglass Device Mosaic，它只需要 633KB 的存储空间，在牺牲一部分功能的前提下还能进一步简化。

这种 Web 嵌入式远程监控系统的结构简单，对远程客户端的请求具有较高的响应性能。每台设备都是 Internet 上的网络服务器，每台设备都可被单独监控，因此不会形成信息交互的瓶颈，一般适用于散点等小信息量简单系统的远程监控。

Web 嵌入式设备由于受到硬件资源的限制，网络服务器的功能比较单一，应用不太灵活，系统的完整性和功能性较差。此外，由于每台设备都是 Internet 上的网络服务器节点，需要固定的 IP 地址，只有在 IP 地址由目前的 32 位 IPv4 变到 128 位的 IPv6 后，才能保证它的广泛应用不会受到限制。

4. Web 服务器独立式远程监控系统

在测量控制节点比较集中或信息交互量较大的远程监控应用场合，适于采用 Web 服务器独立式远程监控系统。图 7.37 为 Web 服务器独立式远程监控系统的示意图。与图 7.36 所示的系统相比，其特点是具有独立的 Web 服务器和数据库。需要远程监控的控制数据在被采集后存放在 Web 服务器或者与 Web 服务器相连的数据库服务器上，由 Web 服务器利用 CGI、ASP 或 Java 技术形成服务器与数据库之间的接口，访问数据库中的数据，并生成带有这些数据信息的 HTML 文件。用户在远程运行 IE 浏览器等，借助远程监控系统对数据库进行访问，实现数据交互。

通常采用以下几种方法建立 Web 服务器与数据库服务器之间的接口：

(1) 基于服务器应用程序的方法　典型的方式有 CGI、ASP、PHP 等。

(2) 基于服务器描述脚本的方法　由开发者编写 SQL 或者相近的数据库查询脚本，并将其嵌入 HTML。

(3) 基于客户应用程序的 JDBC 方法　客户端从 Web 下载一个嵌入在网页中的

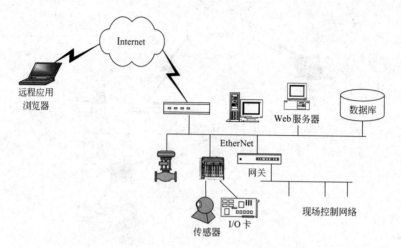

图 7.37　Web 服务器独立式远程监控系统示意图

Applet 小程序，由这个 Applet 小程序通过 JDBC 接口访问 Web 数据库。这个方法的最大优点是平台无关性，但需要在 Web 服务器端安装专门的 JDBC 服务软件。

　　远程监控系统像一般网络系统那样，还应采取相应的安全防范措施，以保证网络中信息的完整性、保密性、非否认性和可用性，保证网络设备免遭破坏。在 Web 服务器、文件服务器、数据库服务器及应用终端中，除了使用在线扫毒防毒软件和防火墙等防范措施之外，还应采用密码，实行对远程监控用户身份的认证。

　　安全套接层（security socket layer，SSL）是被广泛使用的 Internet 传输加密技术，它提供了认证用户与服务器，加密数据，维护数据完整性等服务。它对用户通过浏览器发送的请求和从服务器端返回的报文都会自动使用 SSL 加密。即使从网络中取得了通信编码，如果没有原先编制的密码算法，也不能获得可读的有用信息。因此安全套接层可有效地保护 Web 应用。

　　远程监控系统在对用户进行身份验证和权限限制的同时，还应避免由于合法用户的误操作而导致的对现场设备或者生产过程的破坏。在现场工作站上运行的应用程序，应对用户提交的控制指令进行判别，对非法控制以及超出过程或设备能力的指令实行屏蔽，不予执行，以避免非法操作。对于某些极为重要的控制功能，可让其受限于只有某几个特定 IP 地址的远程用户才能使用。此外，由于 Internet 的不确定性，应该尽量避免通过远程监控系统实现某些有实时要求的控制。

　　以太网可以进入工业控制领域，"e"网可以延伸到现场底层网络，这已经成为没有争议的事实。许多自动化产品都增添了与以太网连接的功能，出现了带以太网接口的现场 I/O 卡，带有 Modbus/TCP/IP 协议模块和 Web 服务器的 PLC、变频器等，工业以太网已经成为控制网络中的重要成员。

# 第8章 LonWorks 控制网络

LonWorks 是一个开放的控制网络平台技术,是国际上普遍用来连接日常设备的标准之一。比如,它可将家用电器、调温器、空调设备、电表、灯光控制系统等相互连接并和互联网相连。该技术提供一个控制网络构架,给各种控制网络应用提供端到端的解决方案。该技术应用于楼宇、工厂、家庭、火车和飞机等领域。

LonWorks 采用分布式的智能设备组建控制网络,同时也支持主从式网络结构。它支持各种通信介质,包括双绞线、电力线、光缆等。该控制网络的核心部分——LonTalk 通信协议,已经固化在神经元芯片(neuron chip)之中。该技术包括一个称之为 LNS 网络操作系统的管理平台,该平台对 LonWorks 控制网络提供全面的管理和服务,包括网络安装、配置、监测、诊断等。LonWorks 控制网络又可通过各种连接设备接入 IP 数据网络和互联网,与信息技术应用实现无缝的结合。

LonWorks 技术的另一个重要特点是它的开放性与互操作性。国际 LonMark 互操作性协会负责制定基于 LonWorks 的互操作性标准,简称 LonMark 标准。符合该标准的设备,无论来自哪家厂商都可集成在一起,形成多厂商、多产品的开放系统。

## 8.1 LonWorks 技术概述及应用系统结构

LonWorks 技术的发明者是美国 Echelon 公司,自 1991 年第一代 LonWorks 问世以来,经过了十多年的努力,Echelon 公司已将该技术推向了第三代。

第三代的 LonWorks 技术充分利用互联网资源,将一个现场控制局域网络变成一个借助广域网跨越远程地域的控制网络,并提供端到端的各种增值服务。比如,连锁便利店的统一管理。通常这些小的便利店有节能和防盗方面的应用需求,并且这些店的数目庞大,遍及城市的大街小巷。通过将这些小店的控制网络连接到互联网,公司总部便可以及时获取有关信息和资料。还有电力系统的变电站、电话局的机站远程监控、大厦物业管理等方面都可应用这种新的技术。第三代的 LonWorks 技术应用结构如图 8.1 所示。

在这个应用系统中,LonWorks 技术被嵌入到现场设备中,使设备与设备之间保持对等的通信结构。同时,这些控制网络又通过各种互联网的连接设备,比如 LonWorks/IP 路由器、网关、Web 服务器以及 XML 接口将控制网络的信息通过互联网接入某个数据中心或运营商主持的企业数据库。通过 LNS 控制网络操作系统建立上层的企业解决方案,与 ERP 和 CRM 等应用相结合。正因为有了这样一个基础构架,一些服务供应商便可利用这一平台向最终用户提供各种增值服务。

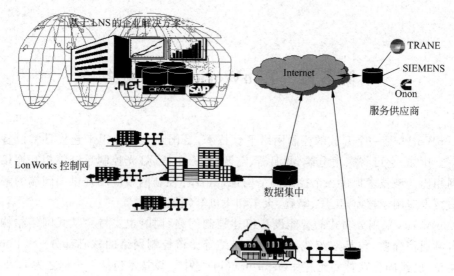

图 8.1 第三代 LonWorks 技术应用系统结构

### 8.1.1 LonWorks 控制网络的基本组成

构成 LonWorks 控制网络的 3 大基本要素如下：
- LonWorks 现场控制节点——这些节点可以直接采用神经元芯片作为通信处理器和测控处理器，神经元芯片也可以只作为通信协处理器。以主机或其他微处理器作为测控处理器的被称为基于主机(host base)的节点。
- 通信介质——LonWorks 系统可以在多种物理传输介质上通信。
- 通信协议——LonWorks 技术提供了一个公开的并遵循国际标准化组织(ISO)通信参考模型的 LonTalk 协议。

按功能划分，LonWorks 包括以下几个组成部分：
- LonWorks 节点。
- LonWorks 路由器。
- LonWorks Internet 连接设备。
- LonWorks 收发器。
- LonTalk 协议。
- LonWorks 网络和节点开发工具。
- LNS 网络工具。
- LonWorks 网络管理工具。

### 8.1.2 LonWorks 节点

一个典型的现场控制节点主要包含以下几个部分，应用 CPU、I/O 处理单元、通信处理器、收发器和电源。

1. 以神经元芯片为核心的控制节点

神经元芯片是一个 VLSI(超大规模集成电路)器件，通过其独具特色的硬件、固件相

## 8.1 LonWorks 技术概述及应用系统结构

结合的技术,使一个神经元芯片几乎包含一个现场节点的大部分功能——应用 CPU、I/O 处理单元和通信处理器。因此一个神经元芯片加上收发器便可构成一个典型的现场控制节点。图 8.2 为一个神经元节点的结构框图。

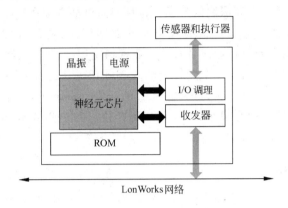

图 8.2 神经元节点的结构框图

**2. 采用 MIP 结构的控制节点**

然而,神经元芯片毕竟是 8 位总线,目前支持的最高主频是 40MHz,因此它所能完成的功能也十分有限。对于一些复杂的控制,例如带有 PID 算法的单回路、多回路的控制就显得力不从心。采用基于主机(host base)结构是解决这一矛盾的很好方法,将神经元芯片作为通信协处理器,用高性能主机的资源来完成复杂的测控功能。

微处理器接口程序(MIP)是将神经元芯片作为其他微处理器的通信协处理器的转换固件,MIP 可使主处理器实现 LonWorks 应用功能,并可使用 LonWorks 协议与其他节点通信。主机上的应用程序可以发送和接收网络变量的更新和显式报文以及轮询网络变量。MIP 将 LonWorks 协议延伸到多种主机上,包括 PC、工作站、嵌入式微处理器及微控制器。主处理器和神经元芯片之间实现数据交换的硬件接口是双口 RAM 或并口。

图 8.3 为一个典型的基于主机的节点结构框图。

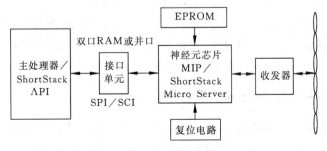

图 8.3 基于主机的节点结构框图

**3. ShortStack 微服务器**

ShortStack 微服务器(ShortStack micro server)是 Echelon 公司在其第三代产品中推出的一个重要产品,它是将现有设备接入 LonWorks 网络的最快、最简单、最便宜的方法,也是实现基于主机节点的另一个重要的方法。

ShortStack 微服务器是一个固件产品,它包括 ANSI/EIA 709.1 标准控制网络协议。可对一些本身具有主处理器的设备,比如家用电器,只需在其现有的设计上增加少量的应用代码和驱动,再加上 ShortStack 微服务器,便可将原有的产品变成一个 LonWorks 的网络产品,从而也变成一个互联网的产品。这种产品可从本地和远程接入,可对其设备进行操作、诊断、监控,也可将其信息纳入企业的数据网络,从而开发新的增值服务。该 ShortStack 微服务器在家电行业以及某些工业现场应用中有着广泛的应用前景。

ShortStack 微服务器要与一个配套的软件 ShortStack API 一起使用,以方便在主处理器上应用和驱动以及对硬件接口(SPI/SCI)的开发。ShortStack 微服务器的使用非常简便,在主处理器中所占内存很小,可使用任意 8 位、16 位或 32 位的主处理器与之配合使用。

### 8.1.3 路由器

路由器(router)在 LonWorks 中是一个非常重要的组成部分,这也是其他现场总线所不具备的,同时 LonWorks 中的路由器与一般商用网络中的路由器有很多不同。路由器的使用使 LonWorks 网络突破了传统现场总线在通信介质、通信距离、通信速率方面的限制。

LonWorks 支持多种介质。在同一网络中对多种介质的支持只有通过路由器才可以实现。路由器也能用于控制网络业务量,将网络分段,抑制从其他部分来的数据流量,从而增加网络的通信量。网络工具可以网络拓扑为基础,自动配置路由器。

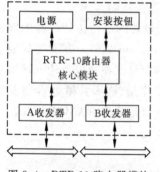

图 8.4　RTR-10 路由器模块构成的路由器框图

路由器通常有两个互联的神经元芯片,每个神经元芯片配有适用于两个信道的收发器,路由器就连接在这两个信道上。路由器对网络的逻辑操作是完全透明的,但是它们并不一定传输所有的包。智能路由器充分了解系统配置,能阻止没有远地地址的包。穿越路由器,LonWorks 系统能借助因特网跨越远程距离。

在 LonWorks 中,网络连接设备有以下几种,中继器、桥接器、路由器等。图 8.4 为采用 RTR-10 路由器模块构成的路由器框图。

### 8.1.4 LonWorks Internet 连接设备

LonWorks 互联网连接设备 *i.*LON 将 LonWorks 和互联网或其他 IP 网无缝地连接起来。这一系列突破性的产品将日常生活中的电器,比如灯、家用电器、开关、温度计、马达、电表、阀门等连上互联网,从而使用户在世界各地都能监控、调节和重组设备。并且可以将控制系统的信息与企业运营数据库,比如 People Soft,SAP,Oracle 数据库连在一起,从而产生新的增值服务。*i.*LON LonWorks 互联网连接设备可以让用户通过 Web 浏览器配置和监测用户的设备,充分利用 IP 基础结构。

*i.*LON LonWorks 互联网连接设备系列包含 3 种不同的产品和以下的主要特点,用

户可根据需求和价格性能比选择相应的产品。

① $i$.Lon 1000 Internet 服务器　这是一个高性能的 LonWorks 至 IP 的路由器,并内置 Web 服务器。

② $i$.Lon 100　这是一个 LonWorks 至 IP 的网关,同时也是一个 IP 远程网络接口(RNI),它包括内置的 Web 服务器、SOAP/XML 接口,并具有数据记录功能、报警和时序功能、I/O 控制和读表功能等。

③ $i$.Lon 10　是一个 IP 远程网络接口(RNI)。

### 8.1.5　网络管理

在 LonWorks 网络中,当单个节点建成以后,节点之间需要互相通信,需要一个网络工具为网络上的节点分配逻辑地址,同时也需要将节点间的网络变量或显示报文集中管理;一旦网络系统建成正常运行后,还需对其进行维护;网络系统还需要有上位机能够随时了解该网络所有节点的网络变量和显示报文的变化情况。网络管理的主要功能有以下 3 个方面。

1. 网络安装

常规的现场控制网络系统,网络节点的连接通常采用直接互联,或者通过 DIP 开关来设定网络地址,而 LonWorks 网络则通过动态分配网络地址,并通过网络变量和显式报文来进行设备间的通信。网络安装可通过 Service pin 按钮或手动的方式设定设备的地址,然后将网络变量互联起来,并可以用以下方式设置报文,发送无响应,重复发送应答和请求响应。LonWorks 技术提供了 3 种安装方式。

(1) 自动安装　任何一个应用节点在安装之前都处在未配置状态,网络安装工具能够自动搜寻,并对其进行安装和配置。

(2) 工程安装　该安装方式分两步进行。首先是定义阶段,在应用节点离线状态下预定义所有节点的逻辑地址和配置信息;然后是发行阶段,当所有节点在物理上处于连接的状态时,将所有的定义信息下载到应用节点。

(3) 现场安装　当所有节点处于物理上连接的状态时,通过 Service pin 按钮或手动的方式获得节点的 Neuron ID,并通过 Neuron ID 定位来设定节点的逻辑地址和配置参数。

2. 网络维护

网络安装只是在系统开始时进行的,而网络维护则贯穿于系统运行的始终。

网络维护主要包括维护和修理两方面。网络维护主要是在系统正常运行的状况下,增加、删除设备以及改变网络变量,显示报文的内部连接;网络修理是一个错误设备的检测和替换过程。检测过程能够查出设备出错是由于应用层的问题(例如一个执行器由于马达出错而不能开闭)还是通信层的问题(例如设备脱离网络)。采用动态分配网络地址的方式使替换出错设备非常容易,只需将从数据库中提取的旧设备的网络信息下载到新设备即可,而不必修改网络上的其他设备。

3. 网络监控

应用设备只能得到本地的网络信息,即网络传送给它的数据。而在许多大型的控制设备中,往往有一个设备需要查看网络所有设备的信息。例如,在过程控制中需要一个超级用户,可以统管系统和各个设备的运行情况。因此必须提供给用户一个系统级的检测和控制服务,使得用户可以通过 LonWorks 网络以本地的方式监控整个系统,如果使用 LonWorks Internet 连接设备,那么也可实现通过 Internet 以远程的方式监控整个系统。

通过节点、路由器、LonWorks Internet 连接设备和网络管理这几个部分的有机结合就可以构成一个带有多介质、完整的网络系统。图 8.5 为一个网络系统的示例。

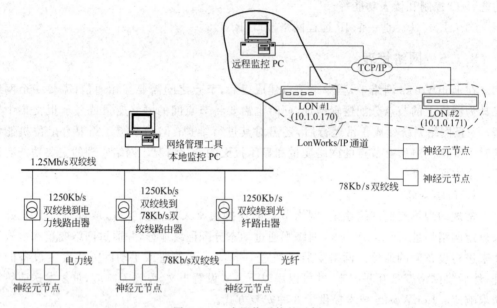

图 8.5 一个网络系统的示例

### 8.1.6 LonWorks 技术的性能特点

(1) 拥有 3 个处理单元的神经元芯片(Neuron 芯片),一个用于链路层的控制;一个用于网络层的控制;另一个用于用户的应用程序。还包含 11 个 I/O 口,这样在一个神经元芯片上就能完成网络和控制的功能。

(2) 支持多种通信介质(双绞线、电力线、光纤、无线、红外等)和它们的互联。

(3) LonTalk 是 LonWorks 控制网络的通信协议,支持 ISO 标准七层网络协议,提供一个固化在神经元芯片的网络操作系统。

(4) 提供给使用者一整套开发 LonWorks 节点的平台,包括单节点开发工具 NodeBuilder、多节点和系统网络样机开发工具 LonBuilder、节点应用程序开发语言 Neuron C 等。

(5) 提供现成的网络管理工具(LonMaker for Windows)、网络维护诊断工具(LonManager 协议分析仪)以及实现网络监控和人机界面应用程序所需的数据交换接口(LNS DDE Server),并为用户定制这些网络工具设计了一个软件开发平台,即 LNS 网络操作系统。

(6) 由于支持面向对象的编程(网络变量 NV)以及 LonMark 互操作性协会的标准化工作,因而很容易实现网络的互操作性。

## 8.2 LonWorks 网络中分散式通信控制处理器——神经元芯片

LonWorks 技术的核心是神经元芯片。神经元芯片目前由 TOSHIBA 和 Cypress 两家公司研制和生产,主要包含 3150 和 3120 两大系列。3150 支持外部存储器,适合更为复杂的应用;而 3120 不支持外部存储器,它本身带有 ROM。图 8.6 为神经元芯片的结构框图。表 8.1 和表 8.2 分别为两家公司生产的系列神经元芯片列表。

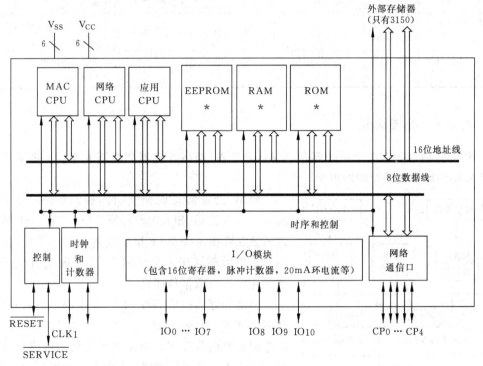

图 8.6 神经元芯片的结构框图

表 8.1 TOSHIBA 公司生产的系列神经元芯片列表

| Part Number | Max Input Clock /MHz | EEPROM /KB | RAM /KB | ROM /KB | Package | On-board A/D | External Memory I/F |
|---|---|---|---|---|---|---|---|
| TMPN3120A20M | 20 | 1 | 1 | 16 | 32pin SOP | Yes | No |
| TMPN3120A20U | 20 | 1 | 1 | 16 | 44pin QFP | Yes | No |
| TMPN3120B1AM | 10 | 0.5 | 1 | 10 | 32pin SOP | No | No |
| TMPN3120E1M | 10 | 1 | 1 | 10 | 32pin SOP | No | No |
| TMPN3120FE3M | 20 | 2 | 2 | 16 | 32pin SOP | No | No |
| TMPN3120FE3U | 20 | 2 | 2 | 16 | 44pin QFP | No | No |
| TMPN3120FE5M | 20 | 3 | 4 | 16 | 32pin SOP | Yes | No |
| TMPN3150B1AF | 10 | 0.5 | 2 | N/A | 64pin QFP | No | Yes |

表 8.2　Cypress 公司生产的系列神经元芯片列表

| Part Number | EEPROM /KB | ROM /KB | RAM /KB | Firmware Version | Max. Input Clock /MHz | Package Name | Package Type |
|---|---|---|---|---|---|---|---|
| CY7C53150-20Al | 3 | 0 | 2 | N/A | 20 | A65 | 64-Lead Thin Plastic Quad Flat Pack |
| CY7C53120E2-10Sl | 2 | 10 | 2 | 6 | 10 | S34 | 32-Lead(450mil)Molded SOIC |
| CY7C53120E4-40Sl | 4 | 12 | 2 | 12 | 40 | S34 | 32-Lead(450mil)Molded SOIC |
| CY7C53120E2-10Al | 2 | 10 | 2 | 6 | 10 | A44 | 44-Lead Thin Plastic Quad Flat Pack |
| CY7C53120E4-40Al | 4 | 12 | 2 | 12 | 40 | A44 | 4-Lead Thin Plastic Quad Flat Pack |

### 8.2.1　处理单元

该芯片内部装有 3 个微处理器，MAC 处理器、网络处理器和应用处理器。图 8.7 为 3 个处理器和存储器结构的框图。

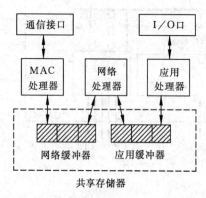

图 8.7　芯片内 3 个处理器和存储器结构的框图

MAC 处理器完成介质访问控制（media access control），也就是 ISO（国际标准化组织）的 OSI（开放式系统互联参考模型）七层协议的 1 层和 2 层，其中包括碰撞回避算法。它和网络 CPU 间通过使用网络缓冲区进行数据传递。

网络处理器完成 OSI 的 3～6 层网络协议，它处理网络变量、地址、认证、后台诊断、软件定时器、网络管理和路由等进程。网络处理器使用网络缓冲区与 MAC 处理器进行通信，使用应用缓冲区与应用处理器进行通信。

应用处理器完成用户的编程，其中包括用户程序对操作系统的服务调用。

### 8.2.2　存储器

神经元芯片至少包含 512 字节 EEPROM，存储一些重要的非易失数据，网络配置和地址表、48 位神经元 ID 码、可下装的应用程序代码和非易失数据。在小区抄表系统中，统计的水电表读数，可以保存在该区域，这样即使节点掉电，过去的数据仍能保存。需要注意的是，EEPROM 的写次数有限（神经元芯片的 EEPROM 的写次数不小于一万次）。所以在实际设计中，采用定时和改写单元通过循环链表的方式，可以保证 EEPROM 使用 10 年以上。

神经元还至少包含 2KB RAM，用于堆栈段、应用程序和系统程序的数据区、LonTalk

协议应用缓冲区和网络缓冲区。对于数据区不多的程序可以直接使用该区，无需另外扩展存储器。

神经元芯片最多有 64KB 存储器地址空间，处理器提供给外部存储器的空间是 59392B；剩余的 6114 字节是作为系统内部映射。16KB 的外部存储器可用于存放神经元节点的操作系统，剩余的空间可作为用户编写应用代码的存放区、应用程序所需要的额外读写数据区、额外的应用缓冲区和网络缓冲区。

使用本身带有 10KB EPROM（不带外部存储器接口）的 3120 系列神经元芯片，可以降低节点成本，同时由于三总线不出芯片，也会大大增强系统的可靠性；然而由于该神经元芯片的 EPROM 为一次性的，不适合小批量实验性产品，同时从一些系统的扩展性要求考虑，例如一些节点需要增加 RAM 数据区，需要通过存储器的外部接口来扩充 RAM 的容量，因此在以神经元芯片为核心的节点设计中，多采用的是外带 EEPROM。

### 8.2.3 输入输出

在一个控制单元中需要有数据采集和控制功能，为此在神经元芯片上特设置 11 个 I/O 口，IO0～IO10，这 11 个 I/O 口可根据不同的需求通过软件编程进行灵活配置，便于同外部设备进行接口。例如可配置成 RS232、并口、定时与计数 I/O、位 I/O 等。IO4～IO7 可以通过编程设置成带上拉电阻；IO0～IO3 带有高电流（20mA）接收；IO0～IO10 可设置为 TTL 标准的输入；IO0～IO7 可设置为低电平检测锁存。

神经元芯片有一个时间计数器具有完成 Watchdog、多任务的调度、定时等功能。神经元芯片支持节电方式，在节电方式下系统时钟和计数器关闭，但是状态信息，包括 RAM 中的信息不会改变，一旦 I/O 状态变化，或网线上信息有变，系统便会激活神经元芯片。它的内部还有一个最高 1.25Mb/s 的独立于介质的收发器。

神经元芯片内还有两个硬件定时计数器，定时计数器 1 为多路选择定时计数器，它的输入可通过一个多路选择开关，从 IO4～IO7 4 个 I/O 中选择一个，输出可连至 IO0；定时计数器 2 为专用定时计数器，它的输入是 IO4，输出是 IO1。每个定时计数器包括可以被 CPU 写入的 16 位装入寄存器、16 位计数器、可以被 CPU 读出的 16 位锁存器等。图 8.8 为神经元芯片定时计数器外部连接图。

神经元芯片的专用编程语言 Neuron C 提供 I/O 定义，可以将 11 个 I/O 配置成不同的 I/O 对象；通过函数 io_in() 和 io_out() 对定义的 I/O 进行输入输出操作。

神经元芯片的 11 个 I/O 有 34 种预编程设置，可以有效地实现这 11 个 I/O 的测量、计时和控制等功能。

这 34 种预编程设置如表 8.3 所示。

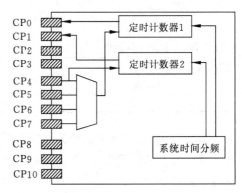

图 8.8 神经元芯片定时计数器外部连接

表 8.3  神经元芯片 11 个 I/O 的 34 种预编程设置

| I/O 对象类型 | I/O 名称 | 输入输出值 |
|---|---|---|
| 直接 I/O 对象 | 位输入(bit input) | 0,1 二进制 |
| | 位输出(bit output) | 0,1 二进制 |
| | 字节输入(byte input) | 0~255 二进制 |
| | 字节输出(byte output) | 0~255 二进制 |
| | 电平检测(level detect input) | 逻辑 0 电平检测 |
| | Nibble Input | 0~255 二进制 |
| | Nibble Output | 0~255 二进制 |
| 并行 I/O 对象类型 | 多总线 I/O(muxbus I/O) | 使用总线多路复用技术的并行双向口 |
| | 并行 I/O(parallel I/O) | 并行双向握手 |
| 串行 I/O 对象 | 位移输入(bitshift input) | 最多 16 位的时钟数据 |
| | 位移输出(bitshift output) | 最多 16 位的时钟数据 |
| | $I^2C$ | 最多 255 字节的双向串行数据 |
| | Magcard Input | 符合 ISO7811 的磁卡阅读器的轨道 2 数据流 |
| | Magtrack1 | 符合 ISO3554 的磁卡阅读器的轨道 1 数据流 |
| | Neurowire I/O | 最多 256 位的双向串行数据 |
| | 串行输入(serial input) | 600b/s,1200b/s,2400b/s,4800b/s 的 8 位字符 |
| | 串行输出(serial input) | 600b/s,1200b/s,2400b/s,4800b/s 的 8 位字符 |
| | Touch I/O | 最多 2048 位的输入输出 |
| | Wiegand Input | Wiegand 卡阅读器的编码数据流 |
| 计时计数器输入对象 | Dualslope 输入 | dual slop 转换逻辑的比较器 |
| | Edgelog 输入 | 输入转换流 |
| | 红外输入 | 红外解调器的编码数据流 |
| | 脉冲输入 | $0.2\mu s$~1.678s 的脉冲宽度 |
| | 周期输入 | 周期为 $0.2\mu s$~1.678s 的信号 |
| | 脉冲计数输入 | 0.839s 内的输入沿数(范围 0~65535) |
| | Quadrature 输入 | 16383 二进制 Gray 码 |
| | Totalcount 输入 | 0~65535 输入沿 |
| 计时计数器输出对象 | Edgedivide 输出 | 以用户指定的数除以输入频率作为输出频率 |
| | 频率输出 | 0.3 Hz~2.5MHz 的方波 |
| | Onshot 输出 | 脉宽为 $0.2\mu s$~1.678s 的脉冲 |
| | 脉冲计数输出 | 0~65535 个脉冲 |
| | 脉宽输出 | 0~100% 负载周期的脉冲序列 |
| | Traic 输出 | 相对于输入沿的输出脉冲延时 |
| | 计数触发输出 | 通过对输入沿计数控制输出脉冲 |

由此可见,在一个小小的神经元芯片中,不仅具有强大的通信功能,而且集采集控制于一体。在某些情况下,一个神经元芯片加上几个分离元件便可成为一个集散控制系统中独立的控制单元。

### 8.2.4 通信端口

神经元芯片可以支持多种通信介质。使用最广泛的是双绞线，其次是电力线，其他包括无线、红外、光纤、同轴电缆等。表 8.4 为几种典型的收发器类型。

表 8.4 神经元芯片的典型收发器类型

| 收发器类型 | 波 特 率 |
| --- | --- |
| EIA-485 | 300b/s～1.25Mb/s |
| 自由拓扑型和总线型双绞线带变压器（可选通过双绞线供 48V 电源） | 78Kb/s/1.25Mb/s |
| 电力线（载波） | 5.4Kb/s |
| 电力线（扩频） | 10Kb/s |
| 无线（300MHz） | 1200b/s |
| 无线（450MHz） | 4800b/s |
| 无线（900MHz） | 39Kb/s |
| 红外 | 78Kb/s |
| 光纤 | 1.25Mb/s |
| 同轴电缆 | 1.25Mb/s |

神经元通信端口为适合不同的通信介质，可以将 5 个通信管脚配置 3 种不同的接口模式，以适合不同的编码方案和不同的波特率，如表 8.5 所示。这 3 种模式是单端(single ended)、差分(differential)和专用模式(special purpose mode)。

表 8.5 通信管脚的不同配置

| 管脚 | 驱动电流/mA | 差分 | 单端 | 专用模式 |
| --- | --- | --- | --- | --- |
| CP0 | 1.4 | Rx+(in) | Rx(in) | Rx(in) |
| CP1 | 1.4 | Rx−(in) | Tx(out) | Tx(out) |
| CP2 | 40 | Tx+(out) | Tx Enable(out) | Bit Clock(out) |
| CP3 | 40 | Tx−(out) | Sleep(out) | Sleep(out)or Wake Up(in) |
| CP4 | 1.4 | Cdet(in) | Cdet(in) | Frame Clock(out) |

Rx——接受；Tx——发送；Cdet——碰撞侦测

#### 1. 单端模式

单端模式是在 LonWorks 中使用最广泛的一种模式，无线、红外、光纤和同轴电缆都使用该模式。图 8.9 为单端模式的通信口配置，数据通信是通过单端输入输出管脚 CP0 和 CP1。该模式还包含低有效的睡眠输出(CP3)，当神经元芯片进入睡眠状态时，它可以使收发器进入掉电状态。

在单端模式下，数据编码和解码使用的是差分曼彻斯特编码(differential Manchester encoding)。在开始发送报文之前，神经元芯片发送端初始化输出数据(CP1)为低，然后发出发送容许信号(CP2)，这样确保数据发送的开始是从低到高。

在正式发送报文之前，发送端发送一个同步头(preamble)以确保接收节点接收时钟同步。该同步头包括一个位同步域和字节同步域。位同步域是一串差分曼彻斯特编码的

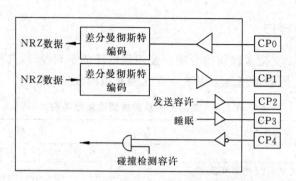

图 8.9  单端模式的通信口配置框图

"1",位同步的长度是可变的,以适应不同的通信介质;字节同步域是 1 位差分曼彻斯特编码的"0",表示同步头结束,开始传送正式报文的第一个字节。

报文结束时,神经元芯片通信端口强制差分曼彻斯特编码为一个线路空码(linecode violation),并保持到接收端确认发送的报文结束。线路空码是根据发送数据的最后 1 位的高低状态来保持线路在线路空码时为高电平或低电平。线路空码从 CRC 校验码的最后 1 位开始,延时 2 位的时间。由于最后 1 位没有跳变沿,所以该电平保持 $2\frac{1}{2}$ 位时间。发送容许管脚一直保持到线路空码结束,然后释放。

作为选项,神经元芯片支持一个低有效的收发器碰撞检测信号。如果碰撞检测容许在发送的过程中,神经元芯片侦测到 CP4 在一个系统时钟(在 10MHz 的主频时为 200ns)为低,则表示碰撞产生或正在发送,并通知神经元芯片,报文重发。

如果神经元芯片不支持碰撞检测,则能够使数据可靠传输的唯一方法是采用应答或请求-响应方式。当采用请求-响应方式或应答方式时,需要设置重发时间——表示数据从发送完到响应所需的最长时间(在 1.25Mb/s 线路中不包含路由器的情况,典型的是 48ms~96ms)。如果在重发时间内没有收到响应或应答报文,则报文将重新发送。

在两次发送间隔,包含 Beta1 和 Beta2 两个时间片。Beta1 是在两次发送间的一个固定的网络空闲时间片;优先级时间片和非优先级时间片包含在 Beta2 时间片中。关于 Beta2 时间片将在 LonTalk 协议一节详细讨论。

2. 差分模式

在差分模式下,神经元芯片支持内部的差分驱动。图 8.10 为差分方式的框图。差分方式类似于单端模式,区别是后者包括一个内部差分驱动,同时不再包括睡眠输出。

差分方式也是采用差分曼彻斯特编码,数据格式和单端模式完全相同。

3. 专用模式

在一些专用场合,需要神经元芯片直接提供没有编码和不加同步头的原始报文。在这种情况下,需要一个智能的收发器,处理从网络上或神经元芯片上来的数据。发送的过程是,从神经元芯片接收到这种原始报文,重新编码,并插入同步头;接收的过程是,从网络上收到数据,去掉同步头,重新解码,然后送到神经元芯片。

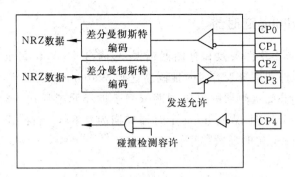

图 8.10 差分方式的通信口配置框图

### 8.2.5 时钟系统

在神经元芯片中包括一个分频器,通过外部的一个输入晶振来输入时钟。神经元芯片的正常工作频率可以是 625kHz～40MHz(625kHz 是对于低电压神经元芯片来说的)。

### 8.2.6 睡眠-唤醒机制

神经元芯片可以通过软件设置进入低电压的睡眠状态。在这种模式中,系统时钟、使用的程序时钟和计数器关闭,但是使用的状态信息(包括神经元芯片的内部 RAM)被保留。当有如下的输入转换时,正常的系统操作被恢复。

① I/O 管脚的输入(可屏蔽)IO4~IO7。
② Service Pin 信号。
③ 通信端口(可屏蔽)。
④ 差分模式 CP0 或 CP1。
⑤ 单端模式 CP0。
⑥ 专用模式 CP3。

### 8.2.7 Service Pin

Service Pin 是神经元芯片里的一个非常重要的管脚,在节点的配置、安装和维护的时候都需要使用该管脚。该管脚既能输入也能输出,输出时,Service Pin 通过一个低电平来点亮外部的 LED,LED 保持为亮表示该节点没有应用代码或芯片已坏;LED 以 1/2Hz 的频率闪烁表示该节点处于未配置状态。输入时,一个逻辑低电平使神经元芯片传送一个包括 48 位的 Neuron ID 网络管理信息,因此在节点安装时可以通过这种方式获得节点 Neuron ID。

为完成输入输出功能,该管脚的输入输出以 76Hz 频率和 50% 的占空比复用。当 Service Pin 没有连接 LED 和上拉电阻时,Service Pin 有一个片内可选(可通过软件设置)的上拉电阻,以保证输入为无效的状态。图 8.11 为 Service Pin 电路。

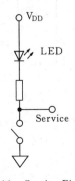

图 8.11 Service Pin 电路

### 8.2.8 Watchdog 定时器

神经元芯片为防止软件失效和存储器错误,包含 3 个 Watchdog 定时器(每个 CPU 一个)。如果应用软件和系统没有定时地刷新这些 Watchdog 定时器,则整个神经元芯片将自动复位。Watchdog 定时器的复位周期依赖于神经元芯片输入时钟的频率,例如在输入时钟频率为 10MHz 时,Watchdog 定时器周期为 0.84s。当神经元芯片处于睡眠状态时,所有的 Watchdog 定时器被禁止。

## 8.3 通 信

LonWorks 网络的一个非常重要的特点是它对多通信介质的支持。由于突破了通信介质的限制,LonWorks 网络可以根据不同的现场环境选择不同的收发器和介质。

### 8.3.1 双绞线收发器

双绞线是使用最广泛的一种传输介质,对双绞线的支持主要有 3 类收发器,直接驱动、EIA-485 和变压器耦合。

1. 直接驱动

直接驱动是使用神经元芯片的通信端口作为收发器,同时加入电阻和瞬态抑制器作为电流限制和 ESD 保护,图 8.12 为直接驱动的网络接口。直接驱动方式适合网络上的所有节点在同一个大设备中使用同一个电流源的情况。例如,在使用背板的设备中,所有节点的通信通过背板来完成,可以使用直接驱动收发器。

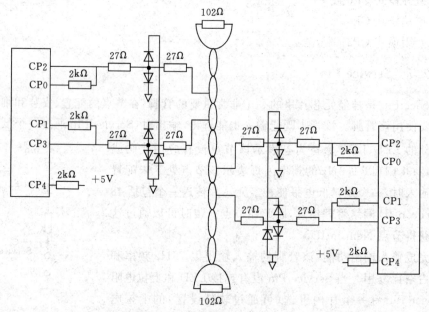

图 8.12 直接驱动的网络接口

直接驱动收发器支持的最高通信速率是 1.25Mb/s，该速率使下一条通道最多能接入 64 个节点，距离长度达 30m(使用 UL 级 VI 类线)。

图 8.13 表示使用低成本的直接驱动和变压器隔离的节点通过一个路由器互联的情况。

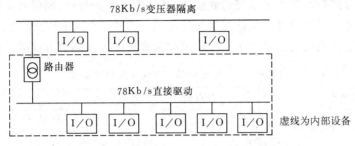

图 8.13　通过路由器的各节点互联

2. EIA-485

EIA-485 接口是现场总线中经常使用的电气接口，LonWorks 网络也同样支持该电气接口。LonWorks 网络可支持多种通信速率(最高可达 1.25Mb/s)。使用 EIA-485 共模电压比直接驱动要好，但不如采用变压器耦合。EIA-485 共模电压是 $-7\sim12\text{V}$，也可以在共模电压中加入隔离。LonMark 建议使用的 EIA-485 的通信速率是 39Kb/s，在该速率下的典型配置电路如图 8.14 所示，可达 32 个节点，最长距离是 660m。在 EIA-485

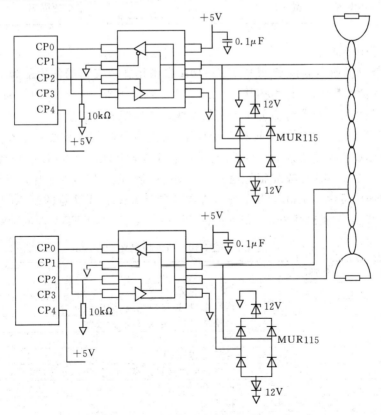

图 8.14　EIA-485 接口的典型配置电路

中最好所有节点使用共同的电压,否则如果节点的共模电压没有加入隔离,由于 EIA-485 需要共地,就很容易损坏节点。

3. 变压器耦合

变压器耦合接口能够满足系统的高性能、高共模隔离的要求,同时具有噪声隔离的作用。因此目前相当多的网络收发器采用变压器耦合方式。在 LonWorks 网络中也有相当一部分采用变压器隔离的方式。表 8.6 给出的为采用变压器隔离方式的几种收发器。

表 8.6 采用变压器隔离方式的几种收发器

| 型号 | 通信速率 | 拓扑结构 | 节点数 | 传输距离 | 其他关键指标 |
| --- | --- | --- | --- | --- | --- |
| FT3120 FT3150 | 78Kb/s | 自由结构——星型、菊花链型、总线型、环型、复合型 | 64 | 自由结构 500m;双端总线 2700m | 集成了 Neuron3120 或者 Neuron3150 处理器核心;嵌入式存储器用于应用程序代码和配置数据;高性能的外部变压器 |
| FTT-10A | 78Kb/s | 自由结构——星型、总线型、环型、复合型 | 64 | 自由结构 500m;双端总线 2700m;可由中断器延长 | 变压器隔离;无源时为高阻;与 FTT-10 和 LPT-10 兼容 |
| LPT-10 | 78Kb/s | 自由结构——星型、总线型、环型、复合型 | 32@100mA;64@50mA;128@25mA | 自由结构 500m;双端总线 2200m;可由中断器延长 | 为双绞线供电,与 FTT-10 和 FTT-10A 兼容 |
| TPT/XF-1250 | 1.25Mb/s | 总线型 | 最多 64 个,与温度有关 | 130m(最大外接短线 0.3m) | 变压隔离 |

(1) FTT-10A 收发器

变压器耦合的收发器很多,其中 FTT-10A 自由拓扑收发器的使用最为广泛。FTT-10A 收发器支持没有极性、自由拓扑(包括总线形、星形、环形、复合型)的互联方式。因此 FTT-10A 收发器可以极大地方便现场网络布线。在传统的控制系统中,一般采用总线拓扑,节点收发器包含一个线路接收和发送控制,通过带屏蔽的双绞线互联在一起。根据 EIA-485 标准,所有设备必须通过双绞线,采用总线方式互联在一起,以防止线路反射,保证可靠通信。FTT-10A 收发器很好地解决了这一限制,但采用自由拓扑是以缩短距离为代价的,总线连接可达 2700m,而其他连接方式只有 500m。值得注意的是,对于总线拓扑,节点和总线的距离不能超过 3m,否则不是总线拓扑。表 8.7 为 FTT-10A 的管脚定义。

表 8.7 FTT-10A 的管脚定义

| 名 称 | 管脚序号 | 功 能 |
| --- | --- | --- |
| $V_{CC}$ | 1 | 5V DC 输入 |
| NET_B | 2 | 网络端口,连接双绞线,无极性 |
| NET_A | 3 | 网络端口,连接双绞线,无极性 |
| RxD | 4 | 神经元芯片 CP0 |
| TxD | 5 | 神经元芯片 CP1 |
| CLK | 6 | 收发器的时钟输入端,连接 Neuron 芯片 CLK2 管脚 |
| T1 | 7 | ESD 和瞬态保护 |
| GND | 8 | 接地 |
| T2 | 9 | ESD 和瞬态保护 |

## 8.3 通信

FTT-10A 收发器包含一个隔离变压器、一个差分曼彻斯特编码通信收发器以及信号处理器件,它们被集成封装在一个塑胶外壳内。图 8.15 为 FTT-10A 和神经元芯片互联的框图。

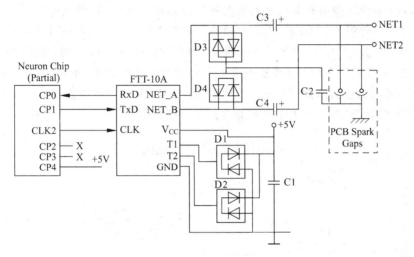

图 8.15　FTT-10A 和神经元芯片互联的框图

图中虚线部分为高电压的瞬态抑制,两个尖端(在 PCB 设计中)的距离不超过 0.25mm,当电压超过 2000V 且上升时间大于 $10^{-3}$ s 时,可以将电荷释放;而当电压不超过 2000V 但上升时间大于 $10^{-5}$ s 时,也可通过瞬态抑制器释放电荷。瞬态抑制的地是大地,而不是板上的地,这样可使电荷直接传入大地,防止板上接地不良,导致板内电荷积累。同时 FTT-10A 采用变压器隔离,即使损坏也不会影响神经元芯片。

(2) 电源线收发器 LPT-10

所谓电源线,指的是通信线和电源线共用一对双绞线。使用电源线的意义在于,一方面所有节点通过一个 48V DC 中央电源供电,这对于电力资源匮乏的地区(例如,长距离的输油管线的监测,每隔一段距离就设置一个电源对节点供电,显然是不经济的,使用电池也有经常替换的问题)具有非常重要的意义;另一方面通信线和电源线共用一对双绞线可以节约一对双绞线。

电源线收发器由于采用的是直流供电,所以可以和变压器耦合的双绞线直接互联。

(3) FT3120 和 FT3150 智能收发器

FT3120 和 FT3150 智能收发器是 Echelon 公司第三代产品中的一个重要产品。FT3120 和 FT3150 智能收发器将神经元芯片 3120 及 3150 的网络处理核心与自由拓扑的收发器合成在一起,生成一个低成本的智能收发器芯片。该芯片和 Echelon 公司的高性能通信变压器配套使用,从封装到功能完全和 TP/FT-10 兼容,可以直接同使用 TP/FT-10 或 LPT-10 收发器的节点通信并存于同一通道。该收发器符合 ANSI/EIA 709.3 标准,速率为 78Kb/s,支持双绞线自由拓扑和总线型拓扑,因而在布线上非常灵活,使系统安装简便,系统成本降低,同时可提高系统的可靠性。该收发器在性能上又有了极大的提高,尤其是在对电磁场的干扰隔离方面特别明显,可用在恶劣的环境中,它能够防御来自马达和开关电源等方面的电磁干扰,并且即使在一些典型的工业和交通现场出现强大的共模干扰时也能可靠地工作。该芯片只需极少的外部电路和软件配合工作,因此降低了开发成本和节省了时间,并且还可以与其他的主处理器相连。比如可同时与 Echelon 公司的 ShortStack™ 微服务器以及其他主处理器芯片一起运用,形成一个基于主机的节点。该芯片具有神经元 3120 和 3150 相同的控制功能以及内嵌的 2KB RAM 用于缓冲网络数据和网络变量,带有 34 个可编程标准 I/O 模式的 11 个 I/O 管脚;在每个芯片中有独一无二的 48 位 ID。FT3120 智能收发器同时又是一个低成本,集系统一体化的芯片。它支持 40MHz 高速运作,同时内置的 EEPROM 可达 4KB,给应用提供了更多的空间。

图 8.16 为 FT3120 或 FT3150 智能收发器结构框图。

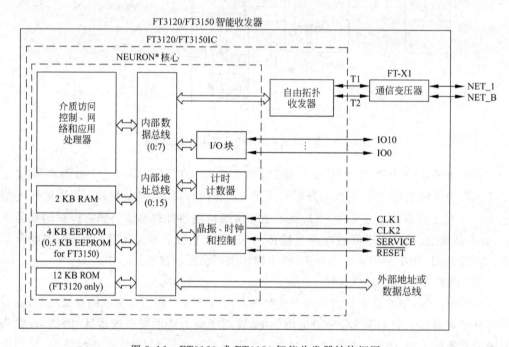

图 8.16　FT3120 或 FT3150 智能收发器结构框图

图 8.17 为基于 FT3120 或 FT3150 智能收发器的节点示意图。

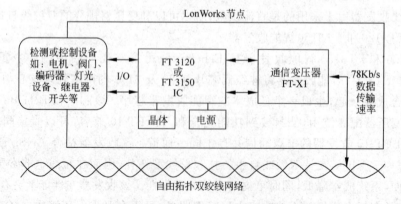

图 8.17　基于 FT3120 或 FT3150 智能收发器的节点示意图

### 8.3.2 电力线收发器

电力线收发器是将通信数据调制成载波信号或扩频信号,通过耦合器耦合到220V或其他交直流电力线上,甚至没有电力的双绞线上。这样做的好处是利用已有的电力线进行数据通信,大大减少了通信中遇到的繁琐布线。LonWorks电力线收发器提供了一种简单、有效的方法,可将神经元节点加入到电力线中。

众所周知,电力线上通信的关键问题是,电力线间歇性噪声较大,即电器的启停、运行都会产生较大的噪声;信号衰减很快;信号畸变;线路阻抗也经常波动。这些问题使得在电力线上通信非常困难。Echelon公司提供的几种电力线收发器,针对电力线通信的问题,进行了以下几方面的改进。

① 每一个收发器包括一个数字信号处理器(DSP),完成数据的接收和发送。
② 短报文纠错技术,使收发器能够根据纠错码,恢复错误报文。
③ 动态调整收发器灵敏度算法,根据电力线的噪声动态改变收发器灵敏度。
④ 三态电源放大、过滤合成器。

图8.18为典型的电力线收发器的结构框图。

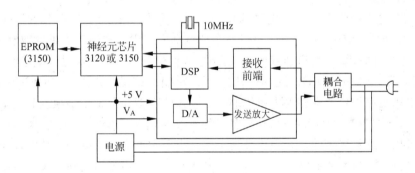

图8.18 电力线收发器的结构框图

目前经常使用的电力线收发器包括两类,载波电力线收发器和扩频电力线收发器(spread spectrum)。

表8.8列出3种电力线收发器。其中,PLT-22是第三代电力线收发器,其性能最佳,使用最为广泛。

表8.8 3种电力线收发器

| 收发器 | 通信介质 | 波特率/Kb/s | 拓 扑 | 距 离 | 节点个数 | 方式 | 重要属性 |
|---|---|---|---|---|---|---|---|
| PLT-10A | 电力线 | 10 | 自由拓扑,支持现有的电力线和无电的双绞线 | 由发射-接收、衰减和接收噪音决定 | 32385 | 扩频 | 符合FCC标准 |

续表

| 收发器 | 通信介质 | 波特率/Kb/s | 拓扑 | 距离 | 节点个数 | 方式 | 重要属性 |
|---|---|---|---|---|---|---|---|
| PLT-22 | 电力线 | 5.4 | 自由拓扑，支持现有的电力线和无电的双绞线 | 由发射-接收、衰减和接收噪音决定 | 32385 | 载波 | 符合FCC,加拿大标准和CENELEC EN50065-1,可在CENELEC B/C波段和A波段操作(需换晶振),与PLT-20和PLT-21兼容 |
| PLT-30 | 电力线 | 2 | 自由拓扑，支持现有的电力线和无电的双绞线 | 由发射-接收、衰减和接收噪音决定 | 32385 | 载波 | 符合CENELEC EN50065-1 (125～140频段) |

　　PLT-22是一种运用电力线载波技术的收发器，它使控制系统和设备通过电力线通信。数据可通过现有的电力供电线路传播，而无需重新布线，从而节省布线的成本。这种产品在家庭自动化以及市政电力的配套设施中都有着广泛的应用。

　　PLT-22电力线收发器具有先进的技术和高可靠性。符合ANSI/EIA 709.2标准、欧洲CENELEC EN50065-1标准，可以在全球范围内使用。它使用先进的双载波频率以及数字信号处理技术，一旦启动双频模式，当主频段(125～140kHz)通信受阻时可自动切换至备用频段(110～125kHz)继续通信。它支持CENELEC C波段和CENELEC A波段应用，以满足民用以及欧洲电力系统的要求。该收发器还包括了多项专利技术，使它能够克服电力线本身带来的多种问题，克服多种噪音源以及高衰减、信号失真、阻抗变化等问题，它可以在这种恶劣的环境中可靠地工作。由于它本身内置的先进技术性能，使它对外部电源的要求很低，从而降低了设备整体的成本。它可以通过带电(AC或DC)的电力线或是不带电的双绞线传输信号。

### 8.3.3 其他类型介质

　　除了上面讨论的收发器，LonWorks网络还支持其他一些收发器，包括无线收发器、光纤收发器、红外收发器，甚至用户自定义的收发器等。

　　1. 无线收发器

　　LonWorks技术使无线收发器可以使用很宽的频率范围。对于低成本的无线收发器，典型的频率是350MHz。使用无线收发器同时还需要一个大功率的发射机。当使用无线收发器时，神经元芯片的通信口配置成单端模式，速率是4800b/s。

　　2. 光纤收发器

　　目前通常使用的LonWorks光纤收发器是美国雷神(Raytheon)公司开发的一系列LonWorks光纤产品，其中包括光纤和双绞线的路由器。该通信速率是1.25Mb/s,最长通信距离为3.5km,采用LonWorks标准的SMX收发器接口，每一个收发器包含两路独立光纤端口，可以方便地实现光纤环网，增加系统的可靠性。

### 8.3.4 路由器

**1. 路由器简介**

LonWorks 路由器连接两个通信通道之间的 LonTalk 信息。这里讨论的通道是指由于物理的原因(如距离、通信介质),将网络分割成能独立发送报文而不需要转发的一段介质。在 LonTalk 协议一节中,我们还将继续讨论它和子网的关系。路由器是中继器、桥接器、配置型路由器和学习型路由器的统称。

LonWorks 路由器能支持从简单到复杂的网络连接,这些网络可以小到几个节点,大到上万个节点。图 8.19 为路由器连接示意图,光纤、电力线和 78Kb/s 双绞线 3 种介质通过 3 个路由器连接到一个 1.25Mb/s 的双绞线主干通道上。由于使用了路由器,图中 6 个节点可以透明地通信,就如同把它们安装在一个通道上一样。

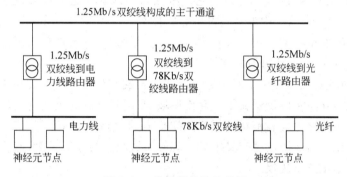

图 8.19 路由器连接示意图

路由器用于:

(1) 扩展通道容量。节点的收发器负载是有限的,这就决定每一路通道中的节点数和通道的长度是有限的。可以使用路由器来扩展网络的容量,例如使用桥接器来增加多通道,以支持更多的节点;也可以使用中继器延长通道的长度。

(2) 连接不同的通信介质或波特率。例如,在网的不同位置上以牺牲数据的传输速率为代价来换取长距离传送;在一些电缆安装较困难或者节点物理位置频繁变动的情况下,可以采用电力线作为通信介质,也可以使用一个 1.25Mb/s 的双绞线作主干通道,连接几个 78Kb/s 的自由拓扑和电力通道。在所有这些情形中,必须使用路由器来连接不同的 LonWorks 通道。

(3) 提高 LonWorks 网络可靠性。连到一个路由器上的两个通道在物理上是隔离的,因而一个通道失效并不影响另一个通道的使用。

(4) 全面提高网络性能。在子系统内可以用路由器隔离通信。例如,在一个工业区域内,大多数节点通信是在某一部分内部进行的,而不是在各部分之间同时进行。在各部分之间使用智能路由器可以避免内部报文传输影响其他部分,从而提高整个网络的吞吐率,同时也可以减少通信的反应时间。

由于通道之间使用路由器对应用程序是透明的,神经元节点是在做网络安装时才通过网络管理工具实现节点的路由,因而节点设计者无需了解路由器的工作原理。只有在需要确定一个路由器的节点网络映像时,才考虑路由器的工作原理。如果一个节点从一个通道移到另一个通道,则只需改变节点网络映像。路由器的节点网络映像是由诸如 LonMaker 之类的网络管理工具来管理的。

LonWorks 路由器包含两个可供选择的模块以适用于不同的用途,其选项如下。

(1) 路由器组件—RTR-10 模块。路由器组件适于嵌入 OEM(原始设备制造商)产品。一个 RTR-10 路由器加上两个收发器模块(分别连接到两个通道上)就组成了一个常规路由器,可以将它封装起来以适用于不同的情况要求。图 8.4 为基于 RTR-10 模块的路由器示意图。在一些特殊用途中,可以将多个路由器封装在一起,比如,一条主干线连接多个通道。

(2) 路由算法。路由器有 4 种路由算法可供选择,配置型路由器、学习型路由器、桥接器或中继器。这些选项以降低系统性能来换取安装的方便。配置型路由器和学习型路由器属于智能路由器,路由智能可以使它们根据目标地址有选择地转发报文;桥接器转发所有符合它的域的报文;中继器转发所有的报文。

**2. 路由器的工作原理**

(1) LonTalk 协议对路由器的支持

LonTalk 协议的设计提供了对于路由器透明转发的节点之间报文的支持。为了提高路由器的效率,LonTalk 协议定义了一套使用域、子网和节点的寻址层次。子网不跨越智能路由器,这样智能路由器就能根据子网配置信息给出路由决策。为了使多个分散的节点寻址更简化,LonTalk 协议还定义了另一套使用域和组的寻址层次,智能路由器也能根据组配置信息,给出路由决策。

(2) 路由选择

采用软件下载的方式有选择地装配 LonWorks 的 4 种路由器。采用软件下载的方式虽降低了系统性能,但装配更简单了。需要注意的是,一个路由器的两端必须使用同一种路由算法。

4 种路由算法必须符合下述规则。

① 要转发的报文必须进入路由器的输入和输出缓冲队列,因此转发较为频繁的报文必须等待空的输入或输出缓冲区。

② 要转发的报文必须有有效的 CRC 校验码。

③ 优先级报文优先转发,这里,优先级指的是转发端的优先级,而不是报文原发端的优先级。如果转发端没有优先级,优先级报文就不会在优先端口转发,然而优先级报文仍然带着优先级的标志,所以如果它经过另一个有优先级的路由器,则该路由器将在优先端口转发此报文。

(3) 中继器

中继器是能转发经过两端的所有报文的路由器。无论报文的目标地址和域是什么,只要是接收到的有效报文(即带有效 CRC 码的报文),中继器都能转发。

(4) 桥接器

桥接器能转发桥接器所连的两个域之一的报文,符合这一规则的报文不论其目标地址是什么,桥接器都能转发。桥接器可以用来跨越一个或两个域。

## 8.3 通信

(5) 配置型路由器

配置型路由器只转发路由器两个域之一的报文,并遵循图 8.20 所示的转发规则。路由器两端的每一端的每一个域都对应一张转发表(即每一个路由器有 4 张转发表),每张转发表实际上是一组分别对应一个域中的 255 个子网和 255 个组的转发标志,如图 8.20 所示。根据报文的目标地址子网或组地址,这些转发标志决定了这条报文是被转发还是被丢弃。

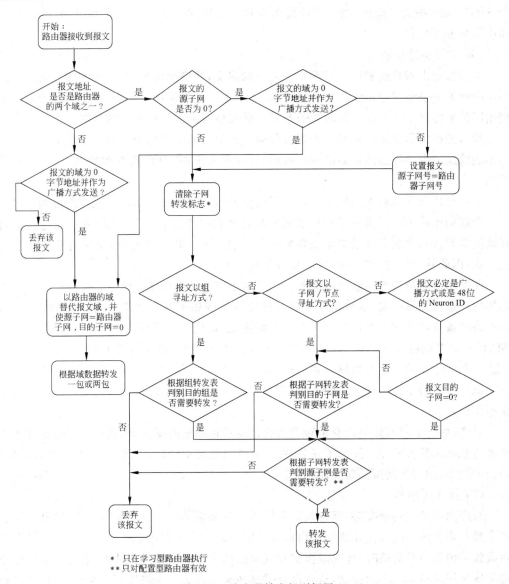

\* 只在学习型路由器执行
\*\* 只对配置型路由器有效

图 8.20 路由器转发规则框图

网络管理工具能用网络管理报文根据网络拓扑预置转发表,网络管理工具还能优化网络性能,以便更有效地利用带宽。配置型路由器可用于环形拓扑。

转发表有两套,一套在 EEPROM 中;另一套在 RAM 中。当路由器上电或复位后,就能根据"设置路由器模式"选项来初始化路由器，EEPROM 的转发表便复制到 RAM 中，RAM 的转发表用于所有的转发决策。

图 8.20 中的几个操作可防止 Service pin 报文循环。Service pin 报文以零长度域和零子网 ID 号发送到网络的所有节点，因此 Service pin 报文需要进行特殊处理，当收到一个有零子网 ID 号的 Service pin 报文后，路由器就会将报文的源子网改为路由器接收端的子网。如果接收端连接两个域，就转发两个 Service pin 报文，即对每一个域都转发一个 Service pin 报文。这样，如果循环造成在路由器的同一端再次收到 Service pin 报文，路由器就能丢弃它。

(6) 学习型路由器

学习型路由器只转发路由器两个域之一的报文，并遵循图 8.20 所示的转发规则。除了子网转发表是通过路由器固件自动更新，而不是由网络管理工具设置外，子网转发表的使用同配置型路由器一样。组转发表被置为转发所有带组目标地址的报文。

学习型路由器是通过检查路由器收到的所有报文的源子网查明网络拓扑的。由于子网不能跨越一个学习型路由器的两个通道，因此只要子网 ID 出现在源地址上，路由器就能知道哪一端连接该子网。

子网转发表开始被置为转发所有带子网目标地址的报文。每次在报文的源地址区出现一个新的子网 ID 时，就在子网转发表中清除其相应的标志（即不能转发），通过检查目标地址的转发标志确定该报文应该转发还是应该丢弃。路由器复位，所有的转发标志都被清除，因此复位后这种"查明"过程将被重新设置。

在路由器的两端绝不能同时清除一个给定子网的转发标志；然而如果一个节点从路由器的一端移到另一端，这种情况就有可能发生。例如子网 1 位于一个路由器的 A 端，只要路由器收到子网 1 中任一个节点发出的报文，就能知道子网 1 的位置。如果把子网 1 的任一个节点移到 B 端而不重新设置，路由器就会查出子网 1 也在 B 端，并停止将子网 1 报文转发到 A 端。学习型路由器能检测出这种错误并做记录。

像配置型路由器一样，学习型路由器有时需通过修改 Service pin 报文的源地址来阻止报文循环。

总之，由于学习型路由器总是转发所有带组目标地址的报文，因而使用通道带宽的效率就比较低。其长处在于简化了安装，在配置学习型路由器时，安装工具无需知道网络拓扑。配置型、学习型路由器转发规则见图 8.20。

(7) 报文缓冲器

当路由器接收到报文时，就将其放到输入缓冲器队列中。为了确保优先级报文永远不会排在多于一个的非优先级报文后面，队列只限于两个报文缓冲器。当优先级报文被转发到路由器的发送端时，优先级报文有其自己的优先输出缓冲器队列，发送端优先发送优先输出缓冲器队列中的报文，这就保证了这些输出报文的优先处理。图 8.21 描述了报文从输入缓冲器队列到输出缓冲器队列的流程。报文反方向的流动与此相似，即报文反方向流动存在着另一套输入、输出缓冲器队列。

报文缓冲器的数目和空间受路由器上 RAM 大小的限制。路由器的每一端有 1254 个字节的缓冲器空间，这个空间又分成两个输入缓冲器、两个优先输出缓冲器和 15 个非

### 8.4 LonWorks 通信协议——LonTalk

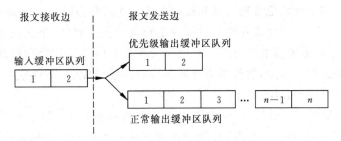

图 8.21 路由器输入输出队列流程

优先输出缓冲器。这些缓冲器的空间默认值是 66 字节,因此整个 RAM 用于缓冲器的空间如表 8.9 所示。

表 8.9 路由器中的 RAM 用于缓冲器的空间

| 队 列 | 数目 | 空间大小 | 总字节数 |
| --- | --- | --- | --- |
| 输入缓冲队列 | 2 | 66 | 132 |
| 优先输出缓冲队列 | 2 | 66 | 132 |
| 非优先输出缓冲队列 | 15 | 66 | 990 |
| 总计 | | | 1254 |

66 字节的空间容许路由器处理的数据以地址空间最长来计算,报文中网络变量报文和显示报文的数据最多可达 40 字节,对于任意网络变量、网络管理和网络诊断报文,这个空间是足够大的。在应用中,只有转发多于 40 字节的显示报文时,才需要增大缓冲器的空间,减少非优先级缓冲器的数目。3 种缓冲器队列所需的总存储区不能超过 1254 字节。

默认缓冲器的配置方法是把大量的缓冲器放在路由器的输出队列。例如,标准的配置方法是在输出队列放置 17 个缓冲器(2 个优先型和 15 个非优先型)。采用这种排列方式的原因是将进入缓冲区队列之后的报文尽可能保留在输出队列中。上述过程还包括寻查优先级报文的过程,寻查到优先级报文后通过路由器的优先级输出缓冲器转发,这就保证了优先级报文尽可能快地被发送。

然而,也有许多报文几乎同时出现在网络上,它会引起输入队列全满,超量的报文容易丢失。这时可将一些报文缓冲器从输出队列移到输入队列,增加输入队列的空间。带有较大输入队列的路由器能处理更多的通信量,但会有优先级报文排在几个非优先级报文后面的危险。

## 8.4 LonWorks 通信协议——LonTalk

### 8.4.1 LonTalk 协议概述

**1. 协议定义**

LonTalk 通信协议是 LonWorks 技术的核心。该协议提供一套通信服务,使装置中的应用程序能在网上对其他装置发送和接收报文而无需知道网络拓扑、名称、地址或其他装置的功能。LonTalk 协议能有选择地提供端到端的报文确认、报文证实和优先级发送等功能,以便设定有界事务处理时间。对网络管理业务的支持使远程网络管理工具能通过网络和其他装置相互作用,包括网络地址和参数的重新配置,下载应用程序,报告网络问题和节点应用程序的起始、终止、复位。

LonTalk 协议是一个分层的、以数据包为基础的对等的通信协议。像以太网和因特网协议一样,它是一个公开的标准,并遵守国际标准化组织(ISO)的分层体系结构要求。但是 LonTalk 协议设计是用于控制系统而不是数据处理系统的特定要求。每个包由可变数目的字节构成,长度不定,并且包含应用层(第 7 层)的信息以及寻址和其他信息。信道上的每个装置监视在信道上传输的每个包,以确定自己是否是收信者。假如是收信者,则处理该包,以判明它是包含节点应用程序所需的信息,或者它是否是个网络管理包。在应用包中的数据是提供给应用程序的,如果合适,则要发一个应答报文给发送装置。

为了处理网上的报文冲突,LonTalk 协议使用类似以太网所用的"载波监听多路访问"(CSMA)算法。LonTalk 协议建立在 CSMA 基础上,提供介质访问协议,因而可以根据预测网络业务量发送优先级报文和动态调整时间片的数目。通过动态调整网络带宽,采用 P-坚持 CSMA 协议的算法使网络能在极高网络业务量出现时继续运行;而在业务量较小时不降低网络速度。

2. LonTalk 协议的特征和优点

LonTalk 协议与以往的数据网络通信协议相比较,具有以下特点。

- 发送的报文都是很短的数据(通常几个到几十个字节)。
- 通信带宽不高(从几千到 2Mb/s)。
- 网络上的节点往往是低成本、低维护费用的单片机。
- 多节点,多通信介质。
- 可靠性高。
- 实时性高。

此外,LonTalk 协议所支持的多种服务又提高了其可靠性、安全性和网络资源的优化程度。这些服务的特征和优点包括

- 支持广泛范围的通信介质,包括双绞线和电力线。
- 支持可靠通信,包括防范未经授权而使用的系统。
- 不论网络规模如何都提供可预测的响应时间。
- 支持混合介质和不同通信速度构成的网络。
- 提供对节点透明的接口。
- 支持有几万个节点的网络但在只有几个节点的网络中同样有效。
- 允许节点间的任意连通。
- 允许对等通信,这样就使它可用于分布式控制系统。
- 为产品的互可操作性提供有效机制,使来自一个制造商的产品能和其他制造商的产品共享标准物理量的信息。
- 实施协议内网络管理问题的解决方案。

## 3. LonTalk 协议

LonTalk 协议最初只能嵌在神经元芯片内使用,这保证了所有制造商的一致应用。现在 Echelon 公司公布了 LonTalk 协议,并使其成为 EIA 709.1 控制联网标准下的一个公开标准,可以自由提供给任何人。

最经济的执行 LonTalk 通信协议的方法仍然是购买神经元芯片。但是 EIA 标准允许愿意投资的公司在它们自己选定的微处理器中执行其协议。

## 4. 术语解释

为给读者提供一个简单明了的术语,这里尽量给出符合通用的网络教材上的术语定义,图 8.22 为基本术语框图。

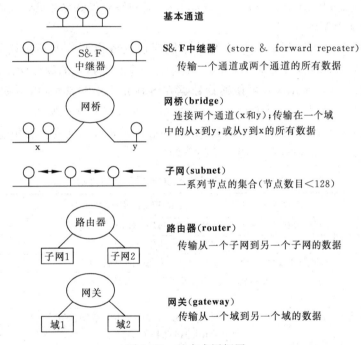

图 8.22 基本术语框图

- **基本通道**
- **S&F 中继器** (store & forward repeater) 传输一个通道或两个通道的所有数据
- **网桥(bridge)** 连接两个通道(x 和 y);传输在一个域中的从 x 到 y,或从 y 到 x 的所有数据
- **子网(subnet)** 一系列节点的集合(节点数目<128)
- **路由器(router)** 传输从一个子网到另一个子网的数据
- **网关(gateway)** 传输从一个域到另一个域的数据

LonTalk 协议的分层符合 OSI 的标准。图 8.23 为各层数据单元的标准接口。

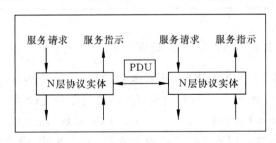

图 8.23 各层数据单元的标准接口

LonTalk 的协议数据单元(protocol data unit,PDU)包含以下 8 部分。

(1) MPDU(MAC protocol data unit) MAC 层协议数据单元,数据称为帧(frame)。

(2) LPDU(link protocol data unit) 链路层协议数据单元,数据称为帧(frame)。

(3) NPDU(network protocol data unit) 网络层协议数据单元,数据称为报文(packet)。

(4) TPDU(transport protocol data unit) 传输层协议数据单元,数据称为消息应答(message/ACK)。

(5) SPDU(session protocol data unit) 会话层协议数据单元,也称为请求-响应(request/response)。

(6) NMPDU(network management protocol data unit) 网络管理协议数据单元。

(7) DPDU(diagnostic protocol data unit) 网络检测协议数据单元。

(8) APDU(application protocol data unit) 应用层协议数据单元。

5. LonTalk 七层协议

LonTalk 是 ISO 组织制定的 OSI 开放系统互连参考模型的七层协议的一个子集。它包容了 LonWorks 的所有网络通信的功能,包含一个功能强大的网络操作系统,通过所提供的网络开发工具生成固件,可使通信数据在各种介质中非常可靠地传输。LonTalk 协议对 OSI 的七层协议的支持使 LonWorks 网络能够直接面向对象通信,具体实现就是采用网络变量这一形式。网络变量使节点之间的通信只通过网络变量互相连接便可完成(表 8.10 为 LonTalk 和 OSI 的七层协议的比较)。

表 8.10 LonTalk 与 OSI 的七层协议的比较

| OSI 层次 | | 标准服务 | LonWorks 提供的服务 | 处理器 |
| --- | --- | --- | --- | --- |
| 应用层 | | 网络应用 | 标准网络变量类型 | 应用处理器 |
| 表示层 | | 数据表示 | 网络变量、外部帧传送 | 网络处理器 |
| 会话层 | | 远程遥控动作 | 请求-响应、认证、网络管理 | 网络处理器 |
| 传送层 | | 端对端的可靠传输 | 应答、非应答、点对点、广播、认证等 | 网络处理器 |
| 网络层 | | 传输分组 | 地址、路由 | 网络处理器 |
| 链路层 | 链路层 | 帧结构 | 帧结构、数据解码、CRC 错误检查 | MAC 处理器 |
| | MAC 子层 | 介质访问 | 带预测 P-坚持 CSMA、碰撞规避、优先级、碰撞检测 | |
| 物理层 | | 电路连接 | 介质、电气接口 | MAC 处理器,XCVR |

## 8.4.2 LonTalk 的物理层通信协议

LonTalk 协议在物理层协议中支持多种通信协议,也就是为适应不同的通信介质需要支持不同的数据解码和编码。例如,通常双绞线使用差分曼彻斯特编码,电力线使用扩频,无线通信使用频移键控(FSK)等。由于 LonTalk 协议考虑对各种介质的支持,因而 LonWorks 网络可以容许使用非常广泛的通信介质,如双绞线、电力线、无线电、红外线、同轴电缆、光纤甚至用户自定义的通信介质。

LonTalk 协议支持在通信介质上的硬件碰撞检测,例如双绞线。LonTalk 协议还可以自动地将正在发送碰撞的报文取消掉,重新再发。如果没有碰撞检测,则当碰撞发生时,只有当响应或应答超时时才会重发报文。

### 8.4.3 LonTalk 协议的网络地址结构及对大网络的支持

网络地址有 3 层结构,域(domain)、子网(subnet)、节点(node)。

第一层结构是域。域的结构可以保证在不同的域中通信是彼此独立的。例如,不同的应用节点共存在同一通信介质中时,如无线电,对不同域的区分可以保证它们的应用完全独立,彼此不受到干扰。

第二层结构是子网。每一个域最多有 255 个子网。一个子网可以是一个或多个通道的逻辑分组,子网层的智能路由器可以实现子网间的数据交换。

第三层结构是节点。每个子网最多有 127 个节点,所以一个域最多有 $255 \times 127 = 32385$ 个节点。任一节点可以分属一个或两个域,允许一个节点作为两个域之间的网关(gateway),也允许一个节点将采集来的数据分别发向两个不同的域。

节点也可以被分组,一个组可在一个域中跨越几个子网或几个通道。在一个域中最多有 255 个组,每一个组中需应答服务的节点最多有 63 个;而无应答服务的节点个数不限。一个节点可以分属 15 个组去接收数据。分组结构可以使一个报文同时为多个节点所接收。

上述信息列出如下:

| | |
|---|---|
| 子网中的节点数 | 127 |
| 域中的子网数 | 255 |
| 域中的节点数 | 32385 |
| 网络中的域 | $2^{48}$ |
| 系统中最多的节点数 | $32K \times 2^{48}$ |
| 组中的成员: | |
| 非应答或重复的节点 | 无限制 |
| 应答或要求响应的节点 | 63 |
| 域中的组 | 255 |
| 网络中的信道 | 无限制 |
| 网络变量中的字节 | 31 |
| 显式报文中的字节 | 228 |
| 数据文档中的字节 | $2^{32}$ |

另外,每一个神经元芯片有一个独一无二的 48 位 Neuron ID 地址,这个 Neuron ID 地址是在生产神经元芯片时由硬件确定的,作为产品的序列号,是不可更改的。图 8.24 为报文地址结构。

一个通道是指在物理上能独立发送报文(不需要转发)的一段介质。LonTalk 协议规定一个通道至多有 32385 个节点。通道并不影响网络的地址结构,域、子网和组都可以跨越多个通道,一个网络可以由一个或多个通道组成。通道之间是通过网桥(bridge)来连接的。这样做不仅可以实现多介质在同一网络上的连接,而且不会使一个通道的网络信道过于拥挤。

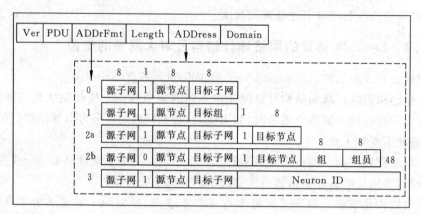

图 8.24 报文地址结构

### 8.4.4 LonTalk MAC 子层

LonTalk 协议的 MAC 子层是链路层的一部分,它使用 OSI 各层协议的标准接口和链路层的其他部分进行通信,如图 8.25 所示。

目前在不同的网络中存在多种介质访问控制的协议,其中之一就是大家熟悉的 CSMA(载波监听多路访问)。LonTalk 协议的 MAC 子层是该协议的一种改进。图 8.26 为 MPDU/LPDU 格式。

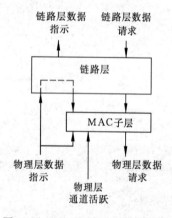

图 8.25 MAC 子层与链路层其他部分进行通信的框图

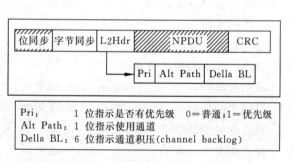

图 8.26 MPDU/LPDU 格式

目前存在的许多 MAC 协议,例如 IEEE 802.2,802.3,802.4,802.5 都不能在大网络系统和多通信介质、重负载下保持网络高效率。

对于常用的 CSMA/CD,在轻负载的情况下具有很好的性能,当在重负载的情况下时,一数据包在发送时,可能有很多网络节点等待网络空闲,一旦这包数据发送完毕,网络空闲,这些等待发送的节点就会马上发送报文,必然产生碰撞。产生碰撞后,由避让算法使之等待一段时间再发,假如这段时间是相同的话,重复的碰撞仍会发生。在这种情况下网络效率就会大大降低。

## 8.4 LonWorks 通信协议——LonTalk

令牌环(token-ring)网络支持多种介质,但是这些介质必须具有环的结构,令牌在这个环线上轮巡,这在使用电力线和无线电作为介质的网络中显然是不行的,因为网上的所有节点几乎都能同时收到令牌。同时,令牌环网络还需要增加令牌丢失时的恢复机制和令牌快速应答机制,这些都增加了硬件上的开销,使网络的成本增加。

对于令牌总线(token-bus)网络,在令牌中加入网络地址,从而在物理总线上建立一个逻辑环的结构,使令牌在这个逻辑环上轮询。然而,在低速网络中这个令牌轮询时间变得很长;另外,令牌总线在有节点上网或下网时都会发生网络重构。在电池供电的系统中经常会因为节点的休眠和唤醒而导致上下网时的网络频繁重构,在恶劣的环境下也常会发生令牌丢失而使网络重构,这些网络重构都会大大降低网络的效率。同时由于网络地址的限制,每一个网络至多只有 255 个节点。

LonTalk 协议使用改进的 CSMA 介质访问控制协议,称为带预测的 P-坚持 CSMA (predictive P-presistent CSMA)。它在保留 CSMA 协议的优点的同时,注意克服它在控制网络中的不足。在带预测的 P-坚持 CSMA 协议中,对所有的节点都根据网络积压参数等待随机时间片来访问介质,这就有效地避免了网络的频繁碰撞。每一个节点发送报文前都要随机地插入 $0 \sim W$ 个随机时间片,因此网络中任一节点在发送普通报文前平均插入 $W/2$ 个随机时间片,而 $W$ 则根据网络积压参数(backlog)的变化进行动态调整,其公式是 $W = BL * Wbase$,其中 $Wbase = 16$,$BL$ 为网络积压的估计值,它是对当前发送周期中有多少个节点需要发送报文的估计。

当一个节点因有信息需要发送而试图占用通道时,首先在 Beta1 周期地检测通道有没有信息发送,以确定网络是否空闲。随后节点产生一个随机等待 $T$,$T$ 为 $0 \sim W$ 时间片 Beta2 中的一个,如图 8.27 所示。当延时结束时,网络仍为空闲时,节点发送报文;否则节点继续检测是否有信息发送,然后再重复 MAC 算法。

BL 值是对当前网络繁忙程度的估计。每一个节点都有一个 BL 值,当侦测到一个 MPDU 时,或发送一个 MPDU 时 BL 加 1;同时每隔一个固定报文周期 BL 减 1。把 BL 值加到 MPDU/LPDU 的头中。当 BL 值减到 1 时,就不再减,总是保持 $BL \geqslant 1$。可以看出采用带预测的 P-坚持 CSMA 允许网络在轻负载的情况下,插入的随机时间片较少,节点发送速度快,而在重负载的情况下,随着 BL 值的增加,插入的随机时间片较多,又能有效避免碰撞。图 8.27 为带预测的 P-坚持 CSMA 的示意图。

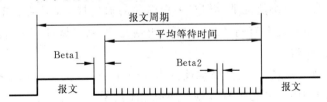

图 8.27 带预测的 P-坚持 CSMA 的示意图
Beta1:为空闲时间;Beta1>1b+物理延时+MAC 响应时间
Beta2:为随机时间片;Beta2>2$x$ 物理延时+MAC 响应时间

实验表明,36 个 LonWorks 节点互联,采用一般的 P-坚持算法,当每秒要传输的报文达 500~1000 包时碰撞率从 10% 上升到 54%,而采用带预测的 P-支持算法时,在 500 包以下时碰撞率相当,而在 500~1000 包时,仍稳定在 10%。

综上所述,LonWorks 的 MAC 子层具有以下的优点,支持多介质的通信,支持低速率的网络,可以在重负载的情况下保持网络性能,支持大型网络。

在 MAC 层中,为缩短紧急事件的响应时间,提供一个可选择的优先级机制。该机制容许用户为每一个需要优先级的节点分配一个特定的优先级时间片(priorityslot),在发送过程中,优先级数据报文将在那个时间片里将数据报文发送出去,优先级时间片为 0~127。0 表示不需要等待立即发送,1 表示等待一个时间片,2 表示等待两个时间片,……,127 就要等待 127 个时间片。低优先级的节点需等待较多的时间片;而高优先级的节点需等待的时间片较少。这个时间片是加在 P-概率时间片之前,非优先级的节点必须等待优先级时间片都完成之后,才能在 P-概率时间片后发送,因此加入优先级的节点总比非优先级的节点具有更快的响应时间。图 8.28 表示了优先级带预测的 P-坚持 CSMA。

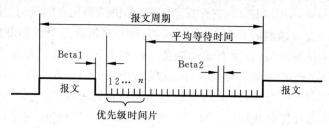

图 8.28　优先级带预测的 P-坚持 CSMA 示意图

### 8.4.5　LonTalk 协议的链路层

LonTalk 协议的链路层提供子网内 LPDU 帧顺序的无响应传输,提供错误检测能力,但不提供错误恢复的能力。当一帧数据 CRC 校验错时,该帧被丢掉。

在直接互联模式下物理层和链路层接口的编码方案是曼彻斯特编码;在专用模式下根据不同的电气接口采用不同的编码方案。CRC 校验码加在 NPDU 帧的最后,CRC 采用的多项式是 $X^{16}+X^{12}+X^5+1$(标准 CCITT CRC-16 编码)。

### 8.4.6　LonTalk 协议的网络层

在网络层,LonTalk 协议提供给用户一个简单的通信接口,定义了如何接收、发送和响应报文等。在网络管理上有网络地址分配、出错处理、网络认证、流量控制等,路由器的机制也是在这一层实现。

对于 NPDU 地址格式,根据网络地址分为 5 种,图 8.24 为 5 种地址格式。在每一种地址格式的源子网域内,"0"意味着节点不知道其子网号。

### 8.4.7　LonTalk 协议的传输层和会话层

LonTalk 协议的核心部分是传输层和会话层。一个传输控制子层管理着报文执行的顺序、报文的二次检测。传输层是无连接的,它提供 1 对 1 节点、1 对多节点的可靠传输。信息认证(authentication)也是在传输层实现的。

会话层主要提供请求-响应的机制,它通过节点的连接来进行远程数据服务,因此使用该机制可以遥控实现远端节点的过程建立。LonTalk 协议的网络功能虽然是在应用层完成的,但实际上也由会话层提供请求应答机制。

### 8.4.8 LonTalk 协议的表示层和应用层

LonTalk 协议的表示层和应用层提供以下 5 类服务。

(1) 网络变量服务。当定义为输出的网络变量改变时,能自动地将网络变量的值变成 APDU 下传并发送,使所有把该变量定义为输入的节点收到该网络变量改变的信息。当收到信息时,根据上传的 APDU 判断是否是网络变量以及是哪一个网络变量,并激活相应的处理进程。

(2) 显示报文服务。将报文的目的地址、报文的服务方式、数据长度和数据组织成 APDU 下传并发送,将发送结果上传并激活相应的发送结果处理进程。当收到信息时,能根据上传 APDU 判断是否是显示报文,并能根据报文代码激活相应的处理进程。

(3) 网络管理服务。见下一节的讨论。

(4) 网络跟踪服务。这些信息被网路管理初始化,测试网络上所有的操作,记录错误信息和错误点。见下节的讨论。

(5) 外来帧传输服务。该服务主要针对网关(gateway),将 LonWorks 网络外其他的网络信息转换成符合 LonTalk 协议的报文传输,或反之。

### 8.4.9 LonTalk 协议的网络管理和网络诊断

LonTalk 协议的网络管理和网络诊断提供了以下 4 类服务。

(1) 地址分配。分配所有节点的地址单元,包括域号、子网号、节点号以及所属的组名和组员号,值得注意的是 Neuron ID 是不能分配的。

(2) 节点查询。查询节点的工作状态以及一些网络通信的错误统计,包括通信 CRC 校验出错、通信超时等。

(3) 节点测试。用发送测试命令来对节点进行测试。

(4) 设置配置路由器的配置表。

### 8.4.10 LonTalk 协议的报文服务

LonTalk 协议提供了 4 种类型的报文服务,这些报文服务除请求-响应是在会话层实现,其他 3 种都在传输层实现。

(1) 应答(acknowledge)或称为端对端(end to end)的应答服务

当一个节点发送报文到另一个节点或一个分组时,每一个接收到报文的节点都分别向发送方发应答,如果发送方在应答时间内没有收到全部应答,则发送方将重新发送该报文,重发次数和应答时间都是可选的。报文应答服务由网络处理器(network processor)完成,不需应用程序来干预。报文传输号确保节点不会收到重复的报文。

(2) 请求-响应方式(request/response)

当一个节点发送报文到另一个节点或一个分组时,每一个接收到报文的节点都分别向发送方发响应,如果发送方在响应时间内没有收到全部响应,则发送方将重新发送该报文,重发次数和响应时间都是可选的。报文响应服务可以包含数据,由应用处理器(application processor)完成,适合远程过程调用和客户服务器方式的应用。

(3) 非应答重发方式(unacknowledged repeated)

当一个节点发送报文到另一个节点或一个分组时,不需要每一个接收到报文的节点都向发送方发应答或响应,而采用重复多次发送同一报文的方式,使报文尽可能可靠地被接收方收到。这种方式适合于节点较多的分组广播发送方式,从而避免因节点响应或应答而使网络过载。

(4) 非应答方式(unacknowledged)

当一个节点发送报文到另一个节点或一个分组时,不需每一个接收到报文的节点向发送方发应答或响应,也不必重复多次发送同一报文。这种方式适合对可靠性要求不高,但需要速度较高、报文长度较长的报文。

### 8.4.11 LonTalk 网络认证

LonTalk 协议支持报文认证(authentication),收发双方在网络安装时约定一个 6 个字节的认证字,接收方在接收报文时判断是否是经发送方认证的报文,只有经过发送方认证的报文方可接收。

## 8.5 面向对象的编程语言——Neuron C

Neuron C 是一种编程语言,它以 ANSI C 为基础,是专门为神经元芯片而设计的,并同时加入通信、事件调度、分布数据对象和 I/O 功能,是编写神经元芯片程序最为重要的工具。

虽然 Neuron C 以 ANSI C 为基础,但在数据类型上和 ANSI C 仍有一定的差别。
Neuron C 支持的数字类型如下:

| | | |
|---|---|---|
| char | 8b | signed or unsigned |
| short | 8b | signed or unsigned |
| int | 8b | signed or unsigned |
| long | 16b | signed or unsigned |
| boolean | 8b | |

Neuron C 支持 ANSI C 的定义类型、枚举类型、数组类型、指针类型、结构类型和联合类型。

值得注意的是,Neuron C 不支持 ANSI C 的标准运行库的一些功能,例如浮点运算、文件 I/O 等,然而为了满足神经元芯片作为智能分布控制应用的需要,Neuron C 有自己扩展的运行库和语法。这些扩展功能包括定时器、网络变量、显式报文、多任务调度、EEPROM 变量和其他多种功能。

### 8.5.1 定时器

在一个程序中,最多可以定义 15 个软件定时器,在这些定时器中可分别有两种软件计数器对象,毫秒计数器和秒计数器。毫秒计数器提供一个 1~64000ms 计数范围的计数器;秒计数器提供一个 1~65535s 计数范围的计数器。对于计数范围为 64s 和小于 64s 的精确计数,使用毫秒计数器。这些软件计数器在网络处理器中运行,它们是和神经元芯片上的两个硬件定时计数器分离的。

### 8.5.2 网络变量

LonTalk 协议提出了网络变量(network variable)这个全新的概念。网络变量大大简化了使多个销售商产品互可操作的 LonWorks 应用程序的设计工作,并方便了以信息为基础而不是以指令为基础的控制系统的设计。网络变量可以是任何数据项(温度、开关值或执行器位置设定),它们是期望从网上其他装置得到(输入 NV)或期望提供给网上其他装置的(输出 NV)一个特定装置应用程序。

装置中的应用程序根本不需要知道输入 NV 来自何处或输出 NV 走向何处。当应用程序的输出 NV 的值变化时,只把这个新值写入一个特定的存储单元。在网络设计和安装期间会发生一个叫做"捆绑(binding)"的过程,通过这个过程配置 LonTalk 固件,以确定网上要求 NV 的装置组或其他装置的逻辑地址,汇集和发送适当的包到这些装置。类似地,当 LonTalk 固件收到它的应用程序所需的输入 NV 的更新数值时,就把更新数据放在一个特定的存储单元。应用程序知道在这个单元总能找到最新数据。这样,捆绑过程就在一个装置中的输出 NV 和另一装置或装置组的输入 NV 之间建立了逻辑连接。连接可想象为"虚拟线路"。假如一个节点有一个物理开关和相应的称为"开关 on/off"的输出 NV,而另一节点有一个称为"灯 on/off"输入 NV 的灯泡,连接这两个 NV,建立一个逻辑连接,其功能效应就如同从开关到灯泡的一条物理线路,如图 8.29 所示。

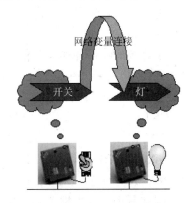

图 8.29 网络变量连接示意图

网络变量是在应用程序中被定义的变量,可以是整型、字符型或结构等类型,但不能是指针类型。一个网络变量可以与一个或多个其他节点的同类型网络变量捆绑。网络变量从通信的角度分为输入或输出,对于一个输入的网络变量可以和其他节点的多个输出的网络变量互联,而对于一个输出的网络变量也可以和其他节点的多个输入的网络变量互联,值得注意的是,输出和输出或输入和输入是不能互联的。

节点的数据可以通过网络变量进行共享,一个节点输出的网络变量更新,而所有与之相连的其他节点的输入网络变量也相应地更新。例如一个温度测量节点,可以定义一个输出网络变量,这个网络变量包含当前的温度值;另一个温度控制节点,它需要知道当前的温度测量值,定义一个输入的网络变量,这个网络变量包含当前的温度测量值,这个网络变量和温度测量点的输出网络变量类型是一样的,将这两个网络变量互联,当温度测量点的温度值更新时,温度控制点就会相应地获得更新后的当前温度值。

网络变量的传送是通过 LonTalk 协议来完成的,对用户来说是透明的,应用程序开发者不必关心网络变量传送的目标地址、打包拆包、报文缓冲区、请求、响应、重发等低级网络操作,因此网络变量大大地简化了开发和安装分布系统的过程。

网络变量的捆绑是由网络管理工具来完成的。这些管理工具可以是 LNS,LonBuilder 和 LonMaker for Windows。捆绑过程实际上是将一组包含节点的地址、报文类型等信息的网络管理报文发送到需要捆绑的节点,这些节点再将收到的配置信息写入节点的地址表和网络变量配置表中。地址表和网络变量配置表在神经元芯片的 EEPROM 中,这样即使节点掉电,配置信息也不会丢失。

输入的网络变量对应输出的网络变量,输出的网络变量更新也使相应的输入网络变量更新;同时输入网络变量也可通过轮询方式获得最新的输出网络变量值。需要注意的是,网络变量的定义是在节点代码编译时完成的,而连接过程则是在节点运行过程中,或是在节点联网之前或之后完成的。

一个节点最多可以定义 62 个网络变量(对于数组型网络变量包含数组中每个单元)。在通常情况下,特别是在以神经元芯片为核心的小系统中(对于大系统,若采用 host-base 方式,网络变量可达 4096 个),这并不是一个非常重要的限制,因为一个输入的网络变量可以和无数个输出的网络变量互联,一个输出的网络变量可以和无数个输入的网络变量互联。网络变量还有另一个限制是其长度不能超过 31 字节,对于超过 31 字节的数据可以使用显式报文。

对于将神经元芯片作为通信协处理器的基于主机(host-base)的节点,网络变量转移到主处理器中,也可以在神经元芯片的 EEPROM 中,网络变量个数可达 4096 个。

根据 LonTalk 协议,网络变量的更新也提供了 4 种服务:

ACKED　　　　　　　　应答服务
REQUEST　　　　　　　请求-响应方式,输入网络变量使用轮询方式实现
UNACKD_RPT　　　　　非应答重发方式
UNACKD　　　　　　　非应答方式

网络变量还可以根据 LonTalk 协议定义为认证方式、优先级等方式;还可以定义为同步方式,它能保证网络变量的所有更新都被传送。

网络变量包含 4 个预定义完成事件:

nv_update_occurs　　　　输入网络变量接收到一个输入值
nv_update_fails　　　　　输出网络变量发送失败
nv_update_succeeds　　　输出网络变量发送成功
nv_update_completes　　 输出网络变量发送完成(包括失败和成功)

### 8.5.3　显式报文

在大多数情况下在网络通信中采用网络变量是一个简单、可靠、快捷的方法,然而网络变量在个数、长度和发送目的地址等方面都使编程者受到限制。LonWorks 又提供了

## 8.5 面向对象的编程语言——Neuron C

一个更灵活但较复杂的通信方式——显式报文。所谓显式报文是一个结构变量,该结构分为输出显式报文、输入显式报文、响应输出报文和响应输入报文,如下所示

```
typedef enum{FALSE,TRUE} boolean;
typedef enum{ACKD,UNACKD_RPT,UNACKD,REQUEST}service_type;
struct{
    boolean         priority_on;        //是否有优先级
    msg_tag         tag                 //报文标签
    int             code;               //报文码
    int             data[MAXDATA]       //报文数据,长度不超过228字节
    boolean         authenticated;      //是否需要认证
    service_type    service;            //报文服务类型
    msg_out_addr    dest_addr;          //目的站地址
}msg_out;

struct{
    int             code;               //报文码
    int             len                 //报文长度
    int             data[MAXDATA]       //报文数据
    boolean         authenticated;      //发送方是否使用认证
    service_type    service;            //报文服务类型
    msg_in_addr     addr;               //源地址
    boolean         duplicate;          //报文是否重复
    unsigned        rcvtx;              //接收事务 ID
}msg_in;

struct{
    int             code;               //报文码
    int             data[MAXDATA]       //报文数据
}resp_out;

struct{
    int             code;               //报文码
    int             len;                //报文长度
    int             data[MAXDATA]       //报文数据
    resp_in_addr    addr;               //响应源地址
}resp_in;
```

在显示报文中对通信提供目的和源地址、优先级、认证等方式的直接操作。所有对显式报文的操作都是通过对运行库的调用来实现的。这些调用如下:

| | |
|---|---|
| msg_alloc() | 分配报文缓冲区 |
| msg_alloc_priority() | 分配优先级报文缓冲区 |
| msg_cancel() | 发送取消 |
| msg_free() | 释放报文缓冲区 |

| | |
|---|---|
| msg_receive() | 是否收到新报文 |
| msg_send() | 报文发送 |
| resp_alloc() | 分配响应缓冲区 |
| resp_cancel() | 响应取消 |
| resp_free() | 释放响应缓冲区 |
| resp_receive() | 是否收到新响应报文 |
| resp_send() | 响应报文发送 |

显示报文包含 5 个完成事件：

| | |
|---|---|
| msg_arrivers() | 报文收到 |
| msg_completes() | 报文发送完成 |
| msg_succeeds() | 报文发送成功 |
| msg_fails() | 报文发送失败 |
| resp_arrives() | 响应报文收到 |

表 8.11 为描述显式报文操作的简表，以帮助理解结构变量、函数和事件的关系。

表 8.11 显式报文操作简表

| 操作步骤 | Neuron C 功能 |
|---|---|
| 1. 构造一个报文 | msg_out 变量 |
| 2. 发送该报文或取消该报文 | msg_send()/msg_cancel() 函数 |
| 3. 根据事件判断发送结果 | msg_completes()/msg_succeeds()/msg_fails() 事件 |
| 1. 收到一个报文 | msg_arrivers 事件/msg_receive() 函数 |
| 2. 获得数据 | msg_in 变量 |
| 接收端收到的数据是请求-响应类型 | |
| 1. 构造响应报文 | resp_out 变量 |
| 2. 发送该响应报文或取消该响应报文 | resp_send()/resp_cancel() 函数 |
| 发送端收到响应报文 | |
| 1. 收到一个响应报文 | resp_arrivers 事件/resp_receive() 函数 |
| 2. 获得数据 | resp_in 变量 |

　　值得一提的是显式报文提供一个请求-响应机制，它使一个节点上的应用能够响应另一个节点的应用。请求-响应和网络变量的轮询相似，但它还提供了更多的功能。当一个网络变量被轮询时，被轮询节点的应用程序为这个网络变量提供最新的值，但不干涉应用程序。与之形成对照的是，当一个报文以显式报文请求服务的方式被发送后，远程节点的应用程序接收该报文并执行一些动作，然后为它的响应提供一个新值。因此显式报文提供了一个节点上的应用激活另一个节点的操作方法。

　　虽然显式报文使网络操作更为灵活，但在 Neuron C 编程的过程中，并不提倡使用显式报文进行通信，主要因为显式报文不像网络变量那样容易实现互操作，显示报文的数据格式更依赖于具体的应用。

### 8.5.4 调度程序

Neuron C 的任务调度是事件驱动(event driven)方式,当一个给定事件发生的条件为真时,与该事件关联的一段代码(称为任务)被执行。调度程序允许编程者定义事件,例如输入管脚状态的改变、网络变量的更新、计数器的溢出等。这些事件可以定义优先级,以使一些重要事件能够优先得到响应。Neuron C 任务调度是非实时的,也就是说,如果低优先级事件的任务在运行,即使高优先级的事件发生,也必须等到低优先级事件的任务完成后,重新调度执行高优先级事件的任务。

事件是通过 When 语句来定义的,一个 When 语句包含一个表达式,当表达式为真时,表达式后面的任务被执行。

在 Neuron C 中定义了 5 类事件,系统级事件、输入输出事件、定时器事件、网络变量和显式报文事件、用户自定义事件等。

### 8.5.5 附加功能

附加功能主要包括输入输出、调度系统复位、旁路模式、睡眠模式、补充的预定义事件以及错误处理。这些功能大部分以函数和事件的形式提供。

## 8.6 LonWorks 的互操作性

LonWorks 技术推动了互可操作设备和系统的发展。但是从系统的角度来看,单个 LonWorks 节点所采用的通信介质以及应用程序对网络中的其他节点来说是不"可见"的,因此仅仅靠 LonWorks 节点本身并不能保证来自不同制造商的设备能在同一系统中互可操作,还必须进行正确的网络设计。图 8.30 表示了不同厂家的具有互操作性的不同产品被集成在同一个 LonWorks 网络中。

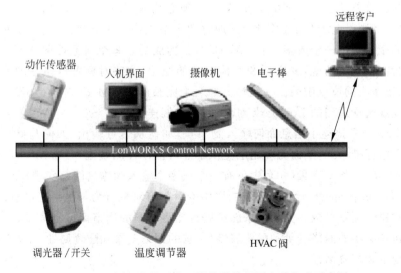

图 8.30 不同厂家的具有互操作性的不同产品集成示意图

### 8.6.1 LonMark 协会

由于在许多产业中有发展互可操作产品的巨大机遇,1994 年由 Echelon 公司和致力于建造互可操作产品的 LonWorks 用户集团成立了 LonMark 互可操作协会。互可操作性意味着来自同一个或不同的制造商的多个设备能集成在同一个控制网中,而无需特定的节点或特定的编程。LonMark 协会致力于发展互可操作性标准,认证符合标准的产品以及发扬互可操作系统的优点。

LonMark 标志提供高层次的互可操作性保证。只有经过 LonMark 协会认证的 LonWorks 产品称之为 LonMark 产品,才能携带 LonMark 商标标志。

协会发布各种产品技术规范和准则,以保证根据这些规则设计的产品互可操作。协会还编制和公布功能性行规,详尽介绍应用层接口,包括为专用或通用控制功能所需的网络变量、配置属性、系统设定和上电动作。协会还致力于下述两个领域:

① 标准收发器和相应的物理信道的准则。
② 节点应用程序的结构分析和文件编制。

### 8.6.2 收发器和物理信道准则

收发器和物理信道的 LonMark 准则包含在文件"LonMark 1~6 层互可操作性准则"中,在该文件中有已获得认证的所有标准物理信道以及相应的收发器的说明,该文件也为 LonTalk 协议的使用——缓冲器大小、数量、类型,地址表入口等提供准则。

楼宇中最经常使用的信道类型是 TP/FT-10(78Kb/s 双绞线自由拓扑型)和 TP/XF-1250(1.25Mb/s 双绞线总线拓扑型),有时在商用或工业领域中,也使用 PL-22(5.4Kb/s 电力线)电力线类型收发器,以充分利用现有的电力线,将其作为传输介质。

### 8.6.3 应用程序准则

互可操作设备的应用程序的 LonMark 准则包含在"LonMark 应用层互可操作性准则"中。这些准则是基于功能性行规,并通过单个节点中的 LonMark 对象实现的。节点应用程序的接口是由一个或多个 LonMark 对象构成的。每个对象按照被定义的输入输出接口执行文档记录功能,并实现和其他对象的通信,这些对象可以是在同一节点内部的,也可以是在不同节点中的。一旦建立好一个完整的 LonMark 对象后,设计一个网络的任务就变成选择适当的 LonMark 对象,并把它们连接起来。

LonMark 对象描述了信息如何输入到节点,如何从节点输出,如何与网络上其他节点共享信息的标准格式,从而为应用层提供了互可操作性的基础。LonMark 对象定义为由一套输入和输出网络变量(一套中可有一个或多个输入和输出网络变量)和一套配置属性(configuration property)组成。其中,网络变量带有对象行为与网络变量值;配置属性用于说明对象的配置参数。为了将来能扩展且能将不同的制造商区别开来,LonMark 对象的定义包含必要的网络变量和配置属性、可选的网络变量和配置属性、还有制造商自定义的网络变量和配置属性。

## 8.6 LonWorks 的互操作性

**1. 标准网络变量类型**

为了使来自多个制造商的产品能方便地使用网络变量实现互操作性,网络变量中数据格式的定义必须是一致的。例如,所有的温度值在网络上传送时必须是同一种格式,或者是绝对温标、摄氏或者是华氏,但是只能选择其中的一种作为真正的互操作标准,这个标准的选择是由 LonMark 协会完成的。迄今为止,LonMark 协会已定义并公布了一百多个通用的网络变量,这些变量被称为标准网络变量类型(SNVT)。标准网络变量不限定数据在网络工具中的显示形式,例如,尽管温度值用绝对温标或华氏值被传送,但是它们很容易地在网络工具使用者的控制下以华氏或摄氏值进行显示。

**2. 配置属性**

每个 LonMark 对象只通过 SNVT 和其他 LonMark 对象交换信息,但是许多对象也被要求按照特定系统的应用进行定制。在 LonMark 准则中将这样的数据结构规定为配置属性,它提供了文件编制和用网络工具将数据下载到节点上的网络报文格式的标准。LonMark 协会定义了一套标准的配置属性类型,称为标准配置属性类型(SCPT),制造商也可以定义自己的配置属性类型,称为用户定义的配置属性类型(UCPT)。标准配置属性类型的定义很广,可以应用于许多种功能模式中,例如滞后界限、系统设定值、最大最小极限值、增益设定和延迟时间等。标准配置属性类型能应用在任何可以应用的地方,并记录在"SCPT 主表"上。在没有合适的标准配置属性类型的情况下,制造商可以为配置对象定义 UCPT,但是它们必须按标准格式记载在资源文件中。

**3. LonMark 对象和功能模式**

LonMark 准则定义了两种类型的对象,通用 LonMark 对象和 LonMark 功能模式。通用对象在各行各业中有广泛应用,可作为例证的是开环传感器对象,它向网络提供来自于 LonMark 节点集成的或与其连接的任何形式传感器的数值。功能模式设计用于特定应用领域,诸如 HVAC(暖通空调)或照明系统。可作为例证的是 VAV 控制器功能模式,它从网络上取得室温值,并通过运行 PID 控制算法来驱动风门,以达到调节房间温度的目的。LonMark 协会建立了由有关成员组成的工作组来设计、批准、公布许多领域,诸如 HVAC、安防、照明和半导体制造系统中的功能模式。

1995 年 1 月公布在 LonMark 互操作性准则中的最初的一个 LonMark 对象集构成了通用对象(传感器、执行器和控制器)的基本集,从这个基本集出发可实施许多应用。输入和输出数据类型留待按照特定应用来解释。自那时以来,LonMark 已有所进展,定义了数据类型和相配合的配置属性,以达到可用功能模式描述新的专用对象的要求。功能模式的标准框图如图 8.31 所示。

LonMark 功能模式详尽描述了应用层接口,包括网络变量、配置属性、系统设定和上电动作,它们是 LonMark 节点为实现专用、通用控制功能所必需的。功能模式是使功能标准化,而不是使产品标准化。所以功能模式是提供给制造商描述通用控制功能的快捷方法。这种方法方便了规格的制定,提高了互可操作性,又不必为了要求独特功能和有竞争力的专门化产品而损害规格制定者和制造商的利益。除了基本的 LonMark 对象的任何组合外,产品还可以包含一个或一个以上的功能模式。

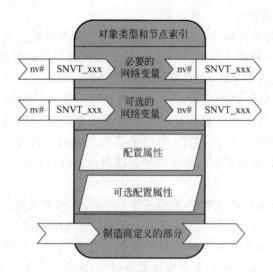

图 8.31 功能模式的标准框图

因此 LonMark 节点中的应用程序由一个或几个 LonMark 对象组成,每个对象都有相对应的功能模式定义,每个都独立于其他对象配置和使用。每个 LonMark 对象都可以和网上任何其他对象相连接,以实施期望的系统级的功能。很多 LonMark 节点也包含一个节点对象,该对象的功能在于让网络管理工具来监控自己和其他对象在节点中的状态。图 8.32 显示了互可操作端口的几个主要组成部分。

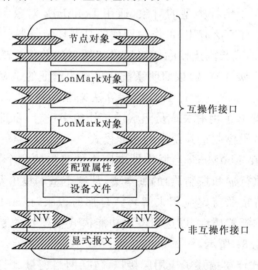

图 8.32 LonWorks 应用层端口框图

所有 LonMark 节点必须自编文档,以保证基于 LNS 的任何网络管理工具都能从网络上的任何 LonMark 节点取得所有必要的信息,以便把节点连接到系统中,并对其进行配置和管理。每个 LonMark 节点还必须有外部接口文档(带 XIF 扩展名的特殊格式化文本的 PC 文档),使网络工具能在节点物理连接前设计和配置网络数据库,在安装后调试节点。

### 4. LonMark 资源文件

LonMark 资源文件是一系列文件，用于描述一个或多个 LonWorks 设备的外部接口配置情况。这些文件使得网络安装工具和操作员界面应用程序能够理解节点发来的数据，并能正确格式化将发送给节点的数据。它们也帮助系统集成商或系统操作员知道怎样使用一个设备或控制设备上的 LonMark 对象。标准资源文件描述了设备外部接口的标准配置情况，是可以从 LonMark 协会获得的。设备制造商必须为自己定义的外部接口配置创建用户定义的资源文件。

有 4 种类型的资源文件，具体描述如下。

(1) 类型文件(type file)

此文件使用.TYP 扩展名。用于定义网络变量、配置属性和枚举类型。LonMark 的 SNVT 和 SCPT 定义于 STANDARD.TYP 文件中。

(2) 功能模式模板(founctional profile template)

此文件使用.FPT 扩展名。定义用于描述 LonMark 对象的功能模式。功能模式指明了必要的和可选的网络变量和配置属性。从功能模式衍生出的特殊的 LonMark 对象不必全部表示出可选的网络变量和配置属性。LonMark 标准的功能模式定义于 STANDRAD.FPT 文件中。

(3) 格式文件(format file)

此文件使用.FMT 扩展名。为类型文件中的网络变量和配置属性定义显示或输入格式。LonMark 标准网络变量和配置属性的格式文件是 STANDRAD.FMT。

(4) 语言文件(language file)

每个设备资源文件中必须包含一个或一个以上的语言文件。这些文件包含随语言而定的字符串。它们的扩展名取决于应用的目标语言。例如美国英语文档有一个.ENU 扩展名，而英国英语文档则有一个.ENG 扩展名。

使用非标准类型或功能模式的设备制造商应该为他们的设备提供资源文件，制造商也可以把他们的资源文件提交给 LonMark 协会，以便于从网络下载。

资源文件必须能够识别它们相对应的设备，例如，标准资源文件应该能用到所有设备中。制造商定义的资源文件应和他们自己的或同类或特定的设备联系在一起，这将使得一个用户可以拥有来自许多厂商的多个资源文件，这些文件自动地通过 Program ID 和相对应的设备相联系。

### 5. LonMark 程序 ID

LonMark 程序 ID(program ID)是包括在每个 LonMark 设备中的唯一的设备应用程序标识符。在符合 LonMark 准则的设备中包含一个按照标准格式定义的 Program ID，被称做标准 Program ID。一个标准的 Program ID 包含设备制造商信息、设备的功能、所用的收发器以及预定的应用。因此网络工具可以通过标准的 Program ID 在 LonWorks 网络中从功能上识别相应的设备。标准的 Program ID 是由 64 位二进制数组成，其中包含的字段如下。

(1) 格式(format)

格式为定义 Program ID 结构的 4 位数值。Program ID 格式 8 和 10～15 保留给互

可操作的 LonMark 节点。ID 格式 8 用于标准 Program ID,指明该设备是通过 LonMark 认证的设备。格式 9 指明该设备是和 LonMark 兼容的设备,但还没通过 LonMark 一致性测试认证的设备,用于设备的开发、研制和测试阶段。通常情况下使用格式号 8 或 9。

(2) 制造商 ID(manufacturer ID)

制造商 ID 为一个 20 位的唯一的 ID,用于识别 LonMark 设备的制造商。ID 是在制造商成为 LonMark 互可操作协会会员,并提出要求时分配的。没有这个 ID 的制造商可以在设备开发、研制和测试阶段使用制造商 ID 号 0。

(3) 设备类别(device class)

设备类别为标识设备类别的一个 16 位 ID,这个 ID 取自预定义的类别定义登记表。设备类别指示设备的初始功能。假如没有给出适当的类别名称,可以向 LonMark 协会提出申请,请求分配。

(4) 设备子类别(device subclass)

设备子类别确定设备类别内子类的 16 位 ID,这个 ID 取自预定义的子类定义登记表。设备子类指出设备上所用的收发器类型及其预定用途,即居住建筑、工业建筑、商业楼宇等。假如没有给出适当的子类名称,可以根据请求进行分配。

(5) 型号(model number)

型号为指定产品型号的 8 位 ID,由产品制造商分配,对制造商来说,型号在设备类别和子类内必须是唯一的。在 Program ID 内的型号并不一定要和制造商的 ID 号一致。

## 8.7 LonWorks 节点开发工具

为了使 LonWorks 网络的使用者快速、方便地开发节点和联网,LonWorks 技术提供了两种现成的节点开发工具,单节点开发工具 NodeBuilder 和多节点开发工具 LonBuilder。

### 8.7.1 LonBuilder 多节点开发工具

LonBuilder 是 LonWorks 技术中最主要的一个节点开发工具,它包含了开发 LonWorks 节点和系统网络样机所需的所有工具和部件。这个多节点开发系统提供了可在两个到数百个节点的网络开发中建立应用软件和硬件样机测试的工具,它分为以下几部分。

(1) 节点开发器

在节点开发器中包含一个 Neuron C 编译器,能够将用户的 Neuron C 程序编译连接生成可下装文件或生成可供 EPROM 编程器使用的二进制映像文件;两个神经元芯片在线仿真器,能够以 Neuron C 源程序级进行仿真,由于包含两个在线仿真器,所以可以进行一些简单的网络通信,两个在线仿真器中都包含 11 个 I/O 出口,可以模拟 I/O 输入输出;一个路由器,一端连至开发器的 1.25Mb/s 背板上,另一端可根据不同的需要挂接不同的收发器。

(2) 网络管理器

网络管理器用于网络安装和配置,提供网络安装服务,将物理上互连的应用节点进行逻辑上的连接,对节点分配逻辑地址、域、子网、所属的组,定义子网和网络通道,安装路由器,设置优先级、网络变量和显式报文的互连等。将信息发送方式改置为无响应发送、重复发送和请求响应发送。

网络管理器还负责系统维护,测试节点和路由器状态,更换错误节点和路由器,并可查看网络中所有应用节点的信息。

(3) 协议分析器和报文统计器

协议分析器是 LonBuilder 中一个非常重要的工具,它能够截获网络上所有节点的通信报文,并转换成可方便观察的 ASCII 字符。报文统计器能够分析当前网络报文流量、带宽利用率、碰撞率和出错率,调整节点间的数据通信。

(4) 演示程序和开发板

在 LonBuilder 中还包含一些可供练习的开发板、应用模块和演示程序。

### 8.7.2 NodeBuilder 节点开发工具

NodeBuilder 3 是一个用来开发 LonWorks 节点的开发工具,是一个硬件和软件的组合平台,是针对基于神经元芯片和 Echelon 收发器应用的工具。它包括一个基于 Windows 的软件开发系统和一个用于设计和调试的硬件开发平台,另外还有相应的网络管理工具与它配套使用。这个新一代的 LonWorks 开发工具,由于加入了各种向导,自动生成模板和代码,同时内置对 LonMark 的支持,节省了大量开发时间,降低了难度。

下面对 NodeBuilder 3 软件方面的组件和主要特性做一些介绍。

(1) NodeBuilder 自动编程向导

这个工具用来定义设备的外部接口,并自动生成某些 Neuron C 的代码。同时,Neuron C 还可生成符合 LonMark 标准的设备外部接口。这些自动生成的模板和代码为编程人员节省了大量的开发时间。

(2) NodeBuilder 资源编译器

这个工具用来查看和使用标准的数据类型和功能模式,并且用来定义特定的数据类型和功能模式。这些类型信息储存在 LonMark 资源文件中,可被资源编译器、代码向导、Neuron C 编译器、LonMaker 集成工具以及 Plug-in 向导使用,这使得所有的工具具有统一的显示方式,从而减少了开发时间。与 LonMark 标准兼容的设备需提供相应的资源文件。

(3) LNS 节点 Plug-in 向导

这个工具可自动生成一个基于 Visual Basic 的应用(又称节点 Plug-in)用于指导用户配置、浏览和监测,诊断由 NodeBuilder 开发工具所开发生成的设备。Plug-in 软件给硬件产品带来极大的实用性。NodeBuilder 3 工具包括开发测试、生成节点 Plug-in 所必需的 LNS 的组件。LNS 为控制网络的操作系统(见后)。该 LNS Plug-in 可与任何支持 LNS Plug-in API 的 LNS Director 应用兼容。

NodeBuilder 3 开发工具包还包括其他一系列的产品,包括 LonMaker 集成工具、LNS DDE Server 软件、LTM-10A 平台(硬件)、Gizmo 4 I/O 板等。

## 8.8 LNS 网络操作系统

### 8.8.1 概述

LNS(LonWorks network service)即 LonWorks 网络服务,是一个 LonWorks 控制网络的操作系统。它基于客户服务器结构,是唯一适用于单信道或多信道控制网的网络操作系统。它提供基本的目录、管理、监控、诊断等方面的服务。基于 LNS 操作系统的工具用于 LonWorks 网络的设计、安装、操作、检测、维护等用途。采用 LNS 技术,多个系统集成商、管理和维护人员可以同时访问网络、应用管理服务器和来自任意客户工具的数据,如图 8.33 所示。该技术是 LonWorks 控制网络技术中最重要的组成部分之一。

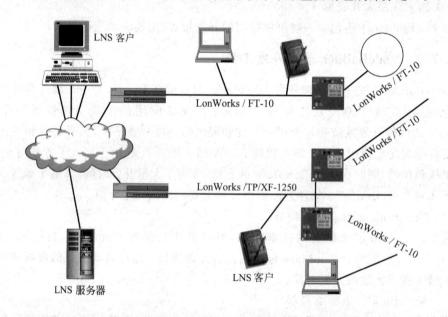

图 8.33 采用 LNS 客户多服务器构架示意图

采用 LNS 客户多服务器构架可以给网络使用者带来很多好处。

(1) 可大大减少开发时间和费用。采用 LNS 技术允许多个网络安装工具在一个网络系统中同时工作,而不用担心会产生冲突。每一个安装工具实际上是作为远程客户来申请网络服务的。由于使用同一个网络数据库,因此无需担心网络数据库同步的问题。也正因为这些客户不需要网络数据库,这些客户的硬件成本可以很低,并可以保障用户方便地采用众多其他公司的网络产品,节约用户的开发时间。

(2) 简单的系统集成。LNS 具有各种网络工具的互操作性。通过定义设备层的对象结构以及上层的插件(plug-in)规范,LNS 网络操作系统为各种网络工具彼此之间的互联和通信提供了基础。可互操作的工具大大简化了系统集成问题,运用 Plug-in,系统集成商能够快速方便地将新功能增加到自己的 LonWorks 系统中。

(3) 易于定制专用系统。LNS 支持网络工具的互操作性,也允许开发者创建具有自己特色的系统或设备级工具。对于 OEM 制造商来说,通过给网络工具嵌入专用的应用程序,可以使系统增值。对于系统集成商,无需理解专用系统内部的实现细节。对于最终用户,这将是个更高效,操作更简便,更适用的系统。

(4) 访问数据不受限制。LNS 允许用户同时使用多台人机界面(HMI)、SCADA 站、数据站,同时访问网络上的数据。由于是基于客户服务器构架,因此不存在数据库复制和冗余更新的问题,用户不会再因为网络工具中的网络配置不同步而焦虑了。LNS 跟踪每个工具的需要请求,并自动地通知它们网络配置的变化。

(5) 增加了系统正常的运行时间。采用 LNS 技术,维护人员不但可以将网络工具插入网络中的任意位置,而且能够访问所有网络服务和数据。由于多个网络工具在同一个网络中是可互操作的,因此多个技术人员可以同时诊断和维护网络,不需要协调他们的行动,他们甚至也不需要知道是否还有其他人同时在维护网络。OEM 用户可以在网络工具中构建专用的应用程序,通过自动故障检测、隔离、报告和维修,可以进一步缩减系统的故障时间。

(6) 透明的 IP 网络通信。LNS 允许网络工具通过 IP 网络访问 LonWorks 网络。任何与 LNS Server 连网的工作站都可以运行基于 LNS 的网络工具,运行起来就像本地网络工具一样。因此用户很容易就能将基于 LNS 的网络和基于 Internet 的应用集成在一起,创建更强有力的企业级网络解决方案,以及使用现有的 LAN 架构实现高速网络连接。

(7) 便于系统扩展。因为是基于客户服务器的设计,LNS 容许平滑的系统扩展。应用模块化的硬件和软件组件,在任何时候,通过简单地增加客户或服务器,用户就可以扩展他们的控制系统。对于最终用户,除了在容量和功能方面有所增加外,这个变化对系统是没有任何影响的。

和第二代的 LNS 相比较,第三代的 LNS(简称 LNS 3)可通过 IP 基础结构组建平坦的分布式的 LonWorks 网,给任何 LonWorks 网络应用提供相应的服务,并且确保多个应用与所反映的网络同步。这个独特的能力使软件的组件,比如多种客户和服务器,可在同一主机上使用,也可在不同的主机上使用,也可以通过互联网或其他 IP 网络来相互进行操作。所以这个操作系统提供了一个网络工具相互操作的一个基本架构。网络的安装人员可同时在一起工作,减少安装时间和周期,同时维护人员能够对网络进行维护,用户可以对网络设备进行监控,并且可以从本地或从远端同时对该网络进行监控,因而提高了生产力,降低了系统成本。另外,LNS 3 又提供了一种监控点集的监控方式,用这种新方式进行监控性能提高很多。LNS 3 又同时支持独立于服务器的监控方式,即使在服务器不工作的情况下,客户应用仍然可以工作。这两个性能合在一起时可以给 LonWorks 网提供冗余快速启动的检测性能。LNS 操作系统还支持 LNS 节点 Plug-in 的开发和应用。LNS 节点 Plug-in 是一种针对具体硬件产品的软件应用,用于对硬件产品的配置、诊断、监测等。

## 8.8.2 LNS 网络工具

借助 LNS 网络操作系统,用户可以根据自己的需求,开发出各种各样的 LNS 网络工具,并将其用于网络的安装和配置、网络的维护和网络的监控。

下面介绍几种由 Echelon 公司开发的网络工具。

**1. LonMaker for Windows 集成工具**

LonMaker for Windows 集成工具是一个用于设计、安装和维护多节点供应商的、开放的、互操作性的 LonWorks 控制网络的软件包。LonMaker 工具基于 LNS 网络操作系统,包含功能强大的客户服务器体系结构以及简单易用的 Visio 用户界面。这个工具有强大的功能,可用来设计、启动和维护分布式的控制网络,也可经济地用作一个网络维护工具。

LonMaker for Windows 集成工具包括一个 LNS 3 运行软件和 LNS 3 Server。LonMaker 用户可以通过 LonWorks 网络、局域网和 Internet 访问一个共享的 LNS 服务器。

对于监控应用,LonMaker 可用于开发简单的人机界面。对于复杂的人机界面,LonMaker 工具和 LNS DDE Server 相兼容。

**2. LNS DDE Server**

LNS DDE Server 是一个软件包,可作为 LNS 工具与人机界面、可视化应用程序的接口,它使得任何和 DDE 兼容的 Microsoft Windows 应用程序不需要编程就可以监视和控制 LonWorks 网络。LNS DDE Server 的典型应用包括人机界面应用程序、数据记录、趋势应用程序以及图形处理显示的接口。

通过建立 LNS 和 Microsoft DDE 协议的连接,DDE 兼容的应用程序可以通过以下方法和 LonWorks 节点进行交互。

(1) 读取、监视和修改任何网络变量的值。

(2) 监视和改变配置属性。

(3) 接收和发送应用程序消息。

(4) 测试、使用、禁止以及强制 LonMark 对象。

(5) 测试、闪烁以及控制节点。

**3. LonManager 协议分析仪**

LonManager 协议分析仪为 LonWorks 制造商、系统集成商和最终用户提供了一套基于 Microsoft Windows 的工具和高性能的 PC 接口卡,使得用户可以观察、分析和诊断 LonWorks 网络的工作。此工具的开放性使得用户可以定制它,以满足其特定要求。

LonManager 协议分析仪包括用于网络分析和监视的 3 个工具、协议分析工具、网络通信统计工具和网络诊断工具。

LonManager 协议分析仪具有如下特性。

(1) 捕获一个信道上所有的 LonWorks 报文,用于网络活动和通信情况的详细分析。

(2) 解释报文的内容。

(3) 通过会话分析系统简化报文解释。

（4）通过接收过滤器减少记录的数据,有助于迅速地隔离问题。

（5）为用户创建接收过滤器的开放接口。

（6）允许生成用户界面并具有分析功能。

（7）全面的网络统计和诊断,提供了网络健康状况的详细分析。

## 8.9 应用系统

1993年LonWorks技术推广到中国,到目前,已在电力、冶金、楼宇、工业和家庭自动化等领域有了广泛的应用。下面介绍LonWorks在这些领域的应用实例。

### 8.9.1 LonWorks技术在楼宇自动化抄表系统中的应用

随着楼宇自动化的发展和普及,人们对繁琐的水电表抄表工作也提出自动化要求。

本例是一个高档住宅小区,小区内有住宅楼4幢,共计120余户。发展商对三表收费系统也提出了较高的要求,不仅要完成三表抄读,而且能将采集来的数据直接进入数据库并实现收费、查询和打印;对于电表要根据不同时段采用多种付费率;现场节点能不依赖上位机独立分时统计。在该工程中采用了LonWorks的LNS客户服务器构架来实现小区的抄表、数据统计和网络管理的功能。

1. 工程结构

图8.34为整个工程示意图。前端为现场控制机柜,每个机柜可根据住户分布的情况,插一块或数块LonWorks控制模块,负责一个单元或几户的水表和电表的检测。水表和电表的信号连接至控制柜的端子排。

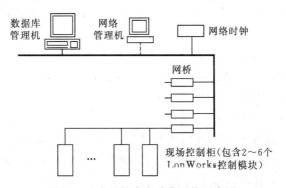

图8.34 小区抄表自动化系统示意图

上位机采用客户服务器的结构,数据库管理机(为Pentium133的工业PC、Windows 95平台)作为网络服务器,管理网络数据库,同时处理收费系统的数据库。网络管理机是一台Pentium CPU便携机,作为客户机,通过网络服务器上的共享网络数据库进行网络安装和维护,系统运行正常时网络管理机不必运行(这也是使用便携机的原因)。由于采用客户服务器的结构,可以连接多台客户作为网络管理,甚至在服务器互联Internet的情况下,可通过Internet对网络进行管理维护。

### 2. 前端硬件结构

前端硬件模块主要包括3部分，信号采集模块、路由器模块和时钟模块。

(1) 信号采集模块。此模块为11路I/O量采集模块，它将现场信号与神经元芯片3150相连，由于3150芯片本身具有11个I/O口，因此只需将电表和水表信号转换成标准的TTL信号即可。

(2) 路由器。由于四幢楼房分布较远，小区内网线的实际施工长度超过了收发器的规定传输距离(2.7km)，所以使用桥接器。为了增加系统的可靠性，采用星形布线。采用总线中继虽然可以减少中继器的个数，但往往由于一个中继器不工作，而使其他网段不能与上位机通信；星形布线则不然，不工作的中继器将只影响与该中继器关联的网段。

(3) 时钟模块。核心部分是DS12887实时时钟芯片。将3150芯片的11个I/O口变成多总线(MUXBUS)，通过数据和地址复用技术与DS12887互连。

(4) PC和便携机接口卡。采用网络服务器接口NSI作为和主机的接口。

### 3. 网络管理

基于Echelon公司的LNS操作系统开发出一套集网络安装、维护和监控于一体的网络管理工具——LonWorks Networks Manage Tool(LNMT)，该软件是在Windows 95的环境下全32位编程，采用客户服务器的方式，网络上任意的一个NSI节点都可以通过其对网络进行管理，使网络有很好的灵活性。主要功能有以下3个方面。

(1) 网络安装。LNMT通过Service pin或手动的方式设定设备网络地址，然后将网络变量互连起来，并可以设置发送无响应、重复发送、发送响应和请求回答等4种方式。

(2) 网络维护。系统维护主要包括两方面，维护和修理。维护主要是在系统正常运行的状况下，增加删除节点的设备，改变网络变量和显式报文的内部连接；网络修理是一个出错设备的检测和替换过程。由于采用了动态分配网络地址的方式，使替换出错设备非常容易，只需从数据库中提取旧设备的网络信息下载到新设备即可，而不必修改其他网络上的设备。

(3) 网络监控。在LNMT中提供给用户一个系统级观察、修改网络变量和显式报文的服务，用户可以在网上任意的NSI节点，甚至通过远程遥控的方式(如Internet)监控整个系统。

### 4. 数据库管理

数据库管理应用软件运行于数据库管理机，运行的软件环境要求32位多任务抢占式，操作系统是Windows 95或Windows NT，硬件平台要求Pentium系列微机。

数据库管理应用软件具有如下特点。

(1) 友好性。数据库管理应用软件是32位多任务GUI的多文档界面(MDI)应用程序，具有友善、易于掌握、易于操作的图形化用户界面。

(2) 先进性。应用软件的开发以Echelon公司LonWorks的LNS客户服务器构架为核心，采用开放数据库互连(ODBC)和对象嵌入连接(OLE)技术，在Visual Basic 5.0开发环境中编程实现。

(3) 开放性。数据库管理应用软件比较通用灵活，LonWorks网络节点模块的扩充、删除、修改和小区住户的变更只需软件使用人员更新几张软件运行信息表，应用软件不需要任何修改,另外,数据库管理应用软件也可用于一户多表和多费率计费的情况。

数据库管理应用软件实现的主要功能如下。

(1) LonWorks 网络节点的状态监视。数据库管理应用软件实现网络各个节点的状态实时监视,应用软件定时查询连接于网络的各个节点,提供关于节点运行状态的各种信息,当出现故障时,通过 LNMT 软件对其进行维护。

(2) 住户和整个小区三表使用情况的实时查询。数据库管理应用软件通过网络获取有关住户和小区的实时信息,提供给软件使用人员的实时信息包括:①每家住户在实时查询热水表、冷水表、电表的读数、用量情况,住户到实时查询时刻应缴纳的各项费用,住户的当前缴费类别(预缴、迟缴、欠款),住户前一次统计的上述信息等;②整个小区实时查询当时热水表、冷水表、电表的总用量情况,业主到实时查询时刻应收取的总的各项费用金额,整个小区前一次统计的上述各种信息;③各种不同条目的实时查询以及打印。

(3) 住户和整个小区三表使用情况的历史查询。数据库管理应用软件提供住户和整个小区的各种不同条目历史信息的查询和相应的打印,历史信息为自动收费功能的所有信息的数据库记录和小区人事系统的所有信息的数据库记录。

(4) 自动收费功能。数据库管理应用软件实现的自动收费功能是:①有关收费财务的各项参数、收费方式、收费周期时间参数的设置;②以设置的周期、日期通过网络自动读取各住户三表的读数、用量,并统计出小区三表的总用量;③以设置的财务参数和收费方式自动读取三表数据,自动核算各个住户的各项应缴费用金额和整个小区业主应收的各项费用总金额;④实现各个住户的收费窗口和收费单打印。

(5) 小区人事管理。实现小区住户信息的增加、修改及浏览。

(6) 其他功能。①数据库管理软件通过网络设置网络节点;②数据库管理软件通过网络实现三表的多费率计费方式;③重要数据库的自动备份、各种口令设置、打印机设置等。

数据库管理应用软件虽然是小区 LonWorks 网络的网络服务器,但是它和网络各个节点之间是相对独立运行的,即数据库管理机可以在任意时刻关闭和运行,不影响各个现场节点的工作。

由于使用了 LonWorks 技术使该系统具有以下优越性。

① 采用单总线的结构,方便了现场布线。

② 采用面向对象的编程方法(网络变量),简化现场节点的编程。

③ 上位机采用 Echelon 公司的 LNS 技术,不仅使上位机能实现网络安装、维护、监控的功能,而且提供了和 Visual Basic,Visual C++ 等高级语言在 Windows 95 的接口。提供给最终使用者一个非常友好的 Windows 95 下的人机接口。

④ 现场节点采用神经元芯片,由于神经元芯片内部有 2KB RAM 和 11 个 I/O(只需增加少量调理电路,便可连接 11 路水电表的信号量),从而也使每一路的成本降低。

### 8.9.2 LonWorks 技术在炼油厂原油罐区监控系统中的应用

LonWorks 技术以其独特的性能和优势,也被成功地应用到炼油厂原油储罐区的监控系统中。

某炼油厂新建了一个 $20 \times 10^4 \mathrm{m}^3$ 原油罐区、泵房及配套系统工程的项目,在该项目中，包括 4 个 $5\times10^4 \text{m}^3$ 的原油储罐(另有两个预留罐)、一个泵房以及相关的配套设施,共有测控 I/O 点 90 个。整个控制系统采用 LonWorks 网络,完成油罐现场仪表设备的数据采集和控制,其中包括 26 个 I/O 测控节点和一台操作员站 PC。I/O 测控节点向下与现场仪表设备相连,并通过 LonWorks 网络与操作员站 PC 进行数据通信,操作员站 PC 内置 100M 自适应以太网卡,用以实现 LonWorks 控制网络与工厂级的管理网络交换数据。为便于系统的组态调试和运行维护,系统配有一台便携笔记本,作为移动工程师站。

下面介绍系统配置与安装。

(1) 网络连接

该系统采用 LonWorks 网络总线布线方式,总线两端接入了终端匹配器。传输介质为屏蔽双绞线,金属屏蔽层最终和保护地相连接。收发器选用 Echelon 公司的 TP/FT-10 收发器,通信速率为 78Kb/s。为延伸网线距离,特设置了一个中继器,所有的测控节点都直接挂接到网线上,系统结构如图 8.35 所示。

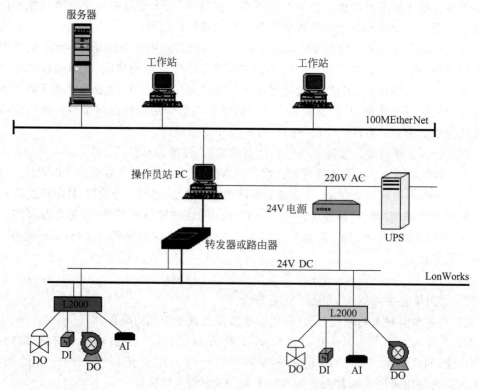

图 8.35 系统结构示意图

(2) 节点的安装

节点采用就近放置的原则。与各原油储罐的现场仪表设备控制信号线相连的 I/O 测控节点放置在相应的原油储罐附近;与泵房的现场仪表设备控制信号线相连的 I/O 测控节点放置在泵房;与配套设施的现场仪表设备控制信号线相连的 I/O 测控节点放置在中心控制室内;中继器放置在现场。这样既节省了大量的现场布线,又便于系统的维护。

每一个原油储罐(共 4 个罐)的 I/O 测控节点集中安放,其中包括热电阻温度检测节点、模拟量输入的液位和可燃气体浓度检测节点、控制阀门的开关量输出节点和阀门位置的开关量输入节点等。

泵房的 I/O 测控节点集中安放,包括用于检测可燃气体浓度和压力的模拟量输入节点、用于阀门控制的开关量输出节点和用于返回阀门状态的开关量输入节点。

中央控制室安装一个控制柜,用于安放节点、节点网络和仪表电源。另外,控制室中还有不间断电源 UPS、操作员站及控制台。控制柜中安放的节点包括开关量输出节点、脉冲流量和累计流量检测节点、开关量输入节点等。

该系统中的所有节点都是以 Neuron 3150 芯片为主处理器的,由航天信息股份有限公司设计的系列通用控制模块,这些模块支持标准的现场仪表信号,包括模拟量输入输出、开关量输入输出、脉冲量输入输出等。此外,由于炼油厂对防爆安全的要求,还专门为所有的节点设计了经过认证的隔爆箱,使得所有节点都能在现场被安全使用,该系统已成功投运。

### 8.9.3 LonWorks 在某铝电解厂槽控机中的应用

近年来,为大幅度提高生产效率,降低生产成本,国内一些铝电解厂对原有的槽控机进行技术改造,其中数据通信是关键的技术之一。

为某铝电解厂研制的铝电解槽控机控制系统是用 LonWorks 控制网络将该厂的 104 台槽控机进行联网的,从而可靠地实现了整个铝电解系统的分散式控制。

该厂的 104 台槽控机分两个厂房和一个总控室,要求实时地将采集来的数据送到总控室的操作站(操作站是一台 Pentium 级的工业 PC),操作站再将一些重要的需要保存的数据送至全厂的信息管理网络,同时操作站也将一些控制参数下传到槽控机。图 8.36 为该控制系统的结构示意图。

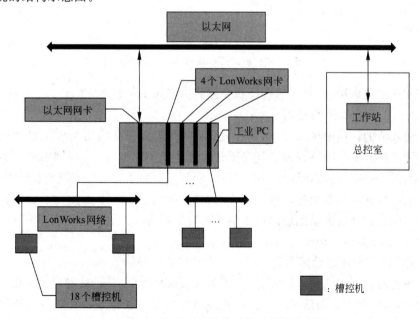

图 8.36 某厂铝电解槽控机集散系统示意图

PC 和 STD 总线工控机中 LonWorks 网络接口卡的特点如下。

(1) 硬件完全兼容 MIP/DPS 方式。

(2) 采用 FTT-10 收发器,支持自由拓扑结构(包括星形、总线和环形结构等),通信速率 78Kb/s。

(3) 总线形最长距离是 2700m,其他结构网络总长度不超过 500m。

(4) 最大节点个数是 128。

(5) 接口卡可通过跳线选择匹配端子。

(6) 网络节点地址通过跳线选择。

LonWorks 网络接口卡是以神经元芯片为核心的 LonWorks 工业 PC/STD 接口卡,图 8.37 为 PC/STD 接口卡的功能框图。其中,Neuron 3150 芯片为通信控制芯片;驻机程序用 Neuron C 语言编写,完成神经元芯片和主机的接口。当主 CPU 要向 LonWorks 网络上发送数据时,只需将命令和数据填入相应的双口 RAM 指定的区域中即可。当 LonWorks 网络上有数据来时,神经元芯片会自动地将接收到的数据放在双口 RAM 固定的区域。主 CPU 可以通过对双口 RAM 的操作决定数据发送完或接收到一包有效的数据,神经元芯片和主 CPU 的通信采用查询方式或中断方式。主 CPU 可以通过 I/O 操作完成接口卡的复位。

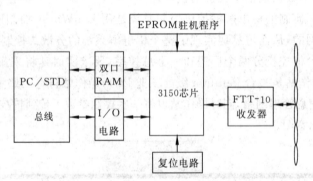

图 8.37 PC/STD 接口卡功能框图

为了便于工程应用,该系统的设计和实施解决了如下一些实际问题。

(1) 网络安装和维护的问题

从前面几节的讨论中可以看出,LonWorks 网络需要一个网络管理工具对所有节点进行安装和维护。由于网络管理工具需要较为专业的网络知识,同时网络管理不当也很可能使整个网络瘫痪,因此在设计网络时每一个节点要加入一个自安装和自维护的程序,以使节点能够自动安装和维护。每一个节点安装一个跳线器,节点的网络管理程序通过跳线器可以配置自己的逻辑地址。在更换节点时只需将新的节点的跳线和损坏的节点跳成一样即可,节点能够自动恢复其在网络的配置信息。

(2) 关于网络可靠通信的问题

关于槽控机和操作站的通信方式,由于要求数据高可靠传输,或者对于不成功传送返回不成功标志,因此应采用请求应答方式来保障数据的可靠传送。发送节点通过请求报文将数据送至目标节点,目标节点在收到报文时,同时发送响应报文到发送节点。

LonWorks 网络是如何在请求应答方式下保障数据可靠传送的呢？该方式由传输层来完成,在每一个报文头中包含一个报文顺序码,这样可以保障一个报文不会因重发而接收多次；同时每一个请求报文有一个发送时限,如果超过时限没有收到响应报文,当容许重发时,则重发；否则返回发送失败信息。关于发送时限和重发次数可以通过软件设置。还有一种可能,当接收节点收到一个完整的请求报文,而应用层接收缓冲区满时,在响应报文中设置一个标志,表明接收节点的应用程序还未处理完上一包报文。

(3) 完全采用对等通信出现的问题

对请求响应的通信方式进行了测试,通信速率为 78Kb/s。一个主站不断接收从站发送的报文,同时也向从站发送信息,网络所有节点的发送都是自由发送(每分钟要进行报文统计,注意,请求报文的数据帧长度为 209 字节,应答为 11 字节)。表 8.12 为测试结果。

表 8.12　请求响应通信方式测试结果

| 槽控机数目 | 带宽利用率/% | 有效传送报文数 | 网络出错率/% | 请求数 | 应答数 |
| --- | --- | --- | --- | --- | --- |
| 1 | 50 | 800 | 0 | 800 | 800 |
| 2 | 70 | 1200 | 0 | 1200 | 1200 |
| 3 | 78 | 1500 | 0.63 | 1500 | 1500 |
| 4 | 83 | 1674 | 1.23 | 1678 | 1674 |
| 8 | 85 | 1700 | 1.33 | 1699 | 1700 |
| 11 | 87 | 1285 | 1.4915 | 1730 | 1285 |
| 12 | 93 | 1173 | 2.8 | 1850 | 1173 |
| 13 | 93 | 1056 | 2.8372 | 1850 | 1056 |
| 15 | 93 | 857 | 2.8434 | 1854 | 857 |
| 16 | 93 | 829 | 2.8452 | 1849 | 829 |
| 18 | 93 | 691 | 2.8144 | 1864 | 691 |
| 32 | 97 | 240 | 3.11 | 1940 | 240 |

从表 8.12 中可以看出,采用请求响应的对等方式通信在节点多、重负载的情况下,网络的带宽利用率是非常好的,在更多的节点加入时利用率一直保持在 93% 左右,这一点证明了 LonWorks 网络在 MAC 子层带预测的 P-坚持 CSMA 算法能很好地解决 CSMA 算法不足的问题。然而在节点较多的情况下,真正提供给应用层的报文数目却急剧下降,例如在 12 个节点时,虽然带宽的利用率已达 93% 左右,可真正在应用层可以使用的报文却只有 1173 包。而当节点数为 32 时,应用层可以使用的报文却只有 240 包,只占所有报文的 1/10,效率可以说是非常低的。其主要原因是整个网络是主从结构,从站所有报文发送到主站,必须得到主站的响应,而主站在响应某从站报文时,对其他节点发送来的报文不能做相应的处理,只能放在接收缓冲区中(本次实验设置了 3 个接收缓冲区,当缓冲区满时,以后再接收到的数据将被丢弃),又由于响应报文和从站的发送请求报文都同时竞争网络,而在主站的响应期间,太多的从站的请求报文会被丢弃,因此有相当的从站的请求报文被主站丢弃,这也是造成网络在采用请求响应方式时,对等通信时网络效率不高的原因。应答方式的测试结果和请求响应方式是一样的。而只有在非应答方式下,通信

效率较高,但该方式不可靠。采用非应答重发方式,由于所有报文多重复发生,其效率也不高。

(4) 采用优先级对等和轮询相结合的通信方式

基于上述情况,选择了采用优先级对等和轮询相结合的通信方式,较好地解决了上述问题。对于从站,一般的状态信息不再主动向主站发送,而只是将数据放在发送缓冲区,通过主站请求获得从站的运行状态。采用该方式进行通信,网络带宽利用率达40%,由于没有从站与主站竞争,所以有效报文也为带宽的40%,即200字节的报文,每秒传送16包,与从站的个数增加无关,这样可以改善因从站站点增多而使网络的有效传输率下降的问题。网络的吞吐率趋于稳定,但随之而来的是网络的实时性有所下降,对于18个节点的网络,每包报文200字节,紧急事务的响应时间超过一秒。因此对于紧急事务的处理,应采用优先级报文进行发送,这样可以使其在很短的时间内得到响应(70ms内一定能将数据发送到网络)。由于紧急事务出现的概率较小(平均几个小时出现一次),所以并不影响网络的正常状态轮询。

(5) 报文的长短对网络性能的影响

由于在每个报文的数据前都有帧头,包括七层协议中每一层加入的信息、CRC校验、优先级时间片和随机时间片等。例如在某铝厂所有的请求响应报文平均每包报文加入72位的帧头。可以看出,报文的长度越长,帧头所占的比例就越小,所有报文的有效利用率就越高。但对于长报文由于拍发的数据长,从开始发送到发送完成也相应地比短报文的延时长得多,实时性也就相应较差;对于优先级高的报文,也有可能因等待长报文发送而使实时性变差。特别在现场干扰较大的情况下,常常会因一个报文的个别数据出错,而使整个长报文作废,重新发送;短报文的出错只影响较少的数据和重发较少的数据。因此报文长度的选择十分重要,合理的长度往往能较大地提高网络性能。LonWorks网络为用户提供了1~228字节的选择,基本满足实际需要。

总之,LonWorks技术给用户一个非常灵活的选择,用户可以根据不同的工程需要进行选择。

# 第 9 章 几种控制网络的特色技术

## 9.1 ControlNet

ControlNet 属于 IEC 标准子集之二，主要用于 PLC 与计算机之间的通信网络，也可在逻辑控制或过程控制系统中用于连接串行、并行的 I/O 设备、人机界面等。数据传输速率为 5Mb/s，可寻址节点数为 99。在一般应用场合，物理媒体采用 RG-6/U 电视电缆和标准连接器，传输距离可达 1000m。在野外、危险场合以及高电磁干扰的场合，可采用光纤介质，距离可长达 25km。

EtherNet-ControlNet-DeviceNet 的网络结构是 ControlNet 的典型应用形式。下面对 ControlNet 的通信技术做简要介绍。

### 9.1.1 并行时间域多路存取

并行时间域多路存取简称为 CTDMA（concurrent time domain multiple access），它是 ControlNet 网络系统通信中采用的特色技术之一。ControlNet 的通信参考模型如图 9.1 所示。从图中可以看到，并行时间域多路存取 CTDMA 由通信模型中物理层与数据链路层所完成。

并行时间域多路存取采用生产者与消费者的通信模式。报文数据的产生者也就是数据源充当这一通信模式中的生产者，从网络中取用数据的各节点称为消费者。发送的报文按内容标识。当节点接收数据时，仅需识别此报文中的特定标识符，数据包不再需要目的地址。数据源只需将数据发送一次，多个需要该数据的节点通过在网上识别这个标识符，同时从网络中获取来自同一生产者的报文数据，因而称之为并行时间域多路存取。

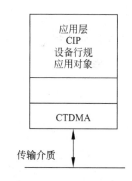

图 9.1 ControlNet 的通信参考模型

这种传输模式的优点一是提高了网络带宽的有效使用率，数据一旦发送到网络上，多个节点就能够同时接收，无需像主从通信模式那样，同一数据需要在网络上重复传送，逐一送到需要该数据帧的节点，当更多设备加载到网络时也不会增加网络的通信量；二是数据同时到达各节点，可实现各节点的精确同步化。

### 9.1.2 ControlNet 的帧结构

ControlNet 的帧结构如图 9.2 所示。从图中可以看到，它的数据帧中只有明确的源地址。整个通信帧分为 7 个域,包括前导码、起始定界符、源地址域、由链路报文包组成的数据域、循环冗余校验和结束符域。每个节点在每次传送机会到来时只能发送一个 MAC 帧;每个 MAC 帧的数据域可包括 0 或多个数据字节。数据域字节数为 0 的 MAC 帧称为空帧。数据域不能超过 510 个字节。

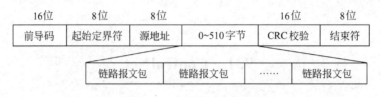

图 9.2　ControlNet 的帧结构

ControlNet 的 MAC 帧数据域中可以包括多个链路包,这些链路包中包含着"应用信息"。图 9.3(a)表示了数据域中各链路包的构成。链路包由字段大小、控制、标识 CID 和链接数据组成,其中字段大小表示包含在单个链路包里的字节对的数量。

标识 CID 在网络系统实现并行时间域多路存取中起着重要作用。在 ControlNet 中存在两种类型的 CID。一种为 2 字节的带固定标签(fixed tag)的 CID,其组成如图 9.3(b)所示,它采用非连接型通信方式,用于传送非 I/O 数据。其中,第一个 CID 字节指明所提供的服务,在 ControlNet 技术规范第三部分中规定了这些服务及其代码,比如 0X83 为提供非连接数据管理(unconnected message manager,UCMM)服务的代码;第二个 CID 字节是目的节点的地址,它可以是一个 MAC 地址,也可以是广播地址 0XFE。另一种是面向连接的通用 CID(generic CID)。通用 CID 包含 3 字节,其组成如图 9.3(c)所示,其中包含连接类型,例如多点传送或点对点连接,组号,MAC 地址,连接号等。

| 字段大小 | 控制 | 标识 CID | 链接数据 | | | (a) |
|---|---|---|---|---|---|---|
| 字段大小 | 控制 | 标识 CID Service | 标识 CID Destination | 链接数据 | | (b) |
| 字段大小 | 控制 | 标识 CID | CID | CID | 链接数据 | (c) |

图 9.3　数据域中链路包的构成

在同一 MAC 帧中不同的链路包可以有不同的目的地址。各接收节点可以根据自己的需要选择接收自己所需要的链路包,而过滤掉不需要的链路包。例如图 9.4 中的控制器发送了一个带有 3 个链路包的 MAC 帧。这 3 个链路包分别具有各自的标识 CID,通过对标识 CID 的识别,3# 节点只接收带 1# 链路包;5# 节点只接收带 2# 和 3# 的链路包;8# 节点对这 3 个链路包全部接收;而 2# 节点则过滤掉了所有的链路包。

### 9.1.3　通信调度的时间分片方法

ControlNet 针对控制网络数据传输类型的需要,设计了通信调度的时间分片方法,使它既可以满足对时间有严格要求的控制数据的传输需要,例如 I/O 刷新、PLC 之间的数据传递等,又可满足信息量大、对时间没有苛求的数据与程序的传输,例如远程组态、调

## 9.1 ControlNet

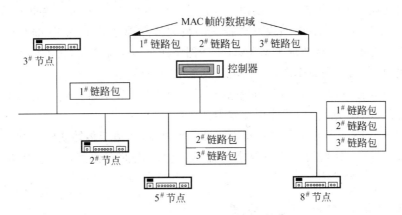

图 9.4 同一 MAC 帧中不同链路包的分发

整、故障查询等。

对有严格时间要求的控制，I/O 数据的传输与更新、PLC 之间的互锁等，在预留时间段的确定时间内，采用周期性重复发送的方式给予优先保证。根据有严格时间要求的数据来安排带宽，也就是说，这部分的带宽是根据数据发送的严格时间要求而预先保留出来的。剩余的带宽用于支持非严格时间要求的数据传输。对没有严格时间要求的数据，例如诊断、组态数据等，则在预留时间段之外安排，使它不至于影响有严格时间要求的数据的通信。

通信调度的时间分片方法根据网络应用情况，将网络运行时间划分为一系列等间隔的时间片，每个时间片被称为一个网络更新时间（network update time，NUT）。每个 NUT 被划分为 3 个部分，预留带宽部分、非预留带宽部分和维护部分。根据 ControlNet 技术规范的规定，可组态的 NUT 时间范围为 0.5ms～100ms。图 9.5 表示了时间的分片划分。

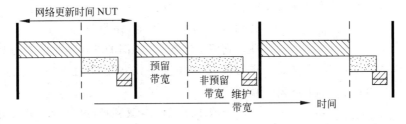

图 9.5 时间分片划分示意图

在一个网络更新时间 NUT 内，预留带宽部分用于保证每个需要发送有严格时间要求数据的节点有一个机会发送报文，所有对时间有严格要求的报文都必须在这段时间发送出去。在非预留带宽部分，所有节点按照排队顺序发送报文，直到所分配的非预留带宽部分的时间用完为止。此部分时间的长度取决于预留带宽部分的通信量，但应保证至少有一个节点能在这段时间内发送没有严格时间要求的数据，所有没有严格时间要求的数据都应在此段时间内发送。为了能同步各节点之间的通信，在维护时间段，由地址最低的节点在此时间段内发送维护报文,以便与其他节点同步时钟,并发布一些重要的网络链路参数,例如 NUT、预留带宽时间段发送报文的最大节点地址 SMAX、在非预留带宽时间段内发送报文的最大节点地址 UMAX。由于网络成员有可能变化,还需要为新加入的节点提供入网机会,因而在每个 NUT 都需要发送维护帧。

网络中由具有最低 MAC 地址的节点在下一个 NUT 发送维护帧。而当节点发现有比自己更低的 MAC 地址时,就停止发送维护帧。

因而 ControlNet 的数据传输具有确定性和可重复性,适于传输实时报文。在信息吞吐量大的应用场合,对时间有严格要求的数据传输总是拥有比其他数据传输更高的优先权。

### 9.1.4　ControlNet 的虚拟令牌

虚拟令牌又名隐性令牌。ControlNet 通信中采用虚拟令牌访问机制。网络上不存在专门起令牌作用的帧,令牌隐含在普通数据帧中。ControlNet 给每个节点分配一个唯一的 MAC 地址(1~99)。像普通的令牌总线协议一样,持有令牌的节点才有权发送数据,但网络中并没有真正的令牌传递。每个站点都设有一个隐性令牌寄存器,并监视收到的每个报文帧的源 MAC 地址。隐性令牌寄存器的值为收到的源 MAC 地址加 1,如果隐性令牌寄存器的值与某个站点自己的 MAC 地址相等,该站点就可立即发送数据。

由于所有站点的隐性令牌寄存器在任一时刻的值都相同,而每个节点的 MAC 地址是唯一的,因而可避免介质访问发生冲突。如果站点在得到隐性令牌时没有数据发送,从传递虚拟令牌的角度,它需发送一个称之为空帧的报文。空帧中会含有本站点的 MAC 地址,使各节点的隐性令牌寄存器能正常工作,以传递虚拟令牌。

### 9.1.5　ControlNet 的显性报文与隐性报文

1. 显性报文

显性报文指含有协议信息的报文,图 9.6 为显性报文的一个示例。根据协议中对报文和对象的相关规定,该显性报文用于设置对象属性。它将 7♯类 1♯实例的 3♯属性设置为 0500。发送与接收方都按协议规定来理解这些代码编号的意义。

图 9.6　显性报文示例

一般采用点对点或客户/服务器方式传递显性报文。服务器端绑定到报文路由器对象,而客户端绑定到某个客户应用对象。可以运用面向连接的方式发送,也可以运用非连接的方式发送。面向连接的发送需要发送者发出连接请求,接收者给予响应,确定建立连接后,才能传输数据。

2. 隐性报文

隐性报文的数据域中没有协议信息,一般为应用对象之间传送的特定 I/O 数据。接收者知道数据的含义,因而节点处理这些数据所需要的时间大大减小。隐性报文仅能以面向连接的方式传送,可以按一点对多点或点对点方式传送。

## 9.2 WorldFIP

### 9.2.1 WorldFIP 技术简介

WorldFIP 是一种用于工业自动化系统的控制网络技术,20 世纪 80 年代中期推出,名为 FIP(factory information protocol)。1993 年因采纳了现场总线国际标准 IEC 1158-2 物理层标准,发展为 WorldFIP,即 World Factory Instrumentation Protocol,现在已经成为现场总线欧洲标准 EN 50170 第 3 部分和国际标准 IEC 61158 的子集 7。2000 年又宣布在原有 WorldFIP 技术的基础上集成专用的互联网功能,发展为新的 FIP(fieldbus internet protocol)。

WorldFIP 采用 3 层结构,物理层、数据链路层和应用层。传输介质为屏蔽双绞线或光纤,可提供双线冗余。采用屏蔽双绞线时,传输速率在低速网段为 31.25Kb/s,1Mb/s,2.5Mb/s;采用光纤时,传输速率为 5Mb/s;在高速网段为 25Mb/s。数据链路层负责数据传输、访问控制和差错校验。采用与 ControlNet、FF 类似的生产者与使用者通信模式,由总线仲裁器进行介质访问的集中控制,网络中可以存在多个总线仲裁器以构成冗余。WorldFIP 有周期和非周期两种数据传输,变量寻址和报文寻址两种寻址方式,由应用层提供变量和消息两种访问服务,具有完备的网络和系统管理。此外,WorldFIP 还发展了无线通信,以适应新的应用需求。

WorldFIP 将现场设备如变送器、执行器、I/O 单元、PLC 等挂到总线上,形成 WorldFIP 控制网络。该项技术已被广泛应用于能源、石化、冶金、建材、机械、公路、铁路、城市交通、航运和造船、航空与航天、汽车制造、楼宇自动化等多个自动化控制领域。

### 9.2.2 WorldFIP 通信

由于 WorldFIP 采用了 IEC 1158-2 物理层标准,因而它在底层通信中的许多技术与 H1 类似,如通信速率、编码方式、帧结构等。典型的 WorldFIP 帧结构如图 9.7 所示。其前导码、帧前定界码、帧结束码的组成形式与 H1 完全相同,即前导码为 10101010;帧前定界码为 $1,N_+,N_-,1,0,N_+,N_-,0$;帧结束码为 $1,N_+,N_-,N_+,N_-,1,0,1$。也采用 2 字节的 CRC 帧校验码,所不同的是对控制段与数据段的相关规定。控制段用于表明帧的类型,网络节点正是利用该字节的内容识别出帧的类型;数据段由应用层填写,不同类型的帧其数据段的长度、内容都不同,例如 ID 请求帧的数据域为 2 字节的标识符,它的应答帧的数据段可以达到 128 字节,而确认帧和报文处理结束应答帧的数据字节数为 0。

| 前导码 | 帧前定界码 | 控制段 | 数据段 | 帧校验码 | 帧结束码 |
|---|---|---|---|---|---|
| 1字节 | 1字节 | 1字节 | | 2字节 | 1字节 |

图 9.7 WorldFIP 的帧结构

WorldFIP 的介质访问控制与 FF 也十分相似。WorldFIP 的总线仲裁器的作用相当于 FF 的链路活动调度器,生产者与使用者的通信模式与 ControlNet 的生产者与消费者、

FF 的发布与预定接收的通信模式基本相同,只是所用名词存在差异。

WorldFIP 网络中传输的报文也分为两种,一种为周期性实时传输的控制报文,例如测量控制数据等;另一种为非周期随机发送的参数调整、诊断信息等,称为消息帧。WorldFIP 在不影响总线上实时数据交换的情况下处理消息帧,使这两种在时间要求和数据长度上都存在较大差异的报文在同一条总线上传递,随机性长报文的消息帧不会影响控制数据的实时通信。

WorldFIP 的介质访问控制由总线仲裁器按照事先设计好的变量扫描表实行。总线仲裁器周期性地向总线上广播含变量标识符的请求帧,接收节点根据变量标识符识别出该帧是向自己发出的,然后以响应帧作为回应。WorldFIP 可根据变量的扫描周期预先安排好合适的扫描时间间隔,周而复始地按变量扫描表扫描各变量。总线仲裁器在安排变量扫描表以前,首先需要掌握 WorldFIP 总线设备各变量对通信要求的相关参数,表 9.1 为与扫描相关的变量参数示例。

表 9.1  与扫描相关的变量参数示例

| 变量名 | 扫描周期 ms | 数据类型 | 发送时间 $\mu s$ |
|---|---|---|---|
| A | 5 | INT-8 | 170 |
| B | 10 | INT-16 | 178 |
| C | 15 | OSTR-32 | 418 |
| D | 20 | SFPOINT | 194 |
| E | 20 | UNS-32 | 194 |
| F | 30 | VSTR-16 | 290 |

总线仲裁器将按照变量所要求的扫描周期实行通信调度。从表中可以看到,不同变量的扫描周期可以不同,因而在每个基本循环周期内,总线上传输的变量及变量数目可能存在较大差异。

在 WorldFIP 的通信中不进行物理寻址,而是采用 16 位整数的标识符进行全局逻辑寻址。对于一个给定的标识符只能有一个生产者变量,可有多个使用者变量。消息传输中的消息帧包含 24 位源地址和目的地址,指明通信设备所在网段号和站点号。

由于 WorldFIP 采用生产者与使用者的通信模式,节点数量对同步几乎没有影响,因此适合大量节点的同步应用。WorldFIP 处理同步的方法是在应用层设置一个专有缓冲区和一个公共缓冲区,双重存储器的两个缓冲区可以相互复制。WorldFIP 的应用层还提供了一种能全局读取一组使用者变量的服务,称为读取列表服务。这种服务为用户提供了更高级别的刷新状态信息。

WorldFIP 在应用层对变量的时效性做出有效检验,当变量被发送或被接收后会通知用户数据的状态。用户可借此了解到变量的时效性。例如当使用者读取一个变量时,可以通过刷新状态标志,了解到该变量的更新情况。刷新状态标志位与变量值同时被使用者接收,使用者可通过它判断出变量的时效性。

WorldFIP 的网络管理提供一组管理通信和通信资源的服务,有基于变量的网络管理和基于消息的网络管理两种网络管理服务。远程管理通过全局变量完成。为参与网络管理,任何一个站点都具备地址别名和网络管理变量。当一个站点知道自己的物理地址后,即可自动产生一组网络管理变量,变量的标识符为地址的函数。

### 9.2.3 WorldFIP 的通信控制器

WorldFIP 的第 2 代通信控制器包括 FULLFIP2,FIPIU2,FIPCO1 和 MICROFIP。其中,FULLFIP2,FIPIU2 可以提供与总线仲裁器功能有关的服务、与用户站功能有关的服务以及网络管理服务;而 FIPCO1,MICROFIP 只提供上述部分服务,例如提供输入、输出等应用服务,不能用作总线仲裁器。表 9.2 描述了这几种通信控制器的功能特性。

表 9.2  WorldFIP 几种通信控制器的功能特性

| 通信控制器<br>参数 | FULLFIP2 | FIPIU2 | FIPCO1 | MICROFIP |
|---|---|---|---|---|
| 变量数 | 4095 个 128 字节的变量,带 2MB RAM | 2000 个 128 字节的变量,或 1600 个 16 字节的变量,带 1MB RAM | Max.128 | Max.8 |
| 传输非周期变量 | 支持 | 支持 | 不支持 | 不支持 |
| 报文长度 | 256 字节 | 256 字节 | —— | 128 字节 |
| 介质冗余管理 | FIELDUAL 器件 | —— | —— | —— |
| 总线仲裁器 | 支持 | 支持 | 不支持 | 不支持 |

通信控制器 FULLFIP2 为通信协处理器,能支持 WorldFIP 物理层、数据链路层和应用层的大部分协议,可以用它构成高性能的 WorldFIP 设备。Manchester 编码,16 位 CRC 帧校验等都由芯片硬件完成。可以把 FULLFIP2 配置成总线仲裁器,也可以配置成用户站。FULLFIP2 支持 3 种标准传输速率,31.25Kb/s,1Mb/s,2.5Mb/s。FULLFIP2 还提供一个与主处理器连接的 8 位接口。图 9.8 为 FULLFIP2 的典型应用框图。

通信控制器 FIPIU2 作为 WorldFIP 的通信控制器可以完成用户站功能,也可以完成总线仲裁器,还可以完成总线监视器功能,但总线监视器功能既不能与用户站功能也不能与总线仲裁器功能同时起作用。在完成总线监视器功能时,FIPU2 在内存中建立总线跟踪区,存放总线上每一帧报文的内容(除去帧头帧尾部分)。

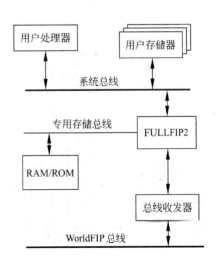

图 9.8  FULLFIP2 的典型应用框图

FIPIU2 的功能由 6 部分组成,总线仲裁器功能、网络传输控制功能、WorldFIP 服务控制功能、串并与并串转换及数据编码功能、RAM 访问控制功能、RAM 访问仲裁功能等。

FIPIU2 与 FULLFIP2 在功能与应用上比较相近,只是在 RAM 区大小、支持的变量数等技术指标上有些差异。

MICROFIP 为低功耗的用户站芯片,适合从 I/O 装置采集数据或本地处理数据。它提供了用户站的各种主要功能,可在 31.25Kb/s,1Mb/s,2.5Mb/s 的速率下工作。图 9.9 为 MICROFIP 的功能框图,图 9.10 为 MICROFIP 的典型应用。图中表示了将它配置成总线冗余时的应用情况,总线冗余时需要两个总线收发器。

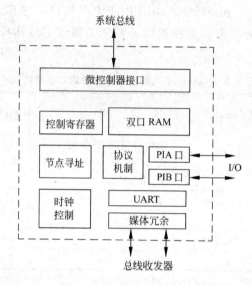

图 9.9 MICROFIP 功能框图

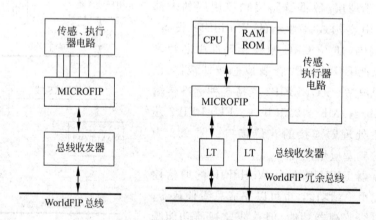

图 9.10 MICROFIP 的典型应用

FIPCO1 是一种简单、廉价的 WorldFIP 通信控制器。可在 31.25Kb/s,1Mb/s,2.5Mb/s 等几种标准速率下工作。可与 Intel 的 8051,MOTOROLA 的 68HC11 或其他单片微处理器结合使用,并配置驱动器及总线收发器,形成 I/O、简单传感器类的 WorldFIP 用户站。图 9.11 表示了 FIPCO1 的应用框图。FIPCO1 带有 2KB RAM,支持周期与非周期的变量交换,不支持报文服务。

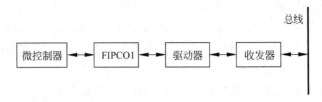

图 9.11　FIPCO1 的应用框图

### 9.2.4　新一代 FIP

前面已经提到,新一代 FIP 指 Fieldbus Internet Protocol,是在 WorldFIP 原有技术的基础上集成互联网技术形成的,是 WorldFIP 与 Internet 相结合的产物。WorldFIP 为与 Internet 结合推出的新一代 25Mb/s 芯片,主要增加了 IP 报文和嵌入式 Web 服务器。新一代 FIP 所要达到的目标是使现场设备都配有 IP 地址,可以通过互联网直接访问。

控制网络与 Internet 相结合就要求控制网络能传送 IP 数据报。而 IP 数据报的报文头为 20～60 字节,因此一般带 IP 报文头的单一报文帧应有 100 字节以上,这个要求排除了许多控制网络传输 IP 数据报的可能性,相应地也限制了某些控制网络在现场设备中嵌入 Web 服务器的可能性。WorldFIP 的信息帧的容量为 256 字节,能从容处理 100 字节以上的含应用数据的 IP 数据报,能保证足够的传输速率,可以满足互不干扰地分别处理实时数据和消息帧的要求,因此具备与 Internet 结合的有利条件。

新一代 FIP 使现场设备嵌入 Internet 微服务器,这些 Web 服务器与应用软件直接接口。它的 IP 地址是可见的,能自动产生 HTML 页面,以供浏览器访问。用户可以访问过程的组态信息和现场设备数据。Web 服务器的配置在服务器初始化时完成,客户端不需要额外开发程序,大都采用标准化的应用工具。而带有 Web 服务器的设备中仍具有与 Internet 相独立的过程控制的关键应用程序,使信息帧的传递与实时控制互不影响,可满足控制的实时性要求。

## 9.3　Interbus 的通信特色

### 9.3.1　Interbus 简介

Interbus 是早期形成的几种总线技术之一,已经成为德国国家标准 DIN 19258、欧洲标准 EN 50254 和 IEC 61158 的国际现场总线标准子集。

Interbus 广泛地应用于制造业和加工行业,例如汽车、造纸、烟草、印刷、仓储、船舶、食品、冶金、木材、纺织、化工等。

作为推出较早的一种总线,它具有协议简单、帧结构独特、数据传输无仲裁等特点,适用于对响应速度要求高、传输字节数较少的应用场合。Interbus 采用逻辑结构的数据环,该数据环由空间分布式移位寄存器构成。由中央设备的总线适配控制板控制数据环的移动,它以全双工串行方式与上层计算机及底层的总线设备交换数据环中传输的数据。每个 Interbus 总线设备都有一个 ID 识别寄存器,ID 寄存器中存放着模块类型、设备在数据环中所占的寄存器数据字节长度、设备状态及出错状态等信息。I/O 设备还带有输入输出寄存器,用于进行过程数据的传输。总线设备耦合到数据环的寄存器的长度一般仅由该设备的输入输出寄存器的长度确定。

Interbus 协议覆盖物理层、数据链路层和应用层。传输介质有双绞线、光纤等。传输介质为双绞线时,物理层采用 RS-485 标准,通信速率为 500Kb/s。在远程节点间的距离可达 400m,本地总线分支长度为 10m,远程总线总共距离可达 25.6km,可连接 64 个远程总线节点,192 个本地总线节点,实现 4096 个开关量的输入输出。系统通常采用树状网络结构,可灵活地根据系统结构进行布线。

### 9.3.2 识别周期与数据传输周期

在 Interbus 总线上有两种不同的周期类型,ID 识别周期与数据传输周期。ID 识别周期用于识别总线上现有的 I/O 设备,以便组织通信帧;数据传输周期用于各节点与主机之间的双向数据交换。总线在这两种工作周期之间来回切换。图 9.12 为这两种工作周期的切换示意图。

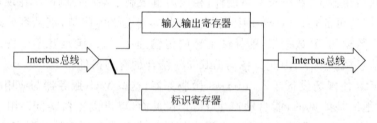

图 9.12 总线工作周期的切换

这两种工作周期对应两种帧类型,ID 帧和数据帧。ID 帧用于读取所有设备的 ID 寄存器,以得到总线上现有的总线设备及其状态的信息;数据帧用于上位主设备与现场设备交换 I/O 数据。

每个 Interbus 总线上的设备都有一个标识(ID)寄存器,ID 寄存器的长度固定为 16 位。在该寄存器中存放着模块类型、设备在数据环中的寄存器的长度、设备状态及错误状态等信息。

总线上的 I/O 设备有用于存放过程数据的输入输出寄存器,输入输出寄存器是 Interbus 总线设备与网络的数据接口。采用分时多路访问(time division multiple access,TDMA)的传输方式。

总线上交替进行标识 ID 周期和数据传输周期。在 ID 帧执行期间读取所有设备的 ID 寄存器,数据帧执行期间则切换到数据寄存器,为执行 I/O 数据的双向传输提供通道。

### 9.3.3 Interbus 的数据环单总帧协议

Interbus 采用数据环结构,把总线上所有设备的输入输出和过程参数数据按要求顺序排列,集成一帧,称为单总帧协议(one-total-frame protocol)。图 9.13 为在总线上形成单总帧过程的示意图。

## 9.3 Interbus 的通信特色

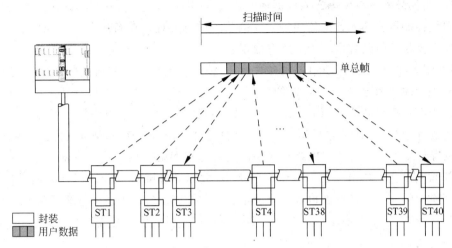

图 9.13 总线上单总帧的形成

图 9.14 为单总帧的具体结构形式。该帧由回路返回检查字开始,所有过程数据都顺序排列其后,帧的最后为帧检查序列 FCS 和控制字。FCS 为对数据进行 CRC 校验的结果,控制字包括标记、控制、模式等信息。在数据环内的传输数据同时、双向地在数据环上与各节点间进行交换。多个节点的数据共存于数据环的单总帧中,多个节点共享总线而无需总线仲裁。这种单总帧结构中的有效数据所占比例高,加上所有节点的输入输出和过程参数几乎在同时进行,因而通信的有效利用率很高。

每个模块的过程数据包括输入数据、输出数据和过程参数。一般过程参数所占用的数据字节较多,而单总帧结构能分配给每个模块的字节长度会受到限制。容许将过程参数划分到几个周期中进行。图 9.14 也描述了过程参数分为几个周期传送的情形。

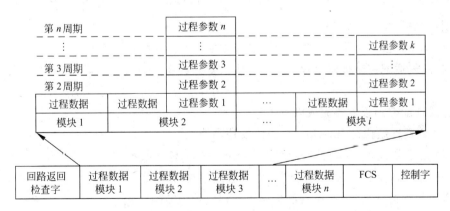

图 9.14 Interbus 的单总帧结构

Interbus 的通信执行过程从回路返回检查字开始,总线控制器移出要进入 Interbus 总线数据环的输出数据,同时接受进入数据环的输入数据。当总线控制器接收到返回字时,所有的输出数据到达相应的设备,所有的输入数据也到达总线控制器,并执行循环冗余校验,将循环冗余校验码送入数据环。如果返回字正确且传输无误,则输出输入数据有效。总线控制器将输入数据传递到计算机系统进行处理。在新的数据环开始前,总线控制器应保证设备得到数据环中的所有数据。

Interbus 的通信协议控制芯片有两种,一种是用于总线控制板上的通信控制器芯片 IPMS;另一种是用于 I/O 设备上的串行接口芯片 SUPI。Interbus 在数据扫描时,输出数据传入串行接口芯片 SUPI 中,然后再传给执行器。传感器的测量数据通过 SUPI 串行地传输到网络,然后到达 IPMS。网络中的上位主设备用来实现协议控制、出错诊断、组态的存储等功能。总线上的终端模块负责将远程网络数据转换为本地网络数据,同时给内部的 I/O 模块供电。在 Interbus 网络中,数据通过屏蔽双绞线以差分信号传输,并通过交换专门的状态信息来检查两个设备之间的连接状态。当发生电缆断裂或接触不良时,将产生相应的错误信息。在系统启动时总线控制板将执行相应的测试程序,逐段检查总线的功能。

Interbus 数据传输的有效性是通过回路返回检查字和 CRC 校验进行的。当回路返回检查字经过所有的 Interbus 设备返回总线控制器时,总线控制器根据返回字的特殊数据序列的变化找出发生在传输路径或 Interbus 总线设备中的错误。

### 9.3.4　Interbus 的总线适配控制板

Interbus 是独立于控制系统和计算机系统的通信网段,由总线适配控制板、总线设备和连接缆线 3 个部分组成。总线适配控制板是 Interbus 总线系统的中心设备。Interbus 上每个设备都有一个明确的设备号,设备号由总线段号和总线段中的位置号组成。在关断、连接及诊断时,由设备号指出设备的准确位置。

当 Interbus 总线系统进行初始化或者当有请求时,系统进入识别周期。在识别周期要读取所有设备的识别寄存器,并且用此信息产生过程映像。一般在系统启动时执行识别周期,识别系统的组态,并与总线适配控制板上存储的组态进行比较。识别周期执行成功后,Interbus 总线设备在内部切换到输入输出寄存器,执行传输数据周期。在传输数据周期内,总线适配控制板以全双工的工作方式更新设备(模块、操作面板等)的输入和输出数据。

总线适配控制板主要完成以下工作。

(1) 周期性地执行 Interbus 总线协议控制。

(2) 在总线设备与控制器、计算机之间传输输入输出数据。

(3) 保证总线上控制周期的同步。由总线适配控制板周期性地发出一个同步时钟,即中断信号给控制系统,各控制系统再执行相应的中断响应程序。

(4) 实现 Interbus 总线系统的监控。

(5) 指示系统的状态和错误信息,指出每个错误的原因、位置(由设备号指定)和错误代码,并将诊断数据映射到诊断寄存器,以便应用程序直接调用诊断寄存器的信息。

(6) 存储已有的总线组态。

(7) 对总线设备进行参数设定,为用户提供参数化的接口。

## 9.4 ASI 控制网络

ASI(actuator sensor interface)指执行器或传感器接口，它属于底层自控设备的工业数据通信网络，用于在控制器和传感器或执行器之间实现双向数据通信。它传输的字节很短，有效数据一般只有 4～5 位，被称为设备层总线。ASI 已被列入 IEC 62026 国际标准，这是为低压开关装置与控制装置用的控制设备之间的接口标准的第 2 部分。它特别适用于连接具有开关量特征的传感器和执行器。例如各种原理的行程开关，温度、压力、流量、液位、位置开关，各种位式开关阀门，声、光报警器，继电器、接触器等。

### 9.4.1 ASI 的网络构成

图 9.15 为 ASI 网段构成示意图。由作为传输介质的总线将主节点、从节点、电源、电源耦合器连接起来，形成 ASI 网段。

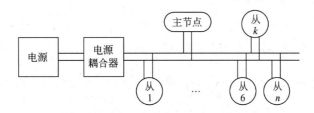

图 9.15 ASI 网段构成示意图

ASI 属于主从网络，每个网段只有 1 个主节点，最多可连接 31 个从节点，每个从节点最多可有 4 个开关量 I/O 口，所以一个 ASI 总线网段最多可连接 124 个传感器或执行器。典型的传输速率为 167Kb/s。

主节点是整个系统通信活动的中心。一般将 ASI 通信接口卡与工业 PC 或可编程控制器 PLC 或数字调节器组合在一起形成主节点。从节点一般为带有 ASI 通信接口的智能传感器或执行器。

通过主节点对所有从节点进行周期性访问，实现传感器、执行器与控制器之间的数据交换。在 ASI 网络通信过程中，对 31 个从节点轮询周期的典型值为 5ms。如果从节点数量减少，则周期还可以缩短。因此 ASI 适合用于某些工业过程开关量高速输入输出的应用场合。

主节点还负责网络初始化，对从节点的地址设置、地址识别、参数设置等，并具有出错校验功能，发现传输错误会重发报文。ASI 系统的地址分配通过主机或手持编程器进行，其网络的节点地址为 5 位，因而可以有 32 个地址，但地址"0"在"地址自动分配"中留作特殊用途。

ASI 电源提供 29.5～31.6V DC 电压，最大可输出 2A 电流，并具有可靠的短路过载保护功能。如果 2A 电流仍不能满足各节点的要求，就要采用带有辅助电源的从站或带有辅助电源的中继器。

ASI 系统中的电源耦合器由两个 $50\mu H$ 的电感和两个 $39\Omega$ 的电阻相互并联组成,电源耦合器的组成及其连接如图 9.16 所示。由于 ASI 总线一方面要传输交变的数字通信信号,另一方面又要为各节点提供直流工作电源,因而需要电源耦合器实现直流电压源与通信节点的电路耦合。让数据通道和电源被电感隔开,使电路在数据通信的频带内能保持足够高的阻抗,使总线上传输的数字信号不会因经过电源而造成短路。

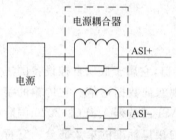

图 9.16 电源耦合器及其连接

ASI 系统支持的拓扑结构有总线形、树形、星形和环形结构,ASI 系统的线缆总长度(包括分支的长度)可达 100m,需要时可利用中继器进行延长。传输介质可为非屏蔽、非铰接的两芯电缆,并可利用两芯电缆在传输数据的同时为节点提供工作电源,即支持总线供电。遇电磁干扰等恶劣环境,需采用屏蔽电缆。按规范要求,电缆的横截面积不能小于 $15mm^2$,以保证网络中每个从站都能得到规定的工作电压值。

### 9.4.2 ASI 的主从通信

ASI 的通信过程从主节点发出呼叫开始,由呼叫发送、主节点暂停、从节点应答和从节点暂停 4 个环节组成,通信过程如图 9.17 所示。

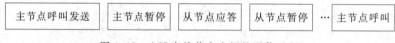

图 9.17 ASI 主从节点之间的通信过程

所有的主节点请求都占 14 个数据位,从节点应答为 7 个数据位,每一位的时间长度为 $6\mu s$。其中主节点暂停最少为 3 位,最多为 10 位。如果从节点与主节点同步,在主节点的 3 位暂停之后,从节点就可以发送应答信号;如果主、从节点之间不同步,则从节点也应该能在 5 位暂停后发送应答信号。如果主节点在 10 个暂停位后没有接收到从节点应答信号的起始位,主节点就不再等待对该次呼叫的应答信号,而发出对下一个地址的请求信号,或对该节点发出再次呼叫。从站的暂停只有 1 位或 2 位的时间,以保证 ASI 系统具有较短的轮询周期。

数据链路层在每个 ASI 呼叫应答周期内只能完成一次数据传送,当数据链路层确认前一指令所要求的通信完成后,便发出下一次呼叫发送。

ASI 可以对通信过程进行单处理与多处理。单处理是指主节点对一个从节点只发出一次呼叫,当出现从节点没有响应或接收到出错报文后,不会重复对该从节点呼叫。当出现一次传输错误不致影响系统功能时,可以使用这种方式,以便节约轮询时间。而多处理指出现从节点没有响应或接收到出错报文时,主节点会再一次重复呼叫。这样,当底层发生单个错误时,可以立即被纠正。

### 9.4.3 ASI 的报文格式

ASI 的报文主要有主节点呼叫发送和从节点响应报文,由节点的数据链路层将数据组织成帧,采用曼彻斯特编码方式形成通信信号,发送到网络上。图 9.18 表示了 ASI 的报文帧结构,图中表示了主节点呼叫发送报文与从节点应答报文的帧结构。在由 14 个数据位构成的主节点呼叫发送报文中,ST 是起始位,其值为 0。SB 是控制位,其值为 0,表示该帧传送的是数据;其值为 1,表示该帧传送的是命令。A4~A0 表示从节点地址。I4~I0 为 5 个数据位。PB 是奇偶校验位,在主节点呼叫发送报文中,不包括结束位在内的各位总和应该是偶数。EB 是结束位,其值为 1。

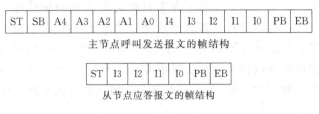

图 9.18 ASI 的报文帧结构

在由 7 个数据位构成的从节点应答报文中,ST 是起始位,其值为 0;接下来的 4 位是数据位 I3~I0,一般为要传输的数据;PB 是奇偶校验位,不包括结束位的其余 6 位的总和应该是偶数;EB 是结束位,其值为 1。

### 9.4.4 主节点的通信功能

主节点的呼叫发送数据经过曼彻斯特编码,并加入起始位、停止位和校验位,形成通信帧,然后发送到 ASI 的电缆上。从节点在接收到主机的呼叫信号后,会向主节点发送从节点响应信号。主节点在 ASI 电缆上接收到从节点的响应信号后,将对其进行曼彻斯特编码的解码,对起始位、停止位进行检查和奇偶校验,大部分错误都可以在检查中得以发现。在对从节点响应的接收过程中,如果在对第 1 次接收报文的帧校验时发现错误,则主节点将重复发送数据报文。如果主节点第 2 次接收到的数据报文仍然有错误,则该错误将被直接报告给应用层,由上层应用程序进行出错处理。

在主节点呼叫传送和从节点响应接收期间,数据链路层还负责监视 ASI 的总线电平。如果在此期间电压过低,则向应用层报告 ASI 电源出错。在电源出错的情况下,即使接收到合法报文,其数据也属非法。发送器应在线路电压低于 14.5V 时仍能正常发送报文。而当电源电压过低时,主节点通过"ResetSlaver"的报文,使所有从节点重新启动。

主节点的应用层在系统初始化、启动和正常操作条件下负责控制 ASI 报文序列。系统上电后,即切换到对主节点的初始化操作,而后转至系统启动操作,以确定 ASI 系统上所有运行的从节点的工作情况,在随后的正常操作阶段便开始主从节点间数据的循环交换。如果从节点发生故障,主节点还应能自动重新设定或替换传感器执行器的操作地址。

除此之外,主节点还需要传送用户通过控制器传来的操作指令。利用 ASI 的控制工具软件,把用户的命令或所编写的程序转成可以识别的指令。用户可以像编写汇编语言一样来编写 ASI 系统的控制程序,同样也可以用一些开发工具,例如 VC++、VB、C 等开发软件,编写 ASI 系统的应用软件。

通过主节点呼叫发送报文,可以完成以下功能。

(1) 数据交换。主节点通过报文把控制指令或数据下达给从节点,或让从节点把测量数据上传给主节点。这是 ASI 网络中最基本的功能。

(2) 设置从节点参数。例如设置传感器的测量范围，激活定时器，在多传感器系统中改变测量方法等。

(3) 删除地址。暂时把被呼叫的从节点地址改为 00H。这个报文一般和"地址分配"报文一起使用，即在从节点地址分配前，需将该从节点地址改为 00H。

(4) 地址分配。只有当从节点地址为 00H 时才能进行地址分配。经过删除地址报文后地址为 00H 的从节点，接收到带有地址编号的地址分配报文，便可得到新分配的地址号。从节点在接收到地址分配报文后，用 06H 响应应答，表示已收到了主节点的地址分配。从节点从此就可以以这个新地址被呼叫了。从节点会把这个新地址存储在从站的 EEPROM 中，这个过程大约需要 15ms。主节点采用这种方式对运行中损坏的从节点自动进行地址设置。

(5) 复位功能。把被呼叫的从节点恢复到初始状态时的地址，从站用 06H 回答。整个过程需 2ms。使用指令"Reset ASI Slaver"可以恢复原地址。

(6) 读 I/O 配置。

(7) 读 ID 编码。从节点的 I/O 设置和 ID 编码在出厂时已经确定，不能改变，只能读取。读取 I/O 配置和读取 ID 编码的目的是确定从站的身份。

(8) 状态读取。读取从节点状态缓冲器中的 4 个数据位，以获得在寻址和复位过程中出现的错误信息。

(9) 状态删除。读取从节点状态缓冲器并删除其中的内容。

表 9.3 列出了主节点的 9 种报文名称和内容。

表 9.3 主节点的报文名称和内容

| 报文名称 | 主站报文内容 | | | | | | | | | | | |
|---|---|---|---|---|---|---|---|---|---|---|---|---|
| | ST | SB | 5 位地址 | | | | | 5 位参数 | | | | PB | EB |
| 数据交换 | 0 | 0 | A4 | A3 | A2 | A1 | A0 | 0 | D3 | D2 | D1 | D0 | PB | 1 |
| 设置从节点参数 | 0 | 0 | A4 | A3 | A2 | A1 | A0 | 1 | D3 | D2 | D1 | D0 | PB | 1 |
| 地址分配 | 0 | 0 | 0 | 0 | 0 | 0 | 0 | A4 | A3 | A2 | A1 | A0 | PB | 1 |
| 复位 | 0 | 1 | A4 | A3 | A2 | A1 | A0 | 1 | 1 | 1 | 0 | 0 | PB | 1 |
| 删除地址 | 0 | 1 | A4 | A3 | A2 | A1 | A0 | 0 | 0 | 0 | 0 | 0 | PB | 1 |
| 读取 I/O 配置 | 0 | 1 | A4 | A3 | A2 | A1 | A0 | 1 | 0 | 0 | 0 | 0 | PB | 1 |
| 读取 ID 编码 | 0 | 1 | A4 | A3 | A2 | A1 | A0 | 1 | 0 | 0 | 0 | 1 | PB | 1 |
| 状态读取 | 0 | 1 | A4 | A3 | A2 | A1 | A0 | 1 | 1 | 1 | 1 | 0 | PB | 1 |
| 读出缓冲器状态并删除 | 0 | 1 | A4 | A3 | A2 | A1 | A0 | 1 | 1 | 1 | 1 | 1 | PB | 1 |

### 9.4.5 从节点的通信接口

从节点由专门设计的 ASI 通信接口芯片和普通传感器或执行器部分构成，ASI 通信接口芯片 Slave Chip，I/O 接口和 EEPROM 存储器是完成从节点通信的重要组成部分。图 9.19 为 ASI 从节点通信接口框图，图中，D0～D3 为数据的输入输出端口；P0～P3 为参数输出端口；$U_{out}$ 为供电端；0V 指电压参考点。

## 9.4 ASI 控制网络

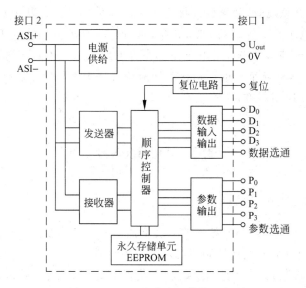

图 9.19 ASI 从节点通信接口框图

从图中可以看到，ASI 从节点包括以下功能模块，为传感器或执行器从总线上获取工作能源的电源供给单元，通信信号的发送器、接收器，作为从节点工作中心的处理器，数据输入输出单元，参数输出单元和存储单元（EEPROM）。

处理器是完成 ASI 从节点的一系列通信应用功能的核心。它通过接收器接收来自主节点的呼叫发送报文，对报文实行解码和出错检查，并在此基础上进行主从节点之间的双向数据通信。把需要传递的参数和数据通过数据输入输出单元和参数输出单元传递给传感器或执行器，并通过发送器向主机发送响应报文。处理器可以把来自主机的地址分配值存储在存储单元中，即使在断电的情况下也可以保留。

在从节点专用芯片中一般设置以下缓冲器。

(1) 地址缓冲器(5 位)。存储当前从节点的地址，当主机呼叫报文中的地址与缓冲器的地址一致时从节点做出响应。

(2) I/O 配置和 ID 编码缓冲器。存储输入输出配置和从节点的 ID 编码。

(3) 数据输出缓冲器(4 位)。存储从节点最后一次正确接收到的主节点输出指令的数据，复位时缓冲器会被装载的缺省值为 0FH。

(4) 参数输出缓冲器(4 位)。存储从节点最后一次正确接收到的主节点发出的写参数报文的参数值，复位时装入的缺省值为 0FH。

(5) 接收缓冲器(12 位)。存储主节点传送的最后一次报文，以便处理器做进一步的处理。

(6) 发送缓冲器(5 位)。当从节点响应时，由处理器调入响应信息，然后向主节点发送。

(7) 状态缓冲器(4 位)。存储状态和出错标志，其中，$S_0$ 是在地址存入过程中被置位；$S_3$ 在存储单元取地址出错时被置位；$S_1$ 和 $S_2$ 由复位和来自主节点的 Read Reset 4Status 命令置位。

设计从节点时，要求从节点具有以下性能。

从节点可以带电插拔，短路及过载状态下从节点应能自动关闭，不会影响其他节点间的通信。节点连接到总线时,如果极性接反了也不应损坏节点。从节点的正常工作电压为 26.5～31.6V,电压低于规定的 26.5V 时,从站的所有逻辑功能应不受影响。线路电压在 14.5V 时仍能正常发送报文;电压在 14V 左右时从节点停止传送数据;电压持续偏低时,应启动复位。ASI 从节点的通信接口还应设置一个闲聊禁止道路,以防止无休止地发送报文,引起 ASI 网络阻塞。

## 9.5 DeviceNet

### 9.5.1 DeviceNet 技术简介

DeviceNet 是一种基于 CAN 技术的开放型通信网络。主要用于构建底层控制网络,其网络节点由嵌入了 CAN 通信控制器芯片的设备组成。该项技术最初由 Allen-Bradley 公司设计开发,在离散控制、低压电器等领域得到迅速发展。后来成立了旨在发展 DeviceNet 技术与产品的(open deviceNet vendors association,ODVA)国际性组织,以进一步开发、管理 DeviceNet 的技术规范,推广 DeviceNet 技术。DeviceNet 已经正式成为 IEC 62026 国际标准的第 3 部分,这是一种用于低压开关装置与控制装置的控制设备之间的接口标准。DeviceNet 也已成为欧洲标准 EN 50325。

许多 PLC 和控制器的生产厂商都参与了 DeviceNet 主站产品的开发,其从站设备的开发也十分活跃。可作为 DeviceNet 节点的设备,包括开关型 I/O 设备、模拟量输入输出的现场设备、温度调节器、条形阅读器、机器人、伺服电机、变频器等,具有产品系列丰富的特点。一些国家的汽车行业、半导体行业、低压电器行业等都在采用该项技术推进行业的标准化。图 9.20 为一个以 PLC 为主站的 DeviceNet 网段。

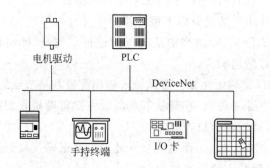

图 9.20　以 PLC 为主站的 DeviceNet 网段

DeviceNet 的主要特点如下。

(1) DeviceNet 上的节点不分主从,网络上任一节点均可在任意时刻主动向网络上其他节点发起通信。

(2) 各网络节点嵌入 CAN 通信控制器芯片,其网络通信的物理信令和媒体访问控制完全遵循 CAN 协议。

(3) 采用 CAN 的非破坏性总线逐位仲裁技术。当多个节点同时向总线发送信息时,

## 9.5 DeviceNet

优先级较低的节点会主动地退出发送,而最高优先级的节点不受影响,继续传输数据,节省了总线仲裁时间。

(4) 在 CAN 技术的基础上,增加了面向对象、基于连接的通信技术。

(5) 提供了请求-应答和快速 I/O 数据通信两种通信方式。

(6) 设备网上可以容纳多达 64 个节点地址。每个节点支持的 I/O 数量没有限制。

(7) 支持 125Kb/s,250Kb/s 和 500Kb/s 3 种通信速率。

(8) 采用短帧结构,传输时间短,抗干扰能力强。

(9) 每帧报文都有 CRC 校验及其他检错措施。

(10) 支持设备的热插拔。支持总线供电与单独供电,并采取了接线出错保护和过载保护等保护措施。

### 9.5.2 DeviceNet 的通信参考模型

DeviceNet 的通信参考模型为三层,应用层、数据链路层和物理层。其中 DeviceNet 定义了应用层规范、物理层连接单元接口规范、传输介质及其连接规范,而在数据链路层的媒体访问控制层和物理层的信令服务规范则直接采用了 CAN 规范。其通信参考模型分层与各层所采用的规范情况见表 9.4。

表 9.4 DeviceNet 通信参考模型分层及其规范

| 应用层 | 应用层规范 | DeviceNet 规范 |
| --- | --- | --- |
| 数据链路层 | 逻辑链路控制层 LLC | |
| | 媒体访问控制层 | CAN 规范 |
| 物理层 | 物理层信令服务规范 | |
| | 物理层连接单元接口规范 | DeviceNet 规范 |
| | 传输介质 | |

### 9.5.3 DeviceNet 的物理层和物理媒体

DeviceNet 的物理层规范规定了 DeviceNet 的总线拓扑结构和网络元件。包括系统接地、粗缆和细缆混合结构的网络连接、电源分配等。设备网所采用的典型拓扑结构是总线拓扑。采用总线分支连接方式。粗缆多用作主干总线,细缆多用于分支连线。非总线供电的线缆应包括 24V 直流电源线、信号线这两组双绞线以及信号屏蔽线。在设备连接方式上可以灵活选用开放式和密封式的连接器。

DeviceNet 提供 3 种可供选择的通信速率,125Kb/s,250Kb/s,500Kb/s。在每种通信速率下主干与分支电缆的允许长度见表 9.5。

表 9.5 DeviceNet 在不同通信速率下主干与分支电缆的允许长度

| 传输速率/Kb/s | 主干长度(粗缆)/m | 主干长度(细缆)/m | 单支线长度/m | 支线总长/m |
| --- | --- | --- | --- | --- |
| 125 | 500 | 100 | 6 | 156 |
| 250 | 250 | 100 | 6 | 78 |
| 500 | 125 | 100 | 6 | 39 |

### 9.5.4 DeviceNet 的对象模型

对象模型是 DeviceNet 在 CAN 技术基础上添加的特色技术。DeviceNet 的对象模型提供了组成和实现其产品功能的属性、服务和行为,可以通过 C++ 中的类直接实现。其对象的具体类型如下。

(1) 标识对象 DeviceNet 一般都有一个标识对象,它包含供应商的 ID、设备类型、产品代码、版本、状态、序列号、产品名称、相关说明等的属性。标识对象的对象标识符为 0X01。

(2) 报文路由对象 报文路由对象用于向其他对象传送显式报文,一般在 DeviceNet 网络中它不具有外部可视性。其对象标识符为 0X02。

(3) 设备网对象 DeviceNet 的产品一般都有一个设备网对象,它包含下列属性,节点地址或 MAC ID、通信速率、主机的 MAC ID。设备网对象的对象标识符为 0X03。

(4) 组合对象 DeviceNet 产品一般具有一个或多个可选的组合对象,这些对象的主要任务就是将来自不同应用对象的多个属性数据组合成一个能够随单个报文传送的属性。组合对象的对象标识符为 0X04。

(5) 连接对象 DeviceNet 产品一般至少包括两个连接对象,每个连接对象代表 DeviceNet 网络上节点间虚拟连接的一个端点,它所具有的两种连接类型分别称为显式报文连接和 I/O 报文连接。显式报文包括地址、属性和服务代码;I/O 报文只包含数据,所有有关如何处理数据的信息都包含在与该 I/O 报文相关的连接对象中。连接对象的对象标识符为 0X05。

(6) 参数对象 可设置参数的设备都要用到参数对象,参数对象带有设备的配置参数,提供访问参数的接口。参数对象的属性可以包括数值、量程、文本和相关限制。其对象标识符为 0X0F。

(7) 应用对象 应用对象泛指描述特定行为和功能的一组对象,例如开关量输入输出对象、模拟量输入输出对象等。设备网上的节点若需实现某种特定功能,至少需要建立一个应用对象。DeviceNet 对象库中有大量的标准应用对象。

### 9.5.5 DeviceNet 的连接与连接标识

DeviceNet 的网络通信是一种面向连接的通信,这也是 DeviceNet 在 CAN 技术基础上添加的特色技术。网络上的节点之间在进行正常通信之前必须通过一些特殊的信息交换来建立一种逻辑上的连接,然后在这个连接通道传输数据信息。每一个通信端点在建立连接的过程中都生成一个连接标识 CID,用它标识这个即将建立的连接,在连接建立后的每次通信中都要带上这个标识,以表示该通信历经的连接通道。

DeviceNet 有两种连接方式,输入输出连接(I/O connection)和显式连接(explicit connection)。

输入输出连接主要用于传输工业现场设备中对实时性要求较高的输入输出数据报文。通过这种连接方式可以进行一对一或一对多的数据传送,它不要求数据接收方对所接到的报文做出应答。图9.21为节点A与节点B之间实现I/O连接的示意图,这是一个单向连接过程。

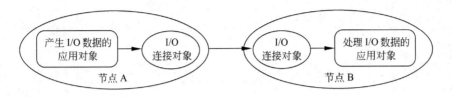

图9.21 节点之间的I/O连接

I/O报文由一个连接标识CID和I/O数据组成。DeviceNet规范没有对I/O数据的格式做出定义,完全由厂商自己定义,并写成组态文件。报文的接收方应该从组态文件或按其他约定了解I/O数据的格式。

显式连接主要用于发送设备间多用途的报文,例如组态数据、控制命令等。显式连接是一对一的连接,报文接收方必须对接到的报文做出成功或错误的响应。一个显式报文由一个CID和附带的协议信息组成。图9.22为显示连接的示意图,这是一个请求响应的应答过程。

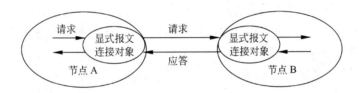

图9.22 节点之间的显式连接

DeviceNet采用基于连接的通信。任意两个节点在开始通信之前必须事先建立连接。每个连接由一个11位的ID来标识,包括媒体访问控制标识符MAC ID和报文标识符Message ID。

使用CAN协议中的11位仲裁域来定义它的标识符,这11位标识符对每个报文是唯一的。标识符分为3部分。

(1) 连接组别 使用1~2位,它将优先级不同的报文分为4组。属于第1组的报文具有最高优先级,通常用于发送设备的I/O报文;属于第4组的报文用于设备离线时的通信。

(2) MAC ID 使用6位,取值0~63,用于表示设备的节点地址,通常由设备上的跳线开关决定。组1和组3的MACID只能分配给发送数据的源节点;而组2既可作为源节点也可作为目的节点的MACID。

(3) 报文ID 使用3~6位,表示在一个报文组内所用的报文传送通道。

DeviceNet的报文分组如表9.6所示。

表 9.6 DeviceNet 的报文分组

| 标识位 | | | | | | | | | | 范围（十六进制） | 标识使用 |
|---|---|---|---|---|---|---|---|---|---|---|---|
| 10 | 9 | 8 | 7 | 6 | 5 | 4 | 3 | 2 | 1 0 | | |
| 0 | | 组 1 报文 ID | | | | 源 MAC ID | | | | 000～3ff | 报文组 1 |
| 1 | 0 | 源或目的 MAC ID | | | | | 组 2 报文 ID | | | 400～5ff | 报文组 2 |
| 1 | 1 | 组 3 报文 ID | | | | 源 MAC ID | | | | 600～7bf | 报文组 3 |
| 1 | 1 | 1 | 1 | | | 组 4 报文 ID(0～2f) | | | | 7C0～7ef | 报文组 4 |
| 1 | 1 | 1 | 1 | 1 | 1 | 1 | × | × | × | 7f0～7ff | 无效 CAN 标识 |
| 10 | 9 | 8 | 7 | 6 | 5 | 4 | 3 | 2 | 1 0 | | |

## 9.5.6 DeviceNet 的通信方式

DeviceNet 支持多种数据通信方式，例如确定的周期性通信、状态改变触发通信、选通、轮询等。

确定的周期性通信用于一些模拟设备的 I/O 数据传输，并可以根据设备信号的变化快慢灵活设定通信周期，对慢过程来讲，这样还可以大大降低对网络的带宽要求。

状态改变触发通信用于开关型设备，按事件触发方式工作。当设备状态发生改变时才发生通信，减少了不必要的数据传输。

在选通方式下，通过位标识指定要求响应的从设备，利用 8 字节的报文广播，可使 64 个二进制位的值对应网络上的 64 节点。

在轮询方式下，网络按主从通信方式，点对点地将 I/O 报文直接依次发送到各个从设备。

在 DeviceNet 上传输两种报文，I/O 报文和显式报文。其中，I/O 报文适用于实时性要求较高和面向控制的数据，它通常使用优先级高的连接标识符，通过与一点或多点连接进行信息交换；I/O 报文帧中 8 字节的数据域不包含任何与协议有关的位。

连接标识符提供了 I/O 报文的相关信息。在 I/O 报文利用连接标识符发送之前，报文的发送和接收设备都必须先进行设定，设定的内容包括源和目的对象的属性以及数据生产者和消费者的地址。

显式报文适用于两个设备间多用途的点对点报文传递，是典型的请求响应通信方式，常用于节点的配置、诊断等。显式报文通常使用优先级低的连接标识符，该报文的相关信息包含在报文帧的数据域中，说明要执行的服务和相关对象的属性及地址。

当 I/O 数据的长度超过 8 字节时称为大报文。大报文需经过分割，形成 I/O 报文片后分帧逐一传送，这时数据域中用一个字节（字节 0）表达报文分割协议。所以只有 7 个字节能用于传输实际数据。数据域中的字节 0 表示该子报文在全部报文中的位置，其中位 0～位 5 为分段计数器，填写分段的编号。位 6，位 7 表示本帧的分段类型，00 表示第一分段；01 表示中间分段；10 表示最后分段；11 表示分段应答。通过分段协议可以保证大报文数据的正确传送。

由于显式报文要求数据接收方对每个子报文都要向数据发送方做出应答，因而数据的发送方和接收方都要检查帧计数的连续性,一旦发现错误则终止当前发送或接收。采用帧计数表示当前发送的帧的编号,接收方必须判断其连续性,一旦不连续就认为有帧丢失,然后放弃所有已经接到的帧,并向数据的发送方报错。

### 9.5.7 DeviceNet 的设备描述

设备描述是对作为网络节点的设备内部结构的说明,它使用对象模型的方法说明设备内部包含的功能、各功能模块之间的关系和接口。设备描述应说明使用了哪些 DeviceNet 对象库中的对象,使用了哪些制造商特定的对象以及有关设备特性的说明。

设备描述还说明了设备在网络上对外交换的数据,这些数据在设备内代表的意义和采用的数据格式,此外,设备描述还列出了本设备可组态的数据。

每个 DeviceNet 设备都必须提供设备描述,以让其他通信伙伴了解该设备的各种特性。DeviceNet 通过对每一类产品编写一个通用的设备描述来规范不同厂商生产的同类产品,使它们在网络上表现出相似的特性,以便与其他设备进行互操作,同类产品可以互换。

设备描述中包括对象模型、I/O 数据格式、可组态的参数和接口,并允许提供电子数据表单 EDS(electronic data sheet),以文件形式记录设备操作参数等信息。各部分的具体内容如下。

(1) 设备的对象模型　它用表格的方式列出该设备实现了哪些标准对象,实现了哪些自定义对象,并描述了各个对象之间的接口以及如何响应外部事件。

(2) I/O 数据格式　规定了 I/O 数据的打包格式以及它们所代表的实际含义。

(3) 设备的组态数据　规定了该设备特有的属性或参数,可以通过这些属性或参数对设备进行组态。同时也规定了组态数据打包格式及其代表的实际含义。

(4) EDS　电子数据表单是 DeviceNet 为设备组态提供的一种工具,它以电子数据表格的形式为用户提供设备组态数据的联络关系、内容和格式。EDS 文件是按照规定的格式对每个设备的生产厂家名称、设备类型、型号、参数等进行描述的数据表,它包括了使用这种设备需要的全部信息。组态工具可以自动从 EDS 读取这些信息,对设备进行组态和参数修改。通过 EDS 文件,可以对设备的种类、设定情况等进行确认,还可以通过文件的管理与文件传送将以往很繁琐的更改设定内容、增加或更改设备等操作变得简单。使用 EDS 文件后,无论是哪家的产品,其组态工具的操作及显示画面都以相同的形式表示,因此可以实现程序的通用化。EDS 文件由 ODVA 予以登记,用户通过网络可以方便地下载最新的数据。

DeviceNet 建立了对象模型库,可将各种设备描述要用到的内容分类建库,例如电机数据对象、监控器对象、命令子程序对象、离散量输入输出对象、模拟量输入输出对象等。在编写 AC/DC 驱动器、软启动器、电动机保护器等设备描述时都可调用电机数据对象,以简化设备描述。

在 DeviceNet 的技术规范中详细列出了 DeviceNet 设备描述和标准对象库的内容。随着技术的发展,DeviceNet 的设备描述还在不断增加种类,以覆盖更大的范围。

## 9.6 几种总线技术简介

### 9.6.1 SwiftNet

SwiftNet 是 Ship Star 公司与波音飞机公司合作,为满足波音飞机对同步、高速数据传输的需要而研制开发的控制网络技术。具有传输速率高、系统性能稳定、错误率低等优点,主要应用于飞行测试、飞行模拟中的直接数字控制和系统操作,在原油油井探测、深海原油平台、采矿业、交通系统和校园网络等处也有应用,已被列为 IEC 现场总线标准 61158 的子集 6。

SwiftNet 的主要技术特点如下。

(1) 采用结构化同步的时间分片多路存取 TDMA 协议,保证了所有节点的同步操作。同步扫描的偏差小,不同节点间最多只有 50μs 的不协调。

(2) 采用发布-接收的通信方式,提高了系统的性能和灵活性。

(3) 所有节点的本地时钟锁在一起,在源端对所有报警和警告标记时间戳。

(4) 控制网络中的所有节点都使用 SwiftNet 通信芯片,主机与每个节点的微处理器之间使用双口 RAM,消除了总线接口与处理器间的耦合。

(5) 支持多种应用协议,包括 FMS、ControlNet、DeviceNet 等协议。

(6) 传输介质为屏蔽双绞线和光纤。物理接口采用 EIA-485 时,其控制网段的最大长度可达 4800m(传输速率为 2.4Kb/s~76Kb/s),传输速率最高为 5Mb/s(此时控制网段的最大长度为 360m)。

(7) 不需要主机软件介入便可完成传输和设置数据,维持总线调度和同步。

(8) 在同一总线上既能高速传输模拟数据,也能高速传送大量离散 I/O 数据,它允许每秒传输 85000 个长度为 16 位的模拟 I/O 数据。

(9) 采用图 9.23 所示的多主结构网络。

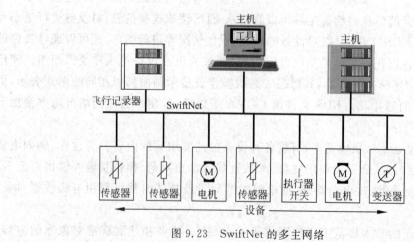

图 9.23 SwiftNet 的多主网络

(10) SwiftNet 支持多网桥网络。多网桥的 SwiftNet 最多允许接入 30000000 个节点,允许有 100000000 个变量。

从以上内容可以看到,SwiftNet 是一种高性能的控制网络技术。

### 9.6.2 HART

高速可寻址远程变送器(highway addressable remote transducer,HART)最早由 Rosemount 公司开发,并得到 80 多家著名仪表公司的支持,于 1993 年成立了 HART 通信基金会。其主要特点是在现有模拟信号传输线上实现数字信号通信,属于模拟系统向数字系统转变过程中的过渡性产品,因而在当前的过渡时期具有较强的市场竞争能力,得到了较快发展。

HART 在 4~20mA 模拟信号上叠加频率信号,成功地使模拟信号与数字双向通信能同时进行,而不相互干扰。它还可在双绞线上以全数字的通信方式,支持多达 15 个现场设备组成的多站网络,用以传送各现场仪表的参数与状态。

HART 通信采用基于 Bell 202 通信标准的 FSK 技术,传输速率为每秒 1200 波特。逻辑 1 的信号频率为 1200Hz;逻辑 0 的信号频率为 2200Hz。Bell 202 的信号如图 9.24 所示。

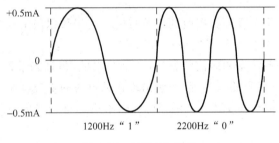

图 9.24 Bell 202 信号

由于正弦信号的平均值为 0,HART 通信信号不会影响 4~20mA 信号的平均值,这就使 HART 通信可以和 4~20mA 信号并存而不互相干扰,这是 HART 的重要优点之一。由于要求 HART 的通信信号有 0.25V(峰-峰电压)以上的电平,因而在二线制变送器与电源之间至少要有 250Ω 以上的电阻,以免这一信号被电源的低内阻短路。多数现有电缆都可以用于 HART 通信,但最好采用带屏蔽的直径大于 0.51mm 的电缆。使用单台设备时的信号传输距离可达 3000m。

HART 数据帧格式如图 9.25 所示。

| 前导码 | 帧前定界符 | 地址 | HART 命令 | 字节数 | 设备和通信状态 | 数据 | 校验字节 |
|---|---|---|---|---|---|---|---|

图 9.25 HART 的数据帧格式

HART 数据帧有长短帧之分。在长帧格式中,从设备的地址由 38 位的设备标识码表示。设备标识码由制造商 ID、设备类型代码和设备代码共同组成。在网络规模较大时采用长帧格式增加了系统的可寻址性,而在短帧格式中,从设备的地址只占半个字节。在与单一设备的点对点通信中,从设备的地址为 0;而在从设备为多节点时,从设备的地址为 1~15。

前导码。前导码为 2~20 字节,用于与接收器之间的同步。在首次开始通信或数据帧重发时,应使用 20 字节的前导码。主设备可通过指令告知从设备在通信帧中有多少字节的前导码;而从设备可在响应帧中告知主设备它希望有多少字节的前导码。

帧前定界符。HART 的帧前定界符有几种取值方式,它除了起到一般帧前定界符的作用外,还可表明帧的类型。采用短帧时,在主设备发给从设备的请求帧中,其帧前定界符为 02H;在从设备对主设备的响应帧中,其帧前定界符为 06H;在从设备对主设备的成组帧中,其帧前定界符为 01H。这 3 类帧在采用长帧时的帧前定界符依次为 82H,86H 和 81H。

地址段包括目的地址和源地址,短帧时为 1 字节,而长帧时为 5 字节。无论在长帧还是在短帧中,主设备的地址通常只有 1 位。基本主设备的地址为 1,第二主设备的地址为 0。主设备地址的下一个有效位置 1 时,表示该帧来自成组方式下的从设备。短帧结构中从设备的地址为 1~15,长帧结构中从设备的地址为 38 位的设备标识码,其中 38 位均为 0 表示广播地址。

命令段。这里的 HART 命令表示该帧的指令内容,为一个字节,以该命令的指令编号来表示。

字节数。指帧中状态段和数据段的字节长度。由于数据段最大为 25 字节,状态段为 2 字节,因而该段的字节长度范围应是 0~27。

状态段。表明设备状态和通信状态,由 2 字节组成,包括当前的通信错误、对指令接收的状况、从设备执行指令的状态等,一般出现在从设备的响应帧中。

数据段。数据段的长度为 0~25 字节,可以采用无符号整数、浮点数、ASCII 码字符串等形式。

校验字节是该帧中从帧前定界符开始所有字节的异或值。

HART 命令分为 3 类,通用命令(universal command)、普通应用命令(common-practice command)及设备专用命令(device-specific command)。

第一类命令是通用的,其指令代码的范围是 0~30,对所有遵从 HART 协议的智能设备,不管它是哪家的产品都适用,例如识别制造厂商及产品型号、读写过程变量、设置地址等。

第二类命令对大多数变送设备都适用,但不要求完全一样。其指令代码的范围是 32~126。它用于常用的操作,例如设置操作参数、写阻尼时间常数、标定、写过程变量单位等。

第三类命令是针对每种具体设备的特殊性而设立的,因而不要求统一。其指令代码的范围是 128~253。

HART 通信协议允许两种通信模式,第一种是"问答式",即主设备向从设备发出命令,从设备予以回答,每秒钟可以交换两次数据;第二种是"成组模式",即无需主设备发出请求,从设备自动地连续发出数据,传输率每秒提高到 3.7 次,但这只适用于"点对点"的连接方式,而不适用于多站连接方式。

HART 是一种模拟向数字过渡的通信方式。由于目前使用 4~20mA 标准的现场仪表大量存在,所以在现场总线进入工业应用之后,HART 仍会应用好多年。

HART 通信具有以下特点。

(1) 既具有常规模拟仪表性能，又具有数字通信性能，用户可以将智能化仪表与现有的模拟系统一起使用，在不对现有仪表进行改造的情况下逐步实现仪表的数字化。

(2) 支持多点数字通信。在一根双绞线上可同时连接几个智能化仪表，因此节省了接线费用。

(3) 允许"问答式"及成组通信方式。大多数应用都使用"问答式"通信方式，而那些要求有较快刷新速率的过程数据可使用成组通信方式。

(4) HART 仪表使用通用的报文结构。允许通信主机，例如控制计算机和所有的与 HART 兼容的现场仪表以相同的方式通信。

(5) 在一个报文中能处理 4 个过程变量。测量多个参数的仪表可在一个报文中传送多个过程变量，在任一现场仪表中，HART 协议支持 256 个过程变量。

HART 采用统一的设备描述语言 DDL 来描述设备特性，由 HART 基金会负责登记管理这些设备描述，并把它们编为设备描述字典，主设备运用 DDL 技术来理解这些设备的特性参数，而不必为这些设备开发专用接口。

HART 能利用总线供电，可满足本质安全防爆要求，并可组成由手持编程器与管理主机作为主设备的双主设备系统。

### 9.6.3 智能分布式系统 SDS

智能分布式系统（smart distributed system，SDS）是于 1993 年推出的基于 CAN 的控制网络技术，1994 年以正式版本发表，并对所有的生产商开放这个总线。SDS 已经被列入 IEC 62026 国际标准的第 4 部分。

SDS 使用 CAN 的 11 位 ID 作为总线仲裁，其中 4 位用于区别 16 种不同类型的报文；7 位用于 MAC ID，区分出 128 个地址。SDS 智能分布系统的主要技术性能见表 9.7。

表 9.7 SDS 智能分布系统的主要技术性能

| 总线访问控制方式 | CSMA/BA |
| --- | --- |
| 节点数目 | 128 个有效地址。在传输速率为 1Mb/s 时最多允许 32 个节点，在传输速率为 125Kb/s,250Kb/s,500Kb/s 时最多允许 64 个节点。要使用最大有效地址，必须根据应用条件和传输介质做仔细计算 |
| 传输距离 | 主干线 1500ft,分支 12ft(传输速率为 125Kb/s 时)<br>主干线 600ft,分支 6ft(传输速率为 250Kb/s 时)<br>主干线 300ft,分支 3ft(传输速率为 500Kb/s 时)<br>主干线 75ft,分支 1ft(传输速率为 1.0Mb/s 时) |
| 传输介质 | 主干线为屏蔽双绞线 |
| 传输信号 | 带不归零编码的方波数字信号 |
| 每个节点输入位 | 一般为 32 位,潜在 64 位,支持分组报文 |
| 每个节点输出位 | 一般为 32 位,潜在 64 位,支持分组报文 |
| 速度 | 125Kb/s,250Kb/s,500Kb/s,1.0Mb/s |
| 总线供电 | 支持 |

续表

| | |
|---|---|
| 重复地址检测 | 有,网络主控节点要求各节点宣称它们的地址,如果一个节点听到它的地址被另外一个节点用了,它将不能进入运行模式 |
| 错误检测 | 有,CRC |
| 错误纠正 | 有,检查到错误的节点发出错信号到总线上,要求重发 |
| 地址设置 | 通过手持编程器,或者是专门的接口和主机进行离线设置;在线设置时,使用保留地址作为默认的新地址,然后转换成一个应用地址。DIP拨码或旋转开关也可用作地址设置 |

### 9.6.4 Seriplex 与 CEBUS

Seriplex 已经被列入 IEC 62026 国际标准,属于该标准的第 5 部分。

Seriplex 使用一个系统总线时钟给节点发脉冲,每个节点在时钟线上监听,当接收到的信号值等于节点地址时,节点就在数据线上发送它的报文。通信方式有两种类型,模式 1 为对等;模式 2 为主从。在网络节点安装以前,通过离线组态设置每个节点的地址和通信模式类型。Seriplex 的主要技术性能见表 9.8。

表 9.8 Seriplex 的主要技术性能

| | |
|---|---|
| 节点总数 | 256 |
| 总线拓扑 | 自由:总线、分支、星形、环和组合状态 |
| 传输距离 | 500ft(在 100kHz 时钟下)<br>5000ft(在 16kHz 时钟下) |
| 传输介质 | 5 线电缆 |
| 传输信号 | 数字 |
| 每个节点输入位 | 1(可选择多路复用模式) |
| 每个节点输出位 | 1(可选择多路复用模式) |
| 速度 | 第二代芯片支持 200kHz 时钟速度 |
| 总线供电 | 有 |
| 重复地址检测 | 无 |
| 节点扫描检查 | 无 |
| 错误检测 | 时钟源产生一个总线错误检测脉冲,以检测总线通信是否有错误 |
| 错误纠正 | 由连续数据刷新提供错误纠正 |
| 地址设置 | 由离线手控工具设置地址 |

随着技术发展和智能家电的日益普及,家庭自动化网络系统已经提上日程。构建面向家庭的局域网,把诸如 PC、家用电器、安全系统、电话、婴儿监视器、对讲系统以及多个房间的娱乐系统等连在一起,形成一类特殊的控制系统与网络系统。电话线、网线、无线蓝牙、电源线都有可能成为家庭自动化网络系统的传输介质。

消费电子总线(consumer electronics bus,CEBus)对射频 RF、双绞线、电源线载波和一系列家庭网络方法提供了协议标准。CEBus 的电源线载波标准规定,一个二进制数位由脉冲的长度表示,例如,一个二进制 0 由一个 $100\mu s$ 的脉冲表示;而一个二进制 1 由一个 200μs 的脉冲表示。相应地,CEBus 传输速度随着所传输的"1"字符和"0"字符的数量的变化而变化。CEBus 标准规定了一个面向对象的控制语言,这个语言包括用来控制音量的升或降,温度上升 1℃等诸如此类的命令。CEBus 是一个商业自主的协议。

### 9.6.5 光总线

光总线(light buses)使用石英或者塑料的光纤光缆传输光信号,由发送器的发光二极管开关状态形成二元信号,接收器中有一个光敏管,把光信号转换成电子信号,供节点中的芯片使用。

在总线系统中,光信号与电信号在通信传输中的主要差别在于总线的分支能力。电压信号的传输是易于分支的,即使在最受限制的条件下也比较容易实现。但光信号在光纤光缆传输中的分支比较困难,因而在现场几乎从来不使用光信号在光纤光缆中分支传输。光信号总线一般将每个节点作为一个中继器,形成一个物理环的结构。通常认为,光总线使用传递令牌的介质访问控制方式最为有效。

光总线的缺点是需要提供另外的能源。电气总线使用两根铜线就可以给现场节点中的传感器等传递提供数据和各种电源,例如 FF、ASI 等。而对一个光总线来说,必须另外有电源作为工作能源。如果节点是驱动器、人机接口板或者高级仪器,则电源不成为问题,使用直流电源通常就可以了;但如果节点是传感器或者是简单的限位开关,则必须提供装有熔断保险丝的电源。

光总线的优点是速度快,抗干扰能力强,特别适用于电磁干扰严重的应用场合,但传输介质光纤和光信号收发器的成本使得光总线比电气总线的造价要高一些。这对于某些特殊的应用场合,比如某个重要的驱动器,这样的成本还是值得的。

Beckhoff 和 SERCOS 都是出自欧洲的光总线。Beckhoff 所设计的光总线大多是封闭的,其收发器和 ASIC 芯片都由 Beckhoff 设计提供。Beckhoff 光总线的主要技术性能列于表 9.9;SERCOS 光总线的主要技术性能列于表 9.10。

表 9.9　Beckhoff 光总线的主要技术性能

| | |
|---|---|
| 节点总数 | 256 |
| 总线拓扑 | 带中继器的环形 |
| 传输距离 | 塑料光缆在中继器之间是 45m;玻璃光缆在中继器之间是 600m |
| 传输介质 | 玻璃或者塑料光纤光缆 |
| 传输信号 | 二元光信号 |
| 每个节点输入位 | 32 |
| 每个节点输出位 | 32 |
| 速度 | 2.5Mb/s |
| 总线能源 | 分离的电源 |
| 重复地址检测 | 无 |
| 每次扫描检查在线节点 | 有,主节点检查列表 |
| 错误检测 | CRC |
| 错误纠正 | 无,若数据被标志为错误,则弃之不用 |
| 地址设置 | Dip 开关 |
| 应用接口 | 有 Siemens PLC 的接口,大多数 Beckhoff 的接口产品使用 Intel 协处理器 |

**表 9.10　SERCOS 光总线的主要技术性能**

| 节点总数 | 256 |
|---|---|
| 总线拓扑 | 带中继器的环形 |
| 传输距离 | 塑料光缆在中继器之间是 45m；玻璃光缆在中继器之间是 600m |
| 传输介质 | 玻璃或者塑料光纤光缆 |
| 传输信号 | 二元光信号 |
| 每个节点输入位 | 32 |
| 每个节点输出位 | 32 |
| 速度 | 2Mb/s |
| 总线能源 | 分离的电源 |
| 重复地址检测 | 无 |
| 每次扫描检查在线节点 | 有，主节点检查列表 |
| 错误检测 | CRC |
| 错误纠正 | 无，若数据被标志为错误，则弃之不用，节点等待下个周期送来的好数据 |
| 地址设置 | Dip 开关 |
| 其他 | SERCOS 开放性好，有许多产品可供选用。但接口软件价格昂贵 |

可以看到，上面两种光总线在性能上十分相近。

# 第10章 短程无线数据通信

## 10.1 无线数据通信的标准及其相关技术

### 10.1.1 关于短程无线数据通信

无线通信指以无线电波、光波、红外线等作为传输介质的通信方式。无线通信以其可移动性,使用灵活,安装便捷,维护方便,易于扩展和良好的性价比,近年来已经取得了快速发展。无线通信网络指节点间通过无线电波相互联络构建的网络系统。在 IEEE 802 系列中,存在多种无线通信网络的技术标准。按照不同的传输距离可以将无线通信网络分为无线广域网 WWAN(Wireless Wire Area Network)、无线城域网 WMAN(Wireless Metropolitan Area Network)、无线局域网 WLAN(Wireless Local Area Network)和无线个域网 WPAN(Wireless Personal Area Network)。

在工业自动化领域,有些设备难于采用有线连接,如移动小车、旋转设备、手持数据采集器以及一些位于偏远地点的零散设备等。在这些应用场合,短程无线通信已成为有线通信的重要补充形式。

图 10.1 表示了 IEEE 802 各无线通信标准中传输距离与传输速率的覆盖范围。IEEE 802.22 与 IEEE 802.20 分别为无线广域网、无线城域网的技术标准。IEEE 802.11、IEEE 802.15 分别为无线局域网、无线个域(短程)网标准。IEEE 802.16 则为宽带无线网标准,适用于住宅区或经营性建筑的射频链接。而位于 WLAN 和 WPAN 范围内的

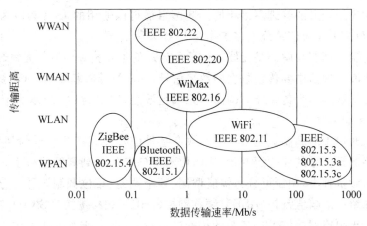

图 10.1 几种无线通信网络的传输速率与距离

IEEE 802.15.3x,则属于近距离、高传输速率的超宽带 UWB 技术,主要用于图像等多媒体数字信号的传输。

短程无线数据通信位于图 10.1 的下半部分。它是工业数据通信系统的重要组成部分。短程无线数据通信主要涉及 IEEE 802.11x 无线局域网,IEEE 802.15.1(蓝牙)和 IEEE 802.15.4(ZigBee)无线个域网等技术。

这几种用于工业数据无线通信技术的性能比较见表 10.1。它们在工业自动化领域已经展现出良好的应用前景。本章将围绕这几种短程无线数据通信技术展开讨论。

表 10.1 几种短程无线数据通信的性能比较

|  | IEEE 802.15.1（蓝牙） | IEEE 802.15.4(ZigBee) | IEEE 802.11x |
| --- | --- | --- | --- |
| 系统开销 | 较大 | 小 | 大 |
| 电池寿命 | 较短 | 最长 | 最短 |
| 网络节点数 | 7 | 255/65536 | 30 |
| 有效物理范围(m) | 10 | 70（加大发射功率可达 2km） | 100（加大发射功率可达数 km） |
| 有效传输速率(Mb/s) | 0.721 | 0.25 | 1,2,5,11,54,108 |

### 10.1.2 无线通信的一组术语

**无线电波的频率**(Radio Frequency)与**频谱**(Spectrum)。无线电波作为无线传输介质,其频率及工作频段的**频谱**,与通信信号的传输距离、抗干扰能力等通信性能密切相关。为保证各种用途的无线通信之间互不干扰,需要对无线频道的使用实行管理。如 88～108MHz 用于无线电台通信,806～890MHz 用于手机,919～932MHz 用于寻呼通信,4～6GHz 用于卫星电视通信等。由各国无线通信管理部门负责无线频道的使用。无线电波的通信应用一般需要获得管理部门的许可。

**ISM**(Industrial Scientific Medical)**频段**。无线通信管理部门规定了一些无需获准许可就可以应用的频段。ISM 频段就是为工业、科学、医疗保留的无需获准就可以应用的频段。各国对无线频段的管理不尽相同。我国目前可以使用的 ISM 频段为 433MHz 和 2.4GHz。短距离无线通信系统大多工作在 ISM 频段上。

**调制与解调**。调制与解调是无线通信信号处理的重要技术环节。无线数据通信的介质主要是电磁波。通信中要传输数据的数字信号,一般为低频基带信号,需要通过调制把低频基带信号加载到作为传输介质的高频无线电波上,转变为适合于无线传输的高频信号,才能实现无线传输。

无线数据通信中的**调制**就是用数据的数字基带信号控制高频载波的某种参量,使高频载波随数字基带信号的变化而变化,从而使数字信息加载到高频信号上。按照调制过程中所控制的参量种类,调制可分为幅值调制、频率调制、相位调制 3 种。分别对应于在前面第 2 章介绍过的幅值键控(ASK)、频移键控(FSK)、相移键控(PSK)这 3 种最基本的调制方式。由于幅值键控(ASK)信号的抗噪能力较差,在无线数据通信中主要采用频移键控和相移键控调制。

## 10.1 无线数据通信的标准及其相关技术

根据无线电波的传输原理,无线发射设备的天线直径或长度应与通信信号的波长相当。调制是实现无线通信信号有效发射的重要手段,也是实现频段分配的重要工具。为了实现对空间频率资源的管理,防止多种无线通信、电视、广播等通信信号的相互干扰,必须通过调制让各种类型的无线通信工作在分配给各自的频段上。

因此调制是为了适应数据无线传输的需要。在发射端通过调制,把数字基带信号变成为有数据信息的高频载波。当传输过程完成,在接收端接收到该高频信号后,还需要采用相同方法的逆向操作,从高频信号中还原出数据的数字基带信号。该过程被称为**解调**。

**无线频率分割**。为了有效实现同一范围内多个节点间的无线通信,必须防止通信帧在传输过程中的相互碰撞。频分多路接入 FDMA、时分多路接入 TDMA、载波监听多路访问/冲突避免 CSMA/CA 等都是无线通信中经常采用的避免冲突的办法。无线频率分割是频分多路接入 FDMA 的工作基础。**无线频率分割**将可用频段的频率带宽分解为多个窄带宽的子信道,各子信道的带宽相对独立。例如在 IEEE 802.15.4 的规范中,将 ISM 的 2.4G~2.4835GHz 频段分割为每个信道占有 5MHz 带宽的 16 个子信道。

**扩频与解扩**。扩频指对通信信号的频谱扩展。将要发送的数据用扩频码进行相关处理,拓宽其信号频率后再行传输。因此,扩频也被视为一种扩展信号频谱的调制方法。在发送端将要传输的数据用扩频码调制,展宽数据信号的频带宽度。而在接收端还要采用相同的扩频码,对接收信号实行解扩处理,恢复出原始数据。

**直接序列扩频 DSSS**(Direct Sequence Spread Spectrum)。直接序列扩频指直接利用某种宽频伪码实现通信信号的频谱扩展。例如在发送端,将"1"表示成 11000100110,将"0"表示成 00110010110,便可将原有数据信号的频率提升到 11 倍,实现了扩频。在接收端收到扩频信号后,采用与发射端相同的伪码进行解扩,将接收序列中的 11000100110 恢复为"1",将 00110010110 恢复为"0",将宽带信号解扩而恢复出原数据。

**跳频扩频 FHSS**(Frequency Hopping Spread Spectrum)。无线通信的收发双方在通信中使用的载波频率受某种伪随机码的控制而离散变化,控制射频载波振荡器的输出频率,使信号的发射频率不断以不等间隔随机跳变。只有知道跳频规律才能正确接收所传输的信息。采用跳频通信具有信号隐蔽、不易被截获、抗干扰能力强等优点。

**正交频分复用 OFDM**(Orthogonal Frequency Division Multiplexing)。OFDM 也是一种调制技术,其基本原理就是把高速数据流通过串并变换分解为多个子载波,并将这些子载波分配到若干相互正交的子信道中并行传输。这样每个子载波的传输速率可以比总速率低许多,有利于在改善信号质量的同时提升整个网络的传输速度。

**接入点 AP**(Access Point)。一个无线终端节点与另一个节点之间的通信往往需要经过其他节点中转,这些与无线终端节点有关联的中转点,就是无线通信的接入点。终端节点在与接入点建立通信关系后,才能实现与其他节点的通信。在主从通信工作方式中,接入点通常是无线通信的管理者。接入点通常还充当无线网络与有线网络的桥接器。

**无线漫游**。由于电磁波在传播中的不断衰减,各接入点 AP 的通信只能限制在一定的范围之内。终端节点通过自动发现附近信号强度最大的 AP,并通过该 AP 收发数据,与网络保持不间断的连接,这个过程被称为无线漫游。

**无线网状网 WMN**(Wireless Mesh Network)。这是一种以多跳方式通过无线链路连接的自组织网。它属于非规则、网状结构的连接拓扑。无线网状网具有自组织、覆盖范围大、可容纳节点多、可扩展性好等特点。

### 10.1.3 无线局域网标准

无线局域网 WLAN 指采用无线通信与网络技术组建的计算机局域网。1990 年朗讯科技在美国率先推出了计算机无线局域网,用于解决工厂、矿山移动设备的联网问题。IEEE 802 标准化委员会也于 1990 年成立了 IEEE 802.11WLAN 标准工作组,研究无线设备和网络发展的全球标准。

无线局域网的应用非常广泛。车间的移动设备,物流、港口、机场的智能仓库,移动办公、校园无线网等处,都是无线局域网的用武之地。无线局域网通过接入点 AP 为移动设备等提供网络接入服务,使入网的各网络节点间实现相互通信。目前无线局域网的通信距离为几公里到几十公里,可将相距数公里的建筑内的网络整合为同一局域网,也可与有线局域网、互联网相互连通。

IEEE 802.11 系列涉及的无线局域网标准很多,有 IEEE 802.11、802.11a、802.11b、802.11c、802.11d、802.11e、802.11f、802.11g、802.11h、802.11i、802.11n 等。

1997 年 6 月完成并公布的 IEEE 802.11 是最早的无线局域网标准。它规定了 3 种物理层标准。有 2 种工作在 2.4G 无线射频的工业科学医学(ISM)频段,1 种工作在红外光波段。采用直接序列扩频(Direct Sequence Spread Spectrum)技术时支持的数据传输速率有 1Mb/s 和 2Mb/s。采用跳频序列扩频(Frequency Hopping Spread Spectrum)和扩散红外线(DFIR)调制技术时支持的数据传输速率为 1Mb/s。其 MAC 层支持 CSMA/CA 载波监听多路访问/冲突避免的媒体访问控制方式。

1999 年 9 月正式通过的 IEEE 802.11b 标准是 IEEE 802.11 标准的扩展,它也工作在 2.4GHz 的 ISM 频段上,它支持的最高传输速率为 11Mb/s。在传输距离远、干扰大而导致信噪比低于某个门限值时,可以将传输速率自动降低到 5Mb/s、2Mb/s 或者 1Mb/s,以降低传输速率来换取低误码率。IEEE 802.11b 的物理层采用直接序列扩频与补码键控(Compensation Code Keying)调制技术。其 MAC 层采用 CSMA/CA 载波监听多路访问/冲突避免的媒体访问控制方式。由于 IEEE 802.11b 的产品具有价格相对低廉的优势,已成为 WLAN 领域的主流技术之一。

稍晚于 IEEE 802.11b 通过的 IEEE 802.11a 为物理层补充标准。它工作在 5GHz 的 UNII 频段上,支持的传输速率有 6Mb/s 和 54Mb/s。采用支持高传输速率的正交频分复用(OFDM)调制技术。IEEE 802.11a 的技术优势,一方面是因为 5GHz 频段目前的使用者不多,因而信号争用与干扰的问题相对不突出;另一方面是传输速率高。但其产品的价格相对较高。

由于 IEEE 802.11a 与 IEEE 802.11b 工作在不同频段上而互不兼容,不能作为同一无线局域网的接入点。因而更有发展潜力的 IEEE 802.11g 应运而生。2003 年 7 月发布的 IEEE 802.11g 也属于物理层补充标准。

IEEE 802.11g 在 2.4GHz 频段采用了正交频分复用(OFDM)调制技术,将数据传输速率提高到 54Mb/s,支持的数据传输速率范围为 6Mb/s~54Mb/s,分别为 6、9、12、18、

24、36、48、54Mb/s。IEEE 802.11g 对 OFDM 规定的参数设置与 IEEE 802.11a 完全相同，只是工作在不同频段上。IEEE 802.11g 使用 2.4GHz ISM 频段上的 3 个信道，而 IEEE 802.11a 使用 5GHz 的 UNII 频段上的 8 个信道。

IEEE 802.11g 向下兼容 IEEE 802.11b 的产品，可与 IEEE 802.11b 及 Wi-Fi (wireless fidelity)无线高保真产品相互连通，在同一无线局域网中作为接入点共存。

IEEE 802.11n 是继 802.11b、802.1a、802.11g 之后的另一项重要标准。802.11n 采用 OFDM 与 MIMO(多输入多输出)相结合的技术，大大提高了无线局域网的数据传输速率，从 54Mb/s 提升到 108Mb/s，最高速率可达到 320Mb/s。802.11n 采用 2.4GHz 和 5GHz 两个工作频段的双频工作模式，使 802.11n 与 802.11a、802.11b、802.11g 兼容。802.11n 还采用了新的高性能无线传输技术，优化了数据帧结构，提高了网络性能。

IEEE 802.11 系列无线局域网标准还有许多，如 802.11i 是关于安全与鉴权 (authentification)方面的标准，802.11d 为多国漫游标准，等等。上面介绍的 802.11b/g/n，则属于无线局域网中最常用的几种标准。

从某个角度来看，无线个域网属于作用距离更短的特定局域网。下面两节具体介绍短程无线数据通信中个域网的典型代表，蓝牙无线微微网与 ZigBee 低速网。

## 10.2 蓝牙无线微微网

### 10.2.1 蓝牙技术简介

蓝牙(bluetooth)是一门发展十分迅速的短距离无线通信技术。由移动通信与移动计算公司联合推出。1998 年成立专门兴趣小组，这个小组负责制定一个代号为蓝牙的开放短距离无线通信协议。此协议代号取自 10 世纪的一位爱吃蓝梅的丹麦国王哈罗德的绰号——蓝牙。1999 年该组织公布了第一版蓝牙规范，从此蓝牙作为一项技术名扬天下。

蓝牙利用短距离无线连接技术替代专用电缆连接。将蓝牙微芯片嵌入蜂窝电话、膝上或台式电脑、打印机、个人数字助理、数字相机、传真机、键盘、手表等设备内部，在这些"长了蓝牙"的设备之间，建立起低成本、短距离的无线连接，取消了设备之间不方便的连线，为现存的数据网络和小型外围设备接口提供了统一方便的连接方式，形成了不同于固定网络的小型、专用无线连接群。在宽带网已经触及寻常百姓家的今天，蓝牙还享有宽带网末梢神经的美誉。

蓝牙的出现为人们整合日趋增多的电器、通信工具提供了一个崭新的思路。采用蓝牙技术可以做到用一只手机控制家中的任何电器。可以让家庭、办公室的报警系统、台式计算机、打印机、传真机甚至咖啡机、烤箱、电表、水表、煤气表等，都成为蓝牙家族的成员。随着蓝牙技术的进一步发展，它将成为工业控制、家庭自动化方面近距离数据通信的有效工具。

蓝牙技术本身不独立构成完整的通信设备，也不涉及移动通信业务，它只是配合其他系统，使它们具有无线传输的能力，并可克服红外(IR)通信要在直射路径才能建立通信的缺陷。蓝牙的小功率设备支持距离大约 10m 的无线通信，大功率设备也只支持距离大约 100m 的无线通信。蓝牙规定了 4 种物理接口,通用串行总线 USB、EIA-232、PC 卡及通用异步收发器 UART 接口。蓝牙允许在各种环境通信,包括机电工业区的应用,其发送与接收数据的模块具有纠错功能和自动重传请求功能。

蓝牙使用跳频(frequency hopping)、时分多用(time division multi-access)和码分多用(code division multi-access)等先进技术来建立多种通信。蓝牙工作在 2.4GHz 的频段上,这是留给工业、科学和医疗进行短距离通信的,不需要许可证。蓝牙作为一种射频无线技术,支持点对点和一点对多点通信,即一个蓝牙设备可以跟一个也可以跟多个蓝牙设备通信。其传输速率为 721Kb/s。

### 10.2.2 蓝牙微微网与主从设备

蓝牙微微网(piconet),也称为微网,是由一个主设备和一个或多个从设备共用同一蓝牙信道建立的最简单的蓝牙网络。图 10.2 表示蓝牙微微网及其主从设备。

在蓝牙微微网中,一个设备如果发起通信连接过程,它就成为主设备,通信接收方为从设备。微微网中能同时被激活的从设备最多为 7 个,即从设备的成员数为 1~7 个。被激活的设备地址的长度为 3 位。任何一个蓝牙设备既可以成为主设备又可成为从设备。角色的分配是在微微网形成时临时确定的。不过通过蓝牙技术中的"主-从转换"功能可以改变通信角色。在微微网范围内没有被激活的设备称为休眠设备。

在微微网的连接被建立之前,所有的设备都处于旁观侦听状态,此时这些设备只周期性地"侦听"其他设备发出的查询或寻呼报文。为节约能源,延长电池寿命,蓝牙为进入连接后的设备准备了 3 种不同功率的节能工作模式,呼吸、保持与休眠模式,设备对功率的要求按呼吸、保持、休眠模式递减。

散射网(scatternet)。由于在同一个办公室的人距离很近,当工作在不同办公桌的两个人各自发起通信,建立了自己的微微网时,会出现两个相互有重叠区的微微网,这个重叠区称为散射网,每个微微网有自己的跳频信道,在时间和频率上各不相同。如果出现一个微微网的设备加入到处于散射网的另一个微微网中,它将采用时分多用与多个微微网通信。图 10.3 为散射网示意图。

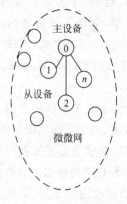

图 10.2 微微网的主从设备

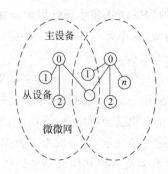

图 10.3 散射网

### 10.2.3 蓝牙协议和应用行规

蓝牙技术规范包括协议和应用行规两部分。图 10.4 简要刻画了蓝牙协议栈的组成。

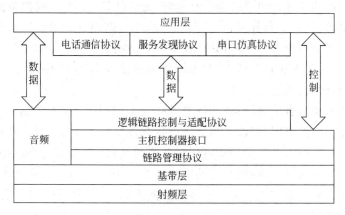

图 10.4 蓝牙协议栈的组成

整个蓝牙协议体系结构可分为底层硬件模块、中间协议层（软件模块）和高端应用层 3 大部分。图 10.4 中所示的链路管理层(LM)、基带层(BB)和射频层(RF)属于蓝牙的硬件模块。射频层实现数据位流的过滤和传输，它主要规定了蓝牙收发器在此频带正常工作时所应满足的要求；基带层负责跳频和蓝牙数据及信息帧的传输；链路管理层负责连接的建立、拆除以及链路的安全和控制，并为上层软件模块提供不同的访问入口。但两个模块接口之间的数据传递必须通过蓝牙主机控制器接口(HCI)才能进行，也就是说，HCI 是蓝牙系统中软硬件之间的接口，由它提供调用下层 BB、LM、状态和控制寄存器等硬件的统一命令。HCI 协议以上的协议软件运行在主机上，而 HCI 以下的功能由蓝牙设备来完成，二者之间通过传输层进行交互。

中间协议层包括逻辑链路控制和适配协议(LLCAP)、服务发现协议(SDP)、串口仿真协议、电话通信协议(TCS)。LLCAP 完成数据拆装、服务质量控制和协议复用等功能，是实现其他上层协议的基础，因此也属于蓝牙协议栈的核心成分。服务发现协议 SDP 为上层应用程序提供一种机制来发现网络中可用的服务及其特性。串口仿真协议用于在 LLCAP 上仿真 9 针 RS 232 串口的功能。电话通信协议 TCS 提供蓝牙设备间话音和数据的呼叫控制信令。在蓝牙协议栈的最上部是高端应用层，它对应于各种应用模块的行规。

为蓝牙采纳的协议还有 PPP、TCP/UDP、IP、OBEX、WAP、WAE、vCard、vCal 等，其中 OBEX 是红外协会开发的用于交换对象的协议；WAP 为无线应用协议；WAE 为无线应用环境；vCard、Cal 是 Internet 邮件联盟的开放协议。

### 10.2.4 蓝牙设备的通信连接

建立网络连接之前，蓝牙设备必须开机。开机使设备的通信部分处于旁观侦听工作模式，未连接设备会周期性地侦听网络报文，每 1.25s 侦听一次射频频谱中的 32 个跳频，如果某个设备需要和其他设备通信，通信方式取决于它以前是否与该设备通过信。如果通过信,该设备的地址是已知的,就用这个地址发一个寻呼报文;如果不知道这个设备地址,就发一个查询报文。查询报文是为了取得要进入通信连接的蓝牙设备的信息。

发起通信连接的主设备如果发送寻呼报文,设备便进入寻呼连接状态。每个蓝牙设备都有一个唯一的用于标识自身的全局标识符(global ID)。在形成微微网时,主控设备向其他设备提供自己的 ID 号和时钟偏移信息,这些信息通过跳频包(FHS)发送。通常,未连接的设备处于侦听模式,以监听其他设备的查询报文。当某个设备发出查询命令时,接收设备将用 FHS 包发送自己的 ID 号和时钟偏移给查询者,以便形成一个完整的处于覆盖范围内的设备情况表。

主设备采用要与之通信的设备的 ID 号寻呼设备,此 ID 号是在先前的查询中得到的。被呼叫设备将用自己的 ID 号回应。然后主设备会再发一个包括主控设备的 ID 号和时钟偏移的 FHS 包给被呼叫设备,随后被呼叫设备便加入到主设备的微微网中。

一旦某个设备加入到微微网中,它就被分配给一个 3 位的激活成员地址(AMA),其他成员可以用这个地址访问该设备。一旦微微网内有 8 个激活从设备,主控设备必须把其中一个从设备强制置为旁观侦听模式。在旁观侦听模式下,此设备仍然存在于微微网中,但是它释放了 AMA 地址,得到一个 8 位的被动成员地址(PMA)。允许有 256 个设备同时存在于一个微微网中,但 1 个主设备最多只能与 7 个从设备进行通信。

旁观侦听模式下的设备以一定时间间隔侦听外界发给它们的报文。这就要求主控设备有能力给所有的从设备广播报文。旁观侦听模式下的设备监听其他设备发出的查询或呼叫报文,从设备每隔 1.25s 就做一次这样的扫描。

每当一个设备被激活时,它就监听规划给该设备的 32 个跳频频点。跳频频点的数目因地理区域不同而有所差异,除日本、法国和西班牙之外的大多数国家都采用 32 个跳频频点。32 个查询信道被分成 2 个频组,每组 16 个信道。在 16 个跳频上发送 16 个相同的报文,如果在规定的时间内没有响应,则在下一个 16 个跳频上发送相同的序列。

蓝牙采用跳频技术而不是在某个频点调制数据。蓝牙的跳频技术每秒跳 1600 次,每跳间隔 $625\mu s$,即在 2402MHz~2480MHz 的频段上,每个信道停留 $625\mu s$ 后跳到一个新的频率上。它把 2.402GHz~2.480GHz 的频段分成 79 个载频,每个占 1MHz。

所有数据包从 $625\mu s$ 时间片的起始点开始发送,持续时间通常为一个时间片,最长的包可以占用 5 个时间片。蓝牙采用时分多用技术,主设备在偶数时间片上开始发送;从设备在奇数时间片上开始发送。

主设备先在第 1 频组上发布 16 条相同的查询指令,隔 1.25s 在反向回复信道上监听回音。如果被查询设备扫描的信道正好和主询设备发布指令的信道重合,则被查询设备就会发出响应,用 FHS 包发送自己的 ID 号和时钟偏移。在下一个 1.25s 内主设备用第 2 组频率重新发布查询指令,如此反复,直到主设备覆盖范围内的所有设备都发回 FHS 包。

寻呼过程也采用相似的信道序列。每个设备按照其 ID 号都有唯一的包含 32 个寻呼频率的信道序列和包含 32 个回复频率的信道序列。处于侦听状态的设备每隔 1.25s 在其特有的寻呼信道序列中的某个信道停留 10ms,以监听来自主设备的寻呼 ID 信息,若此 ID 号不是自己的,该设备就跳转到序列中的下一个寻呼信道继续监听。

主设备先根据它最近知道的被呼叫设备的时钟偏移,做出对被呼叫设备位置的估计,

## 10.2 蓝牙无线微微网

调整而得到两个频组的频率。主设备先用第 1 组估计的频率持续地呼叫 1.25s。如果位置估计是错误的(即主呼设备未收到回音),则主呼设备将在下一个 1.25s 内使用第 2 频组。小的时钟偏移会使呼叫过程一次完成,而大的时钟偏移却会使该过程延长到最大 2.5s,即两个频组的总呼叫时间。一旦一个设备通过查询被发现,并且通过呼叫加入到微微网,微微网就形成了。

在连接激活状态时,每个蓝牙设备都被分配一个激活成员地址 AMA,主设备的地址总是默认为 0,从设备的地址为 1~7。

蓝牙基带技术支持两种连接类型,一种为同步定向连接(synchronous connection oriented,SCO)类型,主要用于传送话音;另一种为异步非连接(asynchronous connectionless,ACL)类型,主要用于传送数据包。

同一个微微网中不同的主从对可以使用不同的连接类型,而且还可以改变连接类型。每个连接类型最多可以支持 16 种不同类型的数据包,其中包括 4 个控制分组,这一点对 SCO 和 ACL 来说都是相同的。两种连接类型都使用时分双工传输(TDD)方案,实现全双工传输。

同步定向连接 SCO 为对称连接。连接建立后,主从设备之间可以不被选中就发送 SCO 数据包。SCO 数据包既可以传送话音,也可以传送数据,但在传送数据时,这种连接方式只用于重发被损坏的那部分数据。

在异步非连接类型的链路中,主设备负责控制链路带宽,决定微微网中每个从设备可以占用多少带宽,并决定连接的对称性。从设备只有被选中时才能传送数据。ACL 链路也支持主设备发给微微网中所有从设备的广播消息。

### 10.2.5 蓝牙设备的状态与状态转移

图 10.5 表示蓝牙设备的状态与状态转移的情况。在微微网内的连接被建立之前,所有的设备都处于旁观侦听状态,或称微微网处于未连接状态。未连接状态下的设备每隔 1.25s 周期性地"侦听"报文。

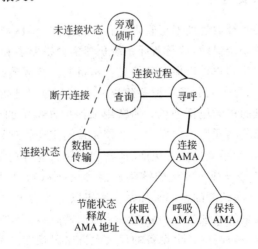

图 10.5 蓝牙设备的状态与状态转移

作为发起通信的主设备,首先要初始化连接程序,如果要连接的设备地址已知,则通过寻呼报文建立连接;如果地址未知,则通过一个查询(inquiry)报文建立连接。主设备在分配给被寻呼从设备的16个跳频频点上发送一串16个相同的寻呼报文。如果没有应答,则主设备按照激活次序在剩余的16个调频点上继续寻呼。查询报文主要用来寻找蓝牙设备。查询报文与寻呼报文很相像,但需要一个额外的数据串周期来收集所有的响应。

经过查询、寻呼或直接寻呼的过程,微微网便建立起连接,从而进入连接状态,可以实现数据通信了。

如果微微网中已经处于连接状态的设备在较长一段时间没有数据传输,则可让其处于节能工作模式,这是在很低的功率状态下能使蓝牙设备处于连接状态的工作模式。

在微微网建立连接之后,设备可工作在保持模式。此时设备时钟继续工作,保持与主设备同步,并保持激活成员的地址,能迅速激活为与其他设备通信的状态。这是一种在微微网中与网络保持同步,但不进行数据收发的一种工作模式。主设备可以让从设备处于保持模式,从设备也可以主动要求被置为保持模式。处于保持模式的设备一旦被激活,则数据传递可立即重新开始。

没有被激活的设备处于休眠状态。休眠状态的设备与主设备保持同步但没有数据传送。工作在休眠模式下的设备放弃了激活成员地址,偶尔"收听"主设备的报文并恢复同步、检查广播报文。为休眠设备准备的是一个8位的地址,因而休眠设备最多可以有256个。

呼吸状态时设备仍然保持激活成员的地址,设备只是降低了从微微网"收听"报文的速率,"呼吸"间隔可以依应用要求做适当调整。

如果把这几种工作模式按照节能效率以升序排一下队,那么依次是呼吸模式、保持模式和休眠模式。

图10.5给出了蓝牙设备的状态转移情况。从图中还可以看到,当设备从连接状态因某种原因断开连接后,只要设备开机,它又会回到未连接状态下的旁观侦听模式。

### 10.2.6 蓝牙的安全管理

蓝牙设备的移动性和开放性使安全管理显得尤为重要。虽然蓝牙系统所采用的跳频技术已经提供了一定的安全保障,但是蓝牙系统仍然需要链路层和应用层的安全管理。

蓝牙基带在物理层为用户提供保护和信息保密机制。权限鉴别是蓝牙系统安全管理的重要部分,它允许用户为个人的蓝牙设备建立一个信任域。比如只允许主人自己的笔记本电脑通过主人自己的移动电话通信;加密用来保护连接中的个人信息,密钥由程序的高层来管理。这几部分共同为用户提供一个较完善的安全管理机制。

在数据链路层中,蓝牙系统提供了认证、加密和密钥管理等功能。每个用户都有一个个人标识码(PIN),它会被译成128位的链路密钥(LinkKey),以进行单双向认证。一旦认证完毕,链路就会以不同长度的密码来加密。密码以8位为单位增减,最大128位。链路层安全机制提供了大量的认证方案和一个灵活的加密方案,允许改变密码长度。

蓝牙系统容许选取微微网中各个设备的最大允许密码长度。某些国家会指定最大密码长度,例如,美国允许128位的密码长度,而西班牙只允许48位,这样当两国的设备互通时,就选择 48 位来加密。

蓝牙系统也支持高层协议栈中不同应用体内的特殊安全机制。比如两台计算机在进行商业信息交流时,一台计算机就只能访问另一台计算机的该项业务,而无权访问其他业务。蓝牙安全机制依赖 PIN 码在设备间建立信任关系,一旦这种关系建立起来,这些 PIN 码就可以存储在设备中,以便将来更便捷地连接。

蓝牙支持 3 种安全模式,模式 1 为无安全操作模式,设备不需要任何安全措施;模式 2 为业务级强迫安全模式,设备在建立信道之前不需要启动安全协议,为上层应用提供不同的接入策略;模式 3 是链路级安全,设备在链路建立连接之前要启动安全协议。

### 10.2.7 蓝牙基带控制器芯片 MT1020A

基带控制器芯片 MT1020A 是 MITEL 公司推出的低成本、微功耗蓝牙基带控制器芯片。它和其他无线收发器一起可以构成一个完整的低功耗小型蓝牙技术系统。MT1020A 是低功耗无线通信应用系统中理想的蓝牙器件。其功能框图见图 10.6。

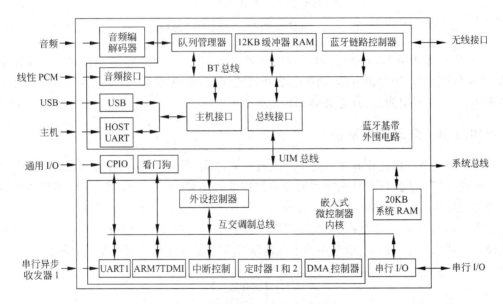

图 10.6　MT1020A 的功能框图

MT1020A 的主要特点如下。

(1) 符合高至 HCI 层的蓝牙控制协议。
(2) 符合 Bluetooth V1.0 规范。
(3) 带有 USB 和 UART 接口。
(4) 内部具有带滤波器的双音频多媒体数字信号编解码器。
(5) 内含数字转换器,可进行多种脉冲编码调制及其相互转换。
(6) 采用先进的模块化电源管理。
(7) 带有嵌入式 ARM7TMDITM 微处理器内核。
(8) I/O 电源电压可在 1.8～3.6V 之间选择,可在低至 1.8V 的电源电压下工作,以减小功耗。

(9) 芯片内含 IP 硬件电路和软件协议，可直接使用。

MT1020A 是一种单 CPU 蓝牙控制芯片，可广泛应用于个人数字助理 PDA、无线联络和控制、蜂窝电话、数码相机以及汽车电子等方面。

图 10.7 为一个基于 MT1020A 的小型蓝牙系统的典型应用框图。图中的 MCU 用来完成对键盘、显示器件和其他外设的控制以及与蓝牙芯片的协调运行；MT1020A 用来控制无线收发器的接收和发送；受话器和送话器直接和 MT1020A 基带控制器相连；无线收发器的作用是在 MT1020A 的控制下，通过天线对各种数字和音频数据进行发射和接收。

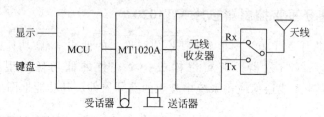

图 10.7 基于 MT1020A 的蓝牙设备框图

TC2000 是由美国 Zeevo 公司开发的一种蓝牙芯片。TC2000 芯片包含了链路控制器、基带处理器、电源管理电路、微控制器和快速闪存，它也需要一些外部元件，例如晶体谐振器、天线基准电阻、去耦电容等一起构成应用电路。

### 10.2.8 蓝牙应用系统

蓝牙应用系统由蓝牙收发器与应用主机共同构成，图 10.8 为蓝牙应用系统的构成框图。应用系统主要发挥蓝牙短距离无线通信技术的优势，用于 10m 或 100m 范围内的语音和数据传输。语音传输时每个声道支持 64Kb/s 同步链接，而异步传输速率在一个方向上可高达 721Kb/s，非对称链接的回程方向速率达 57.6Kb/s，并支持 43.2Kb/s 的对称连接。语音和数据访问、外设连接和个人网络(PAN)是蓝牙技术最典型的应用。

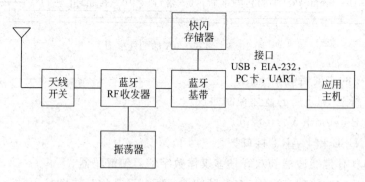

图 10.8 蓝牙应用系统

蓝牙接口可以直接集成到计算机主板，或者以 PC 卡、USB 接口、EIA-232 接口的形式与应用主机连接，实现计算机之间及计算机与外设之间的无线连接。这种无线连接对于便携式计算机可能更有意义。在便携式计算机中嵌入蓝牙接口,便携式计算机就可以通过蓝牙移动电话或带蓝牙接口的计算机连接到外部网络,与外部网络中的设备方便地进行数据交换。把一个装备了蓝牙芯片的手机连接到一台装备了蓝牙芯片的计算机上,就可收发电子邮件,这时手机成为数据访问点。如果口袋里放了蓝牙手机,那么蓝牙笔记本电脑就可以上网。装备了蓝牙芯片的设备只要位于数据访问的有效范围内,都可以轻易地上网。当便携式计算机中的某些资料更新后,可以通过蓝牙接口,对家用台式计算机的相关文件实现同步更新。

当蓝牙芯片被嵌入计算机后,键盘、鼠标就可以通过无线链路工作,无需电缆接口。同时一个蓝牙耳机既可以享受来自计算机的多媒体播放,又可以接听电话。

还可采用蓝牙技术组成一个方便灵活的特殊个人网络。如果两个人在机场会面时,在各自的笔记本电脑之间构成特殊的微微网,就可以快速安全地交换笔记本电脑里的资料,而无需担心被人窃取。

目前,移动电话是蓝牙技术的最大应用领域,通过在移动电话中嵌入蓝牙芯片,可以实现无线耳机、车载电话等功能,实现与计算机和其他手持设备的无线连接。

蓝牙技术的应用领域已越来越广阔。将蓝牙技术应用于汽车行业中,实现数据的无线传输;将蓝牙技术应用于建筑行业中,实现智能家居,实现自动抄表和用电实时管理;在车站、机场、商场等公共场合,还可利用蓝牙为用户提供接入服务等。

## 10.3 ZigBee 低速短程网

### 10.3.1 ZigBee 的技术特点

ZigBee 是一种基于 IEEE 802.15.4 标准的、近距离、低传输速率、低复杂度、低功耗、低成本的无线网络技术。其典型应用领域有工业控制、消费电子、家庭自动化、楼宇自动化、医疗护理等。可以满足小型廉价设备之间无线通信的需要。

ZigBee 一词源于蜜蜂之间 ZigZag 形状的飞舞。蜜蜂以此作为通信方式,相互交流信息,以便共享食物源的方向、距离和位置等信息。由英国 Invensys 公司、日本三菱电气公司、美国摩托罗拉公司以及荷兰飞利浦半导体公司四大巨头为主的 ZigBee 联盟成立于 2001 年,该联盟现已有包括半导体生产商、IP 服务提供商、消费类电子厂商等在内的 100 多个成员单位,例如 Honeywell、Eaton 和 Invensys Metering Systems 等工业控制和家用自动化公司。

ZigBee 数据传输速率的范围为 10~250Kb/s,适合用于低速率的数据传输应用。其通信传输的理想连接距离为 10~75m 之间,通过增大发射功率可使连接距离更远。

IEEE 802.15.4 特别关注省电、协议简单和低成本。ZigBee 网络节点的能耗非常小,典型的峰值发射功率为 1mW,其能耗小于 Wi-Fi 及 Bluetooth。ZigBee 网络节点的供电电池在大部分时间可处于睡眠状态,借助周期性地监听无线信道来确定是否有报文等待处理。在这种低功耗待机模式下,单个节点使用两节普通 5 号干电池可工作 6 个月到 2

年,免去了充电或者频繁更换电池的麻烦。适合需要长时间工作且不方便更换电源的应用场合。

ZigBee 网络的规模大,节点数量多。其网络理论上最多可支持 65536 个节点。其搜索设备的典型时延为 30ms,活动设备的信道接入时延为 15ms,具有时延短的优点。

ZigBee 提供了数据完整性检查和鉴权功能,加密算法采用高级加密标准 AES-128(Advanced Encryption Standard),安全性好,并可以灵活确定其安全属性。

由于 ZigBee 协议简单,有利于降低成本,特别适合在成本和功耗要求苛刻的控制网络中应用。

### 10.3.2 ZigBee 的通信参考模型

前面已经提到,ZigBee 是基于 IEEE 802.15.4 的短程无线通信协议,其通信参考模型如图 10.9 所示。其物理层和媒体访问控制层遵循 IEEE 802.15.4 标准,由这两层构成 ZigBee 的底层。ZigBee 联盟在此基础之上定义了 ZigBee 协议的高层,包括网络层和应用层。应用层包括应用层框架(Application Framework)、应用支持子层(Application support sub-layer)和 ZigBee 设备对象 ZDO(ZigBee Device Object)。

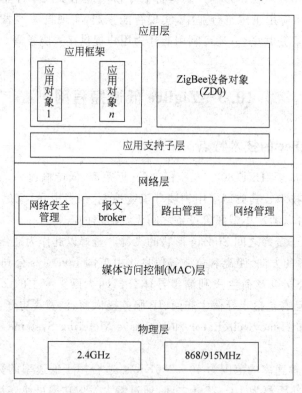

图 10.9 ZigBee 的通信参考模型

**1. 物理层**

IEEE 802.15.4 物理层定义了两个工作频段,868/915MHz 和 2.4GHz。其中低频段 868MHz 为欧洲采用,其传输速率为 20Kb/s;915MHz 为美国、澳大利亚采用,其传

## 10.3 ZigBee 低速短程网

输速率为 40Kb/s；而 2.4GHz 的高频段则在全球通用，其传输速率为 250Kb/s。

物理层负责如下任务。

(1) 控制无线收发器的激活与关闭；

(2) 对当前信道进行能量检测(Energy Detection,ED)；

(3) 提供链路质量指示(Link Quality Indication,LQI)；

(4) 为 CSMA-CA 提供信道空闲评估；

(5) 选择信道频率；

(6) 发送和接收数据。

(2)中的能量检测通过检测当前信道的信号接收功率，为网络层选择信道提供依据。(3)中的链路质量指示是对接收数据包质量的刻画，通过接收功率或信噪比得到。(4)中的空闲信道评估可为 CSMA-CA 提供依据，借助能量检测、载波检测以及载波检测加能量检测三种方式判断。物理层还负责维护个域网信息库 PIB(PAN Information Base)，存储与物理层相关的常数(constant)和属性(attribute)。

IEEE 802.15.4 的物理层采用直接序列扩频 DSSS(Direct Sequence Spread Spectrum)技术，为 2.4G 频段规定的数据与扩频码匹配的对应关系见表 10.2。

表 10.2 数据与扩频码匹配的对应关系

| 十进制数据 | 二进制数据 | 对应的 32 位 PN 序列 |
| --- | --- | --- |
| 0 | 0 0 0 0 | 1 1 0 1 1 0 0 1 1 1 0 0 0 0 1 1 0 1 0 1 0 0 1 0 0 0 1 0 1 1 1 0 |
| 1 | 1 0 0 0 | 1 1 1 0 1 1 0 1 1 0 0 1 1 1 0 0 0 0 1 1 0 1 0 1 0 0 1 0 0 0 1 0 |
| 2 | 0 1 0 0 | 0 0 1 0 1 1 1 0 1 1 0 1 1 0 0 1 1 1 0 0 0 0 1 1 0 1 0 1 0 0 1 0 |
| 3 | 1 1 0 0 | 0 0 1 0 0 0 1 0 1 1 1 0 1 1 0 1 1 0 0 1 1 1 0 0 0 0 1 1 0 1 0 1 |
| 4 | 0 0 1 0 | 0 1 0 1 0 0 1 0 0 0 1 0 1 1 1 0 1 1 0 1 1 0 0 1 1 1 0 0 0 0 1 1 |
| 5 | 1 0 1 0 | 0 0 1 1 0 1 0 1 0 0 1 0 0 0 1 0 1 1 1 0 1 1 0 1 1 0 0 1 1 1 0 0 |
| 6 | 0 1 1 0 | 1 1 0 0 0 0 1 1 0 1 0 1 0 0 1 0 0 0 1 0 1 1 1 0 1 1 0 1 1 0 0 1 |
| 7 | 1 1 1 0 | 1 0 0 1 1 1 0 0 0 0 1 1 0 1 0 1 0 0 1 0 0 0 1 0 1 1 1 0 1 1 0 1 |
| 8 | 0 0 0 1 | 1 0 0 0 1 1 0 0 1 0 0 1 0 1 1 0 0 0 0 0 1 1 1 0 1 1 1 1 0 1 1 1 |
| 9 | 1 0 0 1 | 1 0 1 1 1 0 0 0 1 1 0 0 1 0 0 1 0 1 1 0 0 0 0 0 1 1 1 0 1 1 1 1 |
| 10 | 0 1 0 1 | 0 1 1 1 1 0 1 1 1 0 0 0 1 1 0 0 1 0 0 1 0 1 1 0 0 0 0 0 1 1 1 0 |
| 11 | 1 1 0 1 | 0 1 1 1 0 1 1 1 1 0 1 1 1 0 0 0 1 1 0 0 1 0 0 1 0 1 1 0 0 0 0 0 |
| 12 | 0 0 1 1 | 0 0 0 0 0 1 1 1 0 1 1 1 1 0 1 1 1 0 0 0 1 1 0 0 1 0 0 1 0 1 1 0 |
| 13 | 1 0 1 1 | 0 1 1 0 0 0 0 0 1 1 1 0 1 1 1 1 0 1 1 1 0 0 0 1 1 0 0 1 0 0 1 |
| 14 | 0 1 1 1 | 1 0 0 1 0 1 1 0 0 0 0 0 1 1 1 0 1 1 1 1 0 1 1 1 0 0 0 1 1 0 0 |
| 15 | 1 1 1 1 | 1 1 0 0 1 0 0 1 0 1 1 0 0 0 0 0 1 1 1 0 1 1 1 1 0 1 1 1 0 0 0 |

IEEE 802.15.4 共定义了 27 个信道，其信道编号为 0~26，其中 868MHz 频段采用 1 个(0♯)信道，915MHz 频段采用 10 个(1♯~10♯)信道，2.4GHz 频段采用 16 个(11♯~26♯)信道。2.4GHz 频段中的这 16 个信道，其中心频率 $f_c$ 为

$$f_c = 2405 + 5(k-11) \text{MHz} \quad k = 11, 12, \cdots, 26$$

这里 $k$ 为信道编号。每个信道占有 5MHz 带宽。

## 2. 媒体访问控制层

MAC层负责控制对物理信道的访问，完成以下任务。

(1) 协调器的MAC层负责产生信标(beacon)；
(2) 与信标帧同步；
(3) 实现对个域网的关联(association)与解除关联(disassociation)；
(4) 维护设备安全；
(5) 采用CSMA-CA机制控制信道访问；
(6) 维护时隙保障(Guaranteed Time Slot, GTS)机制；
(7) 在两个对等的MAC实体间提供一条可靠的链路；
(8) 负责维护PIB中与MAC层相关的信息，存储与MAC层相关的常量和属性。

这里的关联是指设备加入网络时向协调器注册及身份验证的功能，当设备离开该网络时需要通知协调器，即解除关联。

时隙保障指可以动态的为设备提供时隙，在属于设备专属的时隙内不使用CSMA-CA而直接发送数据。

MAC层有两种信道访问机制，无信标(non-beacon)网络和信标使能(beacon-enabled)网络。无信标网络采用标准的ALOHA CSMA-CA (Carrier Sense Multiple Access-Collision Avoid)方式，即载波监听多路访问-避免碰撞的信道访问机制。各个设备使用同一信道，在发送数据之前检测信道是否空闲，若信道空闲就开始数据传输；若信道忙则等待一段时间，其等待时间的长度是随机的，直到信道空闲时再发送数据。节点成功接收到报文包后会产生一个响应。

信标使能网络则采用信标帧。信标帧是一种特定格式的数据帧，用于设备间的同步。如果网络中至少有一个设备以固定周期发送信标帧，则称该网络被称为信标使能网络(beacon-enabled network)。信标使能网络有专有的带宽和低的反应时间，通过网络协调器设定预定的时间间隔来传输信标。

## 3. 网络层

网络层位于MAC层与应用层之间，负责网络管理、路由管理、报文broker以及网络安全管理。可以把它分为一个数据实体和一个管理实体，数据实体负责产生网络层协议数据单元并将它发送到目的设备或通往目的设备路径上的下一个设备，网络层管理实体负责完成设备组态、加入/离开网络、地址分配、邻居发现、路由发现、接收器控制等功能。网络层还负责维护网络信息数据库(NIB)。

网络层服务主要包括

(1) 开始一个新网段；
(2) 配置一个新设备；
(3) 通过接收器控制功能让节点加入或者离开网络。

网络层通过设备组态使节点成为特定类型的设备，如协调器、路由器或终端设备。通过邻居发现和路由发现等功能，为数据传输提供有效的路由功能，将NPDU发送到传输路径上的下一个设备或目的设备。接收器控制功能用于决定设备接收器的开启时间，支持MAC层同步或直接接收数据。

### 4. 应用层

ZigBee 的应用层(Application Layer,AL)包括应用支持子层(Application Support sub-layer,APS)、由 ZigBee 组织定义的 ZigBee 设备对象(ZigBee Device Object,ZDO)和 ZDO 行规以及由用户或制造商定义的应用对象(application object)组成的应用框架 (Application Framework,AF)。

应用支持子层在网络层和应用框架之间提供一个接口。在同一网络的两个或多个设备之间提供数据传输服务,提供发现和绑定(binding)设备服务,并维护管理对象数据库。该接口为 ZDO 和制造商定义的应用对象提供一套通用的服务机制。在 ZigBee 通信中要求把需要通信的节点绑定在一起,形成绑定表,根据绑定表在绑定的设备之间传输报文。维护绑定表是应用支持子层的主要作用之一。

绑定指在通信角色互补的端点之间创建一个逻辑链接,绑定是根据簇标识符(cluster identifier)来决定的。若一个设备的输出簇标识符与另一个设备的输入簇标识符匹配,则这两个设备之间拥有互补的端点关系,可以对它们进行绑定。

绑定表(binding table)用于记录绑定状态。绑定表中的记录称为绑定表项,每条绑定表项由簇标识符、源节点地址、源端点号、目的节点地址、目的端点号构成。绑定表通常存储在 ZigBee 协调器中,因为在整个网络工作周期中都需要用到绑定表。

应用框架中 ZigBee 设备对象 ZDO 的作用包括定义一个设备在网络中的作用,如定义设备为协调器、路由器或终端器;发现网络中的设备并确定它们能提供何种应用服务;开始或响应绑定请求,以及在网络设备中建立安全链接。ZigBee 设备对象描述了基本的功能函数,在应用对象、设备行规和应用服务之间提供接口。ZDO 应满足 ZigBee 协议栈所有应用操作的一般要求,如:

(1) 对应用支持子层(APS)、网络层(NWK)、安全服务文档(SSS)的初始化。

(2) 通过向用户定义应用对象收集相关信息来实现设备发现和服务发现、安全管理、网络管理、绑定管理等功能。

### 10.3.3 ZigBee 的设备类型

IEEE 802.15.4 定义了两种设备类型,全功能设备(Full Function Device,FFD)和简约功能设备(Reduced Function Device,RFD)。RFD 设备面向较为简单的应用,需要同一个协调器相关联,所以 RFD 设备对设备资源的要求较低。FFD 可以同 RFD 通信,也可以同 FFD 设备通信;而 RFD 只能同 FFD 通信。

ZigBee 规定了三种设备类型,分别为个域网的协调器(coordinator)、路由器(router)和终端设备(end device)。ZigBee 的设备类型与典型功能见表 10.3。

ZigBee 网络拥有一个协调器,多个路由器和多个终端设备。ZigBee 路由器允许其他路由器或终端设备加入到网络,为其分配网络地址,提供多跳路由和数据转发等功能。协调器除具有路由器的典型功能外,还负责创建 ZigBee 网络,进行网络配置,频段选择,并协助完成绑定功能,存储绑定表。终端设备不提供任何网络维护功能,可以随时休眠或唤醒,并实现基本的传感或控制功能。

表 10.3 ZigBee 的设备类型

| ZigBee 的设备类型 | IEEE 802.15.4 的设备类型 | 典型功能 |
|---|---|---|
| 协调器 | FFD | 除路由器的典型功能外，还包括创建和配置网络，存储绑定表 |
| 路由器 | FFD | 允许其他节点入网，分配网络地址，提供多跳路由和数据转发，协助终端设备完成通信 |
| 终端设备 | RFD | 节点的休眠或唤醒，传感或控制 |

ZigBee 的节点应用不受节点设备类型的限制，协调器和路由器均可实现与终端设备相同的传感或控制功能。

### 10.3.4 ZigBee 的网络拓扑

ZigBee 网络支持星(star)形、树(tree)形和网状(mesh)拓扑，图 10.10 中的(a)、(b)、(c)分别为这 3 种拓扑的网络示意图。

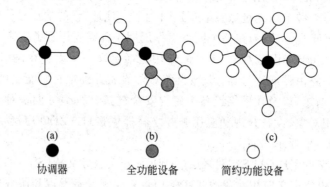

图 10.10 ZigBee 支持的 3 种拓扑结构示意图

**1. 星形拓扑**

星形拓扑指一个辐射状网络，数据和网络命令都通过中心节点传输。在这种拓扑结构中，外围节点需要直接与中心节点实现无线连接，中心节点的冲突或者故障将会降低系统的可靠性。图 10.10(a)为星形拓扑的网络示意图。

星形网络拓扑结构最大的优点是结构简单，由中心节点承担绝大多数管理工作，路由管理单纯。缺点是灵活性差，每个终端节点都要放在中心节点的通信范围之内，因而会限制无线网络的覆盖范围。当大量信息涌向中心节点时，容易造成网络阻塞、丢包、性能下降等。

ZigBee 星形网络以网络协调器为中心节点，各终端节点只能与网络协调器进行通信，星形网络中的两个终端设备如果需要相互通信，均是先将各自的数据包发送给网络协调器，再由网络协调器转发给对方。

因此组建星形网络的第一步就是建立网络协调器。任何一个 FFD 设备都有可能成为网络协调器。确定网络协调器的一个简单策略是，一个 FFD 设备在第一次被激活后，首先广播查询网络协调器的请求，如果接收到回应说明网络中已经存在网络协调器，再通过一系列确认过程,设备就成为了该网络中的普通设备;如果没有收到回应,或者确认不成功,这个 FFD 设备就可以建立自己的网络,并且成为这个网络中的网络协调器。

如果原有的网络协调器损坏或者能量耗尽时,或当有移动物体阻挡时,网络便会失去网络协调器,这将导致一个 FFD 开始建立自己的网络。而当原有的网络协调器重新出现或移动物体离开时,网络中将出现多个协调器而造成多个网络协调器的竞争。

网络协调器要为网络选择一个唯一的标识符,所有该星形网络中的设备都用该标识符来规定自己的隶属关系。选择一个标识符后,网络协调器就允许其他设备加入自己的网络,并为这些设备分组转发数据。

2. 树形拓扑

在 ZigBee 的树形拓扑结构中,有协调器、路由器、终端设备三种节点。与星形网络相比,树形拓扑结构中多了路由器。如果有些 RFD 节点距离协调器节点太远,超出了无线连接的覆盖范围,就需要位于 RFD 与协调器之间的路由器发挥中继功能来解决这一问题,通过路由器起到扩大网络覆盖范围的作用。一个 ZigBee 网络只有一个网络协调器,但可以有若干个路由器。

3. 网状拓扑

采用网状拓扑的 Mesh 网络是一个自由设计的拓扑,是一种以特殊接力方式传输的网络结构。其路由可自动建立和维护,具有很高的适应环境能力。在 Mesh 网络中,各个具有路由能力的节点都是平等的,能跟有效通信半径内的所有节点直接通信。各节点都可以访问到网内的其他节点,但此时路由器和协调器的无线通信模块都必须一直处于接收状态,所以节点的功耗比较大。

利用 ZigBee 技术建立 Mesh 形网络,也需要首先确定一个网络协调器。然后其他节点再加入其中,Mesh 网通过广播和一系列的路由查询以及维护命令来动态地升级整个网络的路由信息,与星形、树形相比更加复杂,其路由拓扑是动态的,不存在一个固定可知的路由模式。这样信息传输时间更加依赖网络的瞬时连接质量,事先难以预计。

### 10.3.5 ZigBee 的设备地址、寻址与路由

1. 设备地址

ZigBee 有两种地址类型,一类为被称为 MAC 地址或 IEEE 地址的长地址,其地址长度为 64 位;另一类为被称为网络地址或逻辑地址的 16 位短地址。长地址由生产厂商设定,是全球唯一的地址,其地址分配和管理由 IEEE 来维护。16 位的网络地址是在设备加入网络时被分配的、在该网络中唯一的地址。网络地址用于识别设备和收发数据。

ZigBee 的网络地址采用分布式分配策略。各节点的网络地址根据节点在网络中的位置来确定。每个设备只需与自己的父节点通信便可获取唯一的网络地址,这种策略既要保证所分配的地址在网络中的唯一性,也要保证网络的可扩展性。网络地址由三个参数决定,网络的最大深度 $Lm$、节点的最大子节点数 $Cm$ 和节点的最大子路由数 $Rm$。

网络的最大深度 $Lm$ 决定了网络的层次。ZigBee 协调器的网络深度为 0,其子节点的网络深度为 1,再往下 1 级子节点的网络深度为 2,以此类推。

最大子节点数 $Cm$ 决定了一个路由器或协调器可以拥有的子节点数目。而最大子路

由数 $Rm$ 是 $Cm$ 的一个子集，由 $Rm$ 决定子节点中可以是路由器节点的最大数目，其他剩余的节点可以为终端节点。

根据以上三个参数可以得到网络各节点的地址分配方案。例如当 $Lm$ 为 3，$Cm$ 为 6，$Rm$ 为 2 的情况下，网络地址分配如图 10.11 所示。

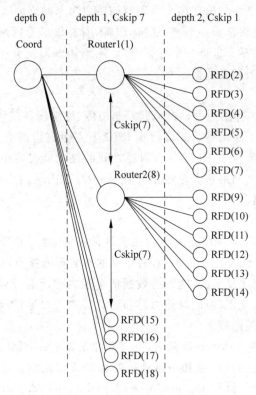

图 10.11　网络的地址分配

这里规定的 $Lm$ 为 3 意味着网络由深度 0、深度 1、深度 2 这 3 层组成。协调器位于深度 0；只有深度为 1 的这一层中有路由器。$Cm$ 为 6 指一个路由器最多拥有 6 个子节点。该路由器的地址跳数 Cskip 值为 7，即路由器本身加上 6 个子节点共占有 7 个地址。最大子路由数 $Rm$ 为 2 指该层中可以是路由器节点的最大数目为 2。因而同层的 2♯ 路由器，其节点地址应该在 1♯ 路由器节点地址之上加上跳数 Cskip 值 7，即 2♯ 路由器的地址为 1+7=8，而 2♯ 路由器的子节点可以占用的 6 个地址为 9～14。深度为 1 的这一层中剩余的 4 个 RFD 节点可以占用的地址为 15～18。

2．寻址

ZigBee 通信中有两种寻址方式，直接寻址（direct addressing）与间接寻址（indirect addressing）。根据报文包含的节点地址和端点号直接发送的寻址方式称为直接寻址。直接寻址方式需要存储报文目的设备的地址、端点、簇标识符等信息。

采用间接寻址时，源设备在报文中省略了目的地址，只在报文中注明使用间接寻址方式。协调器将根据报文中的源节点地址、源端点号和集群标识符，使用绑定表中对应的绑定表项获取目的节点地址和端点号，然后根据这个目的地址来发送间接报文。如果绑定表项中存在多个目的地址,将根据这些目的地址传输该报文的多个拷贝。

ZigBee 还具有广播、多播等通信模式,广播(broadcast)模式用于发送数据到网络中的所有设备,而多播(multicast)模式用于发送数据到以组(group)为目的地的一组特定设备上。

16 位网络地址为 0xffff 的帧被称为广播帧,接收到广播帧的节点将再次将该广播帧发送传递到别的邻居设备。网络地址为 0xfffd 的帧将发送给除了休眠节点之外的所有节点,而地址为 0xfffc 的帧将发送给包括协调器在内的所有路由器。

3. 路由发现与选择

ZigBee 的树形网络可以根据目的节点的网络地址,沿簇树的层次传输数据。而 ZigBee 的 Mesh 网的数据通信则需要路由发现与选择过程的支持。ZigBee 路由器(包括协调器)提供的路由功能有路由发现、路由选择、路由维护和路由过期。

Mesh 网的路由是基于 AODV(Ad hoc On demand DistanceVector)路由协议实现的。它在逐跳路由、目的节点路由序列号、定期广播机制的基础上,加入了路由的按需发现和维护机制。其路由协议支持对设备移动、链接失效、数据帧丢失等的处理。

当路由器收到一个单播数据帧时,如果目的地址是该路由器的邻居节点(包括其子节点),就直接发送该数据帧到目的节点。否则路由器将检查它的路由表,查找与该数据帧目的地址对应的路由表项。如果存在该目的地址的活动路由表项,就将该数据帧发送到路由表项中下一跳对应节点的地址。如果不存在这样一个活动的路由表项,路由器就开始一个路由发现过程,并且将该数据帧缓存,直到路由发现过程结束。

路由发现过程由路由器(包括协调器)发起,每次只以一个目的设备为目标。路由发现机制将搜索所有可能的从源节点到目的节点的路径,最后选择一条"最优"路径。每个节点将包含一个到其所有邻居节点的链接代价,链接代价通常是接收信号强度的函数,将一条路径上的所有链接的链接代价相加便得到了这条路径的路径代价,路由算法将选择具有最低路径代价的路径作为传输路径。

路由发现是通过请求(request)和应答(response)来实现的。源节点通过广播路由请求(Route Request,RReq)帧来发现路由。接收到路由请求帧的节点首先更新 RReq 帧的代价域,在其上加上到达自己这一链接的代价,然后重新广播该 RReq 帧。这个过程一直重复,直到 RReq 帧到达目的设备。多个具有不同代价的 RReq 帧将通过不同的路径最终到达目的设备,目的设备将选择具有最低代价的 RReq 帧所历经的路径,发送一个单播的路由应答(Route Reply,RRep)帧,沿该路径返回源节点。同时此路径上的节点将更新自己路由表中相关项的状态。一旦路由路径建立成功,数据帧便可以通过该路径发送。

ZigBee 终端设备不提供任何路由功能,终端设备仅将需要发送到其他节点的数据帧直接发送给自己的父节点(协调器或路由器),由父节点替终端设备完成路由功能。同样的,对需要到达终端节点的路由发现过程,也由父节点代替终端设备做出响应。

4. 路由维护与路由过期

还需要为 Mesh 网提供路由维护和自愈功能。如果某个节点失去与下一跳节点的链接(没有收到 MAC 应答),该节点将发送路由出错(Route Error,RErr)帧到所有可能接收过路由应答 RRep 帧的节点,致使该链接路径无效。一旦出现某个链接的传输失败,上游节点将启动路由修复。路由修复是通过再次发送RReq帧来实现的,如果修复失败,则需要发送RErr帧到源节点,并使该路径上的所有路由表项得到更新。源设备将重新进行路由发现过程,以便自动重新建立路由。

如果在一段时间内某条路由路径上没有数据传送,则该路径被视为过期路由(expired route)。过期的路由项不会立即从路由表中删除,而是要等到路由表维护时才删除。

### 10.3.6 ZigBee的节能与安全

节能与安全属于ZigBee无线通信网络的特色技术。

IEEE 802.15.4本身就是为低功耗而设计的。它采用直接序列扩谱DSSS取代IEEE 802.15.1蓝牙的跳频扩谱FHSS技术,以尽可能多地节省能量。而FHSS的跳频会增大功率消耗。

ZigBee常用于占空比很低的应用场合,只偶尔发送且发送的数据量小。鉴于ZigBee应用的特点,其节点可以在大部分时间内睡眠,以节省能耗。当需要完成通信传输时,节点迅速苏醒为活动状态并发送数据,然后再回到睡眠状态。ZigBee可以在15ms或更短的时间内由睡眠模式进入活动模式,因此睡眠节点的数据传输具有低时延。

ZigBee采用一种"准备好才发送"的通信策略,这是一种能量效率非常高的方案。这种策略所导致的射频干扰非常低。不过,这种"准备好才发送"的通信策略并不是万能的。例如,在网络规模较大且每个网络节点都需要定期发送数据的应用场合,节点数据需经多次反复传送才能到达网络控制器,加之数据包冲突和重复传送会浪费能量,会大大缩短节点的电池寿命。

ZigBee还通过减少相关处理来进一步节省能量。一个简单的8位处理器便可完成ZigBee的任务,其协议栈占用的内存也很少。例如,全功能设备的协议栈占用大约32Kb内存,而一个精简功能设备的协议栈只需要4Kb内存。蓝牙协议栈则需要占用约250Kb内存。

ZigBee相对简单的实现也为节省成本提供了条件。简单的8位处理器和小协议栈当然有助于降低成本,而RFD由于节省内存和其他电路,自然更进一步降低了部件成本。

安全一直是无线个域网的重要话题。ZigBee采用多种安全机制来保证MAC命令帧、信标帧和响应帧的安全性。单跳数据报文的安全由MAC层负责保证,而多跳数据报文一般还需要网络层等更上层的安全管理来保证。

为保证MAC帧的机密性、一致性和真实性,ZigBee在MAC层使用一种被称为高级加密标准的AES算法,形成一系列基于AES的安全机制。网络层控制整个安全过程,包括密钥的产生和安全级别的使用。

当MAC层发送(接收)一个带有安全性的帧时,它首先检查该帧的目标地址(源地址),并检索到和该目标地址(源地址)相对应的密钥,然后利用该密钥和相对的安全级别所对应的安全机制来进行逆向处理。每一种安全机制都对应着一个密钥,而在MAC层帧头中有一位直接指明该帧是否使用安全机制。

MAC 层的安全采用三种模式,利用 AES 进行加密的 CTR 模式、利用 AES 保证一致性的 CBC-MAC 模式(密码分组链接),以及同时采用上述两种模式的 CCM 模式。

网络层也使用高级加密标准(AES),但网络层全部采用 CCM 模式。此 CCM 模式对 MAC 层使用的 CCM 进行了小修改,网络层除了包括 MAC 层所有的功能外,还提供了单独的加密及完整性功能。

当网络层使用特定的安全组来发送(接收)通信帧时,网络层还使用安全服务提供者(Security Services Provider SSP)来处理此帧。SSP 会寻找帧的目的(源)地址,取回对应于目的(源)地址的密匙,然后使用安全组来保护帧的安全性。

在网络层之上,应用支持子层也负责安全管理。包括建立密匙,确定是否对某个帧使用相应的 CCM 安全组。

### 10.3.7 ZigBee 通信节点芯片 CC2430

随着无线传感器网络的技术发展,已经出现了多种支持 802.15.4/ZigBee 协议的通信芯片。有多个厂商推出了 ZigBee 节点产品的全套解决方案,如 Freescale 公司的低功耗 2.45GHz 集成射频器件 MC13192,Chipcon 公司的 CC2430 等。它们都在单个芯片上集成了微处理器 CPU、存储器、射频收发、模数转换、计时、传感器等部分。

1. CC2430 的主要特点

CC2430 在单个芯片上除整合了 1 个 8 位 MCU(8051),128KB 可编程闪存,8KB 的 RAM 以及 ZigBee 射频(RF)前端之外,还包含了 AES128 协处理器、模拟数字转换器、看门狗定时器、32kHz 晶振的休眠模式定时器、上电复位电路、掉电检测电路,多个计时器以及 21 个可编程 I/O 引脚。

CC2430 在接收和发射模式下,电流消耗分别低于 27mA 或 25mA。CC2430 的休眠模式和在超短时间内转换到活动模式的特性,使其特别适合于那些要求电池工作寿命较长的应用。

CC2430 的主要特点如下,具有:

(1) 高性能、低功耗的 8051 微控制器;

(2) 符合 IEEE 802.15.4 标准的射频收发器;

(3) 优良的无线接收灵敏度和抗干扰性能;

(4) 在休眠模式时其电流消耗仅为 $0.9\mu A$,可由外部中断或 RTC 唤醒系统;而在待机模式时其电流消耗更是小于 $0.6\mu A$,也可由外部中断唤醒;

(5) 硬件支持 CSMA/CA 的媒体访问控制功能;

(6) 较宽的工作电压范围(2.0~3.6V);

(7) 电池监测和温度传感测量功能;

(8) 14 位模数转换 ADC 电路;

(9) AES 安全协处理器。

2. CC2430 芯片的引脚功能

CC2430 芯片采用 7mm×7mm QLP 封装,共有 48 个引脚。全部引脚可分为控制线引脚、I/O 端口线引脚、和电源线引脚三类。

(1) 控制线引脚功能

10 脚(RESET_N)　复位引脚,低电平有效。

19 脚(XOSC_Q2)　32MHz 的晶振引脚 2。

21 脚(XOSC_Q1)　32MHz 的晶振引脚 1,或外部时钟输入引脚。

22 脚(RBIAS1)　为参考电流提供精确的偏置电阻。

26 脚(RBIAS2)　提供精确电阻,43kΩ,±1%。

32 脚(RF_P)　在 RX 期间向 LNA 输入正向射频信号;在 TX 期间接收来自 PA 的输入正向射频信号。

34 脚(RF_N)　在 RX 期间向 LNA 输入负向射频信号;在 TX 期间接收来自 PA 的输入负向射频信号。

43 脚(P2_4/XOSC_Q2)　32.768kHz XOSC 的 2.3 端口。

44 脚(P2_4/XOSC_Q1)　32.768kHz XOSC 的 2.4 端口。

(2) I/O 端口线引脚功能

CC2430 有 21 个可编程的 I/O 口引脚,P0、P1 口是完全的 8 位口,P2 口只有 5 个可使用位。通过软件设定一组 SFR 寄存器的位和字节,可使这些引脚作为通常的 I/O 口或作 ADC、计时器或 USART 部件的外围设备 I/O 口使用。

I/O 口可设置为通常的 I/O 口,也可设置为外围 I/O 口使用。在输入时有上拉和下拉能力。全部 21 个数字 I/O 口引脚都具有响应外部中断的能力。如果需要,可由外部设备对 I/O 口引脚产生中断,同时外部中断也能被用来唤醒休眠模式。

1~6 脚(P1_2~P1_7)　具有 4mA 输出驱动能力。

8,9 脚(P1_0,P1_1)　具有 20mA 的输出驱动能力。

11~18 脚(P0_0~P0_7)　具有 4mA 输出驱动能力。

43,44,45,46,48 脚(P2_4,P2_3,P2_2,P2_1,P2_0)　具有 4mA 输出驱动能力。

(3) 电源线引脚功能

7 脚(DVDD)　为 I/O 提供 2.0~3.6V 工作电压。

20 脚(AVDD_SOC)　为模拟电路连接 2.0~3.6V 的电压。

23 脚(AVDD_RREG)　为模拟电路连接 2.0~3.6V 的电压。

24 脚(RREG_OUT)　为 25,27~31,35~40 引脚端口提供 1.8V 的稳定电压。

25 脚(AVDD_IF1)　为接收器波段滤波器、模拟测试模块和 VGA 的第一部分电路提供 1.8V 电压。

27 脚(AVDD_CHP)　为环状滤波器的第一部分电路和充电泵提供 1.8V 电压。

28 脚(VCO_GUARD)　VCO 屏蔽电路的报警连接端口。

29 脚(AVDD_VCO)　为 VCO 和 PLL 环滤波器最后部分电路提供 1.8V 电压。

30 脚(AVDD_PRE)　为预定标器、DiV2 和 LO 缓冲器提供 1.8V 的电压。

31 脚(AVDD_RF1)　为 LNA、前置偏置电路和 PA 提供 1.8V 的电压。

33 脚(TXRX_SWITCH)　为 PA 提供调整电压。

35 脚(AVDD_SW)　为 LNA/PA 交换电路提供 1.8V 电压。

36 脚(AVDD_RF2)　为接收和发射混频器提供 1.8V 电压。

## 10.3 ZigBee 低速短程网

37 脚(AVDD_IF2)   为低通滤波器和 VGA 的最后部分电路提供 1.8V 电压。

38 脚(AVDD_ADC)   为 ADC 和 DAC 的模拟电路部分提供 1.8V 电压。

39 脚(DVDD_ADC)   为 ADC 的数字电路部分提供 1.8V 电压。

40 脚(AVDD_DGUARD)   为隔离数字噪声电路连接电压。

41 脚(AVDD_DREG)   向电压调节器核心提供 2.0~3.6V 电压。

42 脚(DCOUPL)   提供 1.8V 的去耦电压,此电压不为外部电路所使用。

47 脚(DVDD)   为 I/O 端口提供 2.0~3.6V 的电压。

**3. 典型应用电路**

CC2430 芯片需要很少的外围部件配合就能实现信号的收发功能。图 10.12 为 CC2430 芯片的一种典型应用电路。该电路使用一个非平衡天线。连接非平衡变压器可使天线性能更好。电路中的非平衡变压器由电容 C341 和电感 L341,或者由电感 L321、

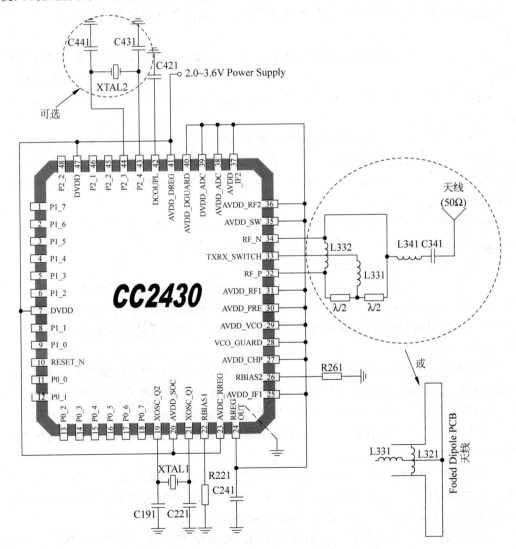

图 10.12   CC2430 芯片的一种典型应用电路

L331 以及一个 PCB 微波传输线组成，整个电路的 RF 输入输出匹配电阻为 50Ω。由内部 T/R 交换电路完成 LNA 和 PA 之间的交换。R221 和 R261 为偏置电阻，电阻 R221 主要用来为 32MHz 的晶振提供一个合适的工作电流。用 1 个 32MHz 的石英谐振器（XTAL1）和 2 个电容（C191 和 C211）构成一个 32MHz 的晶振电路。用 1 个 32.768kHz 的石英谐振器（XTAL2）和 2 个电容（C441 和 C431）构成一个 32.768kHz 的晶振电路。电压调节器为所有要求 1.8V 电压的引脚和内部电源供电，C241 和 C421 电容是去耦合电容，用来为电源滤波，以提高芯片工作的稳定性。

### 10.3.8　ZigBee 的应用系统

近年来，在工业、农业、环保、军事等应用领域，由大量廉价微型传感器节点通过无线通信方式，组成的多跳、自组织无线传感器网络（WSN，Wireless Sensor Network），其技术得到了快速发展。而 ZigBee 因其低功耗等特点在无线传感器网络的应用中具有明显优势。

将 ZigBee 收发器与传感器结合形成 ZigBee 应用节点，构成适合不同用途的无线传感器网络。ZigBee 网络在工业测控、环境温湿度监测、污水监测、大气监测、医疗健康监护、保安监控、PC 外设、电子玩具、汽车自动化、建筑与家庭自动化中都已经显示出良好的应用前景。

工业生产中，在许多较难实现有线物理连接或实现成本较高的场合，如小车等移动设备、旋转机械、手持数据采集设备、临时安装的传感器、执行器、偏远零散数据点等，无线通信都是有线通信的有效补充手段。ZigBee 在这些场合都有用武之地。如实现旋转设备的监控与故障诊断等。

环境监测。低传输速率、低复杂度、低功耗、低成本的 ZigBee 技术，特别适合于在地域分散、节点众多、单个节点数据量不大的大气环境监测网络中使用，用于采集、监测大气温度、湿度、气压、空气中 $CO$、$CO_2$ 含量等各种参数。

在培育花卉、蔬菜、农作物的温室中，布设具有温度、湿度、亮度传感器的 ZigBee 节点，并以此为基础构成无线传感器网络，定期采集、监测温度、湿度、亮度等参数的数据，了解整个温室环境的变化，研究这些参数变化对植物生长的影响，设定洒水、光照等调节功能，实现温室自动化。

传感器与家电控制的结合，可以创造出方便、宜人的舒适环境。例如让光传感器与电动窗帘相结合，当阳光过强使光照强度传感器的参数超过一定数值时，动作电动窗帘开关，提供舒适的居住环境。或利用光照强度传感器控制室内照明系统，实现建筑节能。

在博物馆，许多展览品对于温湿度的要求都非常的严格，采用 ZigBee 技术，实现博物馆的环境监测和安全防护系统。

安全防护。在建筑物的进出口，可设置各种传感器监控往来人员，监测环境状态，协助住户、店家进行安全管理，防止歹徒的入侵。或是通过如烟雾检测器、门窗磁簧开关、窗户破碎监测装置等设备，监控可能发生的意外状况。

目前一般门禁管理系统都采用被动式 RFID 来操作，但是被动式 RFID 的感应距离相当短，使用者必须将 RFID Tag 靠近卡片阅读机才能感应到并开启门禁，在某种程度上存在操作不便。在门禁系统中可采用 ZigBee 方式来控制门的开关，使用者身上佩戴 ZigBee Tag，当到达感应范围时，可自动判断出该使用者是否被允许进入，以决定是否开门。对一般办公室门禁系统来说，这个感应距离大约 1～2m 就足够了，但是在停车场出入管理上，其感应距离就要调整到 10～15m 左右。

对于家庭安全防护系统来说，明智的作法是在建筑物施工之初就考虑到预先安装传感器。如果在入住后才考虑安装，就需要解决布设电源线、信号线等问题。许多情况下只能采用明线施工，从而严重影响到家庭安全防护系统的推广应用。基于 ZigBee 的家庭安全防护系统因本身为无线传输而无需布建信号线，同时低耗电的特性也使得 ZigBee 节点可以只依赖电池工作。用户可以在不影响居室美观的前提下选择符合家庭安全的传感器，再结合如 GSM 远距离通信方式，将安全防护系统检测到的异常信息送给业主、保安或物业，形成完整的家庭安全防护系统。

近年来世界各国都正面临到人口老化的问题。一些研究机构正致力研发健全的健康监护系统，希望通过科技手段来弥补社会照顾的不足。将血压计、体温计、体态特征监测等设备与 ZigBee 收发器整合，使用者只需佩带一个类似手表的这种仪器，就可将量测到的体征数据实时传输到特约医疗机构。如果出现危险状态，可立即被发现并做后续相应处理。为独居家中的老人提供隐形监护。

涉及千家万户的电表、水表、煤气表无线自动抄表系统，也是 ZigBee 技术的典型应用之一。与目前采用的 GPRS/CDMA 无线抄表系统相比，采用 ZigBee 技术，可自行建网，降低使用成本。

在面积大、结构比较复杂的停车场，可采用带有超声波传感器的 ZigBee 无线通信节点，检测现有空车位的位置，并基于 ZigBee 网络，实现车位引导。

基于 ZigBee 无线通信技术的应用还在发展之中。

由于 ZigBee 属于短距离、低传输速率的通信技术，在有些应用场合，还需要把它与 IEEE 802.11 系列的相关技术，与有线通信网络结合起来，以便相互取长补短，更好地发挥出各自的技术优势。

# 结束语  控制网络技术的比较与选择

本书涉及多种遵循国际标准或地区、国家标准的控制网络技术,它们各有所长,在各自的应用领域都已经显露出各自的技术优势。在各种总线技术并存的形势下,用户不可避免地会面临对这些同类技术的比较与选择。满足对应用功能性能的需要与对环境的适应性,是选择、评判控制网络技术最基本的出发点。

在控制网络的比较与选择中,对标准的遵从是不容忽视的重要问题。采用主流技术、走标准化之路,尽量遵循国际、国家标准,是控制网络选择的原则之一。尽管单一现场总线的目标不现实,但用户在选择数据通信与控制网络技术时,仍然应该坚持通信一致性原则,顺应技术发展趋势,选用适合应用需要的主流技术。已成为 ISO 和 IEC 现场总线标准的多种总线,应该说都是控制网络技术竞争中的佼佼者。它们在不同应用领域,如 FF 总线技术在流程工业、CAN 在汽车工业、PROFIBUS 在离散制造业等方面,工业以太网在实现管理控制一体化方面,都已经显示出各自的技术优势,它们属于控制网络技术的优选对象。一般说来,采用主流技术的产品在性能价格比、供应商供货的成套性、持久性、产品互换性等方面也都会具有明显优势。

从满足通信系统功能性能的技术要求考虑,媒体的访问控制机制、通信模式、传输速率、实时时钟、时间同步准确度、执行同步准确度都会影响到控制网络的通信性能。对有实时性要求的应用场合,应该考察通信技术的实时性。所选系统应该具有实时时钟以及实时时钟的发布、同步能力。

应该指出的是,控制网络不单单是一个完成数据传输的通信系统,而且还是一个借助网络完成控制功能的自控系统。许多其他类型的通信系统往往只需要把数据、文件或声音从网络的一个节点传送到另一节点就完成了其使命,而控制网络除了完成数据传输之外,往往还需要依靠所传输的数据和指令,执行某些控制计算与操作功能,并由多个网络节点协调完成自控任务。因而它需要在应用功能上满足开放系统的要求,如开放通用的功能块结构,设备描述与识别,位号分配能力等。

控制网络应用系统的规模,控制设备所处地域的分布范围,也是需要认真考虑的问题。要考察某项控制网络技术中对每个网段的最大长度、可寻址的最大节点数、可挂接的最大节点数的限制。

在比较选择中考虑对环境适应性方面的要求时,应考察某项控制网络技术所支持的传输介质种类,是否支持介质冗余、本质安全、总线供电等。也并非要求所有指标越全越高才越好,关键还是适合自己的应用需要。如石化生产企业会重视控制网络的本质安全防爆性能,而运动控制则更注重通信的等时同步性能等。

# 主要参考文献

1. 阳宪惠主编. 工业数据通信与控制网络. 北京：清华大学出版社，2003
2. Fieldbus Foundation. Foundation™ Specification：FF-800，FF-801，FF-816，FF-821，FF-822，FF-880，FF-870，FF-875，FF-940，1996
3. Fieldbus Foundation. Technical Overview，1996
4. Fieldbus Foundation. 31.25kbit/s Wiring and Installation Guide，1996
5. Fieldbus Foundation. 31.25kbit/s Intrinsically Safe Systems Application Guide，1996
6. Gilbert Held 著. 魏桂英等译. 数据通信技术. 北京：清华大学出版社，1995
7. 马永强等. 基于 ZigBee 技术的射频芯片 CC2430. 单片机与嵌入式系统应用，2006(3)
8. Bob Svacina. Device bus，1998
9. Philips Semiconductors. Data Sheet P82C150CAN Serial Linked I/O device，1996
10. Philips Semiconductors. Data Sheet SJA1000Stand-alone CAN controller，1997
11. Society of Automotive Engineers Inc.. SAE Truck and Bus Control and Communication Network Standards Manual，SAE HS-1939. 2001 Edition
12. PROFIBUS Technical Description，Version：April 1997
13. PROFIBUS Communication
14. Rosemount Inc.. HART-Smart Communication Protocol. Revision 7.0，1990
15. INTERBUS-International Marketing Service，INTERBUS Basics，1997
16. DataSheetes & Application Notes. FB3050Fieldbus Communication Controller. Smar Cop.
17. 韩旭东. 无线局域网标准 IEEE802.11g 的技术优势. 世界电子元器件，2004(8)
18. 于海斌，曾鹏 等编著. 智能无线传感器网络系统. 北京：科学出版社，2006
19. Gil Held 著，粟欣，王艺译. 无线数据传输网络：蓝牙、WAP 和 WLAN. 北京：人民邮电出版社，2001
20. 萧韦，杨涛. 蓝牙核心技术. 电信科学 2001(1)：18-22
21. 杨春燕，刘军兰，王永泉. 蓝牙基带控制器芯片 MT1020A 及其应用. 国外电子元器件，2001(8)
22. 陈一雷，王俊杰. ASI 主站和通信协议，ASI 从站的结构和工作流程. 冶金自动化，2000 年，24(5,6)
23. 张培仁，王洪波. 独立 CAN 总线控制器 SJA1000. 国外电子元器件，2001(1)
24. 张公忠主编. 现代网络技术教程. 北京：电子工业出版社，2000
25. 李旭编著. 数据通信技术教程. 北京：机械工业出版社，2001
26. Behrouz Forouzan，Catherine Coombs. Sophia Chung Fegan 著. 潘仡，朱丹宇，周正康译. 数据通信与网络. 北京：机械工业出版社，2000
27. 阮于东. Devicenet 总线技术. 低压电器，2000(3,4)
28. Fieldbus Foundation. HSE System Management. FF-589，2000.11
29. Echelon. LonWorks 技术介绍—原理和实践概述. 第二版. 2001
30. Echelon. LonWorks 产品介绍. 2002
31. 戴恋. 第三代 LonWorks 技术和产品（The 3rd Generation LonWorks Technology and Products）. Echelon，2002
32. TOSHIBA. Neuron Chip Data Book. 2002
33. Echelon. Neuron C Reference Guide. 2002
34. Echelon. Neuron C Programmer's Guide. 2002
35. Echelon. LonBuilder User's Guide. 2002

36. Echelon. NodeBuilder QuickStart Tutorial. 2002
37. Echelon. LonTalk Protocol Specification. 1994
38. LonMark Assciation. LonMark Application Layer Interoperability Guidelines. 2002
39. LonMark Assciation. LonMark Layer 1-6 Interoperability Guidelines. 2002
40. Echelon. LonMaker User's Guide. 2002
41. Echelon. LNS DDE Server User's Guide. 2002
42. Echelon. LonWorks LCA Field Compiler API Programmer's Guide. 2002
43. Echelon. LNS for Windows Programmer's Guide. 2002
44. Echelon. LonWorks Host Application Programmer's Guide. 2002
45. Echelon. LONWORKS Microprocessor Interface Program(MIP)User's Guide. 2002.
46. Allen-Bradley Co. ,Technical Introduction to ControlNet. 2000
47. PLX Technology,Inc.. PCI I/O Accelerator,PCI9054 data Book
48. Motorola Inc.. MC68HC16Z1 User'S Manual